工业和信息化部“十四五”规划教材

电磁分析中的时域积分方程方法

丁大志　李猛猛　程光尚　赵　颖　著

科学出版社

北　京

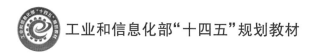

内 容 简 介

复杂三维结构瞬态电磁目标的精确建模与高效分析一直是现代电磁学最富挑战性也是最为活跃的前沿研究领域。本书从电磁场时域边界积分方程的基本理论出发，建立了求解金属目标、介质目标以及金属介质混合目标的时域积分方程，在此基础上介绍了两种基于空间非共形离散网格的时域积分方程方法，即不连续伽辽金时域积分方程方法和高阶 Nyström 时域积分方程方法。为了解决电大目标的电磁特性分析难题，本书进一步研究了时域积分方程方法中的快速方法，包括多层时域平面波算法以及基于泰勒级数展开的时域快速算法。另外，本书研究了时域体积分方程方法用于分析复杂电磁媒质(如色散介质、磁化等离子体以及随机媒质)的电磁散射特性。

本书总结了作者课题组对于电磁分析中时域积分方程方法的创新工作，可为同行分析大型复杂结构的电磁特性提供有效的解决方法。本书可作为高等院校电子信息等专业的研究生教材，也可为从事计算电磁学及其应用的技术人员提供参考。

图书在版编目（CIP）数据

电磁分析中的时域积分方程方法 / 丁大志等著.
北京：科学出版社，2025. 1. -- ISBN 978-7-03-079580-9

Ⅰ. O441

中国国家版本馆 CIP 数据核字第 2024NG2182 号

责任编辑：许　健 / 责任校对：谭宏宇
责任印制：黄晓鸣 / 封面设计：殷　靓

科学出版社 出版
北京东黄城根北街 16 号
邮政编码：100717
http：//www.sciencep.com

南京展望文化发展有限公司排版
上海颛辉印刷厂有限公司印刷
科学出版社发行　各地新华书店经销

*

2025 年 1 月第　一　版　开本：B5(720×1000)
2025 年 1 月第一次印刷　印张：19 3/4
字数：382 000

定价：150.00 元

(如有印装质量问题，我社负责调换)

前　　言

时域积分方程(time domain integral equation, TDIE)方法的研究始于20世纪60年代末,由Bennett等首先提出了时域积分方程的概念,同时阐释了时间步进算法的思想。然而,TDIE的发展却十分缓慢,应用没有时域有限差分方法和频域矩量法广泛。主要原因在于晚时不稳定性和计算复杂度高的难题,严重制约了该方法在电大复杂目标电磁问题中的应用。作者所在课题组围绕TDIE方法存在的上述两个主要问题开展了大量的研究,培养了多位博士和硕士毕业生。本书的目的是使读者清晰理解和掌握TDIE方法的基本原理,厘清基本概念和数学公式推导,明确算法的程序实现,具备使用TDIE方法分析和解决实际电磁问题的必要知识。

本书共8章。第1章介绍时域积分方程方法的基本概念内涵及国内外研究现状;第2章介绍时域积分方程方法相关的基础理论知识,包括时域电磁场基本理论,求解金属、介质以及金属介质混合目标的时域积分方程;第3章介绍分析导体目标瞬态电磁散射特性的时域积分方程方法,包括空间延迟时间基函数法、不连续伽辽金时域积分方程法和高阶Nyström时域积分方程方法;第4章介绍时域阻抗矩阵元素的准严格积分技术;第5章介绍时域平面波算法,包括两层时域平面波算法、多层时域平面波算法、基于高阶基函数的时域平面波算法以及并行时域平面波算法;第6章介绍一种基于泰勒级数展开的时间步进快速算法;第7章介绍分析介质目标的瞬态电磁散射特性的时域体积分方程方法,包括理想介质、色散介质、磁化等离子体以及随机媒质;第8章介绍了金属介质混合目标的瞬态电磁散射特性分析方法,包括时域体面积分方程法、时域薄介质层法、高阶阻抗边界条件法以及不连续伽辽金的时域体面积分方程方法。

关于电磁分析中的时域积分方程方法,国内外尚未见系统介绍该方法的学术专著,本书的特点是结合实际工程应用进行论述,以便读者加深对相关理论和方法的理解,书中所述方法作者都开发了对应的源代码,本书出版时会以一定的形式公布书中部分源代码,为读者采用时域积分方程方法解决相关科学问题和实现工程应用提供参考。

本书的内容主要基于作者在国家杰出青年科学基金、国家自然科学基金重点项目等资助下，在计算电磁学领域开展的时域积分方程方法的创新性研究。书中相关理论成果在 *IEEE Transactions on Antennas and Propagation* 等期刊发表论文 17 篇，具有重要的学术意义，书中多种方法已用于雷达目标特性分析与目标识别、电磁兼容性分析、隐形与反隐形技术、空间信息获取等众多领域，多项技术已获国家发明专利，所开发的核心电磁算法在中国航天科技集团等科研单位的型号研制项目中实现应用，并受到广泛好评，获得显著的经济效益。本书是课题组多年在时域积分方程方法及其应用领域的积累与结晶，在此我们要感谢参与该研究工作的毕业生，他们是施一飞博士、张欢欢博士、查丽萍博士、程光尚博士、曹军博士、呼延龙博士、赵颖博士，以及姜汝丹、颜朝、陈睿、刘利民、崔征程、吴兴松、隋磊、许娜、豆兴昆、徐涛、刘长亮、李威、张月、孙法一、张战防、柳灿雄、吕刚、陈培林等多位硕士。在本书出版过程中，赵奕潮、王一苇、孟子舒、张琪、王雅熹、郭丰源、李书晗、赵淑怡等同学也做了大量细致的文字与图表校对工作。同时书中相关研究获得国家自然科学基金（61522108、61890541、61901002、61931021、62025109）与江苏省重点研发计划产业前瞻与关键核心技术项目（批准号：BE2022070、BE2022070－1）的资助。在本书即将出版之际，一并表示衷心感谢。

由于作者水平有限，书中难免有不足和疏漏之处，望专家、学者和读者批评指正并提出宝贵意见，以便本书再版时进行补充及修订，邮箱：dzding@njust.edu.cn。

作者于南京理工大学

2023 年 12 月

目　　录

第1章 引　　言

1.1 研究背景

1865年,英国物理学家詹姆斯·麦克斯韦(James Maxwell)根据法拉第等前人关于电磁现象的实验定律建立了一组描述电场、磁场与电荷密度、电流密度之间关系的偏微分方程组,即麦克斯韦方程组,从此奠定了现代电磁学的基础[1-3]。麦克斯韦方程组由电位移高斯定律、磁感应高斯定律、法拉第电磁感应定律和安培环路定律四个方程组成。在电磁学发展初期,主要依靠解析方法来求解麦克斯韦方程组。解析方法虽然计算效率比较高,结果也精确,但是解析法只能求解一些典型的、结构简单的形状,如金属球、无限大平面、圆柱结构等,难以求解实际的复杂目标。20世纪60年代以来,随着计算机硬件和软件的发展,通过数值方法求解麦克斯韦方程组获得了巨大的发展,诞生了计算电磁学[4-11]这门学科。计算电磁学是以电磁场理论为基础,以各种数值计算方法为工具,辅以高性能计算技术,解决各种电磁学现象和规律的应用科学。得益于当今计算机技术的迅猛发展,计算机CPU速度不断提高,内存容量不断增大,大规模并行计算不断深入研究,数值方法不断优化,使得计算电磁学的计算能力得到了很大提高。计算电磁学也已经广泛应用于微波与毫米波电路、微波遥感与成像、天线设计、雷达、地质勘探、电磁兼容与电磁对抗、生物电磁学等诸多领域。

计算电磁学中的方法有很多种,按照求解麦克斯韦方程组所在域的不同,可以分为频域方法与时域方法两大类。频域方法主要包括矩量法(method of moment, MOM)[12-14]和有限元法(finite element method, FEM)[15-17]。MOM由R. F. Harrington于1968年系统地提出,使用格林函数建立边界积分方程,积分方程方法自动满足辐射边界条件,不需要强加吸收边界,所以MOM适合分析电磁波散射和辐射问题等开域问题。FEM由P. P. Silvester在1969年引入计算电磁学中[15],其采用变分原理建立方程,适合求解复杂结构、复杂媒质的问题,对内部电磁建模仿真非常有效。

长期以来,频域方法一直占据着主导地位。然而,为了适应日益增长的宽带、高速信号和非线性系统的工程应用,分析瞬态电磁特性的时域方法也逐渐发展起来。时域方法与传统的频域方法相比具有其自身独特的优点:第一,时域方法更适合求解宽频带电磁问题,时域方法直接得到时域波形,通过傅里叶变换可以得到宽频带的信息,而频域方法需要逐个频点计算,计算量大。第二,时域算法可以更为直观地理解电磁波与目标的作用机理,并且真实世界是在时域的,时域算法容易与其他物理方程,比如经典力学、热力学、流体力学方程,联合求解更加复杂的多物理场问题。第三,时域方法可以更为方便、直接地处理非线性媒质、时变媒质的散射问题和辐射问题。

按照方程形式,时域方法又可以分为时域微分方程方法和时域积分方程方法。时域微分方程方法主要包括时域有限差分法(finite difference time domain, FDTD)[18-20]与时域有限元法(time domain finite element method, TDFEM)[21,22]。和时域微分方程方法相比,时域积分方程(time domain integral equation, TDIE)方法[23-27]在分析均匀无限大介质中的理想导体或均匀介质体的表面时域散射时更具有优势。这是因为在用TDIE分析金属或者均匀介质问题时,只需离散散射体表面,而时域微分方程方法不仅需要对整个目标进行离散,还需要对目标的周围区域进行离散,这就导致了未知量数目急剧增加。因此,时域积分方程法需要求解的未知量数目与时域微分方程方法相比要小得多。另外TDIE直接通过格林函数建立未知量之间的耦合关系,没有色散误差,且自动满足辐射条件,无须强加吸收边界条件。

综合前面分析可知,TDIE既具有时域方法的固有特性,又有基于积分方程的优点,具有重要的理论研究意义和实际应用前景,因此本书主要研究时域积分方程的时间步进(marching-on-in-time, MOT)算法。

1.2 研究的历史和现状

时域积分方程方法的研究开始于20世纪60年代末,由Bennett等[28]首次提出了时域积分方程的概念,同时阐释了时间步进算法的思想。但事实上,TDIE的发展却十分缓慢,应用场景远没有FDTD和MOM广泛。通过研究TDIE的历史、发展过程和现状,发现其主要原因在于:① TDIE一般采用MOT算法求解,存在晚时不稳定性问题;② TDIE方法的计算量和存储量都很大,严重制约了其在电大复杂目标电磁问题中的应用。此后的几十多年中,国内外众多学者围绕TDIE方法存在的两个主要问题(晚时不稳定问题以及存储量、计算量大的问题)开展了大量的研究。下面分别从TDIE的稳定性、快速算法两方面来阐述时域积分方程的研究现状。

1.2.1 时域积分方程方法的稳定性

早期的时间步进的时域积分方程方法存在晚时不稳定问题,主要是随着时间步的推进,计算得到的时域电流波形不是趋向于零的,而是趋向于无穷大。这严重制约了 TDIE 方法的适用化。

在 TDIE 发展的初期,受 FDTD 算法的影响,TDIE 中的时间求导采用时间差分近似,时间步长的选取受到柯朗-弗里德里希斯-列维(Courant-Friedrichs-Lewy, CFL)稳定性条件的约束,形成的矩阵方程等式左边的阻抗矩阵是对角阵,这种被称为显式(explicit)TDIE[23,24]。但此时的 TDIE 已发现存在不稳定现象,因为在计算阻抗矩阵元素时需要采用近似计算才能使矩阵方程等式左边的矩阵是对角阵。1991 年,S. M. Rao 等[24]和 B. P. Rynne[29]将 RWG(Rao-Wilton-Glisson)基函数引入 TDIE 中,并在时间上使用了时间基函数,通过 MOM 技术完善了 TDIE 的发展,这一研究成果奠定了后期 MOT 算法的发展基础。1997~1999 年,S. J. Dodson 等[30]、M. J. Bluck 等[31]、S. M. Rao 等[32-35]提出并发展了隐式(implicit)TDIE 算法。1999 年, S. M. Rao[23]对各种问题中的 MOT 的隐式算法进行了综合和总结。隐式 TDIE 的时间步长的选择不受 CFL 稳定性条件的约束,只和问题需要的求解精度有关。可以说,隐式算法的提出,对抑制 MOT 后期振荡是一个巨大的进步,但是隐式 TDIE 依然存在为计算阻抗矩阵元素方便而做的近似,这就为隐式 TDIE 的稳定求解留下了隐患,从而导致此时的隐式 TDIE 依然不是完全稳定的。针对这一问题,国内外学者经过不懈努力提出了一系列的稳定化措施,主要可以分为以下几种。

1. 电流后处理技术

1990 年,B. P. Rynne 等和 P. D. Smith[36,37]提出了电流时间平均技术,对计算的电流值进行平滑,以推迟或者消除后期不稳定现象的出现;1993 年,A. Sadigh 等[38]利用有限脉冲滤波器(finite impulse response, FIR)空间滤波来解决电场积分方程(electronic fuel injection enhancer, EFIE)中的不稳定性。这些措施对抑制 MOT 的不稳定性确实有比较明显的效果,但这类方法多是对数据进行后处理,对计算的精度有一定的影响,另外不同的问题稳定效果也不尽相同,通用性不强。

2. 时间基函数类的改进

选取合适的时间基函数可以有效抑制或改善时间步进算法的晚时不稳定性。1997 年,G. Manara 等提出了高阶拉格朗日(Lagrange)插值时间基函数[39]。1999 年,J. L. Hu 等[40]提出了一种余弦型的时间基函数,此基函数有连续的时间导数,能够更好地抑制晚时不稳定[23]。2001 年,J. L. Hu 等又提出了一种指数型的时间基函数[41],这种基函数对于任意阶都有连续的导数。2004 年,D. S. Weile 等[42]提出近似椭球时间基函数用于 TDIE,算法收敛非常快,后时稳定性得到很大提高;不过由于该时间基函数不满足因果性,需要对电流实行外推操作,增加了计算量。2007 年,M. Y. Xia 等[43]提出了基于二次 B 样条时间基函数的 TDIE。2013 年,

E. van't Wout 等[44]给出了时间基函数选取的一般性准则,可以根据预先设定的插值精度和平滑度要求设计出合适的时间基函数。值得注意的是,2002 年 Y. S. Chung 等[45]提出基于加权拉盖尔(Laguerre)多项式的阶数步进(marching-on-in-degree, MOD)的 TDIE 算法,由于拉盖尔多项式为全域基函数,所以 MOD 方法从本质上消除了晚时振荡,是晚时无条件稳定的。不过由于 MOD 方法离散得到的方程等式右边的矩阵是稠密的,其递推求解过程非常费时,且内存需求相当大。传统的 MOD 方法内存需求和 CPU 计算时间巨大,其复杂度分别为 $O(N_oN_s^2)$ 和 $O(N_o^2N_s^2)$,N_s 是空间基函数的个数,N_o 是拉盖尔多项式的阶数。

3. 空间基函数类的改进

N-W. Chen 等[46]和 G. Pisharody 等[47]先后采用 loop-tree 空间基函数来离散表面电流,从而可采用较大的时间步长,避免了低频 MOT 的不稳定;2015 年,X. Z. Tian 等[48]采用 loop-flower 空间基函数离散表面电流,来解决 TDIE 的低频不稳定性,和 loop-tree 基函数相比,loop-flower 空间基函数能减少约三分之一的未知量。R. A. Wildman 等[49]和 Y. Ren 等[50]从提高 MOT 算法精度的角度,提出了使用高阶矢量基函数。

4. 积分方程形式的改进

2000 年,B. Shanker 等[27]提出了采用混合场积分方程(CFIE)可以避免内部谐振模式引起的不稳定性,其在解决 MOT 算法晚时稳定性方面成绩显著。G. Pisharody 等、X. Z. Tian 以及 M. M. Jia 等[51-53]先后提出使用增强型的电场积分方程(augmented electric field integral equation, AEFIE)解决时域电场积分方程(time domain electric field integral equation, TD-EFIE)的低频不稳定问题。

5. 精确积分

不断有学者发现准确计算阻抗矩阵元素和将时间求导直接作用在时间基函数上对 MOT 算法晚时稳定起到至关重要的作用。2002 年,M. Lu 等针对采用 RWG 基函数以及多项式时间基函数的情况,提出了一种 TDIE 阻抗矩阵元素的精确求解方法[54],此方法对源贴片上的二重积分是完全解析的,只有在观察贴片上的二重积分时才需要采用高斯积分求解[55]。2006 年,赵延文等[56]使用 Duffy 变换以及极坐标变换,通过雅克比因子消去积分中的奇异性,将源贴片上的二重积分转化成两个一维非奇异性积分。2006 年,A. C. Yucel 等[57]将源贴片上的二重积分转化成弧线积分求解 TDIE 阻抗矩阵元素。2011 年,Y. F. Shi 等[58]实现了时域电场积分方程阻抗矩阵元素的准严格积分技术,该方法将阻抗计算四重奇异性积分中的三重积分解析求解,只剩下一重积分是使用数值积分求解的,从而提高了计算精度。当源贴片和观察贴片重合时,使用完全严格积分技术可以解析地求解出时域电场积分方程自作用项的四重奇异性积分,不需要依赖任何数值积分以及额外的近似。时至今日,有关 TDIE 阻抗矩阵元素的精确计算还一直有研究团队在不断深入研究[59-64]。

此外,Calderon 乘式预条件[65-70]、空时伽辽金(Galerkin)测试[71,72]、有限差分延时模型(finite difference delay modeling, FDDM)[73-76]等方法的运用,极大地提高了时域积分方程方法的稳定性。通过上述诸多 MOT 算法稳定措施,特别是采用 MOT 隐式迭代方案求解时域混合场积分方程和精确计算阻抗矩阵元素,几乎可以确保 TDIE 在求解任意瞬态电磁问题中得到稳定的数值解。时至今日,有关 TDIE 的 MOT 解法的稳定性问题一直有研究团队在不断深入研究[77-81]。

1.2.2 时域积分方程方法的快速算法

随着 MOT 算法晚时不稳定性的不断改善,使得采用时域积分方程求解电磁问题的研究与应用越来越广泛,其应用领域由求解较简单的金属问题,扩展到求解介质问题[82-88],然后是求解金属介质混合问题[89-94],以及求解电磁兼容、场路耦合问题[95-101]。随着时域积分方程解决实际问题的能力不断提高,MOT 算法在解决电大尺寸目标电磁问题时效率低下的问题凸显出来。经典的 MOT 算法的计算复杂度为 $O(N_tN_s^2)$,内存消耗为 $O(N_s^2)$,N_s 是空间基函数的个数,N_t 是时间步的个数。这给求解电大尺寸目标的电磁特性带来了极大挑战。因此,MOT 算法要解决实际问题,必须解决算法的效率问题,而发展快速算法是解决计算量问题的必由之路。经过国内外学者 20 多年来的研究,已经取得了一些进展,主要发展了以下快速算法。

1. 时域平面波算法

时域平面波(plane wave time domian, PWTD)算法[102-117]是最具代表性的时域积分方程快速算法,该方法是 E. Michielssen 教授课题组于 1999 年首次提出的[103]。PWTD 算法是频域快速多极子算法(fast multipole method, FMM)在时域的拓展,其基本原理是瞬态场的平面波展开。对于三维电磁问题,两层时域平面波(two-level plane wave time-domain, TLPWTD)算法[104]可以将 MOT 算法的计算量降低到 $O(N_tN_s^{1.5}\log N_s)$ 量级,而在多层级结构中实现的多层时域平面波(multilevel plane wave time domain, MLPWTD)算法[105]可以将 MOT 算法的计算量进一步降低到 $O(N_tN_s\log^2N_s)$ 量级。

自被提出以来,PWTD 算法发展很快并得到广泛应用,其应用范围主要包括电磁辐射和散射[106,107]、电磁兼容[108]、场路模拟[109]等问题,PWTD 算法还可应用于加速 FDTD、TDFEM 的吸收边界计算[110]。然而由于 MOT 算法计算量的基数较大,对于大规模的电磁问题，即使采用 PWTD 算法加速，需要的计算时间依然很长。发展并行算法进一步提高 PWTD 算法的求解速度，是一个行之有效的办法。

2014 年，E. Michielssen 教授课题组利用 NVIDIA 公司提供的 CUDA 编程工具实现了 MLPWTD 的 GPU 加速[111]。2016 年，E. Michielssen 教授课题组[112]充分运用并行 PWTD 算法加速求解时域表面积分方程。其中运用了可灵活多级划分的 MLPWTD 并行架构，实行内存可知异步通信（memory-aware asynchronous communication），最后运用高效的并行广义最小余量法（generalized minimal residual, GMRES）迭代求解方程组。同年，E. Michielssen 教授课题组[113]充分运用并行 PWTD 算法加速求解预校正（predictor-corrector, PC）的时域体积分方程。可见，并行多层 PWTD 快速算法可以在超大规模目标时域计算上发挥很大作用。

PWTD 算法及其并行算法的技术性很强，实现的过程很复杂，该方法的研究和应用成果大部分出自 E. Michielssen 教授和他的课题组。国内国防科技大学的何建国教授[114-116]、电子科技大学聂在平教授等领导的课题组[117]在 PWTD 算法及其并行算法的研究上也取得了一部分成果。

2. 基于快速傅里叶变换的加速算法

基于快速傅里叶变换（fast Fourier transform, FFT）类的快速算法[118-126]是频域共轭梯度快速傅里叶变换（conjugate gradient-fast Fourier transform, CG-FFT）算法以及自适应积分方法（adaptive integral method, AIM）/预修正快速傅里叶变换（pre-corrected fast Fourier transform, PFFT）算法在时域下的扩展。基于 FFT 类的快速算法中，CG-FFT 算法[118-121]最早被用于加速求解时域积分方程，但是这种方法要求对目标模型表面均匀离散，这大大限制了其实际应用范围。时域自适应积分方法（time domain adaptive integral method, TD-AIM）[122-126]通过引入均匀辅助网格，克服了对目标模型表面均匀离散的限制，成为基于 FFT 类算法中最为实用的快速计算方法。对于准平面结构，TD-AIM 可将传统 MOT 的计算量和存储量减少到 $O(N_tN_s\log^2 N_s)$ 和 $O(N_s^{1.5})$ 量级；对于三维目标模型，TD-AIM 的计算量和存储量分别为 $O(N_tN_s^{1.5}\log^2 N_s)$ 和 $O(N_s^2)$ 量级。

3. 时域笛卡儿非均匀网格算法

时域笛卡儿非均匀网格算法（Cartesian non-uniform grid time domain algorithm, CNGTDA）是 E. Michielssen 教授课题组[127]于 2006 年首次提出的。CNGTDA 能精确计算已知分布的源产生的瞬态远场。其基本原理是一簇时间有限、带宽有限、空间分布固定的源形成的瞬态场可以通过对补偿场的幅度和相位项进行近似插值重构。相比较其他时域快速算法，CNGTDA 有如下优点：自动适应源域的特殊几何特征，如准平面结构；从准静态区到动态区都有效，程序实现较为简单。2010 年，

J. Meng 等[128]在多层级结构(hierarchically structure)中实现了多层 CNGTDA,对于低频问题和高频问题,计算复杂度分别为 $O(N_t N_s \log N_s)$ 和 $O(N_t N_s \log^2 N_s)$ 量级。

4. 加速的笛卡儿展开(accelerated Cartesian expansions, ACE)

传统的时域快速算法(如 PWTD 算法)在分析具有亚波长特征的结构或者物体尺寸远小于入射波最小波长时,会遭遇低频崩溃问题。2007 年,M. Vikram 和 B. Shanker 提出了一种时域低频快速算法[129]。其基本原理是将延迟势表示成 R^v 的函数,然后利用笛卡儿展开快速计算 R^v 分量来加速计算延迟势,该算法的计算复杂度为 $O(N_t N_s)$ 量级,此外该方法还可以很好地与 PWTD 算法结合,形成高低频混合的时域快速算法。2010 年,M. Vikram 等[130]进一步将 ACE 算法拓展到快速计算扩散、有耗波方程,该算法能将计算复杂度从 $O(N_t^2 N_s^2)$ 降低到 $O(N_t N_s \log^2 N_s)$ 量级。

5. 时域快速偶极子算法

时域快速偶极子算法(time domian fast dipole method, TD-FDM)[131-134],它是频域快速偶极子算法(fast dipole method, FDM)[135]在时域中的延伸和拓展,其基本原理是偶极子矩和瞬态远场的泰勒级数展开。相比 PWTD 算法,TD-FDM 处理相对简单得多,程序实现更加容易。但是因为其是基于电偶极子等效的,因而限定了 TD-FDM 使用的空间基函数需是散度共形的基函数,如 RWG 基函数或者 SWG 基函数。对于复杂的具有精细结构的物体或者多尺度目标,传统的共形网格剖分在处理复杂、不均匀的模型时已经不再适用,阻碍了许多实际应用中有缺陷的网格的使用。

文献[136]与[137]在 TD-FDM 的基础上提出了一种基于泰勒级数展开的时间步进快速(Taylor series expansion enhanced marching-on-in-time, TSE-MOT)算法,其主要原理是矢量势和标量势的近似计算以及瞬态远场的泰勒级数展开。该方法的主要优点是对空间基函数的形式不做任何限制,既可用于共形剖分的 RWG 基函数,也可用于非共形剖分的基函数。

6. 时域积分方程与高频近似的混合算法

几何光学(geometrical optics, GO)、物理光学(physical optics, PO)、几何绕射理论(geometrical theory of diffraction, GTD)等高频近似方法适用于分析电大光滑金属物体,时域积分方程方法精确但对电大物体效率不高。可将两种方法结合,处理线、外形突变等精细电小结构时采用 TDIE 方法,处理电大光滑金属体时采用高频方法,发挥它们各自优势。在诸多混合方法中,PO 方法和 TDIE 方法混合研究最为广泛[138-142]。1998 年,S. P. Walker 等[138]首次将 PO 方法引入时域积分方程中，形成了时域混合算法。在文献[139]中，B. Shanker 等提出了 PO-PWTD 混合方法，用于分析电大金属目标散射，并且在方程中考虑到了 PO 区多次反射情形。此外，文献[143]~文献[145]提出了运用阶数步进算法（MOD）求解 TDIE-PO 混合方程。

1.2.3 不连续伽辽金技术

不连续伽辽金技术最开始出现在应用数学里面，是求解微分方程的一种数值方法。这种方法结合了有限元和有限体框架的特征，成功用于求解双曲线、椭圆、抛物线及其各种混合形式的应用。在 20 世纪 70 年代早期，不连续伽辽金技术作为一种求解偏微分方程的数值技术被首次提出[146]，在 1973 年，Reed 和 Hill 引进不连续伽辽金技术来求解双曲中子传输方程[147]。后来被广泛地运用于分析流体力学、多物理场和工程电磁学中的仿真数值计算[148]。在文献[14]中不连续伽辽金技术被首次运用到求解时域的麦克斯韦方程。后来经过国内外众多学者的努力和发展，不连续伽辽金技术在频域里也取得了很大的成功。

2005 年，P. Houston 等[149]用局部不连续伽辽金技术解决频域中的低频问题。在这篇文献里他们为时谐麦克斯韦算子的离散提出了一种新的混合不连续伽辽金技术，这种方法是基于等次有限元空间的，其中所有的未知量都是用分段连续的同阶多项式来近似的，与文献[150]的数值方案比较，他们的数值方案更具有稳定性。2008 年，J. Hesthaven 等[151]提出了基于求解有限非共形离散的偏微分方程，不连续伽辽金技术表现出了良好的特性。在文献[152]中，不连续伽辽金技术扩展到了频域有限元方法中。这种方法能够自动满足有限元的框架，并且适用于非均匀介质的不连续解。其还能支持各种形状和类型的非共形剖分单元。此外由于不连续伽辽金测试削弱了场的切向连续性和边界连续性条件的要求，从而基函数的选择就相对灵活。不连续伽辽金技术不仅在有限元中有了很大发展，在矩量法中也有不小的进步。2013 年，J. F. Lee 等[153]将不连续伽辽金技术运用到表面积分方程分析金属目标的电磁散射特性，可以实现目标网格的非共形离散，通过在相邻基函数间强加电流连续性条件，保证算法的准确性。对于介质目标的电磁特性，J. F. Lee 等[154]和 X. Q. Sheng 等[155]将这种不连续伽辽金技术推广到了 VIE 方法中。2016 年，陈如山教授团队将不连续伽辽金方法推广到了时域积分方程方法中分析金属目标和介质目标的瞬态电磁散射特性[156,157]。

1.2.4 Nyström 方法

Nyström 方法在 1930 年首次由 E. J. Nyström 提出，并应用于求解积分方程[158]。Nyström 方法的本质是将积分算子用一种恰当的积分规则替代。该方法在节点（采样点）处，使得积分方程根据一定的积分规则进行计算，并采用点匹配，形成了线性方程组,该方程组的未知量位于节点处。早期的 Nyström 方法不能直接处理积分核的奇异性。为此,学者针对 Nyström 方法的积分核的奇异性提出了一些解决方法,这一系列改进后的方法统称为局部校正的 Nyström(locally corrected Nyström,LCN)方法[159-163]。

Nyström 方法的潜在优势是适合使用高阶展开方式表示待求解的未知量。1998 年,Canino 等首先将 Nyström 方法应用于分析电磁散射问题,通过数值实验证实了该方法的误差高阶收敛性[164]。2001 年,G. Kang 等提出了一种具有网格鲁棒性的高阶矢量基函数,这些基函数以拉格朗日插值多项式的形式定义在曲面三角形网格上[165]。2003 年,Gedney 等提出了基于高斯-勒让德多项式的高阶矢量基函数[160],其中面高阶矢量基函数定义在曲四边形上,体高阶矢量基函数定义在曲六面体上,但是曲四边形和曲六面体在模拟复杂结构时没有曲三角形和曲四面体方便。2014 年,S. F. Tao 等提出了基于曲面四面体网格离散的高阶矢量插值基函数,并成功应用于非均匀介质目标的电磁散射问题的分析[166]。

由于 Nyström 方法具有一些独特的优势,国内外很多学者已将其广泛应用于各种目标电磁问题的分析,如理想导体、均匀和非均匀介质、低频问题、逆散射问题以及旋转对称体等的分析[167-174]。

由于近年来时域积分方程的快速发展,关于 Nyström 的 TDIE 方法的研究,国内外学者也做了一些工作。

2005 年,Y. W. Zhao 等研究了分析闭合导体结构电磁散射问题的 Nyström 的时域磁场积分方程(time-domain magnetic field integral equation,TD-MFIE)方法[175]。同年,D. S. Weile 等提出了一种带限插值函数(band-limited interpolation function, BLIF)作为时间基函数,并将其应用于 Nyström 的 TDIE 方法,用以改善该 TDIE 的稳定性[176,177]。以上是关于 MOT 的 Nyström 方法的 TDIE 所做的相关研究,关于 MOD 的 Nyström 的 TDIE 方法,也有一些学者做了相关研究。2011 年,Y. Shi 等研究了 Nyström 的 TD-MFIE 方法[178]。2015~2016 年,M. S. Tong 课题组针对 MOD 算法的 Nyström 的 TDIE 方法进行了系统研究[179-181],包括导体、均匀介质以及非均匀介质等的瞬态电磁散射特性分析。

1.2.5 色散媒质电磁特性分析方法

色散媒质的瞬态电磁特性分析相对比较复杂和困难。自然界中的绝大多数媒质均为色散媒质。色散媒质的瞬态电磁特性在微波遥感、目标隐身与反隐身、雷达技术、天线设计以及人体医疗和生物电磁等领域有着重要的应用。色散媒质的应用变得日益广泛,其利用价值也得到越来越多的关注,对其特性的研究显得尤为重要和迫切。因此,研究色散媒质的瞬态电磁散射特性具有重要意义。

色散媒质依据其电磁参数的空间分布关系可分为各向同性色散媒质和各向异

性色散媒质两大类。各向同性色散媒质是指其电磁参数仅随频率呈现复杂变化的媒质，例如等离子体、人体、土壤、生物组织等。在各向同性色散媒质中，其介电系数随频率变化的媒质称为电色散媒质，其磁导系数随频率变化的媒质称为磁色散媒质。实际情况中，由于大多数电磁材料的电磁参数与频率呈现任意关系，因此在求解其电磁散射问题时显得尤为复杂困难，通常用几种理想色散模型及其线性组合模型来描述复杂电磁材料的色散特性。常用的理想色散模型有德拜(Debye)色散模型、洛仑兹(Lorentz)色散模型以及德鲁(Drude)色散模型等。各向异性色散媒质是指其电磁参数不仅随频率呈现复杂变化而且随其所在空间位置也呈现复杂变化的媒质，例如铁氧体、外磁场中的等离子体(即磁化等离子体)以及隐身飞机上涂敷的隐身材料等。各向异性色散媒质的频域本构关系为张量形式，其介电系数和磁导系数随空间位置和频率而变化，且容易呈现非线性，所以对其电磁特性的研究更为复杂。

色散媒质瞬态电磁问题的典型数值分析方法是时域有限差分(finite-difference time-domain, FDTD)方法。FDTD 方法是一种典型的全波数值分析方法，它以差分原理为基础，直接从麦克斯韦方程出发，将其转换为差分方程组，在一定体积内和一段时间上对连续电磁场的数据采样[182-189]。1990 年，Luebbers 等提出了适用于 Debye 模型的递归卷积 FDTD 方法(recursive convolution FDTD, RC-FDTD)[190]，然后将该方法推广到等离子体介质[191]和 N 阶色散介质[192,193]。1992 年，Hunsberger 等将 RC-FDTD 方法推广用于磁化等离子体介质[194]。1993 年，Luebbers 等研究了色散介质球的电磁散射问题[195]。1995 年，Siushansian 等采用离散的梯形递归卷积(TRC-FDTD)方法改善了 RC-FDTD 方法的计算精度[196]。1996 年，Kelley 等用电场分段线性递归卷积的 FDTD(piecewise linear RC-FDTD, PLRC-FDTD)方法改善了 RC-FDTD 方法的计算精度[197]。此外，分析色散介质电磁问题的 FDTD 方法还有辅助方程(auxiliary differential equation, ADE)法[198-200]、Z 变换法[201-203]、电流密度卷积(JEC)法[204]、杨(Young)氏直接积分法[205-207]、分段线性电流密度卷积(PLJERC)算法[208,209]等。对于各向异性色散介质的瞬态电磁分析，一些学者也运用 FDTD 方法进行了相关研究[210-214]。

近年来，TDIE 方法得到快速发展，一些学者采用 TDIE 类方法分析色散媒质瞬态电磁特性。2005 年，E. Michielssen 课题组运用基于 MOT 算法的 TD-VIE 分析了色散媒质的瞬态电磁散射特性[215]。2011 年，J. M. Jin 课题组用基于 MOD 算法的 TD-VIE 对色散媒质的瞬态电磁散射特性进行了分析[216]。

1.3　本书的结构安排

本书各章节内容具体安排如下：

第 1 章主要介绍本书研究工作的意义、国内外的研究现状,并简要介绍本书的主要研究内容及结构安排。

第 2 章介绍电磁场时域边界积分方程的基本理论,并依此建立求解金属目标、介质目标以及金属介质混合目标的时域积分方程。

第 3 章研究分析导体目标瞬态电磁散射特性的时域积分方程方法。主要介绍基于空间延迟时间基函数的时域积分方程方法以及两种基于空间非共形离散网格的时域积分方程方法,即不连续伽辽金的时域积分方程方法和高阶 Nyström 时域积分方程方法。

第 4 章介绍阻抗矩阵元素的准严格积分技术,实现了空间上的四重奇异性积分中的三重积分是解析的,只剩下一重积分需要数值求解。

第 5 章主要研究 PWTD 算法的理论、实现方法以及数值性能。重点研究了两层时域平面波算法(TLPWTD)和多层时域平面波算法(MLPWTD)加速求解基于时间步进(MOT)的时域积分方程;在此基础上研究了将时域平面波算法和高阶叠层矢量基函数结合求解目标的宽带电磁散射特性。同时开发了一种基于 MPI 实现的负载自动平衡的并行 PWTD 平台,实现了电大导体目标宽带电磁特性的快速精确仿真。

第 6 章提出了一种基于泰勒级数展开的时间步进快速算法。首先研究了将基于泰勒级数展开的时域快速算法用以加速基于 RWG 基函数的时域积分方程方法。在此基础之上,研究了将基于泰勒级数展开的时域快速算法用以加速时域不连续伽辽金算法(TDIEDG)。

第 7 章主要研究运用 TD-VIE 方法分析几种典型介质目标的瞬态电磁散射特性,具体包括理想介质、色散介质、磁化等离子体,以及随机媒质。

第 8 章主要研究金属介质混合目标的瞬态电磁散射特性。

参考文献

[1] Maxwell J C. A dynamical theory of the electromagnetic field [J]. Philosophical Transactions of the Royal Society of London, 1865, 13: 531 - 536.

[2] 麦克斯韦.电磁通论[M].戈革,译. 武汉: 武汉出版社,1994.

[3] Stratton J A. Electromagnetic theory [M]. New York: McGraw-Hill, 1941.

[4] 盛新庆.计算电磁学要论[M].2 版.合肥: 中国科学技术大学出版社,2008.

[5] 聂在平,方大纲.目标与环境电磁散射特性建模——理论、方法与实现(上、下)[M].北京: 国防工业出版社,2009.

[6] 杨儒贵.高等电磁理论[M].北京: 高等教育出版社,2008.

[7] Chew W C, Jin J M, Michielssen E, et al. Fast and efficient algorithms in computational electromagnetics [M]. London: Artech House Publishers, 2000.

[8] Jin J M. The finite element method in electromagnetics [M]. New York: Wiley, 2002.

[9] Chew W C, Tong M S, Hu B. Integral equations methods for electromagnetic and elastic waves [M]. California: Morgan & Claypool, 2008.
[10] Mittra R. Computational electromagnetics: Recent advances and engineering applications [M]. New York: Springer Science, 2014.
[11] Ahmed I, Chen Z Z. Computational electromagnetics-retrospective and outlook [M]. Berlin: Springer Singapore, 2015.
[12] Harrington R F. Field computation by moment methods [M]. New York: The Macmullan Company, 1968.
[13] Gibson W C. The method of moments in electromagnetics [M]. Boca Raton: Chapman and Hall/CRC, 2007.
[14] Miller E K, Medgyesi-Mitschang L, Newman E H. Computational electromagnetic: Frequecy-domain method of moments [M]. New York: IEEE Press, 1992.
[15] Silvester P P. A general high order finite element waveguide analysis program [J]. IEEE Transactions on Microwave Theory and Techniques, 1969, 17(4): 204-210.
[16] Silvester P P, Ferrari R L. Finite elements for electrical engineers [M]. New York: Cambridge University Press, 1996.
[17] Volakis J L, Chatterjee A, Kempel L C. Finite element method for electromagnetics [M]. New York: IEEE Press, 1998.
[18] Yee K S. Numerical solution of initial boundary value problems involving Maxwell's equations in isotropic media [J]. IEEE Transactions on Antennas and Propagation, 1966, 14(3): 302-307.
[19] 葛德彪,闫玉波.电磁波时域有限差分方法[M].2 版.西安: 西安电子科技大学出版社,2005.
[20] Taflove A, Hagness S C. Computational electrodynamics: The finite-difference time-domain method [M]. Boston: Artech House, 2005.
[21] Lee J F, Lee R, Cangellaris A. Time-domain finite-element methods [J]. IEEE Transactions on Antennas and Propagation, 1997, 45(3): 430-442.
[22] Jiao D, Jin J M. A general approach for the stability analysis of the time-domain finite-element method for electromagnetic simulations [J]. IEEE Transactions on Antennas and Propagation, 2002, 50(11): 1624-1632.
[23] Rao S D. Time domain electromagnetics [M]. Cambridge: Acadenmic Press, 1999.
[24] Rao S M, Wilton D R. Transient scattering by conducting surfaces of arbitrary shape [J]. IEEE Transactions on Antennas and Propagation, 1991, 39(1): 56-61.
[25] Michielsssen E, Chew W C, Jin J M, et al. Fast time domain integral equation solvers for large-scale electromagnetic analysis [R]. Urbana-Champaign: The Board of Trustees of the University of Illinois, 2004.
[26] Sarkar T K, Lee W, Rao S M. Analysis of transient scattering from composite arbitrarily shaped complex structures [J]. IEEE Transactions on Antennas and Propagation, 2000, 48(10):

1625 - 1634.

[27] Shanker B, Ergin A A, Aygün K, et al. Analysis of transient electromagnetic scattering from closed surfaces using a combined field integral equation [J]. IEEE Transactions on Antennas and Propagation, 2000, 48(7): 1064 - 1074.

[28] Bennett C L, Weeks W L. A technique for computing approximate electromagnetic impulse response of conducting bodies [R]. Lafayette, Technique Report TR-EE68-11, 1968.

[29] Rynne B P. Time domain scattering from arbitrary surfaces using the electric field integral equation [J]. Journal of Electromagnetic Waves and Applications, 1991, 5(1): 93 - 112.

[30] Dodson S J, Walker S P, Bluck M J. Implicitness and stability of time domain integral equation scattering analyses [J]. Applied Computational Electromagnetics Society Journal, 1998, 13: 291 - 301.

[31] Bluck M J, Walker S P. Time-domain BIE analysis of large three-dimensional electromagnetic scattering problems [J]. IEEE Transactions on Antennas and Propagation, 1997, 45(5): 894 - 901.

[32] Rao S M, Sarkar T K. An efficient method to evaluate the time-domain scattering from arbitrarily shaped conducting bodies [J]. Microwave Optical Technology Letters, 1998, 17(5): 321 - 325.

[33] Rao S M, Sarkar T K. Transient analysis of electromagnetic scattering from wire structures utilizing an implicit time domain integral equation technique [J]. Microwave Optical Technology Letters, 1998, 16: 66 - 69.

[34] Rao S M, Sarkar T K. Time domain modeling of two dimensional conducting cylinders utilizing an implicit scheme[J]. Microwave Optical Technology Letters, 1997, 15: 342 - 347.

[35] Rao S M, Vechinski D A, Sarkar T K. Transient scattering by conducting cylinders—Implicit solution for transverse electric case [J]. Microwave Optical Technology Letters, 1999, 21: 129 - 134.

[36] Rynne B P, Smith P D. Stability of time marching algorithms for the electric field integral equation [J]. Journal of Electromagnetic Waves and Applications, 1990, 4(12): 1181 - 1205.

[37] Smith P D. Instabilities in time marching methods for scattering: Cause and rectification [J]. Electromagnetic, 1990, 10: 439 - 451.

[38] Sadigh A, Arvas E. Treating the instabilities in marching-on-in time method from a different perspective [J]. IEEE Transactions on Antennas and Propagation, 1993, 41(12): 1695 - 1702.

[39] Manara G, Monorchio A, Reggiannini R. A space-time discretization criterion for a stable time-marching solution of the electric field integral equation [J]. IEEE Transactions on Antennas and Propagation, 1997, 45(3): 527 - 532.

[40] Hu J L, Chan C H. Improved temporal basis function for time domain electric field integral equation method [J]. Electronic Letters, 1999, 35(11): 883 - 885.

[41] Hu J L, Chan C, Xu Y. A new temporal basis function for the time-domain integral equation method [J]. IEEE Microwave and Wireless Components Letters, 2001, 11: 465 - 466.

[42] Weile D S, Pisharody G, Chen N W, et al. A novel scheme for the solution of the time-domain integral equations of electromagnetics [J]. IEEE Transactions on Antennas and Propagation, 2004, 52(1): 283 - 295.

[43] Xia M Y, Zhang G, Dai G, et al. Stable solution of time domain integral equationmethods using quadratic B-spline temporal basis functions [J]. Journal of Computational Mathematics, 2007, 25(3): 374 - 384.

[44] van't Wout E, van der Heul D R, van der Ven H, et al. Design of temporal basis functions for time domain integral equation methods with predefined accuracy and smoothness [J]. IEEE Transactions on Antennas and Propagation, 2013, 61(1): 271 - 280.

[45] Chung Y S, Sarkar T K, Jung B K. Solution of a time-domain magnetic-field integral equation for arbitrarily closed conducting bodies using an unconditionally stable methodology [J]. Microwave Optical Technology Letters, 2002, 35(6): 493 - 499.

[46] Chen N-W, Aygün K, Michielssen E. Integral-equation-based analysis of transient scattering and radiation from conducting bodies at very low frequencies [J]. IEE Proceedings-Microwaves, Antennas and Propagation, 2001, 148(6): 381 - 387.

[47] Pisharody G, Weile D S. Robust solution of time-domain integral equations using loop-tree decomposition and bandlimited extrapolation [J]. IEEE Transactions on Antennas and Propagation, 2005, 53(6): 2089 - 2098.

[48] Tian X Z, Xiao G B, Fang J P. Application of loop-flower basis functions in the time domain electric field integral equation [J]. IEEE Transactions on Antennas and Propagation, 2015, 63(3): 1178 - 1181.

[49] Wildman R A, Pisharody G, Weile D S, et al. An accurate scheme for the solution of the time-domain integral equations of electromagnetics using higher order vector bases and bandlimited extrapolation [J]. IEEE Transactions on Antennas and Propagation, 2004, 52(11): 2973 - 2983.

[50] Ren Y, Zhao Y W, Nie Z P. A novel approach for solving the time domain integral equations using the higher order hierarchical vector basis functions [J]. Electromagnetics, 2008, 25(6): 582 - 589.

[51] Pisharody G, Weile D S. Electromagnetic scattering from perfect electric conductors using an augmented time-domain integral-equation technique [J]. Microwave and Optical Technology Letters, 2005, 45: 26 - 31.

[52] Tian X Z, Xiao G B. Time-domain augmented electric field integral equation for a robust marching on in time solver [J]. IET Microwaves Antennas and Propagation, 2014, 8(9): 688 - 694.

[53] Jia M M, Zhao Y W, Sun S. Analysis and stabilization of the low-frequency time domain augmented EFIE [J]. IEEE Antennas and Wireless Propagation Letters, 2016, 15:

1751 - 1754.
[54] Lu M, Michielssen E. Closed form evaluation of time domain fields due to Rao-Wilton-Glisson sources for use in marching-on-in-time based EFIE solvers [C]. IEEE Antennas and Propagation Society International Symposium, San Antonio 2002, 1: 74 - 77.
[55] Shanker B, Lu M, Yuan J, et al. Time domain integral equation analysis of scattering from composite bodies via exact evaluation of radiation fields [J]. IEEE Transactions on Antennas and Propagation, 2009, 57(5): 1506 - 1520.
[56] 赵延文,聂在平,徐建华,等.精确稳定求解时域电场积分方程的一种新方法[J].电子学报,2006,34(6): 1104 - 1108.
[57] Yucel A C, Ergin A A. Exact evaluation of retarded-time potential integrals for the RWG bases [J]. IEEE Transactions on Antennas and Propagation, 2006, 54(5): 1496 - 1502.
[58] Shi Y F, Xia M Y, Chen R S, et al. Stable electric field TDIE solvers via quasi-exact evaluation of MOT matrix elements [J]. IEEE Transactions on Antennas and Propagation, 2011, 59(2): 574 - 585.
[59] Zhang G H, Xia M Y, Jiang X M. Trandient analysis of wire structures using time domain integral equmion method with exact matrix elements [J]. Progress in Electromagnetics Research, 2009, 92: 281 - 298.
[60] Pray A J, Nair N V, Shanker B. Stability properties of the time domain electric field integral equation using a separable approximation for the convolution with the retarded potential [J]. IEEE Transactions on Antennas and Propagation, 2012, 60(8): 3772 - 3781.
[61] van't Wout E, van der Heul D R, van der Ven H, et al. The influence of the exact evaluation of radiation fields in finite precision arithmetic on the stability of the time domain integral equation method [J]. IEEE Transactions on Antennas and Propagation, 2013, 61(12): 6064 - 6074.
[62] Zhu M D, Zhou X L, Yin W Y. Efficient evaluation of double surface integrals in time-domain integral equation formulations [J]. IEEE Transactions on Antennas and Propagation, 2013, 61 (9): 4653 - 4664.
[63] 朱明达.时域积分方程及其混合算法在电磁脉冲效应中的研究与应用[D].杭州: 浙江大学,2012.
[64] 施一飞.时域积分方程及其混合方法的高效算法的研究[D].南京: 南京理工大学,2012.
[65] Cools K, Andriulli F P, Olyslager F, et al. Time domain Calderón identities and their application to the integral equation analysis of scattering by PEC objects. Part Ⅰ: Preconditioning [J]. IEEE Transactions on Antennas and Propagation, 2009, 57 (8): 2352 - 2364.
[66] Andriulli F P, Cools K, Olyslager F, et al. Time domain Calderon identities and their application to the integral equation analysis of scattering by PEC object. Part Ⅱ: Stability [J]. IEEE Transactions on Antennas and Propagation, 2009, 57(8): 2365 - 2375.
[67] Felipe V, Mohsen G M, Andriulli F P, et al. High-order Calderón preconditioned time domain integral equation solvers [J]. IEEE Transactions on Antennas and Propagation, 2013, 61(5):

2570 - 2588.

[68] Graglia R D, Wilton D R, Peterson A F. Higher order interpolatory vector bases for computational electromagnetics [J]. IEEE Transactions on Antennas and Propagation, 1997, 45(3): 329 - 342.

[69] Beghein Y, Cools K, Andriulli F P. A DC-stable, well-balanced, Calderón preconditioned time domain electric field integral equation [J]. IEEE Transactions on Antennas and Propagation, 2015, 63(12): 5650 - 5660.

[70] Beghein Y, Cools K, Andriulli F. A DC stable and large timestep well-balanced TD-EFIE based on quasi-Helmholtz projectors [J]. IEEE Transactions on Antennas and Propagation, 2015, 63(7): 3087 - 3097.

[71] Beghein Y, Cools K, Bağcı H, et al. A space-time mixed Galerkin marching-on-in-time scheme for the time domain combined field integral equation [J]. IEEE Transactions on Antennas and Propagation, 2013, 61(3): 1228 - 1238.

[72] Pray A J, Beghein Y, Nair N V, et al. A higher order space-time Galerkin scheme for time domain integral equations [J]. IEEE Transactions on Antennas and Propagation, 2014, 62(12): 6183 - 6191.

[73] Wang X, Raymond A W, Weile D S, et al. A finite difference delay modeling approach to the discretization of the time domain integral equations of electromagnetics [J]. IEEE Transactions on Antennas and Propagation, 2008, 56(8): 2442 - 2452.

[74] Wang X, Weile D S. Electromagnetic scattering from dispersive dielectric scatterers using the finite difference delay modeling method [J]. IEEE Transactions on Antennas and Propagation, 2010, 58(5): 1720 - 1730.

[75] Wang X, Weile D S, Member S. Implicit Runge-Kutta methods for the discretization of time domain integral equations [J]. IEEE Transactions on Antennas and Propagation, 2011, 59(12): 4651 - 4663.

[76] Chen Q, Monk P, Wang X, et al. Analysis of convolution quadrature applied to the time-domain electric field integral equation [J]. Communications in Computational Physics, 2012, 11(2): 383 - 399.

[77] Shi Y, Bağcı H, Lu M. On the static loop modes in the marching-on-in-time solution of the time-domain electric field integral equation [J]. IEEE Antennas and Wireless Propagation Letters, 2014, 13: 317 - 320.

[78] Shi Y, Bağcı H, Lu M. On the internal resonant modes in marching-on-in-time solution of the time domain electric field integral equation [J]. IEEE Transactions on Antennas and Propagation, 2013, 61(8): 4389 - 4392.

[79] Luo W, Zhao J Y, Zhu M D, et al. Efficient solution of time-domain surface-wire integral equation for predicting electromagnetic responses of complex structures [J]. IEEE Antennas and Wireless Propagation Letters, 2014, 13: 1465 - 1468.

[80] Xiao G, Tian X, Luo W, et al. Impulse responses and the late time stability properties of time-

domain integral equations [J]. IET Microwaves Antennas and Propagation, 2015, 9(7): 603-610.

[81] van't Wout E, van der Heul D R, van der Ven H, et al. Stability analysis of the marching-on-in-time boundary element method for electromagnetics [J]. Journal of Computational and Applied Mathematics, 2016, 294: 358-371.

[82] Gres N T, Ergin A A, Michielssen E. Volume-integral-equation-based analysis of transient electromagnetic scattering from three-dimensional inhomogeneous dielectric objects [J]. Radio Science, 2001, 36(3): 379-386.

[83] Kobidze G, Gao J, Shanker B, et al. A fast time domain integral equation based scheme for analyzing scattering from dispersive objects [J]. IEEE Transactions on Antennas and Propagation, 2005, 53(3): 1215-1226.

[84] Al-Jarro A, Salem M A, Bağci H, et al. Explicit solution of the time domain volume integral equation using a stable predictor-corrector scheme [J]. IEEE Transactions on Antennas and Propagation, 2012, 60(11): 5203-5214.

[85] Sayed S B, Ulku H A, Bağci H. A stable marching on-in-time scheme for solving the time domain electric field volume integral equation on high-contrast scatterers [J]. IEEE Transactions on Antennas and Propagation, 2015, 63(7): 3098-3110.

[86] Shanker B, Ergin A A, Michielssen E. Plane-wave-time-domain-enhanced marching-on-in-time scheme for analyzing scattering from homogeneous dielectric structures [J]. Journal of the Optical Society of America. A, 2002, 19(4): 716-726.

[87] Pisharody G, Weile D S. Electromagnetic scattering from homogeneous dielectric bodies using time-domain integral equations [J]. IEEE Transactions on Antennas and Propagation, 2006, 54(2): 687-697.

[88] Uysal I E, ArdaÜlkü H, Bağcı H. MOT solution of the PMCHWT equation for analyzing transient scattering from conductive dielectrics [J]. IEEE Antennas and Wireless Propagation Letters, 2015, 14: 507-510.

[89] Sarkar T K, Lee W, Rao S M. Analysis of transient scattering from composite arbitrarily shaped complex structures [J]. IEEE Transactions on Antennas and Propagation, 2000, 48(10): 1625-1634.

[90] Rao S M, Sarkar T K. Numerical solution of time domain integral equations for arbitrarily shaped conductor/dielectric composite Bodies [J]. IEEE Transactions on Antennas and Propagation, 2002, 50(12): 1831-1837.

[91] Zhang G H, Xia M Y, Chan C H. Time domain integral equation methods for analysis of transient scattering by composite metallic and dielectric objects [J]. Progress in Electromagnetics Research, 2008, 87: 1-14.

[92] Maftooli H, Sadeghi S H H, Moini R, et al. Time-domain electromagnetic analysis of multilayer structures using the surface equivalent principle and mixed-potential integral equations [J]. IEEE Transactions on Microwave Theory and Techniques, 2015, 63(1): 99-106.

[93] Aygün K, Shanker B, Michielssen E. Fast time domain characterization of finite size microstrip structures [J]. International Journal of Numerical Modelling Electronic Networks Devices and Fields, 2002, 15(6): 439-457.

[94] Hu Y L, Chen R S. Analysis of scattering from composite conducting dispersive dielectric objects by time-domain volume-surface integral equation [J]. IEEE Transactions on Antennas and Propagation, 2016, 64(5): 1984-1989.

[95] Yang C, Jandhyala V. A time-domain surface integral technique for mixed electromagnetic and circuit simulation [J]. IEEE Transactions on Advanced Packaging, 2005, 28(4): 745-753.

[96] Yilmaz A E, Jin J M, Michielssen E. A TDIE-based asynchronous electromagnetic-circuit simulator [J]. IEEE Microwave and Wireless Components Letters, 2006, 16(3): 122-124.

[97] Yang C, Jandhyala V. Combined circuit-electromagnetic simulation using multiregion time domain integral equation scheme [J]. IEEE Transactions on Electromagnetic Compatibility, 2006, 48(1): 2-9.

[98] Bağci H, Yilmaz A E, Jin J M, et al. Fast and rigorous analysis of EMC/EMI phenomena on electrically large and complex cable-loaded structures [J]. IEEE Transactions on Electromagnetic Compatibility, 2007, 49(2): 361-381.

[99] Bağci H, Yilmaz A E, Michielssen E. An FFT-accelerated time-domain multiconductor transmission line simulator [J]. IEEE Transactions on Electromagnetic Compatibility, 2010, 52(1): 199-214.

[100] Mohsen G M, Felipe V, Reza F D, et al. Time-domain integral equation solver for planar circuits over layered media using finite difference generated green's functions [J]. IEEE Transactions on Antennas and Propagation, 2014, 62(5): 3076-3090.

[101] Maftooli H, Sadeghi S H H, Karami H, et al. An efficient time-domain integral solution for a loaded rectangular metallic enclosure with apertures [J]. IEEE Transactions on Electromagnetic Compatibility, 2016, 58(4): 1064-1071.

[102] Ergin A A, Shanker B, Michielssen E. Fast evaluation of three-dimensional transient wave field using diagonal translation operators [J]. Journal of Computational Physics, 1998, 45: 157-180.

[103] Ergin A, Shanker B, Michielssen E. The plane-wave time-domain algorithm for the fast analysis of transient wave phenomena [J]. IEEE Antennas and Propagation Magazine, 1999, 41(4): 39-52.

[104] Shanker B, Ergin A, Aygün K, et al. Analysis of transient electromagnetic scattering phenomena using a two-level plane wave time-domain algorithm [J]. IEEE Transactions on Antennas and Propagation, 2000, 48(4): 510-523.

[105] Shanker B, Ergin A A, Lu M, et al. Fast analysis of transient electromagnetic scattering phenomena using the multilevel plane wave time domain algorithm [J]. IEEE Transactions on Antennas and Propagation, 2003, 51(3): 628-641.

[106] Shanker B, Ergin A A, Michielssen E. Plane-wave-time-domain-enhanced marching-on-in-time

scheme for analyzing scattering from homogeneous dielectric structures [J]. Journal of the Optical Society of America. A, 2002, 19(4): 716-726.

[107] Kobidze G, Gao J, Shanker B, et al. A fast time domain integral equation based scheme for analyzing scattering from dispersive objects [J]. IEEE Transactions on Antennas and Propagation, 2005, 53(3): 1215-1226.

[108] Aygün K, Shanker B, Ergin A A, et al. A two-level plane wave time-domain algorithm for fast analysis of EMC/EMI problems [J]. IEEE Transactions on Electromagnetic Compatibility, 2002, 44(1): 152-164.

[109] Aygün K, Fischer B C, Meng J, et al. A fast hybrid field-circuit simulator for transient analysis of microwave circuits [J]. IEEE Transactions on Microwave Theory and Techniques, 2004, 52(2): 573-583.

[110] Shanker B, Lu M, Ergin A A, et al. Plane-wave time domain accelerated radiation boundary kernels for FDTD analysis of 3-D electromagnetic phenomena [J]. IEEE Transactions on Antennas and Propagation, 2005, 53(11): 3704-3716.

[111] Liu Y, Yücel A C, Lomakin V, et al. Graphics processing unit implementation of multilevel plane-wave time-domain algorithm [J]. IEEE Antennas and Wireless Propagation Letters, 2014, 13: 1671-1675.

[112] Liu Y, Yücel A C, Bağci H, et al. A scalable parallel PWTD-accelerated SIE solver for analyzing transient scattering from electrically large objects [J]. IEEE Transactions on Antennas and Propagation, 2016, 64(2): 663-674.

[113] Liu Y, Al-Jarro A, Bağcı H, et al. Parallel PWTD-accelerated explicit solution of the time domain electric field volume integral equation [J]. IEEE Transactions on Antennas and Propagation, 2016, 64(6): 2378-2388.

[114] 蔡明娟.时域积分方程在分析介质问题中的算法研究与应用[D].长沙:国防科学技术大学,2006.

[115] 关鑫璞.目标时域 EM 散射特性数值计算方法与实验研究[D].长沙:国防科学技术大学,2007.

[116] 李颖.时域积分方程快速算法研究[D].长沙:国防科学技术大学,2009.

[117] 李金燕.时域积分方程时间步进算法及其快速算法研究[D].成都:电子科技大学,2013.

[118] Hu J L, Chan C H, Xu Y. A fast solution of time domain integral equation using fast Fourier transformation [J]. Microwave and Optical Technology Letters, 2000, 25(3): 172-175.

[119] Yilmaz A E, Weile D S, Jin J M, et al. A fast Fourier transform accelerated marching-on-in-time algorithm (MOT-FFT) for electromagnetic analysis [J]. Electromagnetics, 2001, 21: 181-197.

[120] Yilmaz A E, Weile D S, Jin J M, et al. A hierarchical FFT algorithm (HIL-FFT) for the fast analysis of transient electromagnetic scattering phenomena [J]. IEEE Transactions on Antennas and Propagation, 2002, 50(7): 971-982.

[121] Yilmaz A E, Weile D S, Shanker B, et al. Fast analysis of transient scattering in lossy media

[J]. IEEE Antennas and Wireless Propagation Letters, 2002, 1: 14 - 17.

[122] Yilmaz A, Jin J M, Michielssen E. Time domain adaptive integral method for surface integral equations [J]. IEEE Transactions on Antennas and Propagation, 2004, 52(10): 2692 - 2708.

[123] Yilmaz A, Jin J M, Michielssen E. A parallel FFT accelerated transient field-circuit simulator [J]. IEEE Transactions on Microwave Theory and Techniques, 2005, 53(9): 2851 - 2865.

[124] Yilmaz A E. Parallel FFT-accelerated time-domain integral equation solvers for electromagnetic analysis [D]. Champaign: University of Illinois at Urbma-Champaip, 2005.

[125] Yilmaz A, Jin J M, Michielssen E. Analysis of low-frequency electromagnetic transients by an extended time-domain adaptive integral method [J]. IEEE Transactions on Advanced Packaging, 2007, 30(2): 301 - 312.

[126] Kaur G, Ylmaz A E. Envelope-tracking adaptive integral method for band-pass transient scattering analysis [J]. IEEE Transactions on Antennas and Propagation, 2015, 63: 2215 - 2227.

[127] Boag A, Lomakin V, Michielssen E. Nonuniform grid time domain (NGTD) algorithm for fast evaluation of transient wave fields [J]. IEEE Transactions on Antennas and Propagation, 2006, 54(7): 1943 - 1951.

[128] Meng J, Boag A, Lomakin V, et al. A multilevel Cartesian non-uniform grid time domain algorithm [J]. Journal of Computational Physics, 2010, 229: 8430 - 8444.

[129] Vikram M, Shanker B. Fast evaluation of time domain fields in sub-wavelength source/observer distributions using accelerated Cartesian expansions (ACE) [J]. Journal of Computational Physics, 2007, 227: 1007 - 1023.

[130] Vikram M, Baczewski A, Shanker B, et al. Accelerated Cartesian expansion (ACE) based framework for the rapid evaluation of diffusion, lossy wave, and Klein-Gordon potentials [J]. Journal of Computational Physics, 2010, 229: 9119 - 9134.

[131] Ding J, Gu C, Li Z, et al. Analysis of transient electromagnetic scattering using time domain equivalent dipole moment method [J]. Journal of Electromagnetic Waves and Applications, 2013, 27(1): 39 - 47.

[132] Ding J, Gu C, Li Z, et al. Analysis of transient electromagnetic scattering using time domain fast dipole method [J]. Progress In Electromagnetics Research, 2013, 136: 543 - 559.

[133] Ding J, Yu L, Xu W, et al. Analysis of transient electromagnetic scattering using time multilevel domain fast dipole method [J]. Progress In Electromagnetics Research, 2013, 140: 401 - 413.

[134] 丁吉.时域积分方程方法的研究及其在电磁兼容中的应用[D].南京：南京航天航空大学,2013.

[135] Chen X L, Gu C Q, Niu Z Y, et al. Fast dipole method for electromagnetic scattering from perfect electric conducting targets [J]. IEEE Transactions on Antennas and Propagation, 2012, 60(2): 1186 - 1191.

[136] Cheng G S, Chen R S. Fast analysis of transient electromagnetic scattering using the Taylor series expansion enhanced time domain integral equation solver [J]. IEEE Transactions on Antennas and Propagation, 2016, 64(9): 3943－3952.

[137] Cheng G S, Ding D Z, Chen R S. An efficient fast algorithm for accelerating the time-domain integral equation discontinuous Galerkin method [J]. IEEE Transactions on Antennas and Propagation, 2017, 65(9): 4919－4924.

[138] Walker S P, Vartiainen M J. Hybridization of curvilinear time-domain integral equation and time-domain optical methods for electromagnetic scattering analysis [J]. IEEE Transactions on Antennas and Propagation, 1998, 46(3): 318－324.

[139] Kobidze G, Shanker B, Michielssen E. Hybrid PO-PWTD scheme for analyzing of scattering from electrically large PEC objects [C]. IEEE Antennas and Propagation Society International Symposium, Columbus, 2003: 547－550.

[140] Ren M, Zhou D M, Li Y, et al. Coupled TDIE-PO method for transient scattering from electrically large conducting objects [J]. IEE Electronics Letters, 2008, 44(4): 258－259.

[141] 任猛.时域边界积分方程及其快速算法的研究与应用[D].长沙：国防科学技术大学,2008.

[142] 王文举.时域积分方程快速算法及并行计算的研究与应用[D].长沙：国防科学技术大学,2009.

[143] 赵建尧.时域积分方程混合与快速算法及其在分析复杂结构中瞬态电磁效应的应用研究[D].杭州：浙江大学,2014.

[144] Luo W, Yin W Y, Zhu M D, et al. Hybrid TDIE-TDPO method for studying on transient responses of some wire and surface structures illuminated by an electromagnetic pulse [J]. Progress In Electromagnetics Research, 2011, 116: 203－219.

[145] Zhu M D, Zhou X L, Luo W, et al. Hybrid TDIE-TDPO method using weighted Laguerre polynomials for solving transient electromagnetic problems [J]. Progress in Electromagnetics Research, 2012, 126: 375－398.

[146] 史琰.高阶时域电磁计算方法[D].西安：西安电子科技大学,2005.

[147] LeSaint P, Raviart P A. On a finite element method for solving the neutron transport equation [C]// Boor C D. Mathematical Aspects of Finite Elements in Partial Differential Equations. New York: Academic Press, 1974.

[148] 王伟.微波电路的不连续伽辽金频域有限元方法分析[D].南京：南京理工大学,2013.

[149] Houston P, Perugia I, Schötzau D. Energy norm a posteriori error estimation for mixed discontinuous Galerkin approximations of the Maxwell operator [J]. Computer Methods in Applied Mechanics and Engineering, 2005, 194(2－5): 499－510.

[150] Perugia I, Schötzau D, Monk P. Stabilized interior penalty methods for the time-harmonic Maxwell equations [J]. Computer Methods in Applied Mechanics and Engineering, 2002, 191: 4675－4697.

[151] Hesthaven J, Warburton T. Nodal discontinuous Galerkin methods [M]. New York: Springer-

Verlag, 2008.

[152] Buffa A, Houston P, Perugia I. Discontinuous Galerkin computation of the Maxwell eigenvalues on simplicial meshes [J]. Journal of Computational and Applied Mathematics, 2007, 204(2): 317-333.

[153] Zhen P, Lim K H, Lee J F. A discontinuous galerkin surface integral equation method for electromagnetic wave scattering from nonpenetrable targets [J]. IEEE Transactions on Antennas and Propagation, 2013, 61(7): 3617-3628.

[154] Ozdemir N A, Lee J F. A non-conformal volume integral equation for electromagnetic scattering from penetrable objects [J]. IEEE Transactions on Magnetic, 2007, 30(4): 1369-1372.

[155] Zhang L M, Sheng X Q. A discontinuous galerkin volume integral equation method for scattering from inhomogeneous objects [J]. IEEE Transactions on Antennas and Propagation, 2015, 63(12): 5661-5667.

[156] Zhao Y, Ding D Z, Chen R S. A discontinuous galerkin time domain integral equation method for electromagnetic scattering from pec objects [J]. IEEE Transactions on Antennas and Propagation, 2016, 64(6): 2410-2417.

[157] Hu Y L, Chen R S. Analysis of transient EM scattering from penetrable objects by time domain non-conformal VIE [J]. IEEE Transactions on Antennas and Propagation, 2016, 64(1): 360-365.

[158] Nyström E J. Über die praktische auflösung von integral-gleichungen mit anwendungen auf randwertaufgaben [J]. Acta Mathematica, 1930, 54(1): 185-204.

[159] Peterson A F. Accuracy of currents produced by the locally-corrected Nyström method and the method of moments when used with higher-order representations [J]. Applied Computational Electromagnetics Society Journal, 2002, 17(1): 74-83.

[160] Gedney S D. On deriving a locally corrected Nyström scheme from a quadrature sampled moment method [J]. IEEE Transactions on Antennas and Propagation, 2003, 51(9): 2402-2412.

[161] Gedney S D, Zhu A, Lu C C. Study of mixed-order basis functions for the locally corrected Nyström method [J]. IEEE Transactions on Antennas and Propagation, 2004, 52(11): 2996-3004.

[162] Zhu A, Gedney S D, Visher J L. A study of combined field formulations for material scattering for a locally corrected Nyström discretization [J]. IEEE Transactions on Antennas and Propagation, 2005, 53(12): 4111-4120.

[163] Al-Qedra M, Saleh P, Ling F, et al. Barnes-hut accelerated capacitance extraction via locally corrected Nyström discretization [C]. IEEE Electrical Performance of Electronic Packaging, Scottsdale, 2006: 107-110.

[164] Canino L F, Ottusch J J, Stalzer M A, et al. Numerical solution of the Helmholtz equation in 2D and 3D using a high-order Nyström discretization [J]. Journal of Computational Physics, 1998, 146: 627-663.

[165] Kang G, Song J M, Chew W C, et al. A novel grid-robust higher order vector basis function for the method of moments [J]. IEEE Transactions on Antennas and Propagation, 2001, 49(6): 908-915.

[166] Tao S F, Chen R S. A higher-order solution of volume integral equation for electromagnetic scattering from inhomogeneous objects [J]. IEEE Antennas Wireless Propagation Letters, 2014, 13: 627-630.

[167] Burghignoli B, Nallo C D, Frezza F, et al. Approach for the analysis of 3D arbitrarily shaped conducting and dielectric bodies [J]. International Journal of Numerical Modeling, 2003, 16: 179-194.

[168] Gedney S D, Lu C C. High-order solution for the electromagnetic scattering by inhomogeneous dielectric bodies [J]. Radio Science, 2003, 38(1): 15-1-15-8.

[169] Rawat V, Webb J P. Scattering from dielectric and metallic bodies using a high-order, Nyström, multilevel fast mutipole algorithm [J]. IEEE Transactions on Magnetics, 2006, 42(4): 521-526.

[170] Tong M S, Qian Z G, Chew W C. Nyström method solution of volume integral equations for electromagnetic scattering by 3D penetrable objects [J]. IEEE Transactions on Antennas and Propagation, 2010, 58(5): 1645-1652.

[171] Young J C, Xu Y, Adams R J, et al. High-order Nyström implementation of an augmented electric field integral equation [J]. IEEE Antennas Wireless Propagation Letters, 2012, 11: 846-849.

[172] Bulygin V S, Nosich A I, Gandel Y V. Nyström-type method in three-dimensional electromagnetic diffraction by a finite PEC rotationally symmetric surface [J]. IEEE Transactions on Antennas and Propagation, 2012, 60(10): 4710-4718.

[173] Yang K, Zhou J C, Tong M S. Inversion of electromagnetic scattering for 3D dielectric objects through integral equation method with Nyström discretization [J]. IEEE Transactions on Antennas and Propagation, 2013, 61(6): 3387-3392.

[174] Bulygin V S, Gandel Y V, Vukovic A, et al. Nyström method for the Muller boundary integral equations on a dielectric body of revolution: Axially symmetric problem [J]. IET Microwaves Antennas and Propagation, 2015, 9(11): 1186-1192.

[175] Zhao Y W, Nie Z P, Xu J H, et al. An accurate solution of time-domain magnetic integral equation using higher vector order basis function [C]. IEEE Antennas and Propagation Society International Symposium, Washington, 2005: 304-307.

[176] Wildman R A, Weile D S. Numerical solution of time domain integral equations using the Nyström method [J]. IEEE Antennas and Propagation Society International Symposium, 2005, 3A: 179-182.

[177] Wildman R A, Weile D S. Two-dimensional transverse-magnetic time-domain scattering using the Nyström method and bandlimited extrapolation [J]. IEEE Transactions on Antennas and Propagation, 2005, 53(7): 2259-2266.

[178] Shi Y, Jin J M. A higher-order Nyström scheme for a marching-on-in-degree solution of the magnetic field integral equation [J]. IEEE Antennas Wireless Propagation Letters, 2011, 10: 1059 - 1062.

[179] Tong M S, Chen W J. A hybrid scheme with Nyström discretization for solving transient electromagnetic scattering by conducting objects [J]. IEEE Transactions on Antennas and Propagation, 2015, 63(9): 4219 - 4224.

[180] Tong M S, Wang P C. Stable solution of time-domain combined field integral equations for transient electromagnetic scattering by composite structures based on Nyström scheme and Laguerre function [J]. IEEE Transactions on Antennas and Propagation, 2016, 64(7): 3239 - 3244.

[181] Tong M S, Zhang J. Numerical solution of time-domain volume integral equations for transient electromagnetic scattering by dielectric objects [J]. IEEE Transactions on Antennas and Propagation, 2016, 64(10): 4487 - 4492.

[182] Yee K S. Numerieal solution of initial boundary value problems involving Maxwell equations in isotropic media [J]. IEEE Transactions on Antennas and Propagation, 1966, 14(3): 302 - 307.

[183] Mur G. Absorbing boundary conditions for the finite-difference time-domain approximation of the time-domain electromagnetic field equations [J]. IEEE Transactions on Electromagnetic Compatibility, 1981, 23(4): 377 - 382.

[184] 高本庆.时域有限差分法[M].北京：国防工业出版社,1995.

[185] 王长青,祝西里.电磁场计算中的时域有限差分方法[M].北京：北京大学出版社,1994.

[186] Taflove A. Review of the formulation and applications of the finite-difference time-domain method for numerical modeling of electromagnetic wave interactions with arbitary structures [J]. Wave Motion, 1998, 10: 547 - 582.

[187] Taflove A. Advances in computational electromagnetics: The FDTD method [M]. Norwood: Artech House, 1998.

[188] Sullivan D M. Electromagnetic simulation using the FDTD method [M]. New York: IEEE Press, 2000.

[189] 余文华,苏涛,Mittra R,等.并行时域有限差分[M].北京：中国传媒大学出版社,2005.

[190] Luebbers R J, Hunsberger F P, Kunz K S, et al. A frequency-dependent finite-difference time-domain formulation for dispersive materials [J]. IEEE Transactions on Electromagnetic Compatibility, 1990, 32(3): 222 - 227.

[191] Luebbers R J, Hunsberger F, Kunz K S. A frequency-dependent finite-difference time-domain formulation for transient propagation in plasma [J]. IEEE Transactions on Antennas and Propagation, 1991, 39(1): 29 - 34.

[192] Luebbers R J, Hunsberger F R. FDTD for Nth-order dispersive media [J]. IEEE Transactions on Antennas and Propagation, 1992, 40(11): 1297 - 1301.

[193] Pontalti R, Cristoforetti L, Antolini R, et al. A multi-relaxation (FD) 2-TD method for

modeling dispersion in biological tissues [J]. IEEE Transactions on Microwave Theory and Techniques, 1994, 42(3): 526-528.

[194] Hunsberger F, Lubbers R J, Kunz K S. Finite-difference time-domain analysis of gyrotropic media. I. Magnetized plasma [J]. IEEE Transactions on Antennas and Propagation, 1992, 40(12): 1489-1495.

[195] Luebbers R J, Steich D, Kunz K S. FDTD calculation of scattering from frequency-dependent materials [J]. IEEE Transactions on Antennas and Propagation, 1993, 41(9): 1249-1257.

[196] Siushansian R, Lovetri J. A comparison of numerical techniques for modeling electromagnetic dispersive media [J]. IEEE Microwave and Guided Wave Letters, 1995, 5(12): 426-428.

[197] Kelley D F, Luebbers R J. Piecewise linear recursive convolution for dispersive media using FDTD [J]. IEEE Transactions on Antennas and Propagation, 1996, 44(6): 792-797.

[198] Nickisch L J, Franke P M. Finite-difference time-domain solution of Maxwell's equations for the dispersive ionosphere [J]. IEEE Transactions on Antennas and Propagation Magazine, 1992, 34(5): 33-39.

[199] Gandhi O P, Gao B Q, Chen T Y. A frequency-dependent finite-difference time-domain formulation for general dispersive media [J]. IEEE Transactions on Microwave Theory and Techniques, 1993, 41(4): 658-665.

[200] Takayama Y, Klaus W. Reinterpretation of the auxiliary differential equation method for FDTD [J]. IEEE Microwave and Wireless Componts Letters, 2002, 12(3): 102-104.

[201] Sullivan D M. Frequency-dependent FDTD methods using *Z* transforms [J]. IEEE Transactions on Antennas and Propagation, 1992, 40(10): 1223-1230.

[202] Sullivan D M. Nonlinear FDTD formulations using *Z* transforms [J]. IEEE Transactions on Microwave Theory and Techniques, 1995, 43(3): 676-682.

[203] Sullivan D M. *Z*-transform theory and the FDTD method [J]. IEEE Transactions on Antennas and Propagation, 1996, 44(1): 28-34.

[204] Chen Q, Katsurai M, Aoyagi P H. A FDTD formulation for dispersive media using a current density [J]. IEEE Transactions on Antennas and Propagation, 1998, 46(11): 1739-1746.

[205] Young J L. A full finite difference time domain implementation forradio wave propagation in a plasma [J]. Radio Science, 1994, 29(6): 1513-1522.

[206] Young J L. Propagation in linear dispersive media: Finite difference time-domain methodologies [J]. IEEE Transactions on Antennas and Propagation, 1995, 43(4): 422-426.

[207] Young J L. A higher order FDTD method for EM propagation in a collisionless cold plasma [J]. IEEE Transactions on Antennas and Propagation, 1996, 44(9): 1283-1289.

[208] Xu L J, Yuan N C. PLJERC-ADI-FDTD method for isotropic plasma [J]. IEEE Microwave and Wireless Components Letters, 2005, 15(4): 277-279.

[209] Liu S B, Mo J J, Yuan N C. A novel FDTD simulation for plasma piecewise linear current density recursive convolution [J]. Acta Physica Sinica, 2004, 53(3): 778-782.

[210] Liu S B, Mo J J, Yuan N C. A JEC-FDTD implementation for anisotropic magnetized plasmas

[J]. Acta Physica Sinica, 2004, 53(3): 783-787.
[211] Liu S B, Mo J J, Yuan N C. An auxiliary differential equation FDTD method for anisotropic magnetized plasmas [J]. Acta Physica Sinica, 2004, 53(7): 2233-2236.
[212] Yang L X, Ge D B. Padé-finite-difference time-domain analysis of electromagnetic scattering in magnetic anisotropic medium [J]. Acta Physica Sinica, 2006, 55(4): 1751-1758.
[213] Ge D B, Wu Y L, Zhu X Q. Shift operator method applied for dispersive medium in FDTD analysis [J]. Chinese Journal of Radio Science, 2003, 18(4): 359-362.
[214] Yang L X, Ge D B, Wei B. Three-dimensional finite-difference time-domain implementation for anisotropic dispersive medium using recursive convolution method [J]. Acta Physica Sinica, 2007, 56(8): 4509-4514.
[215] Kobidze G, Gao J, Shanker B, et al. A fast time domain integral equation based scheme for analyzing scattering from dispersive objects [J]. IEEE Transactions on Antennas and Propagation, 2005, 53(3): 1215-1226.
[216] Shi Y, Jin J M. A time-domain volume integral equation and its marching-on-in-degree solution for analysis of dispersive dielectric objects [J]. IEEE Transactions on Antennas and Propagation, 2011, 59(3): 969-978.

第 2 章　时域积分方程

时域积分方程(TDIE)方法的研究开始于 20 世纪 60 年代末,由 Bennett 等[1]首次提出了时域积分方程的概念,同时阐释了时间步进(MOT)算法的思想。和时域微分方程方法相比,时域积分方程方法[2-6]在分析时域散射时更具有优势。这是因为 TDIE 方法只需离散散射体本身,而时域微分方程方法不仅需要对整个目标进行离散,还需要对目标的周围区域进行离散,这就导致了未知数数量急剧增加,因此,时域积分方程方法需要求解的未知量数目与时域微分方程方法相比要小得多。另外,TDIE 直接通过格林函数建立未知量之间的耦合关系,没有色散误差,且自动满足辐射条件,无须强加吸收边界条件。

本章首先介绍时域电磁场的基本理论,包括时变电磁场麦克斯韦(Maxwell)方程组、辅助位函数、边界条件以及时域电磁场的积分形式;然后在上述理论的基础上,推导自由空间中理想导体(perfect electric conductor, PEC)目标的时域电磁场积分方程,包括时域电场积分方程(TD-EFIE)、时域磁场积分方程(TD-MFIE)和时域混合场积分方程(TD-CFIE);接着推导分析均匀介质目标时域电磁散射特性的时域 PMCHWT 方程[7-9]以及分析非均匀介质目标时域电磁散射特性的时域体积分方程(TD-VIE)[10-15];最后给出分析金属介质混合目标时域电磁散射特性的时域体面积分方程(TD-VSIE)[16,17]。

2.1　时域电磁场基本理论

电磁场时域积分方程方法是建立在时变电磁场 Maxwell 方程组基础上的,本节简要描述时变电磁场的基本理论,包括 Maxwell 方程组、辅助位函数、边界条件以及时域电磁场的积分形式[18-23]。

2.1.1　时变电磁场 Maxwell 方程组

Maxwell 方程组是英国科学家麦克斯韦基于法拉第等前人对宏观电磁现象实验规律的总结而得到的。它是一切宏观电磁现象所遵循的普遍规律,是电磁理论的基本方程[24-26]。广义时域麦克斯韦方程表达式如下:

$$\nabla \times \boldsymbol{E}(\boldsymbol{r}, t) = -\boldsymbol{M}(\boldsymbol{r}, t) - \frac{\partial \boldsymbol{B}(\boldsymbol{r}, t)}{\partial t} \tag{2.1.1}$$

$$\nabla \times \boldsymbol{H}(\boldsymbol{r}, t) = \boldsymbol{J}(\boldsymbol{r}, t) + \frac{\partial \boldsymbol{D}(\boldsymbol{r}, t)}{\partial t} \tag{2.1.2}$$

$$\nabla \cdot \boldsymbol{B}(\boldsymbol{r}, t) = \rho_m(\boldsymbol{r}, t) \tag{2.1.3}$$

$$\nabla \cdot \boldsymbol{D}(\boldsymbol{r}, t) = \rho(\boldsymbol{r}, t) \tag{2.1.4}$$

其中，$\boldsymbol{E}(\boldsymbol{r}, t)$为电场强度；$\boldsymbol{H}(\boldsymbol{r}, t)$为磁场强度；$\boldsymbol{D}(\boldsymbol{r}, t)$为电通量密度；$\boldsymbol{B}(\boldsymbol{r}, t)$为磁通量密度；$\boldsymbol{J}(\boldsymbol{r},t)$为电流密度；$\boldsymbol{M}(\boldsymbol{r}, t)$为引入的磁流密度；$\rho(\boldsymbol{r}, t)$为电荷密度；$\rho_m(\boldsymbol{r}, t)$为引入的磁荷密度。

上述麦克斯韦方程组的四个方程不是完全独立的，可以用电流连续性方程式(2.1.5)和磁流连续性方程式(2.1.6)将这四个方程相互联系起来：

$$\nabla \cdot \boldsymbol{J}(\boldsymbol{r}, t) = -\frac{\partial \rho(\boldsymbol{r}, t)}{\partial t} \tag{2.1.5}$$

$$\nabla \cdot \boldsymbol{M}(\boldsymbol{r}, t) = -\frac{\partial \rho_m(\boldsymbol{r}, t)}{\partial t} \tag{2.1.6}$$

要求解关于场的方程，还需要引入电磁场中描述媒质特性的关系式，对于均匀、各向同性、线性的简单媒质，在自由空间中组成关系有：

$$\boldsymbol{D}(\boldsymbol{r}, t) = \varepsilon(\boldsymbol{r})\boldsymbol{E}(\boldsymbol{r}, t) \tag{2.1.7}$$

$$\boldsymbol{B}(\boldsymbol{r}, t) = \mu(\boldsymbol{r})\boldsymbol{H}(\boldsymbol{r}, t) \tag{2.1.8}$$

其中，$\varepsilon(\boldsymbol{r})$和$\mu(\boldsymbol{r})$分别称为自由空间中的介电常数和磁导率。

广义时变 Maxwell 方程组具有很好的对称性。当磁流源与磁荷密度为零，即$\boldsymbol{M}(\boldsymbol{r}, t) = 0$和$\rho_m(\boldsymbol{r}, t) = 0$时，式(2.1.1)～(2.1.4)就转化为基本形式的时变 Maxwell 方程组。

2.1.2　辅助位函数

为了简化求解，引入辅助函数的概念[18-20]，利用辅助位函数求解电磁场：在线性、均匀、各向同性媒质中，假设只有电型源(电流和电荷源)存在，引入矢量磁位$\boldsymbol{A}(\boldsymbol{r}, t)$满足

$$\boldsymbol{B}(\boldsymbol{r}, t) = \nabla \times \boldsymbol{A}(\boldsymbol{r}, t) \tag{2.1.9}$$

将式(2.1.9)代入式(2.1.1)中，得

$$\nabla \times \left[\boldsymbol{E}(\boldsymbol{r}, t) + \frac{\partial \boldsymbol{A}(\boldsymbol{r}, t)}{\partial t}\right] = 0 \tag{2.1.10}$$

由于对标量函数的梯度取旋度的值为零，引入标量电位$\phi(\boldsymbol{r}, t)$，满足

$$\left[\boldsymbol{E}(\boldsymbol{r},\ t)+\frac{\partial \boldsymbol{A}(\boldsymbol{r},\ t)}{\partial t}\right]=-\nabla \phi(\boldsymbol{r},\ t) \tag{2.1.11}$$

由式(2.1.11)求解电场的表达式:

$$\left[\boldsymbol{E}(\boldsymbol{r},\ t)+\frac{\partial \boldsymbol{A}(\boldsymbol{r},\ t)}{\partial t}\right]=-\nabla \phi(\boldsymbol{r},\ t) \tag{2.1.12}$$

只要得到辅助位函数的表达式,就可由式(2.1.12)求出电磁场。将式(2.1.9)和式(2.1.12)代入式(2.1.2)和式(2.1.4),整理后得

$$\nabla^2 \boldsymbol{A}(\boldsymbol{r},\ t)-\varepsilon\mu \frac{\partial^2 \boldsymbol{A}(\boldsymbol{r},\ t)}{\partial t^2}-\nabla\left[\nabla \cdot \boldsymbol{A}(\boldsymbol{r},\ t)+\varepsilon\mu \frac{\partial \phi(\boldsymbol{r},\ t)}{\partial t}\right]=-\mu \boldsymbol{J}(\boldsymbol{r},\ t) \tag{2.1.13}$$

$$\nabla^2 \phi(\boldsymbol{r},\ t)-\varepsilon\mu \frac{\partial^2 \phi(\boldsymbol{r},\ t)}{\partial t^2}+\frac{\partial}{\partial t}\left[\nabla \cdot \boldsymbol{A}(\boldsymbol{r},\ t)+\varepsilon\mu \frac{\partial \phi(\boldsymbol{r},\ t)}{\partial t}\right]=-\frac{\rho(\boldsymbol{r},\ t)}{\varepsilon} \tag{2.1.14}$$

式(2.1.13)和式(2.1.14)就是关于 $\boldsymbol{A}(\boldsymbol{r},\ t)$ 和 $\phi(\boldsymbol{r},\ t)$ 的方程组。

根据唯一性定理,矢量场的唯一确定取决于其旋度和散度的唯一性,上述已确定矢量磁位 $\boldsymbol{A}(\boldsymbol{r},\ t)$ 的旋度,还需要规定其散度来确定矢量磁位 $\boldsymbol{A}(\boldsymbol{r},\ t)$ 是唯一的,现令

$$\nabla \cdot \boldsymbol{A}(\boldsymbol{r},\ t)=-\varepsilon\mu \frac{\partial \phi(\boldsymbol{r},\ t)}{\partial t} \tag{2.1.15}$$

该式被称为洛伦兹(Lorentz)规范条件。将其代入式(2.1.13)和式(2.1.14)得到 $\boldsymbol{A}(\boldsymbol{r},\ t)$ 与 $\phi(\boldsymbol{r},\ t)$ 满足的方程组为

$$\nabla^2 \boldsymbol{A}(\boldsymbol{r},\ t)-\varepsilon\mu \frac{\partial^2 \boldsymbol{A}(\boldsymbol{r},\ t)}{\partial t^2}=-\mu \boldsymbol{J}(\boldsymbol{r},\ t) \tag{2.1.16}$$

$$\nabla^2 \phi(\boldsymbol{r},\ t)-\varepsilon\mu \frac{\partial^2 \phi(\boldsymbol{r},\ t)}{\partial t^2}=-\frac{\rho(\boldsymbol{r},\ t)}{\varepsilon} \tag{2.1.17}$$

求解式(2.1.16)和式(2.1.17)所示的两个方程就可得到矢量磁位 $\boldsymbol{A}(\boldsymbol{r},\ t)$ 和标量电位 $\phi(\boldsymbol{r},\ t)$ 如下:

$$\boldsymbol{A}(\boldsymbol{r},\ t)=\frac{\mu}{4\pi}\int_V \frac{\boldsymbol{J}(\boldsymbol{r}',\ t-R/c)}{R}\mathrm{d}V' \tag{2.1.18}$$

$$\phi(\boldsymbol{r},\ t)=\frac{1}{4\pi\varepsilon}\int_V \frac{\rho(\boldsymbol{r}',\ t-R/c)}{R}\mathrm{d}V' \tag{2.1.19}$$

其中,$\boldsymbol{r}$ 表示场点的位置矢量;$\boldsymbol{r}'$表示源点位置矢量; $c=1/\sqrt{\mu\varepsilon}$ 是电磁波传播的速度;V 表示产生场的外加源所在的空间区域; $R=\boldsymbol{r}-\boldsymbol{r}'$ 为场点到源点的距离。

假设仅有磁型源(只有磁流和磁荷源),同理矢量磁位 $\boldsymbol{A}(\boldsymbol{r},\ t)$、标量电位 $\phi(\boldsymbol{r},\ t)$的推导过程,引入矢量电位 $\boldsymbol{F}(\boldsymbol{r},\ t)$和标量磁位 $\phi_m(\boldsymbol{r},\ t)$的表达式如下:

$$\boldsymbol{F}(\boldsymbol{r},\ t)=\frac{\varepsilon}{4\pi}\int_V\frac{\boldsymbol{M}(\boldsymbol{r}',\ t-R/c)}{R}\mathrm{d}V' \tag{2.1.20}$$

$$\phi_m(\boldsymbol{r},\ t)=\frac{1}{4\pi\mu}\int_V\frac{\rho_m(\boldsymbol{r}',\ t-R/c)}{R}\mathrm{d}V' \tag{2.1.21}$$

当电型源和磁型源都存在时,无限空间中的电磁场可表示为

$$\boldsymbol{E}(\boldsymbol{r},\ t)=-\frac{\partial}{\partial t}\boldsymbol{A}(\boldsymbol{r},\ t)-\nabla\phi(\boldsymbol{r},\ t)-\frac{1}{\varepsilon}\nabla\times\boldsymbol{F}(\boldsymbol{r},\ t) \tag{2.1.22}$$

$$\boldsymbol{H}(\boldsymbol{r},\ t)=-\frac{\partial}{\partial t}\boldsymbol{F}(\boldsymbol{r},\ t)-\nabla\phi_m(\boldsymbol{r},\ t)+\frac{1}{\mu}\nabla\times\boldsymbol{A}(\boldsymbol{r},\ t) \tag{2.1.23}$$

2.1.3 边界条件

当电磁场所在的区域中包含几种介质时,在不同介质形成的边界上,介质的电磁参数发生突变,导致场量发生改变。对于有限空间的电磁场问题,为了保证 Maxwell 方程的解在边界上的连续性,以使合成的全区域解处成立且唯一,我们必须获悉场量通过边界时的变化规律,这种变化规律称为边界条件[20]。

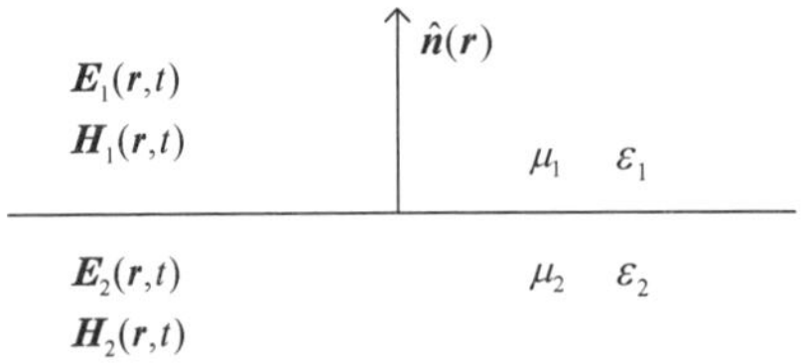

图 2.1.1 边界示意图

考虑如图 2.1.1 所示的两种不同媒质构成的区域,其中媒质 1 中的场为 $\boldsymbol{E}_1(\boldsymbol{r},\ t)$、$\boldsymbol{H}_1(\boldsymbol{r},\ t)$,媒质参数为 ε_1、μ_1;媒质 2 中的场为 $\boldsymbol{E}_2(\boldsymbol{r},\ t)$、$\boldsymbol{H}_2(\boldsymbol{r},\ t)$,媒质参数为 ε_2、μ_2;边界面上由媒质 2 指向媒质 1 的单位法向矢量为 $\hat{\boldsymbol{n}}(\boldsymbol{r})$。则边界面处的场由如下边界条件来描述:

$$\hat{\boldsymbol{n}}(\boldsymbol{r})\times[\boldsymbol{E}_1(\boldsymbol{r},\ t)-\boldsymbol{E}_2(\boldsymbol{r},\ t)]=-\boldsymbol{M}_s(\boldsymbol{r},\ t) \tag{2.1.24}$$

$$\hat{\boldsymbol{n}}(\boldsymbol{r})\times[\boldsymbol{H}_1(\boldsymbol{r},\ t)-\boldsymbol{H}_2(\boldsymbol{r},\ t)]=\boldsymbol{J}_s(\boldsymbol{r},\ t) \tag{2.1.25}$$

$$\hat{\boldsymbol{n}}(\boldsymbol{r})\cdot[\boldsymbol{D}_1(\boldsymbol{r},\ t)-\boldsymbol{D}_2(\boldsymbol{r},\ t)]=\rho_s(\boldsymbol{r},\ t) \tag{2.1.26}$$

$$\hat{\boldsymbol{n}}(\boldsymbol{r})\cdot[\boldsymbol{B}_1(\boldsymbol{r},\ t)-\boldsymbol{B}_2(\boldsymbol{r},\ t)]=\rho_{ms}(\boldsymbol{r},\ t) \tag{2.1.27}$$

其中,$\boldsymbol{J}_s(\boldsymbol{r},\ t)$、$\boldsymbol{M}_s(\boldsymbol{r},\ t)$、$\rho_s(\boldsymbol{r},\ t)$、$\rho_{ms}(\boldsymbol{r},\ t)$分别为边界面上的面电流密度、面磁

流密度、面电荷密度和面磁荷密度。

由于洛伦兹规范条件将 $\boldsymbol{A}(\boldsymbol{r}, t)$ 和 $\phi(\boldsymbol{r}, t)$、$\boldsymbol{F}(\boldsymbol{r}, t)$ 和 $\phi_m(\boldsymbol{r}, t)$ 相联系，所以将式(2.1.15)代入式(2.1.22)和式(2.1.23)中消去 $\phi(\boldsymbol{r}, t)$ 和 $\phi_m(\boldsymbol{r}, t)$，电流源 $\boldsymbol{J}(\boldsymbol{r}, t)$ 和磁流源 $\boldsymbol{M}(\boldsymbol{r}, t)$ 在无限空间中产生的电磁场的表达式可写为

$$\boldsymbol{E}(\boldsymbol{r}, t) = -\int_0^t \left(\frac{\partial^2 \boldsymbol{I}}{\partial (t')^2} - c^2 \nabla\nabla\right) \cdot \boldsymbol{A}(\boldsymbol{r}, t')\mathrm{d}t' - \frac{1}{\varepsilon}\nabla \times \boldsymbol{F}(\boldsymbol{r}, t) \tag{2.1.28}$$

$$\boldsymbol{H}(\boldsymbol{r}, t) = -\int_0^t \left(\frac{\partial^2 \boldsymbol{I}}{\partial (t')^2} - c^2 \nabla\nabla\right) \cdot \boldsymbol{F}(\boldsymbol{r}, t')\mathrm{d}t' + \frac{1}{\mu}\nabla \times \boldsymbol{A}(\boldsymbol{r}, t) \tag{2.1.29}$$

式(2.1.28)和式(2.1.29)是电磁场的并矢表达形式，两个∇算子都是对场点 $\boldsymbol{r}$ 作用，导致积分核高阶奇异性，难以用于近场计算。但是由于等效源无需被作用，在某些条件下(如远场计算)能简化得到简明的表达式，因而此形式一般用于计算远场。

另一种形式是将电、磁流连续性方程式(2.1.5)和式(2.1.6)代入得

$$\begin{aligned}\boldsymbol{E}(\boldsymbol{r}, t) = &-\frac{\mu}{4\pi}\int_V \mathrm{d}V' \frac{\partial_t \boldsymbol{J}(\boldsymbol{r}', t - R/c)}{R} + \frac{\nabla}{4\pi\varepsilon}\int_V \mathrm{d}V' \int_{-\infty}^{t-R/c} \frac{\nabla' \cdot \boldsymbol{J}(\boldsymbol{r}', t')}{R}\mathrm{d}t' \\ &- \nabla \times \frac{1}{4\pi}\int_V \mathrm{d}V' \frac{\boldsymbol{M}(\boldsymbol{r}', t - R/c)}{R}\end{aligned} \tag{2.1.30}$$

$$\begin{aligned}\boldsymbol{H}(\boldsymbol{r}, t) = &-\frac{\varepsilon}{4\pi}\int_V \mathrm{d}V' \frac{\partial_t \boldsymbol{M}(\boldsymbol{r}', t - R/c)}{R} + \frac{\nabla}{4\pi\mu}\int_V \mathrm{d}V' \int_{-\infty}^{t-R/c} \frac{\nabla' \cdot \boldsymbol{M}(\boldsymbol{r}', t')}{R}\mathrm{d}t' \\ &+ \nabla \times \frac{1}{4\pi}\int_V \mathrm{d}V' \frac{\boldsymbol{J}(\boldsymbol{r}', t - R/c)}{R}\end{aligned} \tag{2.1.31}$$

式(2.1.30)和式(2.1.31)是电磁场的混合势表达形式，μ 和 ε 分别表示媒质的磁导率和介电常数，$c = 1/\sqrt{\mu\varepsilon}$ 是电磁波在该媒质中的传播速率。两个算子∇一个作用于场点 $\boldsymbol{r}$，一个作用于源点 $\boldsymbol{r}'$，因而积分核奇异性阶次低于前者，一般用于计算近场。需要强调的是电磁场的并矢表达形式是恒成立的，而电磁场的混合势表达形式成立的条件是用于等效源展开的空间基函数满足电流连续性条件。

为了书写简洁，可引入两个积分微分算子 $L_V(\cdot)$ 和 $K_V(\cdot)$ 来描述式(2.1.30)和式(2.1.31)，算子 $L_V(\cdot)$ 和 $K_V(\cdot)$ 定义为

$$L_V(\boldsymbol{X}) = -\frac{\mu}{4\pi}\int_V \mathrm{d}V' \frac{\partial_t \boldsymbol{X}(\boldsymbol{r}', t - R/c)}{R} + \frac{\nabla}{4\pi\varepsilon}\int_V \mathrm{d}V' \int_{-\infty}^{t-R/c} \frac{\nabla' \cdot \boldsymbol{X}(\boldsymbol{r}', t')}{R}\mathrm{d}t' \tag{2.1.32}$$

$$K_V(\boldsymbol{X}) = \nabla \times \frac{1}{4\pi}\int_V \mathrm{d}V' \frac{\boldsymbol{X}(\boldsymbol{r}', t - R/c)}{R} \tag{2.1.33}$$

用算子表示的场的表达式可写为

$$\boldsymbol{E}(\boldsymbol{r},\ t) = L_V(\boldsymbol{J}) - K_V(\boldsymbol{M}) \tag{2.1.34}$$

$$\boldsymbol{H}(\boldsymbol{r},\ t) = \frac{L_V(\boldsymbol{M})}{\eta^2} + K_V(\boldsymbol{J}) \tag{2.1.35}$$

式(2.1.32)和式(2.1.33)给出了体电流分布电磁场积分表达式,由此可以很容易得到基于面电流分布的积分表达式,只需要把相应的对体电流的作用转换为对面电流的作用。基于面电流分布的算子 $L_S(\cdot)$ 和 $K_S(\cdot)$ 可定义为

$$L_S(\boldsymbol{X}) = -\frac{\mu}{4\pi}\int_S \mathrm{d}S' \frac{\partial_t \boldsymbol{X}(\boldsymbol{r}',\ t - R/c)}{R} + \frac{\nabla}{4\pi\varepsilon}\int_S \mathrm{d}S' \int_{-\infty}^{t-R/c} \frac{\nabla' \cdot \boldsymbol{X}(\boldsymbol{r}',\ t')}{R}\mathrm{d}t' \tag{2.1.36}$$

$$K_S(\boldsymbol{X}) = \nabla \times \frac{1}{4\pi}\int_S \mathrm{d}S' \frac{\boldsymbol{X}(\boldsymbol{r}',\ t - R/c)}{R} \tag{2.1.37}$$

2.2　理想导体目标的时域积分方程

从时域 Maxwell 方程组出发,经过一系列的数学推导,根据理想导体表面的边界条件,可以建立求解自由空间中理想导体目标瞬态电磁特性的时域电场积分方程(TD-EFIE)、时域磁场积分方程(TD-MFIE)和时域混合场积分方程(TD-CFIE),本节详细给出了时域电磁场积分方程的建立过程。

如图 2.2.1 所示,金属目标置于介电常数为 ε_0、磁导率为 μ_0 的自由空间,在外加电磁场 $\{\boldsymbol{E}^{\mathrm{inc}}(\boldsymbol{r},\ t),\ \boldsymbol{H}^{\mathrm{inc}}(\boldsymbol{r},\ t)\}$ 的照射下产生感应电流 $\boldsymbol{J}_S(\boldsymbol{r},\ t)$。假设入射波在 $t=0$ 时刻之后才触及散射体,因此 $t<0$ 时 $\boldsymbol{J}_S(\boldsymbol{r},\ t)=0$。目标的表面用 S 表示,其外法线方向为 $\hat{\boldsymbol{n}}(\boldsymbol{r})$。表面感应电流在空间中将产生散射场 $\{\boldsymbol{E}^{\mathrm{sca}}(\boldsymbol{r},\ t),\ \boldsymbol{H}^{\mathrm{sca}}(\boldsymbol{r},\ t)\}$。

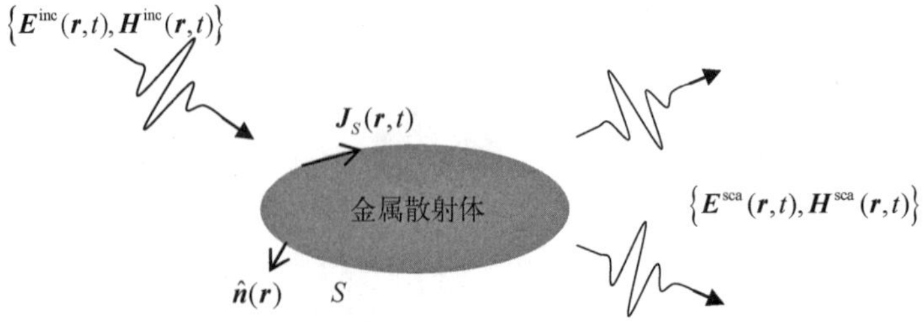

图 2.2.1　电磁波照射下的理想导体目标示意图

根据理想导体表面的边界条件，即：

$$\hat{\boldsymbol{n}} \times \hat{\boldsymbol{n}} \times [\boldsymbol{E}^{\mathrm{inc}}(\boldsymbol{r}, t) + \boldsymbol{E}^{\mathrm{sca}}(\boldsymbol{r}, t)]|_S = 0 \tag{2.2.1}$$

$$\hat{\boldsymbol{n}} \times [\boldsymbol{H}^{\mathrm{inc}}(\boldsymbol{r}, t) + \boldsymbol{H}^{\mathrm{sca}}(\boldsymbol{r}, t)]|_S = \boldsymbol{J}_S(\boldsymbol{r}, t) \tag{2.2.2}$$

将式(2.1.30)和式(2.1.31)代入上式可得到理想导体时域电场和磁场积分方程[6]的表达式：

$$\begin{aligned}\hat{\boldsymbol{n}} \times \hat{\boldsymbol{n}} \times \boldsymbol{E}^{\mathrm{inc}}(\boldsymbol{r}, t) &= -\hat{\boldsymbol{n}} \times \hat{\boldsymbol{n}} \times L_S\{\boldsymbol{J}_S(\boldsymbol{r}', t)\} \\ &= \hat{\boldsymbol{n}} \times \hat{\boldsymbol{n}} \times \left[\frac{\mu_0}{4\pi}\int_S \mathrm{d}S' \frac{\partial_t \boldsymbol{J}_S(\boldsymbol{r}', \tau)}{R} - \frac{\nabla}{4\pi\varepsilon_0}\int_S \mathrm{d}S' \int_{-\infty}^{\tau} \frac{\nabla' \cdot \boldsymbol{J}_S(\boldsymbol{r}', t')}{R}\mathrm{d}t'\right]\end{aligned} \tag{2.2.3}$$

$$\begin{aligned}\hat{\boldsymbol{n}} \times \boldsymbol{H}^{\mathrm{inc}}(\boldsymbol{r}, t) &= \boldsymbol{J}_S(\boldsymbol{r}, t) - \hat{\boldsymbol{n}} \times K_S\{\boldsymbol{J}_S(\boldsymbol{r}', t)\} \\ &= \boldsymbol{J}_S(\boldsymbol{r}, t) - \hat{\boldsymbol{n}} \times \nabla \times \frac{1}{4\pi}\int_S \mathrm{d}S' \frac{\boldsymbol{J}_S(\boldsymbol{r}', \tau)}{R}\end{aligned} \tag{2.2.4}$$

其中，$\tau = t - R/c$ 表示波传播时间延迟。

如果将上式的柯西主值提取出来，即可得时域磁场积分方程：

$$\hat{\boldsymbol{n}} \times \boldsymbol{H}^{\mathrm{inc}}(\boldsymbol{r}, t) = \frac{\boldsymbol{J}_S(\boldsymbol{r}, t)}{2} - \hat{\boldsymbol{n}} \times \nabla \times \frac{1}{4\pi}\int_{S_o} \mathrm{d}S' \frac{\boldsymbol{J}_S(\boldsymbol{r}', \tau)}{R} \tag{2.2.5}$$

S_o 表示去除奇异点之后的散射场计算区域。

电场积分方程适用于开放体和闭合体，计算的精度很好。磁场积分方程只适用于闭合体。当外部媒质无耗时，单独使用电场积分方程或磁场积分方程处理闭合导体散射问题，可能会在某些频率点产生奇异性问题，即内谐振现象。混合场积分方程则是电场积分方程和磁场积分方程的线性组合。使用混合场积分方程可以有效避免内谐振问题。

时域混合场积分方程为时域电场和时域磁场积分方程的线性组合，即

$$\begin{aligned}&\alpha\hat{\boldsymbol{n}} \times \hat{\boldsymbol{n}} \times \boldsymbol{E}^{\mathrm{inc}}(\boldsymbol{r}, t) + (1-\alpha)\eta_0\hat{\boldsymbol{n}} \times \boldsymbol{H}^{\mathrm{inc}}(\boldsymbol{r}, t) \\ &= -\alpha\hat{\boldsymbol{n}} \times \hat{\boldsymbol{n}} \times L_S\{\boldsymbol{J}_S(\boldsymbol{r}, t)\} + (1-\alpha)\eta_0\boldsymbol{J}_S(\boldsymbol{r}, t) - (1-\alpha)\eta_0\hat{\boldsymbol{n}} \times K_S\{\boldsymbol{J}_S(\boldsymbol{r}', t)\}\end{aligned} \tag{2.2.6}$$

其中，$\eta_0 = \sqrt{\mu_0/\varepsilon_0}$ 为自由空间波阻抗；α 为加权系数，$0 \leqslant \alpha \leqslant 1$。当 $\alpha = 1$ 时，上式退化为时域电场积分方程；当 $\alpha = 0$ 时，上式退化为时域磁场积分方程。

由于式(2.2.6)中出现时间积分项，增加了数值计算的复杂性，为了简化计算，可对式(2.2.6)两边求导，得到微分形式的时域混合场积分方程，即

$$
\begin{aligned}
&\alpha\hat{\boldsymbol{n}}\times\hat{\boldsymbol{n}}\times\frac{\partial}{\partial t}\boldsymbol{E}^{\text{inc}}(\boldsymbol{r},t)+(1-\alpha)\eta_0\hat{\boldsymbol{n}}\times\frac{\partial}{\partial t}\boldsymbol{H}^{\text{inc}}(\boldsymbol{r},t)\\
=&\alpha\hat{\boldsymbol{n}}\times\hat{\boldsymbol{n}}\times L_S'\{\boldsymbol{J}_S(\boldsymbol{r}',t)\}+(1-\alpha)\eta_0\boldsymbol{J}_S(\boldsymbol{r},t)\\
&-(1-\alpha)\eta_0\hat{\boldsymbol{n}}\times K_S'\{\boldsymbol{J}_S(\boldsymbol{r}',t)\}
\end{aligned}\tag{2.2.7}
$$

其中，$L_S'(\cdot)$和$K_S'(\cdot)$分别为微分形式的时域电场和磁场积分方程算子。

2.3 介质目标的时域积分方程

2.3.1 时域 PMCHWT 方程

如图 2.3.1(a)所示，考虑一均匀介质体位于均匀、线性媒质空间中，线性媒质空间记为 1，媒质的参数记为 ε_1、μ_1，外加电磁场记为 $\boldsymbol{E}_{\text{inc}}^1$、$\boldsymbol{H}_{\text{inc}}^1$；介质目标区域记为 2，媒质的参数记为 ε_2、μ_2，外加电磁场记为 $\boldsymbol{E}_{\text{inc}}^2$、$\boldsymbol{H}_{\text{inc}}^2$。

根据等效原理，原问题可以分解为外域问题[图 2.3.1(b)]和内域问题[图 2.3.1(c)]。根据等效原理有

$$\boldsymbol{J}=\boldsymbol{J}_{12}=\boldsymbol{n}_{12}\times\boldsymbol{H}_1=-\boldsymbol{n}_{21}\times\boldsymbol{H}_2=-\boldsymbol{J}_{21}\tag{2.3.1}$$

$$\boldsymbol{M}=\boldsymbol{M}_{12}=-\boldsymbol{n}_{12}\times\boldsymbol{E}_1=\boldsymbol{n}_{21}\times\boldsymbol{E}_2=-\boldsymbol{M}_{21}\tag{2.3.2}$$

其中，$\boldsymbol{E}_1$、$\boldsymbol{H}_1$ 和 $\boldsymbol{E}_2$、$\boldsymbol{H}_2$ 分别是区域 1 和 2 中的总场。

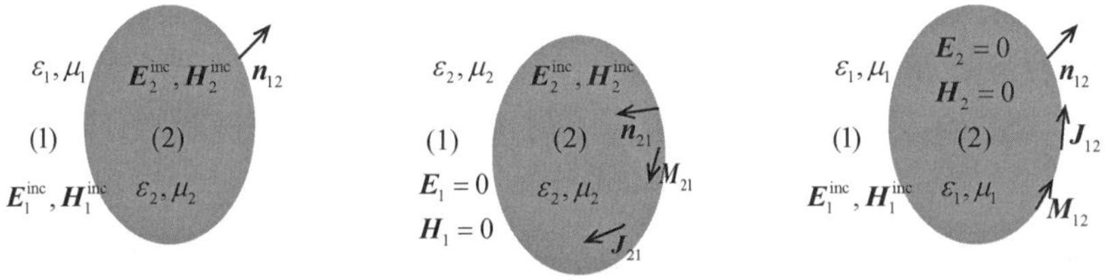

(a) 原问题 (b) 外域问题 (c) 内域问题

图 2.3.1 均匀介质问题

等效电流和磁流在内域和外域中产生的散射场分别为

$$\boldsymbol{E}_v^s(\boldsymbol{r},t)=\mp\frac{\partial}{\partial t}\boldsymbol{A}_v(\boldsymbol{r},t)\mp\nabla\phi_v(\boldsymbol{r},t)\mp\frac{1}{\varepsilon_v}\nabla\times\boldsymbol{F}_v(\boldsymbol{r},t)\tag{2.3.3}$$

$$\boldsymbol{H}_v^s(\boldsymbol{r},t)=\mp\frac{\partial}{\partial t}\boldsymbol{F}_v(\boldsymbol{r},t)\mp\nabla\phi_{mv}(\boldsymbol{r},t)\mp\frac{-1}{\mu_v}\nabla\times\boldsymbol{A}_v(\boldsymbol{r},t)\tag{2.3.4}$$

其中，$v=1$ 时，表示等效电磁流在区域 1 中产生的场，此时式(2.3.3)和式(2.3.4)

取负号；$v=2$ 时，表示等效电磁流在区域 2 中产生的场，此时式(2.3.3)和式(2.3.4)取正号。矢量磁位 $\boldsymbol{A}(\boldsymbol{r},t)$、标量电位 $\phi(\boldsymbol{r},t)$、矢量电位 $\boldsymbol{F}(\boldsymbol{r},t)$ 和标量磁位 $\phi_m(\boldsymbol{r},t)$ 分别如下所示：

$$\boldsymbol{A}_v(\boldsymbol{r},t)=\frac{\mu_v}{4\pi}\int_S\frac{\boldsymbol{J}(\boldsymbol{r}'-R/c_v)}{R}\mathrm{d}S' \tag{2.3.5}$$

$$\phi_v(\boldsymbol{r},t)=\frac{1}{4\pi\varepsilon_v}\int_S\frac{\rho(\boldsymbol{r}'-R/c_v)}{R}\mathrm{d}S' \tag{2.3.6}$$

$$\boldsymbol{F}_v(\boldsymbol{r},t)=\frac{\varepsilon_v}{4\pi}\int_S\frac{\boldsymbol{M}(\boldsymbol{r}'-R/c_v)}{R}\mathrm{d}S' \tag{2.3.7}$$

$$\phi_{mv}(\boldsymbol{r},t)=\frac{1}{4\pi\mu_v}\int_S\frac{\rho_m(\boldsymbol{r}'-R/c_v)}{R}\mathrm{d}S' \tag{2.3.8}$$

现只考虑区域 1 中有外加激励源，根据等效后外部问题，自由空间 1 中的电磁场可以表示为

$$\boldsymbol{E}_1(\boldsymbol{r},t)=\boldsymbol{E}_1^s(\boldsymbol{r},t)+\boldsymbol{E}_1^{\mathrm{inc}}(\boldsymbol{r},t) \tag{2.3.9}$$

$$\boldsymbol{H}_1(\boldsymbol{r},t)=\boldsymbol{H}_1^s(\boldsymbol{r},t)+\boldsymbol{H}_1^{\mathrm{inc}}(\boldsymbol{r},t) \tag{2.3.10}$$

同理，根据等效后的内部问题，区域 2 中的电磁场满足：

$$\boldsymbol{E}_2(\boldsymbol{r},t)=\boldsymbol{E}_2^s(\boldsymbol{r},t) \tag{2.3.11}$$

$$\boldsymbol{H}_2(\boldsymbol{r},t)=\boldsymbol{H}_2^s(\boldsymbol{r},t) \tag{2.3.12}$$

在交界面上利用切向场的连续性条件得

$$\hat{\boldsymbol{n}}\times[\boldsymbol{E}_2^s(\boldsymbol{r},t)-\boldsymbol{E}_1^s(\boldsymbol{r},t)]=\hat{\boldsymbol{n}}\times\boldsymbol{E}_1^{\mathrm{inc}}(\boldsymbol{r},t) \tag{2.3.13}$$

$$\hat{\boldsymbol{n}}\times[\boldsymbol{H}_2^s(\boldsymbol{r},t)-\boldsymbol{H}_1^s(\boldsymbol{r},t)]=\hat{\boldsymbol{n}}\times\boldsymbol{H}_1^{\mathrm{inc}}(\boldsymbol{r},t) \tag{2.3.14}$$

将式(2.3.3)~(2.3.12)代入式(2.3.13)和式(2.3.14)得

$$\begin{aligned}\hat{\boldsymbol{n}}\times\Big\{&\frac{\partial}{\partial t}[\boldsymbol{A}_1(\boldsymbol{r},t)+\boldsymbol{A}_2(\boldsymbol{r},t)]+\nabla[\phi_1(\boldsymbol{r},t)+\phi_2(\boldsymbol{r},t)]\\&+\nabla\times\left[\frac{1}{\varepsilon_1}\boldsymbol{F}_1(\boldsymbol{r},t)+\frac{1}{\varepsilon_2}\boldsymbol{F}_2(\boldsymbol{r},t)\right]\Big\}=\hat{\boldsymbol{n}}\times\boldsymbol{E}_1^{\mathrm{inc}}(\boldsymbol{r},t)\end{aligned} \tag{2.3.15}$$

$$\begin{aligned}\hat{\boldsymbol{n}}\times\Big\{&\frac{\partial}{\partial t}[\boldsymbol{F}_1(\boldsymbol{r},t)+\boldsymbol{F}_2(\boldsymbol{r},t)]+\nabla[\phi_{m1}(\boldsymbol{r},t)+\phi_{m2}(\boldsymbol{r},t)]\\&+\nabla\times\left[\frac{1}{\mu_1}\boldsymbol{A}_1(\boldsymbol{r},t)+\frac{1}{\mu_2}\boldsymbol{A}_2(\boldsymbol{r},t)\right]\Big\}=\hat{\boldsymbol{n}}\times\boldsymbol{H}_1^{\mathrm{inc}}(\boldsymbol{r},t)\end{aligned} \tag{2.3.16}$$

式(2.3.15)和式(2.3.16)即是求解介质目标的时域 PMCHWT 方程[7]。

2.3.2　时域体积分方程

如图 2.3.2 所示,非色散介质目标置于介电常数为 ε_0、磁导率为 μ_0 的自由空间,在外加电磁场 $\boldsymbol{E}^{\mathrm{inc}}(\boldsymbol{r}, t)$ 的照射下产生感应体电流 $\boldsymbol{J}_V(\boldsymbol{r}, t)$。假设入射波在 $t=0$ 时刻之后到达散射体,因此在 $t<0$ 时,$\boldsymbol{J}_V(\boldsymbol{r}, t)=0$。感应体电流在空间中将产生散射电场 $\boldsymbol{E}^{\mathrm{sca}}(\boldsymbol{r}, t)$,理想介质外部空间内的总场 $\boldsymbol{E}(\boldsymbol{r}, t)$ 为入射电场与散射电场的矢量和,即

$$\boldsymbol{E}^{\mathrm{inc}}(\boldsymbol{r}, t)+\boldsymbol{E}^{\mathrm{sca}}(\boldsymbol{r}, t)=\boldsymbol{E}(\boldsymbol{r}, t) \tag{2.3.17}$$

其中,散射电场是感应体电流产生的,可表示为

$$\boldsymbol{E}^{\mathrm{sca}}(\boldsymbol{r}, t)=-\frac{\mu_0}{4\pi}\int_V \mathrm{d}V' \frac{\partial_t \boldsymbol{J}_V(\boldsymbol{r}', \tau)}{R}+\frac{\nabla}{4\pi\varepsilon_0}\int_V \mathrm{d}V' \int_{-\infty}^{\tau} \nabla' \cdot \frac{\boldsymbol{J}_V(\boldsymbol{r}, t')}{R}\mathrm{d}t' \tag{2.3.18}$$

其中,$\tau=t-R/c$ 表示波传播的时间延迟。

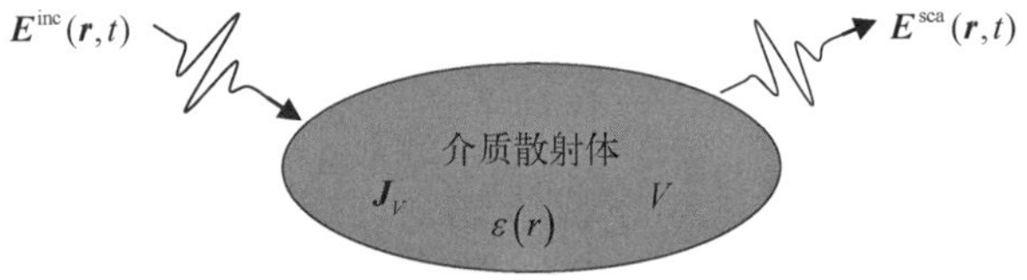

图 2.3.2　入射场照射下的介质目标示意图

同样,为了简化计算,避免时间求积分项的出现,可将式(2.3.17)两边对时间求导,将式(2.3.18)代入式(2.3.17),得到微分形式的 TD-VIE 为

$$\begin{aligned}\partial_t \boldsymbol{E}^{\mathrm{inc}}(\boldsymbol{r}, t)=&\frac{\partial_t \boldsymbol{J}_V(\boldsymbol{r}, t)}{\varepsilon_0(\varepsilon_r-1)}+\frac{\mu_0}{4\pi}\int_V \mathrm{d}V' \frac{\partial_t^2 \boldsymbol{J}_V(\boldsymbol{r}', \tau)}{R}\\&-\frac{\nabla}{4\pi\varepsilon_0}\int_V \mathrm{d}V' \int_{-\infty}^{\tau} \frac{\nabla' \cdot \partial_t \boldsymbol{J}_V(\boldsymbol{r}', t')}{R}\mathrm{d}t'\end{aligned} \tag{2.3.19}$$

其中,V 表示介质四面体单元;μ_0 和 ε_0 分别表示自由空间的磁导率和介电常数;$\boldsymbol{r}$ 和 $\boldsymbol{r}'$ 分别为场点和源点的位置坐标;c 表示真空中的光速;∂_t 表示对时间的求导。这样就建立了 TD-VIE 的基本形式。

2.4　金属介质混合目标的时域积分方程

如图 2.4.1 所示,闭合金属与介质组成的混合目标置于介电常数为 ε_0、磁导率为 μ_0 的自由空间。类似于之前分析金属目标的电磁特性的时域混合场积分方程,

在外加电磁场 $\boldsymbol{E}^{\mathrm{inc}}(\boldsymbol{r},\ t)$, $\boldsymbol{H}^{\mathrm{inc}}(\boldsymbol{r},\ t)$ 的照射下在介质体内产生感应体电流 $\boldsymbol{J}_V(\boldsymbol{r},\ t)$,同时在金属表面产生感应面电流 $\boldsymbol{J}_S(\boldsymbol{r},\ t)$,感应电流在空间中将产生散射场 $\boldsymbol{E}^{\mathrm{sca}}(\boldsymbol{r},\ t)$, $\boldsymbol{H}^{\mathrm{sca}}(\boldsymbol{r},\ t)$。这里需要指出的是,由于体积分方程属于第二类弗雷德霍姆(Fredholm)积分方程,存在主值积分项,矩阵性态良好,且本章只分析相对磁导率为 1 的电介质材料,所以在以下时域混合场体面积分方程中,介质为场的部分仅考虑电场激励的时域体积分方程。

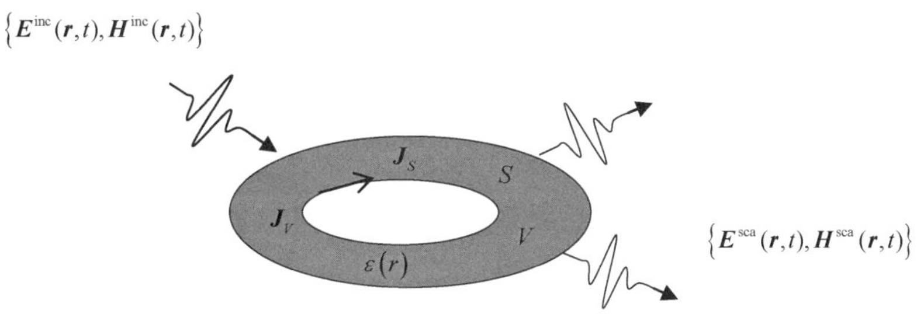

图 2.4.1　电磁波照射下的金属介质混合目标示意图

根据之前提到的金属表面和介质体的边界条件,可得

$$\boldsymbol{E}^{\mathrm{inc}}(\boldsymbol{r},\ t)+\boldsymbol{E}^{\mathrm{sca}}(\boldsymbol{r},\ t,\ \boldsymbol{J}_V)+\boldsymbol{E}^{\mathrm{sca}}(\boldsymbol{r},\ t,\ \boldsymbol{J}_S)=\boldsymbol{E}(\boldsymbol{r},\ t),\ \boldsymbol{r}\in V \tag{2.4.1}$$

$$\hat{\boldsymbol{n}}\times\hat{\boldsymbol{n}}\times[\boldsymbol{E}^{\mathrm{inc}}(\boldsymbol{r},\ t)+\boldsymbol{E}^{\mathrm{sca}}(\boldsymbol{r},\ t,\ \boldsymbol{J}_V)+\boldsymbol{E}^{\mathrm{sca}}(\boldsymbol{r},\ t,\ \boldsymbol{J}_S)]=0,\ \boldsymbol{r}\in S \tag{2.4.2}$$

$$\hat{\boldsymbol{n}}\times[\boldsymbol{H}^{\mathrm{inc}}(\boldsymbol{r},\ t)+\boldsymbol{H}^{\mathrm{sca}}(\boldsymbol{r},\ t,\ \boldsymbol{J}_S)+\boldsymbol{H}^{\mathrm{sca}}(\boldsymbol{r},\ t,\ \boldsymbol{J}_V)]=\boldsymbol{J}_S(\boldsymbol{r},\ t),\ \boldsymbol{r}\in S \tag{2.4.3}$$

其中,$\boldsymbol{E}(\boldsymbol{r},\ t)$表示总电场;$\boldsymbol{E}^{\mathrm{sca}}(\boldsymbol{r},\ t,\ \boldsymbol{J}_S)$、$\boldsymbol{H}^{\mathrm{sca}}(\boldsymbol{r},\ t,\ \boldsymbol{J}_S)$表示金属目标在电磁波照射后产生的瞬态散射电磁场,该散射场是金属表面感应电流 $\boldsymbol{J}_S$ 产生的;$\boldsymbol{E}^{\mathrm{sca}}(\boldsymbol{r},\ t,\ \boldsymbol{J}_V)$、$\boldsymbol{H}^{\mathrm{sca}}(\boldsymbol{r},\ t,\ \boldsymbol{J}_V)$表示介质的感应体电流 $\boldsymbol{J}_V$ 产生的瞬态散射电磁场。

参考之前的 TD-VIE 以及 TD-SIE 的推导,可得

$$\begin{aligned}\partial_t\boldsymbol{E}^{\mathrm{inc}}(\boldsymbol{r},\ t)=&\frac{\boldsymbol{J}_V(\boldsymbol{r},\ t)}{\varepsilon_0(\varepsilon_r-1)}+\frac{\mu_0}{4\pi}\int_V\mathrm{d}V'\,\frac{\partial_t^2\boldsymbol{J}_V(\boldsymbol{r}',\ \tau)}{R}\\&-\frac{\nabla}{4\pi\varepsilon_0}\int_V\mathrm{d}V'\int_{-\infty}^{\tau}\frac{\nabla'\cdot\partial_t\boldsymbol{J}_V(\boldsymbol{r}',\ t')}{R}\mathrm{d}t'\\&+\frac{\mu_0}{4\pi}\int_S\mathrm{d}S'\,\frac{\partial_t^2\boldsymbol{J}_S(\boldsymbol{r}',\ \tau)}{R}\\&-\frac{\nabla}{4\pi\varepsilon_0}\int_S\mathrm{d}S'\int_{-\infty}^{\tau}\frac{\nabla'\cdot\partial_t\boldsymbol{J}_S(\boldsymbol{r}',\ t')}{R}\mathrm{d}t',\ \boldsymbol{r}\in V\end{aligned} \tag{2.4.4}$$

$$
\begin{aligned}
&\alpha\hat{\boldsymbol{n}}\times\hat{\boldsymbol{n}}\times\partial_t\boldsymbol{E}^{\mathrm{inc}}(\boldsymbol{r},t)+(1-\alpha)\eta_0\hat{\boldsymbol{n}}\times\partial_t\boldsymbol{H}^{\mathrm{inc}}(\boldsymbol{r},t)\\
&=\alpha\hat{\boldsymbol{n}}\times\hat{\boldsymbol{n}}\times\left[\begin{aligned}&\frac{\mu_0}{4\pi}\int_S\mathrm{d}S'\frac{\partial_t^2\boldsymbol{J}_S(\boldsymbol{r}',\tau)}{R}-\frac{\nabla}{4\pi\varepsilon_0}\int_S\mathrm{d}S'\int_{-\infty}^{\tau}\frac{\nabla'\cdot\partial_t\boldsymbol{J}_S(\boldsymbol{r}',t')}{R}\mathrm{d}t'\\&+\frac{\mu_0}{4\pi}\int_V\mathrm{d}V'\frac{\partial_t^2\boldsymbol{J}_V(\boldsymbol{r}',\tau)}{R}-\frac{\nabla}{4\pi\varepsilon_0}\int_V\mathrm{d}V'\int_{-\infty}^{\tau}\frac{\nabla'\cdot\partial_t\boldsymbol{J}_V(\boldsymbol{r}',\tau)}{R}\mathrm{d}t'\end{aligned}\right]\\
&+(1-\alpha)\eta_0\left[\begin{aligned}&-\hat{\boldsymbol{n}}\times\nabla\times\frac{1}{4\pi}\int_V\mathrm{d}V'\frac{\partial_t\boldsymbol{J}_V(\boldsymbol{r}',\tau)}{R}+\frac{1}{2}\partial_t\boldsymbol{J}_S(\boldsymbol{r},t)\\&-\hat{\boldsymbol{n}}\times\nabla\times\frac{1}{4\pi}\int_{S_o}\mathrm{d}S'\frac{\partial_t\boldsymbol{J}_S(\boldsymbol{r}',\tau)}{R}\end{aligned}\right],\quad\boldsymbol{r}\in S
\end{aligned}\tag{2.4.5}
$$

这样就建立了时域混合场体面积分方程(TD-CVSIE)方法的基本形式。本章中对于金属部分为闭合结构的目标均采用 TD-CVSIE 方法求解,且 $\alpha=0.5$。对于金属部分为非闭合结构的目标均采用时域电场体面积分方程(TD-EVSIE)方法求解,即 $\alpha=1$。对于本书的后面章节,如不特殊提及是利用 TD-EVSIE 方法求解的,则默认采用混合场形式的 TD-VSIE 方法进行求解。

参考文献

[1] Bennett C L, Weeks W L. A technique for computing approximate electromagnetic impulse response of conducting bodies [R]. Lafayette: Purdue University, 1968.

[2] Rao S M. Time domain electromagnetics [M]. California: Academic Press, 2014.

[3] Rao S M, Wilton D R. Transient scattering by conducting surfaces of arbitrary shape [J]. IEEE Transactions on Antennas and Propagation, 1991, 39(1): 56 – 61.

[4] Michielssen E, Chew W C, Jin J M, et al. Fast time domain integral equation solvers for large-scale electromagnetic analysis [R]. Champaign-Urbana: The Board of Trustees of the University of Illinois, 2004.

[5] Sarkar T K, Lee W, Rao S M. Analysis of transient scattering from composite arbitrarily shaped complex structures [J]. IEEE Transactions on Antennas and Propagation, 2000, 48(10): 1625 – 1634.

[6] Shanker B, Ergin A A, Aygün K, et al. Analysis of transient electromagnetic scattering from closed surfaces using a combined field integral equation [J]. IEEE Transactions on Antennas and Propagation, 2000, 48(7): 1064 – 1074.

[7] Shanker B, Ergin A A, Michielssen E. Plane-wave-time-domain-enhanced marching-on-in-time scheme for analyzing scattering from homogeneous dielectric structures [J]. Journal of the Optical Society of America, 2002, 19(4): 716 – 726.

[8] Pisharody G, Weile D S. Electromagnetic scattering from homogeneous dielectric bodies using time-domain integral equations [J]. IEEE Transactions on Antennas and Propagation, 2006, 54(2): 687 – 697.

[9] Uysal I E, Ulku H A, Bağcı H. MOT solution of the PMCHWT equation for analyzing transient scattering from conductive dielectrics [J]. IEEE Antennas and Wireless Propagation Letters, 2015, 14: 507 - 510.

[10] Schlemmer E, Rucker W M, Richter K R. A marching-on-in-time method for 2-D transient electromagnetic scattering from homogeneous, lossy dielectric cylinders using boundary elements [J]. IEEE Transactions on Magnetics, 1991, 27 (5): 3856 - 3859.

[11] Vechinski D A, Rao S M. Transient scattering from two-dimensional dielectric cylinders of arbitrary shape [J]. IEEE Transactions on Antennas and Propagation, 1992, 40 (9): 1054 - 1060.

[12] Gres N T, Ergin A A, Michielssen E. Volume-integral-equation-based analysis of transient electromagnetic scattering from three-dimensional inhomogeneous dielectric objects [J]. Radio Science, 2001, 36(3): 379 - 386.

[13] Kobidze G, Gao J, Shanker B, et al. A fast time domain integral equation based scheme for analyzing scattering from dispersive objects [J]. IEEE Transactions on Antennas and Propagation, 2005, 53(3): 1215 - 1226.

[14] Al-Jarro A, Salem M A, Bağci H, et al. Explicit solution of the time domain volume integral equation using a stable predictor-corrector scheme [J]. IEEE Transactions on Antennas and Propagation, 2012, 60(11): 5203 - 5214.

[15] Sayed S B, Ulku H A, Bağci H. A stable marching on-in-time scheme for solving the time domain electric field volume integral equation on high-contrast scatterers [J]. IEEE Transactions on Antennas and Propagation, 2015, 63(7): 3098 - 3110.

[16] Aygün K, Shanker B, Michielssen E. Fast time domain characterization of finite size microstrip structures [J]. International Journal of Numerical Modelling Electronic Networks Devices and Fields, 2002, 15(6): 439 - 457.

[17] Hu Y L, Chen R S. Analysis of scattering from composite conducting dispersive dielectric objects by time-domain volume-surface integral equation [J]. IEEE Transactions on Antennas and Propagation, 2016, 64(5): 1984 - 1989.

[18] 盛新庆.计算电磁学要论[M].2 版.合肥：中国科学技术大学出版社,2008.

[19] 聂在平,方大纲.目标与环境电磁散射特性建模应用篇：理论、方法与实现[M].北京：国防工业出版社,2009.

[20] 杨儒贵.高等电磁理论[M].北京：高等教育出版社,2008.

[21] Chew W C, Jin J M, Michielssen E. Fast and efficient algorithms in computational electromagnetics [M]. Norwood: Artech House Publishers, 2001.

[22] Jin J M. The finite element method in electromagnetics [M]. New York: Wiley, 2002.

[23] Chew W C, Tong M S, Hu B. Integral equation methods for electromagnetic and elastic waves [M]. California: Morgan & Claypool Publishers, 2008.

[24] Maxwell J C. A dynamical theory of the electromagnetic field [J]. Philosophical Transactions of the Royal Society of London, 1865, 165: 459 - 512.

[25] 麦克斯韦.电磁通论[M].戈革,译.武汉：武汉出版社,1994.

[26] Stratton J A. Electromagnetic theory [M]. New York: McGraw-Hill Book Company, 1941.

第 3 章　理想导体目标的时域积分方程方法

本章主要分析导体目标瞬态电磁散射特性的时域积分方程方法。首先以 RWG 空间基函数为例,详细介绍时间步进算法求解时域积分方程的具体实施过程。接着介绍基于空间延迟时间基函数的时域积分方程方法,以达到减少空间未知量的目的。在此基础上,研究了两种基于空间非共形离散网格的时域积分方程方法,即不连续伽辽金的时域积分方程方法和高阶 Nyström 时域积分方程方法。

3.1　基于 RWG 基函数的时域积分方程方法

MOT 算法的求解过程类似于频域矩量法,其思想是一致的,就是将连续的电磁场积分方程离散化为矩阵代数方程组。其基本计算过程是:首先将待求解的积分方程表示为带有积分算子的算子方程;然后将待求函数(通常是电磁场的激励源分布)表示为某一组所选用空间基函数和时间基函数(展开函数)的线性组合,并将之代入算子方程;最后用一组选定的权函数(检验函数)对所得方程在空间域和时间域上进行测试,即可得到一个矩阵方程(线性代数方程组)。然后,按照时间步进方式递推求解该矩阵方程组,即可得到待求函数的数值解。根据这一数值解,可以计算其他感兴趣的电磁参数,如辐射、散射场分布、阻抗特性等。

3.1.1　RWG 空间基函数和时间基函数

空间基函数的选择依赖目标表面采用何种方式剖分,对于面目标主要采用三角形面元剖分。三角形面元剖分适应性强,对于任意复杂的面结构都能获得较高的模拟精度。

对于面结构,如图 3.1.1 所示,空间基函数选择定义在两个相邻三角形面元上的 RWG 基函数[1],相邻三角面元的公共边称为内边,其表达式如下:

$$
\boldsymbol{f}_n(\boldsymbol{r})=\begin{cases}\dfrac{l_n}{2A_n^+}(\boldsymbol{r}-\boldsymbol{r}_n^+), & \boldsymbol{r}\ \text{in}\ T_n^+\\[2ex] \dfrac{l_n}{2A_n^-}(\boldsymbol{r}_n^- -\boldsymbol{r}), & \boldsymbol{r}\ \text{in}\ T_n^-\end{cases} \tag{3.1.1}
$$

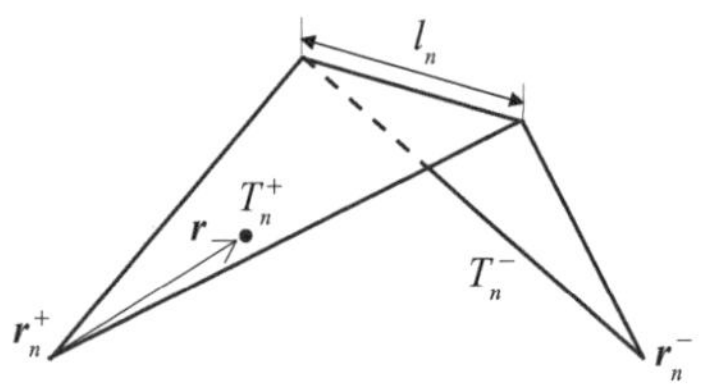

图 3.1.1　RWG 空间基函数示意图

式中，T_n^+ 和 T_n^- 分别代表公共边编号为 n 的上下三角形；A_n^+ 和 A_n^- 代表上下三角形面积；公共边的边长为 l_n；$\boldsymbol{r}$ 代表 T_n^+和 T_n^-中任意的一点，称为观察点；$\boldsymbol{r}_n^+$ 代表 T_n^+的自由顶点；$\boldsymbol{r}_n^-$ 代表 T_n^-的自由顶点。自由顶点定义为与公共边相对的三角形顶点。RWG 基函数通常被用来表示面电流，它具有如下特点：

（1）边界边不存在完整的基函数三角形对，因此边界边上不存在线电流；

（2）基函数公共边处的法向电流分量是连续的；

（3）两个三角形内的基函数的散度大小相等，符号相反，即

$$\nabla_s \cdot \boldsymbol{f}_n(\boldsymbol{r}) = \begin{cases} \dfrac{l_n}{A_n^+}, & \boldsymbol{r} \text{ in } T_n^+ \\[2ex] -\dfrac{l_n}{A_n^-}, & \boldsymbol{r} \text{ in } T_n^- \end{cases} \tag{3.1.2}$$

第三条性质保证了基函数对应的电荷总和为零。

时间基函数用来将待求的未知量在时间域上展开。时间基函数是时域方法所特有的基函数，它的精度和复杂程度是影响时域算法数值性能的重要因素。优良的时间基函数需要满足以下性质：

（1）满足 MOT 算法的步进标准；

（2）时间支撑域小；

（3）有限带宽；

（4）能够提供高精度的插值计算。

另外，如果采用微分形式的时域电磁场积分方程，则时域基函数应二阶连续可导。因此，时域基函数应是有限时宽、有限带宽，且二阶导数光滑的函数。但是，以上性质往往是相互矛盾的，很难同时满足，因此在选择时间基函数时，应该根据实际需求构造适宜的时间基函数。

在 TDIE 中，时间基函数有很多选择，下面分别简单介绍如图 3.1.2 所示的常用时间基函数。三角时间基函数又称为一阶 Lagrange 插值时间基函数[2]：

$$T(t) = \begin{cases} 1 + t, & -1 \leqslant t < 0 \\ 1 - t, & 0 \leqslant t < 1 \\ 0, & \text{其他} \end{cases} \tag{3.1.3}$$

二阶 Lagrange 插值时间基函数[3]：

$$T(t) = \begin{cases} 1 + \dfrac{3}{2}t + \dfrac{1}{2}t^2, & -1 \leqslant t < 0 \\[1ex] 1 - t^2, & 0 \leqslant t < 1 \\[1ex] 1 - \dfrac{3}{2}t + \dfrac{1}{2}t^2, & 1 \leqslant t < 2 \\[1ex] 0, & \text{其他} \end{cases} \tag{3.1.4}$$

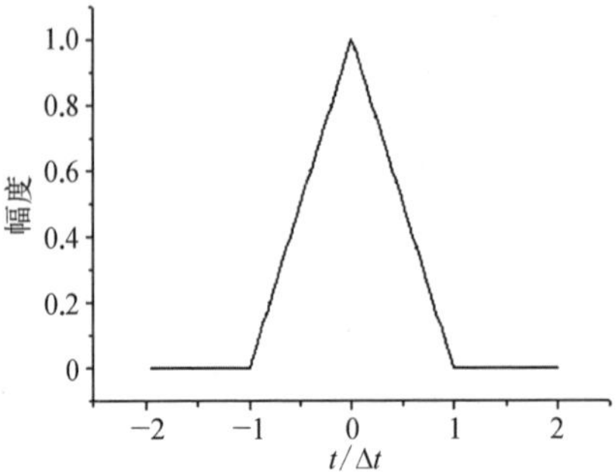

(a) 三角时间基函数

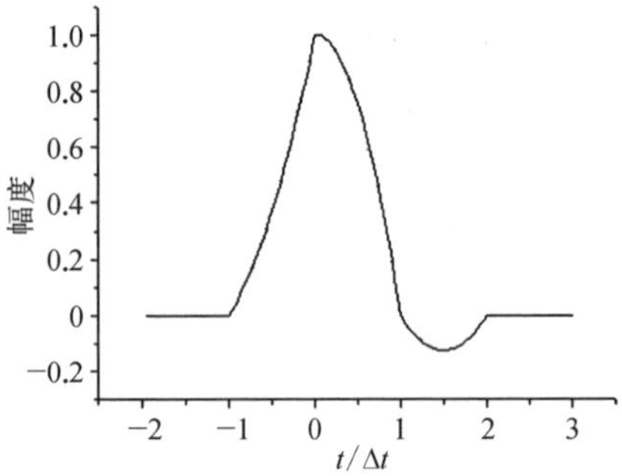

(b) 二阶Lagrange插值时间基函数

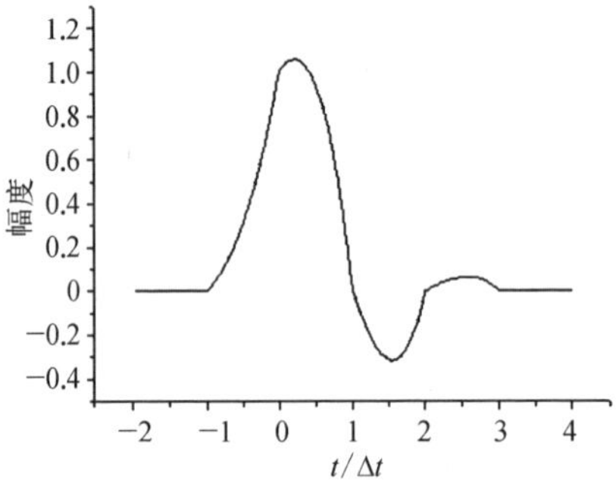

(c) 三阶Lagrange插值时间基函数

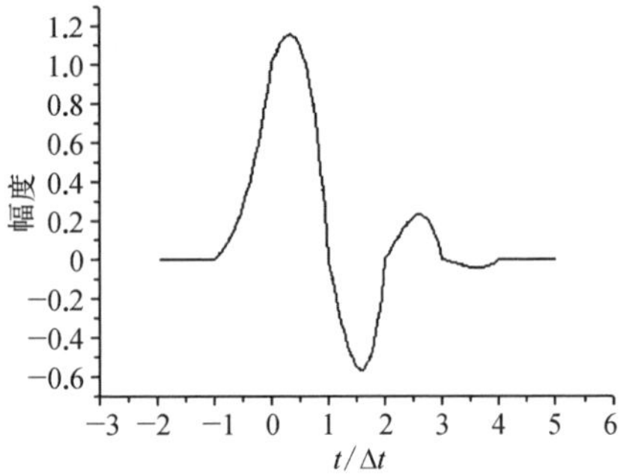

(d) 四阶Lagrange插值时间基函数

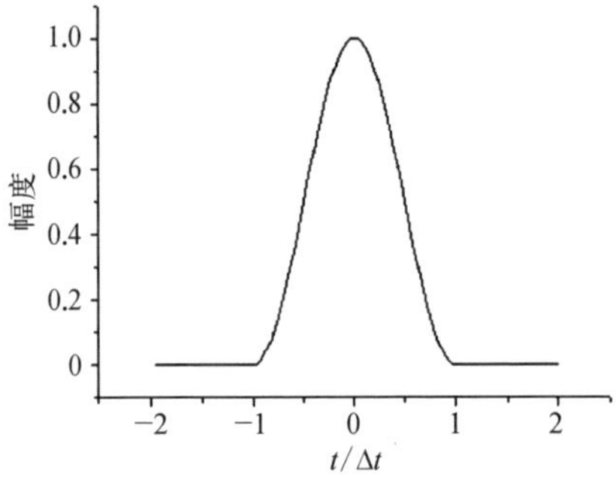

(e) 余弦平方时间基函数

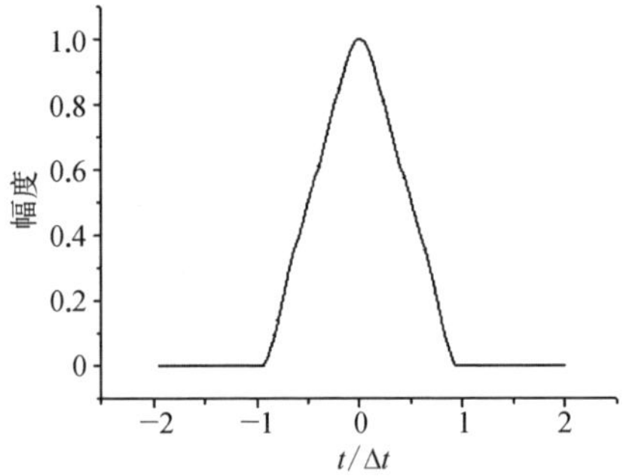

(f) 指数时间基函数

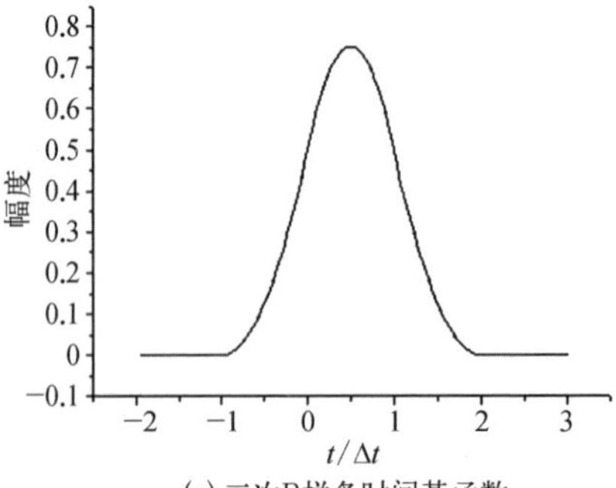

(g) 二次B样条时间基函数

图 3.1.2　时间基函数

三阶 Lagrange 插值时间基函数[4]：

$$T(t)=\begin{cases}1+\dfrac{11}{6}t+t^2+\dfrac{1}{6}t^3, & -1\leqslant t<0\\ 1+\dfrac{1}{2}t-t^2-\dfrac{1}{2}t^3, & 0\leqslant t<1\\ 1-\dfrac{1}{2}t-t^2+\dfrac{1}{2}t^3, & 1\leqslant t<2\\ 1-\dfrac{11}{6}t+t^2-\dfrac{1}{6}t^3, & 2\leqslant t<3\\ 0, & \text{其他}\end{cases} \tag{3.1.5}$$

四阶 Lagrange 插值时间基函数：

$$T(t)=\begin{cases}1+\dfrac{25}{12}t+\dfrac{35}{24}t^2+\dfrac{5}{12}t^3+\dfrac{1}{24}t^4, & -1\leqslant t<0\\ 1+\dfrac{5}{6}t-\dfrac{5}{6}t^2-\dfrac{5}{6}t^3-\dfrac{1}{6}t^4, & 0\leqslant t<1\\ 1-\dfrac{5}{4}t^2+\dfrac{1}{4}t^4, & 1\leqslant t<2\\ 1-\dfrac{5}{6}t-\dfrac{5}{6}t^2+\dfrac{5}{6}t^3-\dfrac{1}{6}t^4, & 2\leqslant t<3\\ 1-\dfrac{25}{12}t+\dfrac{35}{24}t^2-\dfrac{5}{12}t^3+\dfrac{1}{24}t^4, & 3\leqslant t<4\\ 0, & \text{其他}\end{cases} \tag{3.1.6}$$

余弦平方时间基函数[5]：

$$T(t)=\begin{cases}\cos^2(\pi t/2), & |t|<1\\ 0, & \text{其他}\end{cases} \tag{3.1.7}$$

有理分数时间基函数[6]：

$$T(t)=\begin{cases}\dfrac{c_0+c_1t+c_2t^2+\cdots+c_{m_2}t^{m_2}}{b_0+b_1t+b_2t^2+\cdots+b_{m_1}t^{m_1}}, & |t|<1\\ 0, & \text{其他}\end{cases} \tag{3.1.8}$$

指数时间基函数[7]：

$$T(t)=\begin{cases}\exp\left(-\dfrac{4.6487t^2}{(1-t^2)(1+5t^2)}\right), & |t|<1\\ 0, & \text{其他}\end{cases} \tag{3.1.9}$$

近似椭球时间基函数[8]：

$$T(t)=\begin{cases}\dfrac{\sin(s\omega_0 t)}{s\omega_0 t}\dfrac{\sin(\pi N(s-1)/s\sqrt{(t/N)^2-1})}{\sinh(\pi N(s-1)/s)\sqrt{(t/N)^2-1}}, & |t|<N\\ 0, & \text{其他}\end{cases} \tag{3.1.10}$$

sinc 时间基函数[9]：

$$T(t)=\begin{cases}[\sin(\pi|t|^\alpha)/(\pi|t|^\alpha)]^\beta, & |t|<1,\alpha>0,\beta>0\\ 0, & \text{其他}\end{cases} \tag{3.1.11}$$

二次 B 样条时间基函数[10]：

$$T(t)=\begin{cases}\dfrac{1}{2}+t+\dfrac{1}{2}t^2, & -1\leqslant t<0\\ \dfrac{1}{2}+t-t^2, & 0\leqslant t<1\\ 2-2t+\dfrac{1}{2}t^2, & 1\leqslant t<2\\ 0, & \text{其他}\end{cases} \tag{3.1.12}$$

3.1.2　时域积分方程的数值离散

用时间递推方法求解导体目标时域电磁场积分方程时，要先将等效电流源 $\boldsymbol{J}_S(\boldsymbol{r},t)$ 分别在空间维和时间维上进行离散，离散为 N_s 个空间基函数 $\boldsymbol{f}_n(\boldsymbol{r})$ $(n=1,2,\cdots,N_s)$ 和 N_t 个时间基函数 $T_l(t)$ $(l=1,2,\cdots,N_t)$ 的线性组合，即

$$\boldsymbol{J}_S(\boldsymbol{r},t)\cong\sum_{n=1}^{N_s}\sum_{l=1}^{N_t}I_n^l\boldsymbol{f}_n(\boldsymbol{r})T_l(t) \tag{3.1.13}$$

其中，I_n^l 是第 n 个 RWG 基函数上第 l 个时间步上时间基函数的系数；N_t 是三角时间基函数的个数；N_s 是空间 RWG 基函数的个数。将式(3.1.13)代入时域混合场积分方程(2.2.6)中得到离散型的积分方程，并在空间上进行伽辽金测试，在时间上进行点匹配，整理得到矩阵方程组如下：

$$\boldsymbol{Z}^0\boldsymbol{I}^i=\boldsymbol{V}^i-\sum_{j=1}^{i-1}\boldsymbol{Z}^{i-j}\boldsymbol{I}^j \tag{3.1.14}$$

$$\boldsymbol{Z}^{i-j} = \alpha \boldsymbol{Z}_E^{i-j} + (1-\alpha)\eta_0 \boldsymbol{Z}_M^{i-j} \tag{3.1.15}$$

$$\boldsymbol{V}^i = \alpha \boldsymbol{V}_E^i + (1-\alpha)\eta_0 \boldsymbol{V}_M^i \tag{3.1.16}$$

其中，α 为混合场系数，取值为(0, 1)。矩阵元素和右边向量如下：

$$[\boldsymbol{V}_E^i]_m = \int_{S_m} \boldsymbol{f}_m(\boldsymbol{r}) \cdot \boldsymbol{E}^{\text{inc}}(\boldsymbol{r}, i\Delta t)\,\mathrm{d}S \tag{3.1.17}$$

$$[\boldsymbol{V}_M^i]_m = \int_{S_m} \boldsymbol{f}_m(\boldsymbol{r}) \cdot [\hat{\boldsymbol{n}}(\boldsymbol{r}) \times \boldsymbol{H}^{\text{inc}}(\boldsymbol{r}, i\Delta t)]\,\mathrm{d}S \tag{3.1.18}$$

$$\begin{aligned}[\boldsymbol{Z}_E^{i-j}]_{mn} = {} & \frac{\mu_0}{4\pi}\int_{S_m}\int_{S_n} \boldsymbol{f}_m(\boldsymbol{r}) \cdot \boldsymbol{f}_n(\boldsymbol{r}') \frac{\partial_\tau T_j(i\Delta t - R/c)}{R}\mathrm{d}S'\mathrm{d}S \\ & + \frac{1}{4\pi\varepsilon_0}\int_{S_m}\int_{S_n} \nabla \cdot \boldsymbol{f}_m(\boldsymbol{r})\, \nabla' \cdot \boldsymbol{f}_n(\boldsymbol{r}') \frac{\partial_\tau^{-1} T_j(i\Delta t - R/c)}{R}\mathrm{d}S'\mathrm{d}S\end{aligned} \tag{3.1.19}$$

$$\begin{aligned}[\boldsymbol{Z}_M^{i-j}]_{mn} = {} & \frac{1}{2}\int_{S_m} \boldsymbol{f}_m(\boldsymbol{r}) \cdot \boldsymbol{f}_n(\boldsymbol{r}') T_j(i\Delta t)\,\mathrm{d}S - \frac{1}{4\pi}\int_{S_m} \boldsymbol{f}_m(\boldsymbol{r}) \\ & \cdot \left\{ \hat{\boldsymbol{n}}(\boldsymbol{r}) \times \int_{S_n} \left\{ \begin{aligned} & \partial_\tau T_j(i\Delta t - R/c) \boldsymbol{f}_n(\boldsymbol{r}') \times \frac{\boldsymbol{R}}{R^2} \\ & + T_j(i\Delta t - R/c) \boldsymbol{f}_n(\boldsymbol{r}') \times \frac{\boldsymbol{R}}{R^3} \end{aligned} \right\} \right\} \mathrm{d}S'\mathrm{d}S\end{aligned} \tag{3.1.20}$$

上式中，∂_τ 表示 $\partial/\partial\tau$；∂_τ^{-1} 表示 $\int_{-\infty}^{\tau}\mathrm{d}\tau$；$\boldsymbol{R} = \boldsymbol{r} - \boldsymbol{r}'$ 表示场源点之间的向量，$R = |\boldsymbol{R}|$。

由于时刻 $i\Delta t$ 以前的 $\boldsymbol{I}^j$ 在时刻 $i\Delta t$ 都是已知的，$j = 1, 2, 3, \cdots, i-1$，所以和 $\boldsymbol{I}^j$ 有关的矩阵元素全部放在式(3.1.14)的等式右边。式(3.1.14)的矩阵方程在时刻 $i\Delta t$ 需要求解 $\boldsymbol{I}^i$，这样每个时间步求解一次式(3.1.14)的矩阵方程，就可以得到每个时刻 $i\Delta t$ 上的 $\boldsymbol{I}^i$，称为时间步进法(marching-on-in-time, MOT)。本章中采用广义最小余量法(generalized minimal residual, GMRES)，单精度时收敛精度设为 10^{-6}，双精度时收敛精度设为 10^{-10}，或者使用 LU 分解来求解方程。MOT-TDIE 的计算复杂度为 $O(N_t N_s^2)$，内存消耗为 $O(N_s^2)$。

3.1.3 激励源的设置

为获得目标的宽带散射特性，需要设置具有较宽带宽的信号作为激励源，本章中使用调制高斯平面波作为时域电磁散射计算时的激励，其表达式[2]为

$$\boldsymbol{E}^{\text{inc}}(\boldsymbol{r},t)=\hat{\boldsymbol{p}}^{\text{inc}}\cos[2\pi f_0(t-\boldsymbol{r}\cdot\hat{\boldsymbol{k}}^{\text{inc}}/c)]\times\exp[-0.5(t-t_p-\boldsymbol{r}\cdot\hat{\boldsymbol{k}}^{\text{inc}}/c)^2/\sigma^2] \tag{3.1.21}$$

其中，$\hat{\boldsymbol{k}}^{\text{inc}}$和$\hat{\boldsymbol{p}}^{\text{inc}}$分别表示平面波的入射方向和极化方向；$\sigma=6/(\pi f_{\text{bw}})$；$f_0$和$f_{\text{bw}}$表示入射波的中心频率和带宽；$t_p$是脉冲的时延。

给定入射的调制高斯平面波的参数后，就需要对待分析物体进行离散，一般原则是在满足精度要求下尽量减少所需贴片的数目，以减少计算量和内存消耗。由于本章中使用 RWG 基函数，所以物体表面使用三角形离散。这里根据调制高斯脉冲的$f_{\max}$来确定三角形的尺寸。有两个方案：① 离散得到三角形中的最大边长$l_{\max}$，满足条件$l_{\max}\leqslant 0.1c/f_{\max}$[11]，$c$是自由空间中的光速；② 离散得到三角形的平均面积$A_{\text{avg}}$，满足条件$A_{\text{avg}}\leqslant\sqrt{c}/(a\sqrt{f_{\max}})$，$a$一般取值要大于 80，本章中取 120。方案一对离散的要求更加严格，所以使用方案一离散得到的三角形数目一般要大于方案二得到的三角形数目，本章中大部分情况使用方案一。

时间步长Δt满足$\Delta t=c/(10bf_{\max})$，c是自由空间中的光速，b的取值范围一般在 1 和 2 之间即可满足精度要求。时间步个数N_t满足$N_t\geqslant k\lceil D/(c\Delta t)\rceil+2\lceil t_p/\Delta t\rceil$，其中$\lceil x\rceil$表示大于或等于实数$x$的最小整数，$D$是物体在空间上最大的长度，一般$k\geqslant 2$，但是当待分析物体谐振性很强时，$k$需要满足$k\gg 2$，具体取值需要使用者的经验来预估。

这里介绍本章中$\bar{\boldsymbol{Z}}^i$的存储方式。当$\alpha=1$时，利用 TD-EFIE 阻抗矩阵是对称的特点，只需要填充式(3.1.14)中的$m\leqslant n$或$m\geqslant n$的阻抗矩阵元素，m和n分别是阻抗矩阵的行和列的标号。当$\alpha\neq 1$时，阻抗矩阵不是对称的，所有阻抗矩阵元素都需要填充。本章的存储方式按照$\alpha\neq 1$的情况考虑，由于一般情况下$\bar{\boldsymbol{Z}}^i$都是稀疏矩阵，所以采用行稀疏压缩存储(compressd sparse row, CSR)的方式[12]。

本章中的电流系数的存储方式：每个时刻$i\Delta t$上的$\boldsymbol{I}^i$包含有N_s个实数，当需要求解的总时间步N_t不是很大时(N_t小于等于N_s或N_t只比N_s略大)，可以直接开辟一个$N_s\times N_t$的二维数组存储电流系数。但是当N_t远大于N_s时，$N_s\times N_t$的二维数组所占的内存会比阻抗矩阵所占的内存还要大，所以需要考虑存储电流系数的二维数组的合理范围。根据式(3.1.14)可以得知，最大的时延是$\lceil D/(c\Delta t)\rceil+p+1$，其中$\lceil x\rceil$表示大于或等于实数$x$的最小整数，$D$是物体在空间上最大的长度，$p$是时间基函数覆盖的$\Delta t$的个数，$p+1$的含义和电流系数存储有关，将在后面说明。因此，使用$N_s\times N_p$的二维数组足够存储计算时需要的电流系数，计算时不再需要的电流系数直接写入硬盘存储起来，其中$N_p=\min(N_t,\lceil D/(c\Delta t)\rceil+p+1)$。

3.2　基于空间延迟时间基函数的时域积分方程方法

在频域积分方程方法中，为达到减少求解未知量的目的，除了使用高阶基函数，还有其他一些著名的基函数，如渐进相位（asymptotic phase, AP）基函数[13-20]。相位基函数是一种依据物理概念构造的复数矢量基函数，与一般实数形式的矢量基函数（如 RWG 基函数）不同的地方是，相位基函数一个复数矢量，表达式中含有相位因子，合理考虑了电流的相位信息，更加准确地描述了复矢量形式的感应电流，从而可以定义在更大的单元贴片上，以达到节省求解未知量的目的。当分析表面足够光滑的电大尺寸理想导体目标时，在保证数值结果的计算精度的情况下，使用 AP-RWG 基函数（只针对表面是平面的目标）和 AP-CRWG 基函数，单元剖分尺寸可以达到 1.0λ，使用 AP-HO 基函数，单元剖分尺寸可以达到 2.0λ，其中，λ 是自由空间中的波长。

我们希望将频域积分方程中相位基函数的思想运用到时域分析方法中，使得时域积分方程方法可以有效地分析电大尺寸导体目标瞬态电磁散射。由傅里叶变换可知，频域中的相位的变化对应着时域中的时延；另外，时域积分方程方法中的待求时域感应电流是由空间基函数和时间基函数共同展开的。基于以上两点考虑，我们拟设计一种含有时域入射波信息的时间基函数。本章先从时域积分方程的基本原理出发，提出一种空间延迟时间基函数[21,22]，并给出空间延迟时间基函数的构造方法；接着利用空间延迟时间基函数结合曲面 RWG 基函数求解时域磁场积分方程（TD-MFIE）和时域电场积分方程（TD-EFIE），同时推导了使用空间延迟时间基函数展开的时域感应电流的散度形式，以及时域阻抗矩阵元素的具体表达形式；然后讨论了时域阻抗矩阵元素的精确计算；最后通过数值算例证明了基于空间延迟时间基函数的 TDIE 分析电大尺寸导体目标瞬态散射的求解能力。

3.2.1　空间延迟时间基函数

本章前面介绍了设计空间延迟时间基函数的基本思想，根据傅里叶变换可知，频域中的相位的变化对应着时域中的时延，空间延迟时间基函数源于频域积分方程分析方法中的相位基函数，即相位基函数中的指数项对应的时延量应该设计到 TDIE 中的时间基函数上，又由于这个时延是与空间位置有关的一个变量，所以称之为空间延迟时间基函数。同时我们希望设计出的空间延迟时间基函数具有和频域积分方程中的相位基函数相同的效果，即在分析光滑结构的导体目标时，未知电流可以定义在更大的单元贴片上，从而大大减少求解未知量。这个时延量需要加在时间基函数上，空间延迟时间基函数是基于一般的多项式时间基函数来构造的，即在一般时间基函数的时间变量上加上一个与空间有关的延迟量，从而构成新的空间延迟时间基函数。这里我们选择一阶 Lagrange 插值时间基函数,也就是三角时间基函数来构造空间延迟时间基函数。

根据 AP 基函数的思想,将与时域入射波有关的时间延迟量设计到一般时间基函数的表达式中,即得到基于三角时间基函数的空间延迟时间基函数,表达式如下:

$$T_l(t,\boldsymbol{r}')=\begin{cases}1+\dfrac{t-t_l-\alpha T'^d}{\Delta t}, & t_{l-1}\leqslant t-\alpha T'^d<t_l\\ 1-\dfrac{t-t_l-\alpha T'^d}{\Delta t}, & t_l\leqslant t-\alpha T'^d<t_{l+1}\\ 0, & \text{其他}\end{cases}\tag{3.2.1}$$

其中,Δt 表示时间离散的步长; $t_l=l\Delta t$;

$$T'^d=\hat{\boldsymbol{k}}_{\text{inc}}\cdot(\boldsymbol{r}'-\boldsymbol{r}_e)/c\tag{3.2.2}$$

T'^d表示新加入的延迟量;

$$\hat{\boldsymbol{k}}_{\text{inc}}=\sin\theta_0\cos\phi_0\hat{\boldsymbol{e}}_x+\sin\theta_0\sin\phi_0\hat{\boldsymbol{e}}_y+\cos\theta_0\hat{\boldsymbol{e}}_z\tag{3.2.3}$$

$\hat{\boldsymbol{k}}_{\text{inc}}$表示入射电磁波的单位方向矢量;$(\theta_0,\ \phi_0)$是入射电磁波的角度。

$$\boldsymbol{r}'=x'\hat{\boldsymbol{e}}_x+y'\hat{\boldsymbol{e}}_y+z'\hat{\boldsymbol{e}}_z\tag{3.2.4}$$

$\boldsymbol{r}'$表示目标表面上源点的位置矢量;$(x',\ y',\ z')$是直角坐标系下三维坐标;

$$\boldsymbol{r}_e=x_e\hat{\boldsymbol{e}}_x+y_e\hat{\boldsymbol{e}}_y+z_e\hat{\boldsymbol{e}}_z\tag{3.2.5}$$

$\boldsymbol{r}_e$ 表示入射电磁波最先接触目标表面的位置矢量;$(x_e,\ y_e,\ z_e)$是 $\boldsymbol{r}_e$ 的三维坐标,对一个确定的入射电磁波而言,$(x_e,\ y_e,\ z_e)$是一组固定的值;α 是一个控制常数,值为 0 或者 1,当 $\alpha=1$ 时,式(3.2.1)表示空间延迟时间基函数,当 $\alpha=0$ 时,容易看出,式(3.2.1)就退化成了普通的三角时间基函数,控制常数的应用,可以使算法灵活选择使用空间延迟时间基函数或者一般时间基函数。空间延迟时间基函数仅在原来时间基函数的表达式上加入与空间位置有关的延迟量,因此构造出来的空间延迟时间基函数不改变原来时间基函数的特性,如三角时间基函数的线性插值特性、分段连续和一阶可导的特性。这里提出的空间延迟时间基函数的概念并不局限于公式(3.2.1)一种形式,空间延迟量 T'^d可以加到其他形式的多项式时间基函数上,如 3.1.1 节的高阶 Lagrange 插值时间基函数、二次 B 样条时间基函数等,以构成相应的空间延迟时间基函数。

将式(3.2.1)重新代入式(3.1.13),可以得到新的电流展开表达式:

$$\boldsymbol{J}(\boldsymbol{r}',t)=\sum_{n=1}^{N_s}\sum_{l=1}^{N_t}I_n^l\boldsymbol{j}_n^l(\boldsymbol{r}',t)=\sum_{n=1}^{N_s}\sum_{l=1}^{N_t}I_n^l\boldsymbol{f}_n(\boldsymbol{r}')T_l(t,\boldsymbol{r}')\tag{3.2.6}$$

可以看出,此时的时间基函数是与空间位置有关的函数。电流的展开表达式得到之后,我们还需要知道电流散度 $\nabla' \cdot \boldsymbol{J}(\boldsymbol{r}', t)$ 的表达式,为了方便起见,本章中仅考虑电流展开表达式的第 $n-l$ 个分量,令 $\boldsymbol{j}_n^l(\boldsymbol{r}', t) = \boldsymbol{f}_n(\boldsymbol{r}')T_l(t, \boldsymbol{r}')$,由于散度算子$\nabla' \cdot$ 是作用在空间位置矢量 $\boldsymbol{r}'$ 上的,而本章提出的时间基函数 $T_l(t, \boldsymbol{r}')$ 的表达式与 $\boldsymbol{r}'$ 有关,所以关于电流散度的表达式不再只是对空间基函数作用散度算子 $\nabla' \cdot$,而是需要重新推导,过程如下:

$$\begin{aligned}\nabla' \cdot \boldsymbol{j}_n^l(\boldsymbol{r}', t) &= \nabla' \cdot [\boldsymbol{f}_n(\boldsymbol{r}')T_l(t, \boldsymbol{r}')] \\ &= \nabla' \cdot f_n(\boldsymbol{r}')T_l(t, \boldsymbol{r}') + \boldsymbol{f}_n(\boldsymbol{r}') \cdot \nabla' T_l(t, \boldsymbol{r}')\end{aligned} \tag{3.2.7}$$

上式第二个等号右边的第一项表示空间基函数的散度与时间基函数的乘积,第二项表示空间基函数与时间基函数的梯度点乘,结合公式(3.2.2)~(3.2.5)的定义和复合函数求导法则,空间延迟时间基函数的梯度表达式的推导如下:

$$\begin{aligned}\nabla' T_l(t, \boldsymbol{r}') &= \hat{\boldsymbol{e}}_x \frac{\partial T_l(t, \boldsymbol{r}')}{\partial x'} + \hat{\boldsymbol{e}}_y \frac{\partial T_l(t, \boldsymbol{r}')}{\partial y'} + \hat{\boldsymbol{e}}_z \frac{\partial T_l(t, \boldsymbol{r}')}{\partial z'} \\ &= \hat{\boldsymbol{e}}_x \frac{\partial T_l(t, \boldsymbol{r}')}{\partial t} \frac{\partial (t - t_l - \alpha T'^d)}{\partial x} + \hat{\boldsymbol{e}}_y \frac{\partial T_l(t, \boldsymbol{r}')}{\partial t} \frac{\partial (t - t_l - \alpha T'^d)}{\partial y} \\ &\quad + \hat{\boldsymbol{e}}_z \frac{\partial T_l(t, \boldsymbol{r}')}{\partial t} \frac{\partial (t - t_l - \alpha T'^d)}{\partial z} \\ &= - \hat{\boldsymbol{e}}_x \frac{\partial T_l(t, \boldsymbol{r}')}{\partial t'} \frac{\alpha \sin\theta_0 \cos\phi_0}{c} - \hat{\boldsymbol{e}}_y \frac{\partial T_l(t, \boldsymbol{r}')}{\partial t'} \frac{\alpha \sin\theta_0 \sin\phi_0}{c} \\ &\quad - \hat{\boldsymbol{e}}_z \frac{\partial T_l(t, \boldsymbol{r}')}{\partial t'} \frac{\alpha \cos\phi_0}{c} \\ &= - \frac{\alpha \hat{\boldsymbol{k}}_{\text{inc}}}{c} \frac{\partial T_l(t, \boldsymbol{r}')}{\partial t}\end{aligned} \tag{3.2.8}$$

结合公式(3.2.8)的结论,以及公式(3.2.7),即可得到电流散度的表达形式:

$$\nabla' \cdot \boldsymbol{J}(\boldsymbol{r}', t) = \sum_{n=1}^{N_s} \sum_{l=1}^{N_t} I_n^l \left[\nabla' \cdot \boldsymbol{f}_n(\boldsymbol{r}')T_l(t, \boldsymbol{r}') - \boldsymbol{f}_n(\boldsymbol{r}') \cdot \frac{\alpha \hat{\boldsymbol{k}}_{\text{inc}}}{c} \frac{\partial T_l(t, \boldsymbol{r}')}{\partial t} \right] \tag{3.2.9}$$

3.2.2　基于空间延迟时间基函数的时域磁场积分方程方法

本书第 2 章介绍了 TD-MFIE 的基本原理和方程形式,以及时域积分方程的一般离散过程和求解过程,本节将具体介绍基于空间延迟时间基函数的 TD-MFIE 的展开过程、测试过程,以及最终形成的阻抗矩阵方程的具体表达式。

首先将电流展开表达式(3.2.6)代入公式(2.2.5),用于展开 TD-MFIE:

$$\frac{1}{2}\sum_{n=1}^{N_s}\sum_{l=1}^{N_t} I_n^l \boldsymbol{f}_n(\boldsymbol{r}) T_l(t, \boldsymbol{r}) - \hat{\boldsymbol{n}}(\boldsymbol{r}) \times \frac{1}{4\pi}\nabla \times \int_{S_n} \frac{\sum_{n=1}^{N_s}\sum_{l=1}^{N_t} I_n^l \boldsymbol{f}_n(\boldsymbol{r}') T_l(t - R/c, \boldsymbol{r}')}{R} \mathrm{d}S'$$
$$= \hat{\boldsymbol{n}} \times \boldsymbol{H}^{\mathrm{inc}}(\boldsymbol{r}, t) \tag{3.2.10}$$

然后对式(3.2.10)同时进行空间上的伽辽金测试和时间上的点匹配,空间测试是使用 N_s 个 $\boldsymbol{f}_m(\boldsymbol{r})$ $(m = 1, \cdots, N_s)$ 对式(3.2.10)做空间上的内积,这样可以得到 N_s 个方程组,为了方便起见,以下考虑第 m 个方程。时间上的点匹配是使用时-空延迟的 δ 函数 $\delta(t - t_k - \alpha T^d)$ $(k = 1, \cdots, N_t)$ 做时间上的内积,其中 $t_k = k\Delta t$, $T^d = \hat{\boldsymbol{k}}_{\mathrm{inc}} \cdot (\boldsymbol{r} - \boldsymbol{r}_e)/c$,经过空间和时间测试的第 m 个方程表达如下:

$$\int_{-\infty}^{+\infty}\int_{S_m} \delta(t - t_k - \alpha T^d) \boldsymbol{f}_m(\boldsymbol{r}) \cdot \frac{1}{2}\sum_{n=1}^{N_s}\sum_{l=1}^{N_t} I_n^l \boldsymbol{f}_n(\boldsymbol{r}) T_l(t, \boldsymbol{r}) \mathrm{d}S\mathrm{d}t - \int_{-\infty}^{+\infty}\int_{S_m} \delta(t - t_k - \alpha T^d)$$
$$\boldsymbol{f}_m(\boldsymbol{r}) \cdot \hat{\boldsymbol{n}}(\boldsymbol{r}) \times \frac{1}{4\pi}\nabla \times \int_{S_n} \frac{\sum_{n=1}^{N_s}\sum_{l=1}^{N_t} I_n^l \boldsymbol{f}_n(\boldsymbol{r}') T_l(t - R/c, \boldsymbol{r}')}{R} \mathrm{d}S'\mathrm{d}S\mathrm{d}t$$
$$= \int_{-\infty}^{+\infty}\int_{S_m} \delta(t - t_k - \alpha T^d) \boldsymbol{f}_m(\boldsymbol{r}) \cdot \hat{\boldsymbol{n}}(\boldsymbol{r}) \times \boldsymbol{H}^{\mathrm{inc}}(\boldsymbol{r}, t) \mathrm{d}S\mathrm{d}t \tag{3.2.11}$$

由于时间 $t > t_k$ 时,感应电流密度总是零,所以上式中对时间求和的有效区间是 $l = 1, 2, \cdots, k$,将包括式(3.2.11)在内的 N_s 方程改写成矩阵方程的形式,并应用 MOT 算法的递推方式,可以写出 TD-MFIE 的递推矩阵方程:

$$\boldsymbol{Z}_M^0 \boldsymbol{I}^k = \boldsymbol{V}_M^k - \sum_{l=1}^{k-1} \boldsymbol{Z}_M^{k-l} \boldsymbol{I}^l \tag{3.2.12}$$

其中,$\boldsymbol{V}_M^k$ 表示第 k 个时间步的入射磁场,它是一个 $N_s \times 1$ 维的向量,第 m 个分量表达式如下:

$$[\boldsymbol{V}_M^k]_m = \int_{-\infty}^{+\infty}\int_{S_m} \delta(t - t_k - \alpha T^d) \boldsymbol{f}_m(\boldsymbol{r}) \cdot \hat{\boldsymbol{n}}(\boldsymbol{r}) \times \boldsymbol{H}^{\mathrm{inc}}(\boldsymbol{r}, t) \mathrm{d}S\mathrm{d}t \tag{3.2.13}$$

下标 M 表示入射电磁波只含有磁场分量,对应于 TD-MFIE。由于 δ 函数具有以下性质(性质①):

$$\int_a^b \delta(x - c) f(x) \mathrm{d}x = f(c), \quad a < c < b \tag{3.2.14}$$

故式(3.2.13)的右边对时间的积分可以利用该性质进行消去。式(3.2.13)化简为

$$[V_M^k]_m = \int_{S_m} \boldsymbol{f}_m(\boldsymbol{r}) \cdot \hat{\boldsymbol{n}}(\boldsymbol{r}) \times \boldsymbol{H}^{\mathrm{inc}}(\boldsymbol{r}, t_k + \alpha T^d) \mathrm{d}S \tag{3.2.15}$$

TD-MFIE 的阻抗矩阵元素的表达式如下：

$$
\begin{aligned}
[Z_M^{k-l}]_{mn} = & \int_{-\infty}^{+\infty}\int_{S_m}\delta(t-t_k-\alpha T^d)\boldsymbol{f}_m(\boldsymbol{r})\cdot\frac{1}{2}\boldsymbol{f}_n(\boldsymbol{r})T_l(t,\boldsymbol{r})\,\mathrm{d}S\mathrm{d}t \\
& -\int_{-\infty}^{+\infty}P.V.\int_{S_m}\delta(t-t_k-\alpha T^d)\boldsymbol{f}_m(\boldsymbol{r})\cdot\hat{\boldsymbol{n}}(\boldsymbol{r}) \\
& \times\frac{1}{4\pi}\nabla\times\int_{S_n}\frac{\boldsymbol{f}_n(\boldsymbol{r}')T_l(t-R/c,\boldsymbol{r})}{R}\mathrm{d}S'\mathrm{d}S\mathrm{d}t
\end{aligned}
\tag{3.2.16}
$$

观察等式(3.2.16)可知，右边第一项对时间维的积分可以直接利用 δ 函数的性质①进行消去，左边的第二项含有一个旋度算子 $\nabla\times$，这个旋度算子作用于时域格林函数中的场点，$R=|\boldsymbol{r}-\boldsymbol{r}'|$，也就是说 $\nabla\times$ 既不作用于展开基函数，也不作用于测试基函数，所以 TD-MFIE 阻抗矩阵元素的表达式与使用一般时间基函数（$\alpha=0$）的阻抗矩阵元素的表达式相同，可以直接给出使用了空间延迟时间基函数的 TD-MFIE 阻抗矩阵元素的最终表达式：

$$
\begin{aligned}
[\boldsymbol{Z}_M^{k-l}]_{mn} = & \frac{1}{2}\int_{S_m}\boldsymbol{f}_m(\boldsymbol{r})\cdot\boldsymbol{f}_n(\boldsymbol{r}')T_l(t_k+\alpha T^d,\boldsymbol{r})\,\mathrm{d}S \\
& -\frac{1}{4\pi}\int_{S_m}\boldsymbol{f}_m(\boldsymbol{r})\left\{\hat{\boldsymbol{n}}(\boldsymbol{r})\times\int_{S_n}\left\{\begin{aligned}&\boldsymbol{f}_n(\boldsymbol{r}')\times\frac{\boldsymbol{R}}{cR^2}\left[\frac{\partial T_l(t-R/c,\boldsymbol{r}')}{\partial t}\right]_{t=t_k+\alpha T^d}\\&+T_l(t_k+\alpha T^d-R/c,\boldsymbol{r}')\boldsymbol{f}_n(\boldsymbol{r}')\times\frac{\boldsymbol{R}}{R^3}\end{aligned}\right\}\right\}\mathrm{d}S'\mathrm{d}S
\end{aligned}
\tag{3.2.17}
$$

3.2.3 基于空间延迟时间基函数的时域电场积分方程方法

本书第 2 章中介绍了 TD-EFIE 的基本原理和方程形式，以及时域积分方程的一般离散过程和求解过程，本节将具体介绍基于空间延迟时间基函数的 TD-EFIE 的展开过程、测试过程，以及最终形成的阻抗矩阵方程的具体表达式。由于使用了空间延迟时间基函数，感应电流的展开表达式发生了变化，TD-EFIE 需要重新推导。

首先将新的电流展开表达式(3.2.6)代入公式(2.2.3)，用于展开 TD-EFIE：

$$
\begin{aligned}
& \frac{\mu_0}{4\pi}\int_{S_n}\frac{\displaystyle\sum_{n=1}^{N_s}\sum_{l=1}^{N_t}I_n^l\boldsymbol{f}_n(\boldsymbol{r}')\frac{\partial T_l(t-R/c,\boldsymbol{r}')}{\partial t}}{R}\mathrm{d}S' \\
& -\frac{\nabla}{4\pi\varepsilon_0}\int_{S_n}\frac{\displaystyle\int_0^{t-R/c}\sum_{n=1}^{N_s}\sum_{l=1}^{N_t}I_n^l\nabla'\cdot[\boldsymbol{f}_n(\boldsymbol{r}')T_l(\tau,\boldsymbol{r}')]\mathrm{d}\tau}{R}\mathrm{d}S'=\boldsymbol{E}^{\mathrm{inc}}(\boldsymbol{r},t)
\end{aligned}
\tag{3.2.18}
$$

然后对式(3.2.18)同时进行空间上的伽辽金测试和时间上的点匹配,空间测试是使用 N_s 个 $\boldsymbol{f}_m(\boldsymbol{r})(m=1,\cdots,N_s)$ 对式(3.2.18)做空间上的内积,这样可以得到 N_s 个方程组,为了方便起见,以下考虑第 m 个方程;时间上的点匹配是使用时-空延迟的 δ 函数 $\delta(t-t_k-\alpha T^d)(k=1,\cdots,N_t)$ 做时间上的内积,其中 $t_k=k\Delta t$, $T^d=\hat{\boldsymbol{k}}_{\mathrm{inc}}\cdot(\boldsymbol{r}-\boldsymbol{r}_e)/c$,经过空间和时间测试的第 m 个方程表达如下:

$$
\begin{aligned}
&\int_{-\infty}^{+\infty}\int_{S_m}\delta(t-t_k-\alpha T^d)\boldsymbol{f}_m(\boldsymbol{r})\cdot\frac{\mu_0}{4\pi}\int_{S_n}\frac{\sum_{n=1}^{N_s}\sum_{l=1}^{N_t}I_n^l\boldsymbol{f}_n(\boldsymbol{r}')\dfrac{\partial T_l(t-R/c,\boldsymbol{r}')}{\partial t}}{R}\mathrm{d}S'\mathrm{d}S\mathrm{d}t\\
&-\int_{-\infty}^{+\infty}\int_{S_m}\delta(t-t_k-\alpha T^d)\boldsymbol{f}_m(\boldsymbol{r})\cdot\frac{\nabla}{4\pi\varepsilon_0}\int_{S_n}\frac{\int_0^{t-R/c}\sum_{n=1}^{N_s}\sum_{l=1}^{N_t}I_n^l\nabla'\cdot[\boldsymbol{f}_n(\boldsymbol{r}')T_l(\tau,\boldsymbol{r}')]\mathrm{d}\tau}{R}\mathrm{d}S'\mathrm{d}S\mathrm{d}t\\
&=\int_{-\infty}^{+\infty}\int_{S_m}\delta(t-t_k-\alpha T^d)\boldsymbol{f}_m(\boldsymbol{r})\cdot\boldsymbol{E}^{\mathrm{inc}}(\boldsymbol{r},t)\mathrm{d}S\mathrm{d}t
\end{aligned}
\tag{3.2.19}
$$

由于时间 $t>t_k$ 时,感应电流密度总是为零,所以上式中对时间求和的有效区间是 $l=1,2,\cdots,k$,将包括式(3.2.19)在内的 N_s 方程改写成矩阵方程的形式,并应用 MOT 算法的递推方式,可以写出 TD-EFIE 的递推矩阵方程:

$$
\boldsymbol{Z}_E^0\boldsymbol{I}^k=\boldsymbol{V}_E^k-\sum_{l=1}^{k-1}\boldsymbol{Z}_E^{k-l}\boldsymbol{I}^l \tag{3.2.20}
$$

其中,$\boldsymbol{V}_E^k$ 表示第 k 个时间步的入射电场,是一个 $N_s\times1$ 维的向量,第 m 个分量表达式如下:

$$
[\boldsymbol{V}_E^k]_m=\int_{-\infty}^{+\infty}\int_{S_m}\delta(t-t_k-\alpha T^d)\boldsymbol{f}_m(\boldsymbol{r})\cdot\boldsymbol{E}^{\mathrm{inc}}(\boldsymbol{r},t)\mathrm{d}S\mathrm{d}t \tag{3.2.21}
$$

下标 E 表示入射电磁波只含有电场分量,对应于 TD-EFIE,利用 δ 函数的性质①消去等式右边对时间的积分,上述积分化简为

$$
[\boldsymbol{V}_E^k]_m=\int_{S_m}\delta(t-t_k-\alpha T^d)\boldsymbol{f}_m(\boldsymbol{r})\cdot\boldsymbol{E}^{\mathrm{inc}}(\boldsymbol{r},t_k+\alpha T^d)\mathrm{d}S \tag{3.2.22}
$$

TD-EFIE 的阻抗矩阵元素的表达式如下:

$$
\begin{aligned}
[\boldsymbol{Z}_E^{k-l}]_{mn}=&\frac{\mu_0}{4\pi}\int_{-\infty}^{+\infty}\int_{S_m}\delta(t-t_k-\alpha T^d)\boldsymbol{f}_m(\boldsymbol{r})\cdot\int_{S_n}\frac{\boldsymbol{f}_n(\boldsymbol{r}')\dfrac{\partial T_l(t-R/c,\boldsymbol{r}')}{\partial t}}{R}\mathrm{d}S'\mathrm{d}S\mathrm{d}t\\
&-\frac{1}{4\pi\varepsilon_0}\int_{-\infty}^{+\infty}\int_{S_m}\delta(t-t_k-\alpha T^d)\boldsymbol{f}_m(\boldsymbol{r})\cdot
\end{aligned}
$$

$$\nabla\iint_{S_n}\frac{\int_0^{t-R/c}\nabla'\cdot[\boldsymbol{f}_n(\boldsymbol{r}')T_l(\tau,\boldsymbol{r}')]\mathrm{d}\tau}{R}\mathrm{d}S'\mathrm{d}S\mathrm{d}t \tag{3.2.23}$$

根据 δ 函数的性质①,上式右边的第一项中的对时间的积分可以直接利用该性质进行消去,上式右边的第二项则需要单独讨论,以下简称为第二项。第二项中含有对场点 $\boldsymbol{r}$ 作用的梯度算子∇,又因为 $\delta(t-t_k-\alpha T^d)$ 和 $\boldsymbol{r}$ 有关,所以这一项需要做进一步的推导。首先利用矢量恒等式 $\boldsymbol{A}\cdot\nabla\varphi=\nabla\cdot(\varphi\boldsymbol{A})-\varphi\nabla\cdot\boldsymbol{A}$,散度定理以及空间基函数是散度共形基函数的特性,将第二项化简成如下形式:

$$[\boldsymbol{Z}_{E-\phi}^{k-l}]_{mn}=\frac{1}{4\pi\varepsilon_0}\int_{-\infty}^{+\infty}\int_{S_m}\nabla\cdot[\delta(t-t_k-\alpha T^d)\boldsymbol{f}_m(\boldsymbol{r})]\int_{S_n}\frac{\int_0^{t-R/c}\nabla'\cdot[\boldsymbol{f}_n(\boldsymbol{r}')T_l(\tau,\boldsymbol{r}')]\mathrm{d}\tau}{R}\mathrm{d}S'\mathrm{d}S\mathrm{d}t \tag{3.2.24}$$

其中,

$$\nabla\cdot[\delta(t-t_k-\alpha T^d)\boldsymbol{f}_m(\boldsymbol{r})]=\nabla\cdot\boldsymbol{f}_m(\boldsymbol{r})\delta(t-t_k-\alpha T^d)-\boldsymbol{f}_m(\boldsymbol{r})\cdot\frac{\alpha\hat{\boldsymbol{k}}_{\mathrm{inc}}}{c}\frac{\partial\delta(t-t_k-\alpha T^d)}{\partial t} \tag{3.2.25}$$

上式的推导可参考公式(3.2.7)的推导过程。将式(3.2.25)代入式(3.2.24),再一次利用 δ 函数的性质②:

$$\int_a^b f(x)\frac{\mathrm{d}^n}{\mathrm{d}x^n}\delta(x-c)\mathrm{d}x=(-1)^n\left[\frac{\mathrm{d}^n}{\mathrm{d}x^n}f(x)\right]_{x=c},\quad a<c<b \tag{3.2.26}$$

消去 $[\boldsymbol{Z}_{E-\phi}^{k-l}]_{mn}$ 中对时间维的积分,式(3.2.24)可化简为

$$[\boldsymbol{Z}_{E-\phi}^{k-l}]_{mn}=\frac{1}{4\pi\varepsilon_0}\int_{S_m}\left[\nabla\cdot\boldsymbol{f}_m(\boldsymbol{r})-\boldsymbol{f}_m(\boldsymbol{r})\cdot\frac{\alpha\hat{\boldsymbol{k}}_{\mathrm{inc}}}{c}\right]\int_{S_n}\frac{\int_0^{t_k+\alpha T^d-R/c}\nabla'\cdot[\boldsymbol{f}_n(\boldsymbol{r}')T_l(\tau,\boldsymbol{r}')]\mathrm{d}\tau}{R}\mathrm{d}S'\mathrm{d}S \tag{3.2.27}$$

将等式(3.2.27)的右边代入式(3.2.23),同时利用 δ 函数的性质①,最终得到 TD-EFIE 阻抗矩阵元素的表达式如下:

$$[\boldsymbol{Z}_E^{k-l}]_{mn}=\frac{\mu_0}{4\pi}\int_{S_m}\boldsymbol{f}_m(\boldsymbol{r})\cdot\int_{S_n}\frac{\boldsymbol{f}_n(\boldsymbol{r}')\dfrac{\partial T_l(t_k+\alpha T^d-R/c,\boldsymbol{r}')}{\partial t}}{R}\mathrm{d}S'\mathrm{d}S$$

$$+\frac{1}{4\pi\varepsilon_0}\int_{S_m}\nabla\cdot\boldsymbol{f}_m(\boldsymbol{r})\int_{S_n}\frac{\begin{bmatrix}\nabla'\cdot\boldsymbol{f}_n(\boldsymbol{r}')\int_0^{t_k+\alpha T^d-R/c}T_l(\tau,\boldsymbol{r}')\mathrm{d}\tau\\-\boldsymbol{f}_n(\boldsymbol{r}')\cdot\frac{\alpha\hat{\boldsymbol{k}}_{\mathrm{inc}}}{c}T_l(t_k+\alpha T^d-R/c,\boldsymbol{r}')\end{bmatrix}}{R}\mathrm{d}S'\mathrm{d}S$$

$$+\frac{1}{4\pi\varepsilon_0}\int_{S_m}\boldsymbol{f}_m(\boldsymbol{r})\cdot\frac{\alpha\hat{\boldsymbol{k}}_{\mathrm{inc}}}{c}\int_{S_n}\frac{\begin{bmatrix}\nabla'\cdot\boldsymbol{f}_n(\boldsymbol{r}')T_l(t_k+\alpha T^d-R/c,\boldsymbol{r}')\\-\boldsymbol{f}_n(\boldsymbol{r}')\cdot\frac{\alpha\hat{\boldsymbol{k}}_{\mathrm{inc}}}{c}\frac{\partial T_l(t_k+\alpha T^d-R/c,\boldsymbol{r}')}{\partial t}\end{bmatrix}}{R}\mathrm{d}S'\mathrm{d}S$$

(3.2.28)

由上式可以看出,基于空间延迟时间基函数的 TD-EFIE 阻抗矩阵元素表达式比传统 TDIE(指时间离散用的是一般时间基函数)形成的阻抗矩阵元素表达式要复杂得多,原因是本书提出的空间延迟时间基函数不仅与时间量有关,还和空间位置有关,当空间上的散度算子 $\nabla\cdot(\nabla'\cdot)$ 或者梯度算子 ∇ 作用到感应电流 $\boldsymbol{J}(\boldsymbol{r}',t)$ 上时,算子不仅需要对空间基函数 $\boldsymbol{f}_n(\boldsymbol{r}')$ 进行作用,同时还需要对时间基函数 $T_l(t,\boldsymbol{r}')$ 进行作用。当 $\alpha=0$ 时,式(3.2.28)可退化为传统 TD-EFIE 方法形成表达式,见式(3.1.19)。

3.2.4 关于空间延迟时间基函数形成的时域积分奇异性的讨论

得到基于空间延迟时间基函数的 TD-MFIE 和 TD-EFIE 阻抗矩阵元素表达式之后,就是如何精确计算矩阵元素值。阻抗矩阵元素的精确计算包含两个方面:一是采用普通的数值积分法则计算矩阵元素表达式中的积分;二是当积分核趋于无穷大时,采用合适的奇异性处理方法精确计算奇异积分。如式(3.2.17)和式(3.2.28)所示,TD-MFIE 和 TD-EFIE 阻抗矩阵元素的计算分为内层面积分和外层面积分,分别对应展开基函数和测试基函数的定义域上的积分,通常将其简称为源积分和场积分。在 MOT-TDIE 中,由于被积函数不再是简单的空间基函数与格林函数的乘积,而是加上了时间基函数,并且时间基函数是分域基函数,在时间上有其有效的定义区间,在有效定义区间之外时间基函数的值为 0。这就意味着有效的积分区域不再是完整的空间基函数的定义区域,而是空间基函数的定义区域与时间轨道构成的空间区域相交的区域。图 3.2.1(a)给出传统的 MOT-TDIE(一般时间基函数离散)中的有效积分区域示意图,可以看出,根据场点 $\boldsymbol{r}$ 和源点 $\boldsymbol{r}'$ 在时间上的距离 R/c, 由于一般时间基函数的表达式与空间位置无关,时间轨道可以表示成一系列半径为 $lc\Delta t(l=1,2,\cdots)$ 的规则的球。传统 MOT-TDIE 在计算时域阻抗矩阵元素时,涉及解析表达积分的奇异性处理方法[23-26],都需要计算时间轨道与源三角形相交部分的弧线积分。当使用了空间延迟时间基函数之后,时间基函数不仅与时间 t 有关,还和空间位置 $\boldsymbol{r}$(或 $\boldsymbol{r}'$)以及入射电磁波传播方向 $\hat{\boldsymbol{k}}^{\mathrm{inc}}$ 有关,场

点 $\boldsymbol{r}$ 和源点 $\boldsymbol{r}'$ 在时间上的距离变为 $R/c - \hat{\boldsymbol{k}}^{\text{inc}} \cdot (\boldsymbol{r} - \boldsymbol{r}')/c$，由于传播方向 $\hat{\boldsymbol{k}}^{\text{inc}}$ 与空间位置矢量 $\boldsymbol{r}$（或 $\boldsymbol{r}'$）的夹角在不断变化，所以时间上的距离也随之在不断变化，此时时间轨道无法用规则的球来表示，图 3.2.1（b）给出了一个使用空间延迟时间基函数的时间轨道象征性示意图，这个时间轨道是不规则的且无规律可循的轨迹。基于以上分析可知，由于时间轨道不再是规则的球，时间轨道与源三角形相交部分的曲线无法解析表达，因此所有涉及解析方法求解 MOT-TDIE 的奇异积分的方法都不再适用于基于空间延迟时间基函数的 MOT-TDIE。自然而然，我们能够想到是采用不受基函数形式、积分单元的形状和曲率限制的，完全基于数值积分的奇异性消去法来求解 TDIE 的奇异积分。奇异性消去法[27-34]是通过合适坐标变换（常用的坐标变换有径向-角变换、Duffy 变换等）消去产生奇异性的分母，使变换后的积分核不再具有奇异性，进而用数值积分求出整个积分的值。

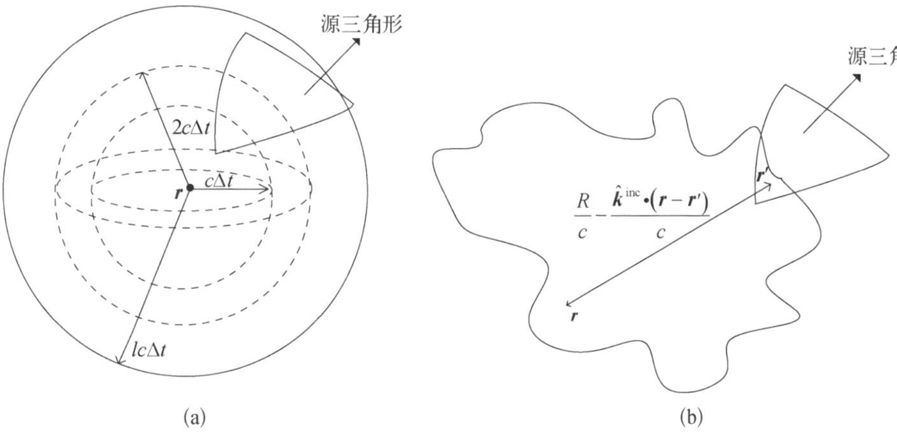

图 3.2.1　（a）基于一般时间基函数的 TDIE 的时间轨道示意图；（b）基于空间延迟时间基函数的 TDIE 的时间轨道象征性示意图

3.2.5　数值算例和分析

基于上述空间延迟时间基函数的原理以及 TDIE 的实现过程，开发了用于三维导体目标瞬态电磁散射分析的串行数值程序，并通过以下数值算例来验证程序的正确性和高效性。本节所有数值算例的分析均采用广义最小余量法（generalized minimal residual，GMRES）来求解矩阵方程，双精度程序的迭代收敛精度设为10^{-9}。计算平台为戴尔服务器，主频 2.0 GHz，内存 512 GB。

算例 1：为了验证基于空间延迟时间基函数的 TDIE 分析开放结构的正确性，数值算例首先采用 TD-EFIE 方程分析了含开放结构目标的瞬态电磁散射问题。一个由两块大小相同相互垂直的正方形导体平板构成的角反射器，如图 3.2.2 中插图所示，正方形的边长为 6.0 m。入射平面波的入射角度为 $\theta^{\text{inc}} = 60°$，$\phi^{\text{inc}} = 0°$，中心频率为 $f_0 = 150\,\text{MHz}$，带宽 $f_{\text{bw}} = 300\,\text{MHz}$；选取时间步长 $\Delta t = 0.333\,\text{ns}$，MOT 一共计算了 $N_t = 500$ 个时间步。同时使用基于空间延迟时间基函数的 TD-EFIE 方法和传统的 TDIE 方法分析这个角反射器时，这里说的传统的 TDIE 是指时间基函数使用的是三角时间基函数。图 3.2.2 给出了两种分析方法计算得到的角反射器表面上（2.5 m，3.5 m，6.0 m）处的时域电流波形的对比，可以看出，时域电流的幅值在 300 个时间步之后趋于 0，说明本章提出的基于空间延迟时间基函数的 TD-EFIE 分析开放结构可以得到稳定的电流解；另外，两种方法计算得到的电流结果也吻合得很好，验证了本章方法的正确性。图 3.2.3 给出了基于空间延迟时间基函数的 TD-EFIE 方法计算得到的宽频带内双站雷达散射截面（bistatic RCS，Bi-RCS）与传统 TDIE 的结果的比较，可以看出两种方法计算得到的散射结果吻合得很好，证明了本算法的正确性。

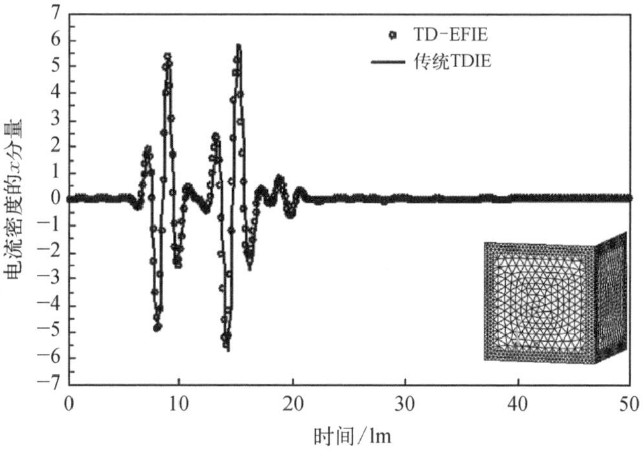

图 3.2.2　角反射器表面的时域电流波形

注：lm 指光通过 1 米的距离所需的时间。

算例 2：为了验证基于空间延迟时间基函数的 TDIE 分析含有光滑表面结构的导体目标的正确性和效率，数值算例分析了一个半径为 2.0 m 的理想导体球。入射平面波的入射角度为 $\theta^{\text{inc}} = 180°$，$\phi^{\text{inc}} = 180°$，中心频率为 $f_0 = 300\,\text{MHz}$，带宽 $f_{\text{bw}} = 600\,\text{MHz}$，选取时间步长 $\Delta t = 0.05\,\text{lm} = 0.167\,\text{ns}$。本算例采用 TD-EFIE 方程进行分析。由前文的理论分析可知，空间延迟时间基函数的使用，可以使未知感应电流定义在更大尺寸的单元贴片上，本书使用曲面三角形单元对物体表面进行离散，从而保证了大尺寸贴片单元对物体外形的拟合精度。根据频域相位基函数方法分析的经验[18,19]，首先使用 $l_{\text{avg}} \approx 1.0\lambda_{\min} = 0.5\,\text{m}$ 的单元尺寸对导体球的外表面进行离散，其中 l_{avg} 表示曲面三角形单元中的平均边长，$\lambda_{\min} = c/f_{\max}$，一共离散得到了 $N_s = 600$ 个空间未知量，每平方波长（$\lambda_{\min}$）上的未知量个数仅为 3 个。图 3.2.4 给出

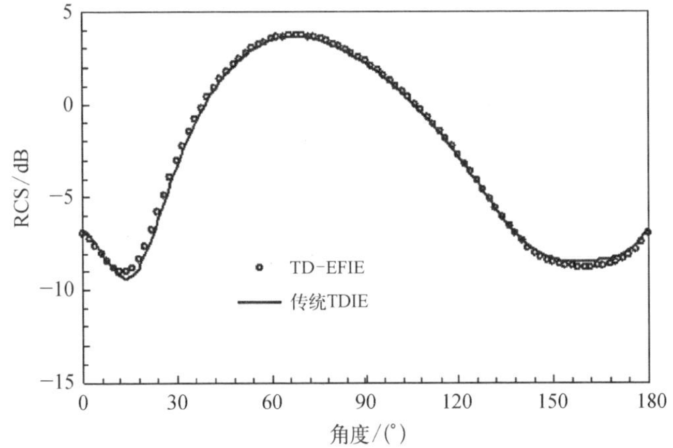

(a) 30 MHz

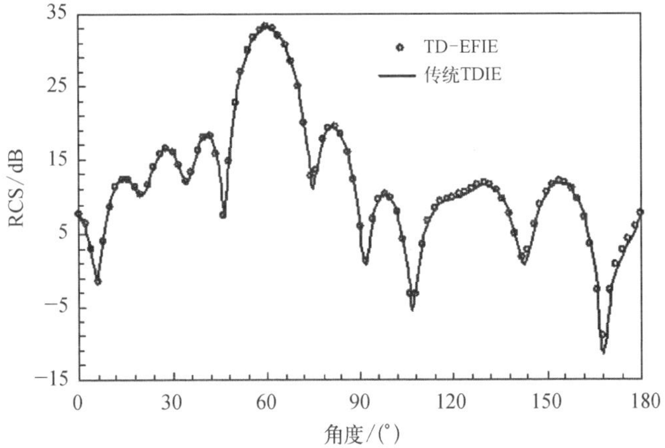

(b) 150 MHz

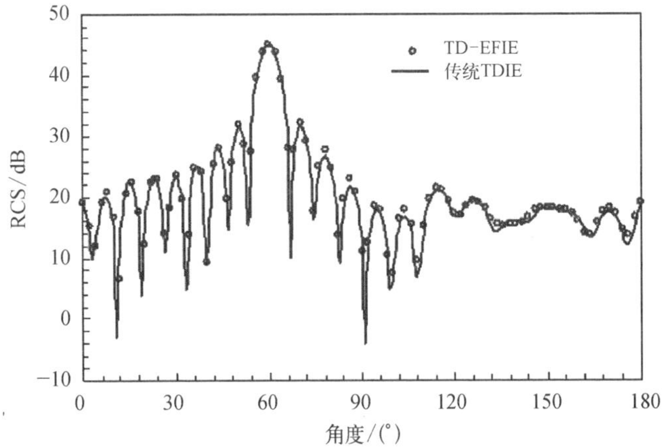

(c) 300 MHz

图 3.2.3　角反射器不同频点处双站 RCS 对比

了基于空间延迟时间基函数和曲面 CRWG 空间基函数的 TD-EFIE 方法分析该金属球时得到的球面位置 $\boldsymbol{r}$ = (0.806 m, 1.826 m, - 0.054 3 m) 处感应电流密度的时域波形的对数形式,MOT 算法的时间步一直迭代到 5 000 步,可以看出电流密度的幅值随时间的变化呈指数衰减,并收敛到 $0.5e^{-10}$ mA/m, 直到 65 lm (N_t = 2 600 步) 的后期电流也是稳定的。图 3.2.5 给出了宽频带内 Bi-RCS,并将三个系列之间的结果进行比较,第一个系列表示 Mie 级数方法的解析结果,第二个系列表示使用空间延迟时间基函数的 MOT-TDIE 数值结果,第三个系列表示使用一般三角时间基函数的 MOT-TDIE 数值结果。第二个系列和第三个系列的唯一区别是使用的时间基函数不同,其他的计算条件完全相同。由图 3.2.5 可以看出,空间延迟时间基函数的散射结果与解析结果吻合得很好,而同等未知量情况下,使用一般时间基函数的散射结果完全错误。

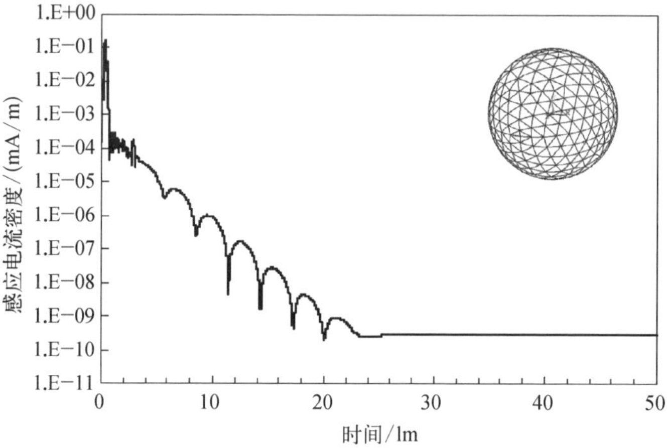

图 3.2.4　导体球表面 $\boldsymbol{r}$ = (0.806 m, 1.826 m, - 0.0543 m) 处的感应电流密度的时域波形

图 3.2.6 给出了数值仿真的 RCS 与解析结果之间的均方根误差(root mean square error, RMSE)随未知量变化的收敛曲线,其中 RMSE 的定义如下:

$$\text{RMSE} = \sqrt{\frac{1}{D}\sum_{i=1}^{D} |\sigma_i^{\text{ana}} - \sigma_i^{\text{cal}}|^2} \tag{3.2.29}$$

其中,D 表示采样角度的个数, D = 180; σ_i^{ana} 表示解析结果;σ_i^{cal} 表示数值计算的 RCS 结果,分别采用空间延迟和不加延迟的(即三角)时间基函数结合 TD-EFIE 来分析,空间基函数为 CRWG,为了比较公平,空间延迟和三角时间基函数的计算条件完全相同。由图 3.2.6 可以看出,基于空间延迟时间基函数的 MOT-TDIE 在分析这个导体球的瞬态散射时,即使使用了很少的空间未知量也能得到精确的 RCS 结果, N_s = 600 时, 空间延迟时间基函数对应的低、中、高频率对应的 RMSE 分别为

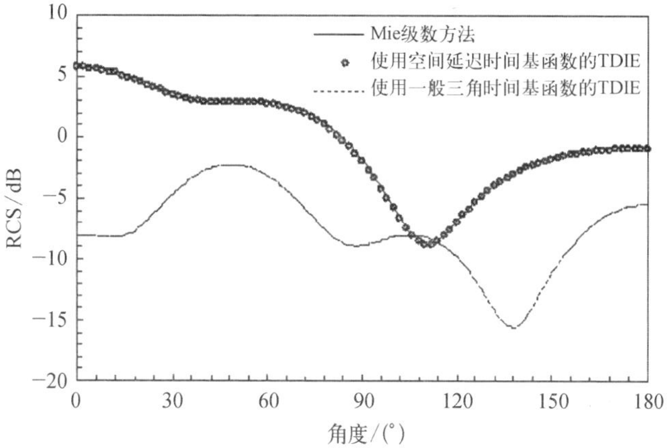

(a) 60 MHz

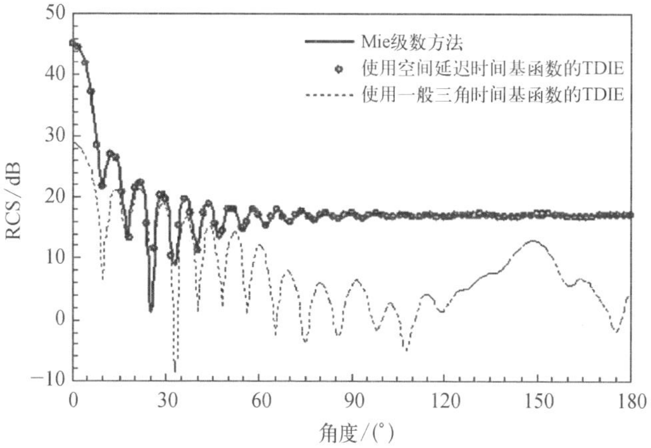

(b) 300 MHz

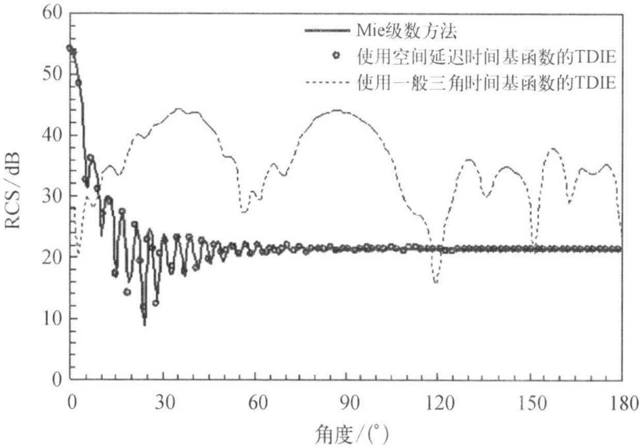

(c) 600 MHz

图 3.2.5　不同频点处的 RCS 之间的比较

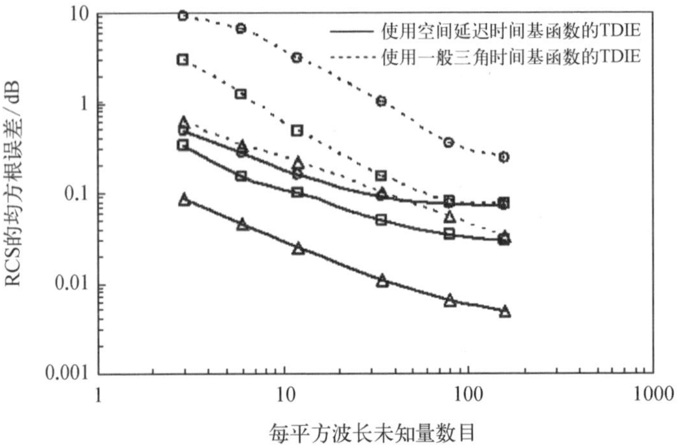

图 3.2.6 数值仿真的 RCS 与解析结果之间的均方根误差随每平方波长未知量数目变化的收敛曲线

注：三角形系列代表 60 MHz，正方形系列代表 300 MHz，圆圈系列代表 600 MHz。

0.08 dB、0.34 dB 和 0.48 dB，N_s = 2 424 时，低、中、高频率对应的 RMSE 分别为 0.03 dB、0.09 dB 和 0. 15 dB；而 N_s = 600 和 1 218 时，三角时间基函数对应的中、高频率 RMSE 均大于 1 dB，且高频误差达到 10 dB；网格密度对低频误差的影响较小。由图 3.2.6 还可以看出，当两种时间基函数达到相同误差水平的 RCS 精度，空间延迟时间基函数需要 2 424 个空未知量，而三角时间基函数则需要 31 968 个空间未知量。在固定时间步 Δt = 0.05 lm 的情况下，表 3.2.1 中统计了达到相同的 RCS 精度时，空间延迟时间基函数和三角时间基函数仿真该算例的计算资源消耗情况。该算例说明了空间延迟时间基函数的使用确实可以使时域感应电流密度定义在更大尺寸的单元贴片上，从而大幅度减少求解未知量和降低计算机内存需求。

表 3.2.1 采用不同的时间基函数分析导体球目标时，计算资源的消耗情况

时间基函数	空间未知量总数 N_s	TDIE 矩阵内存需求/GB	TDIE 矩阵填充时间/s	MOT 求解时间/s	总的仿真时间/s	RCS 的均方根误差/dB		
						60 MHz	300 MHz	600 MHz
空间延迟时间基函数	2 424	0.633	401	882	1 878	0.02	0.09	0.15
三角时间基函数	31 968	48.069 6	25 751	137 060	164 525	0.03	0.07	0.24

为了考察基于空间延迟时间基函数的 MOT-TDIE 在分析导体球瞬态散射时，时间步长 Δt 的大小的影响，图 3.2.7 给出了 N_s = 1 218 时宽频带内，基于空间延迟

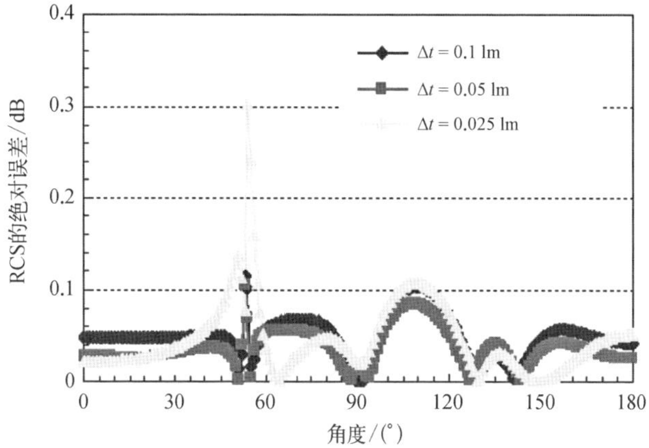

(a) 60 MHz

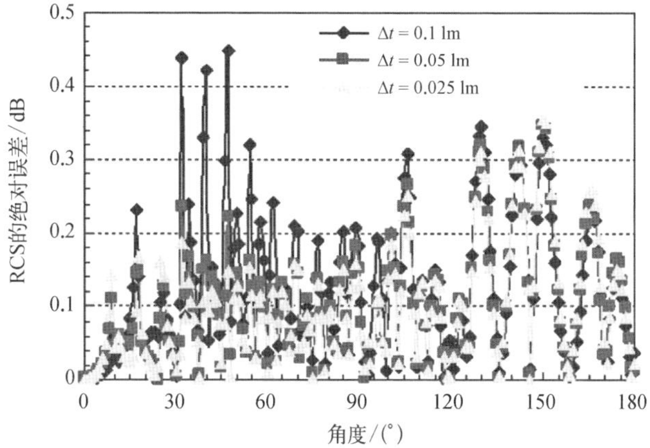

(b) 300 MHz

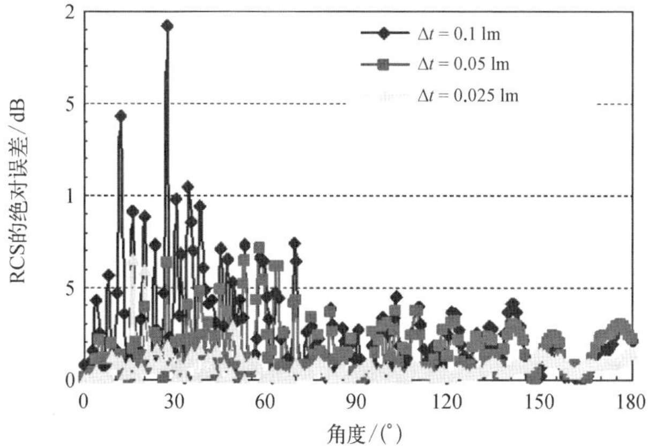

(c) 600 MHz

图 3.2.7 基于空间延迟时间基函数的 TD-EFIE 采用不同时间步长 Δt 对应的宽频带 RCS 相对于 Mie 级数结果的绝对误差

时间基函数的 MOT-TDIE 算法采用不同时间步长 Δt 得到的 RCS 相对于 Mie 级数解析结果的绝对误差图。由图 3.2.7 可以看出，对于低频部分的 RCS［图 3.2.7(a)］，60 MHz，减小 Δt 对 RCS 结果的影响不大；对于中频部分［图 3.2.7(b)］，300 MHz，减小 Δt，后向 RCS 的误差有所减小，前向 RCS 的误差基本不变；对于高频部分的 RCS［图 3.2.7(c)］，随着 Δt 的减小，RCS 的误差明显变小。表 3.2.2 中统计了采用不同大小 Δt 时，空间延迟时间基函数分析导体球瞬态散射的计算资源消耗情况，以及反映总体误差的 RCS RMSE。Δt 的大小主要影响 MOT 阻抗矩阵的稀疏度、时间步的长度，以及 MOT 算法的求解时间。由表 3.2.2 可以看出，Δt 越小，阻抗矩阵所需的内存越大，MOT 的求解时间也越长，算法效率越低，但同时瞬态散射的误差也会相应改变，由表 3.2.2 反映出的 RCS 的 RMSE 的变化情况是，低频 RMSE 基本保持不变（时间步大小对低频误差的影响较小），中频 RMSE 变化较小，高频 RMSE 明显减小，这一变化情况与 RCS 在各散射角度上的绝对误差变化情况是一致的。因此，综合考虑仿真效率和结果的精度，最合适的时间步长仍是 $\Delta t = c/(10bf_{\max})$。

表 3.2.2　采用不同时间步长的空间延迟时间基函数分析导体球瞬态散射的计算资源消耗

时间步长 Δt	总的时间步	TDIE 矩阵内存/GB	MOT 求解时间/s	RCS 的均方根误差/dB		
				60 MHz	300 MHz	600 MHz
Δt = 0.1 lm	250	0.132	151	0.05	0.17	0.39
Δt = 0.05 lm	500	0.237	454	0.04	0.15	0.27
Δt = 0.025 lm	1 000	0.446	2 092	0.05	0.12	0.14

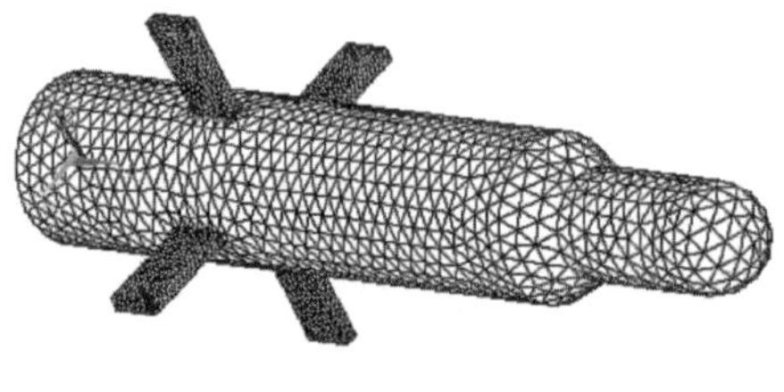

图 3.2.8　突防导弹模型的 Ansys 剖分示意图

算例 3：突防导弹模型，如图 3.2.8 所示，导弹模型的三维几何尺寸为 1.4 m × 1.4 m × 3.5 m。入射平面波的入射角度为 $\theta^{\text{inc}} = 90$，$\phi^{\text{inc}} = 45$，脉冲的时延 $t_p = 10\sigma$，中心频率为 $f_0 = 1.25$ GHz，带宽 $f_{\text{bw}} = 500$ MHz，选取时间步长 $\Delta t = 0.02$ lm。采用曲面三角形网格对导弹模型进行剖分，并对尾翼部分的网格进行加密，一共仅产生了 N_s = 5 352 个空间未知量。本算例采用 TD-EFIE 方程进行分析。图 3.2.9 给出了基于空间延迟时间基函数的 MOT-TDIE 分析该导弹模型时得到的球面位置 $\boldsymbol{r}$ = (－0.95 m, 0.311 m, 0.235 m) 处感应电流密度时域波形的对数形式，MOT 算法的时间步一直迭代到 10 000 步，可以看出，电流密度的幅值随时间的变化呈指数衰减，并收敛到 1.0×10^{-18} mA/m，直到 90 lm (N_t = 1 800 步) 的后期电流也是稳定的。图 3.2.10 给出了后向散射远场的时域波形,并将时域结果与频域快速多极子算法(MLFMA)的扫频数据的逆傅里叶变换的结果相对比,二者的数据吻合很好。图 3.2.11 给出了宽频带的双站 RCS 与频域 MLFMA 的结果的比较,两者的结果非常吻合,说明了基于空间延迟时间基函数的 MOT-TDIE 分析复杂模型瞬态电磁散射的准确性。表 3.2.3 中给出了时域积分方程方法直接计算,和频域 MLFMA 扫频-离散傅里叶逆变换(inverse discrete Fourier transform, IDFT)计算突防导弹模型的时域后向散射场的计算资源消耗情况,时域和频域的仿真均在戴尔服务器上采用 MPI 并行计算,调用 16 个进程。表中频域 MLFMA 扫频采样 101 个频点,计算的内存消耗指的是单个频点的平均内存消耗,仿真时间是扫频时间加上 IDFT 的总时间。

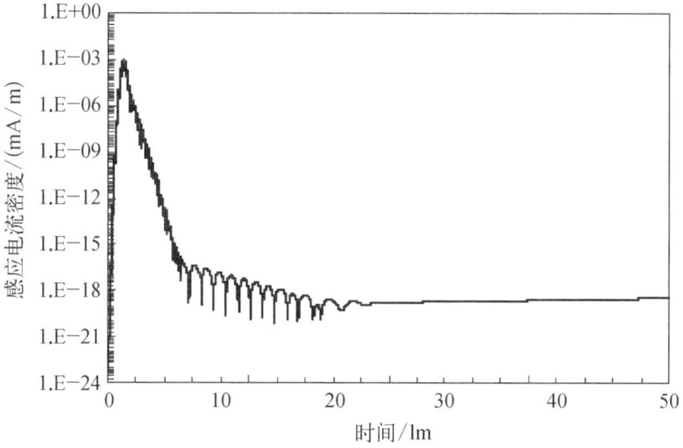

图 3.2.9　导弹模型表面 $\boldsymbol{r}$ = (0.95 m, 0.311 m, 0.235 m) 处的感应电流密度的时域波形

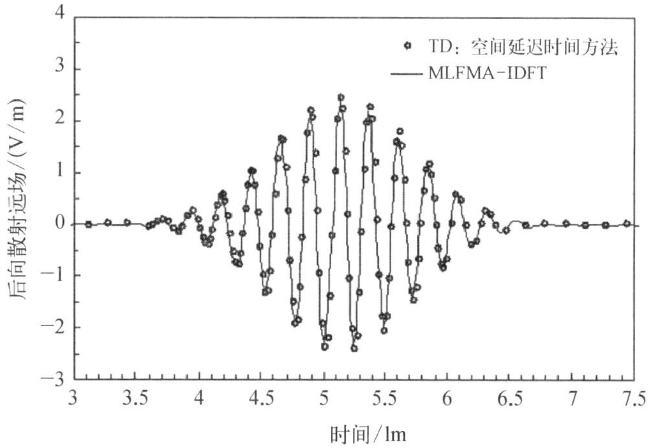

图 3.2.10　后向散射场的时域波形,时域结果与频域 IDFT 的结果相对比

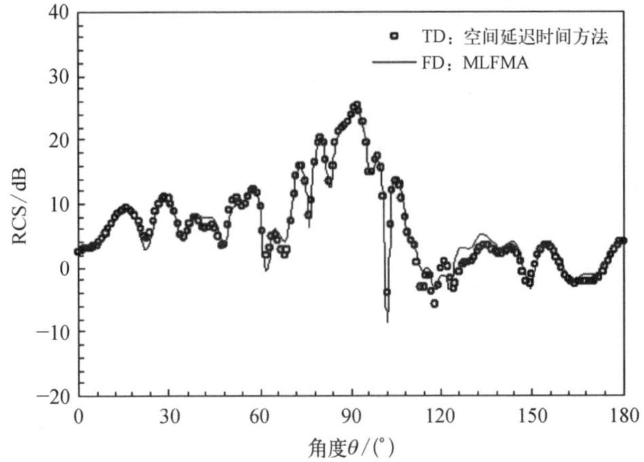

(a) 1.0 GHz

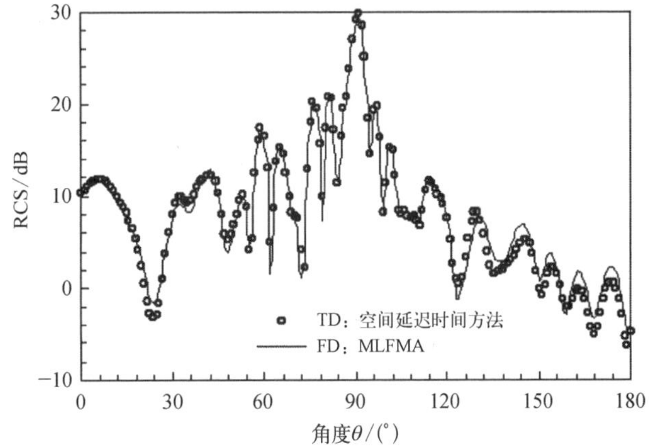

(b) 1.25 GHz

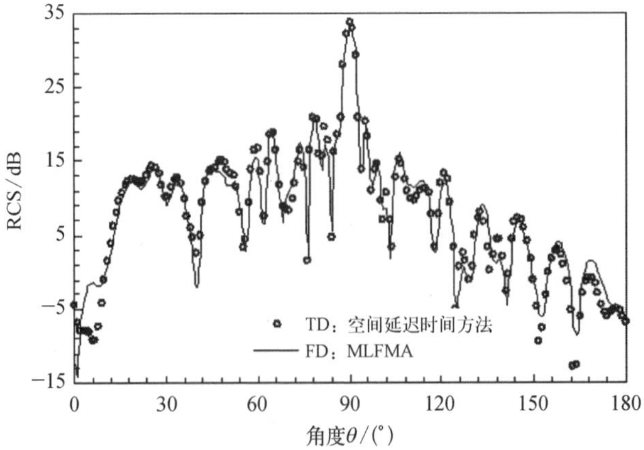

(c) 1.5 GHz

图 3.2.11　不同频点处的双站 RCS 的比较

表 3.2.3　时域计算和频域 MLFMA 扫频- IDFT 分析突防导弹目标的时域后向散射场时,计算资源的消耗情况

计算方法	时域:曲面 RWG 空间延迟基函数	频域扫频:MLFMA-IDFT
未知量总数	5 352	70 851
内存需求/MB	808.5	768.2
仿真时间/s	614	4 750

3.3　不连续伽辽金的时域积分方程方法

在求解物体瞬态电磁散射特性时首先需要对物体的表面进行网格剖分,在网格上定义基函数。为了加强相邻元素边界电流的法向连续性,通常要求基函数满足散度共形的条件,比如前文一直采用的 RWG 基函数。虽然商业软件可以自动生成任意三维的几何形状的网格,但是生成良好的网格仍然是一个繁琐的任务,特别是对于复杂的具有精细结构的物体或者多尺度目标。因此,传统的共形网格剖分在处理复杂、不均匀的模型时已经不再适用,阻碍了许多实际应用中有缺陷的网格的使用。

为了解决上述问题,本章将介绍时域不连续伽辽金积分方程方法(time domain integral equation discontinuous Galerkin, TDIEDG),该方法允许采用非共形网格剖分,可以有效分析复杂形状散射体的电磁特性,这为分析复杂目标的电磁特性提供了一种行之有效的研究方法。

3.3.1　TDIEDG 矩阵方程的建立

采用非共形剖分方法对模型进行网格离散时,由于非共形网格的出现,普通的散度共形 RWG 基函数将无法使用,我们需要引入一种定义域只存在于一个三角形中的基函数对物体表面进行离散。为了算法设计上的方便,本章选用单极 RWG 基函数(mono-polar RWG)[35,36]作为空间基函数。图 3.3.1 是本章所采用的单极 RWG 基函数,与 RWG 基函数相比,单极 RWG 基函数只定义在一个三角形上,很显然,单极 RWG 基函数已经不满足相邻三角形交界边的法向连续性条件,这一特点带来的好处就是网格剖分时可以采用非共

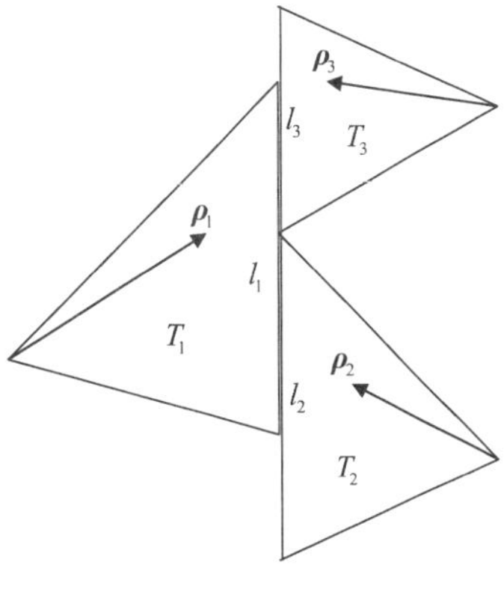

图 3.3.1　单极 RWG 基函数示意图

形的方式,给建模带来了极大的方便。对于第 n 个单极 RWG 基函数定义为

$$\boldsymbol{f}_n(\boldsymbol{r})=\begin{cases}\dfrac{l_n}{2A_n}\boldsymbol{\rho}_n, & \boldsymbol{r}\in T_n\\ 0, & \text{其他}\end{cases} \tag{3.3.1}$$

其中,T_n 表示第 n 个基函数所在的三角形;A_n 表示第 n 个三角形的面积;l_n 为第 n 个基函数所在边的长度;$\boldsymbol{\rho}_n$ 表示三角形的自由顶点到任意一点 $\boldsymbol{r}$ 的矢量。

对式(3.3.1)两边求散度,可以得到其面散度:

$$\nabla\cdot\boldsymbol{f}_n(\boldsymbol{r})=\begin{cases}\dfrac{l_n}{A_n}, & \boldsymbol{r}\in T_n\\ 0, & \text{其他}\end{cases} \tag{3.3.2}$$

使用单极 RWG 基函数来表示面电流时,其具有如下特点:

(1) 基函数公共边处的法向电流分量是不连续的;

(2) 基函数对应的电荷总和不为零。

接下来我们给出 TDIEDG 方法的简单推导过程。因为单极 RWG 基函数已经不满足电流连续性条件,我们需要从电磁场的并矢表达形式[式(2.1.28)和式(2.1.29)]出发推导时域电磁场积分方程。

根据理想导体表面的边界条件可得到理想导体时域电场和磁场积分方程的表达式:

$$\begin{aligned}&\hat{\boldsymbol{n}}(\boldsymbol{r})\times\hat{\boldsymbol{n}}(\boldsymbol{r})\times\boldsymbol{E}^{\text{inc}}(\boldsymbol{r},t)\\&=\hat{\boldsymbol{n}}(\boldsymbol{r})\times\hat{\boldsymbol{n}}(\boldsymbol{r})\times\left[\frac{\mu_0}{4\pi}\int_S\mathrm{d}S'\,\frac{1}{R}\frac{\partial\boldsymbol{J}(\boldsymbol{r}',\tau)}{\partial t}-\frac{1}{4\pi\varepsilon_0}\int_S\mathrm{d}S'\int_{-\infty}^{\tau}\frac{\nabla\nabla\cdot\boldsymbol{J}(\boldsymbol{r}',t')}{R}\mathrm{d}t'\right]\end{aligned} \tag{3.3.3}$$

$$\hat{\boldsymbol{n}}\times\boldsymbol{H}^{\text{inc}}(\boldsymbol{r},t)=\frac{1}{2}\boldsymbol{J}(\boldsymbol{r},t)-\hat{\boldsymbol{n}}\times\nabla\times\frac{1}{4\pi}\int_S\mathrm{d}S'\,\frac{\boldsymbol{J}(\boldsymbol{r}',\tau)}{R} \tag{3.3.4}$$

其中,$\tau=t-R/c$ 表示波传播时间延迟;$\hat{\boldsymbol{t}}_n$ 表示第 n 个基函数所在边的单位外法向分量。

用时间递推方法求解导体目标时域电磁场积分方程时,要先将等效电流源 $\boldsymbol{J}(\boldsymbol{r},t)$ 分别在空间维和时间维上进行离散,离散为 N_s 个空间基函数 $\boldsymbol{f}_n(\boldsymbol{r})$ $(n=1,2,\cdots,N_s)$ 和 N_t 个时间基函数 $T_l(t)$ $(l=1,2,\cdots,N_t)$ 的线性组合,即

$$\boldsymbol{J}(\boldsymbol{r},t)=\sum_{n=1}^{N_s}\sum_{j=1}^{N_t}J_{n,j}\boldsymbol{f}_n(\boldsymbol{r})T_j(t) \tag{3.3.5}$$

其中，$J_{n,j}$是第 n 个单极 RWG 基函数上第j个时间步上时间基函数的系数；N_t 是三角时间基函数的个数；N_s 是空间单极 RWG 基函数的个数。将式(3.3.5)代入式(3.3.3)和式(3.3.4)中得到离散型的积分方程，并在空间上进行伽辽金测试，在时间上进行点匹配，整理得到矩阵方程组如下：

$$\mathbf{Z}_E^0\boldsymbol{I}^i = \boldsymbol{V}_E^i - \sum_{j=1}^{i-1}\mathbf{Z}_E^{i-j}\boldsymbol{I}^j,\ i = 1,\ 2,\ 3,\ \cdots,\ N_t \tag{3.3.6}$$

$$\mathbf{Z}_H^0\boldsymbol{I}^i = \boldsymbol{V}_H^i - \sum_{j=1}^{i-1}\mathbf{Z}_H^{i-j}\boldsymbol{I}^j,\ i = 1,\ 2,\ 3,\ \cdots,\ N_t \tag{3.3.7}$$

矩阵元素和右边向量如下式：

$$\begin{aligned}
[\mathbf{Z}_E^{i-j}]_{mn} = & \frac{\mu_0}{4\pi}\int_{S_m}\int_{S_n}\boldsymbol{f}_m(\boldsymbol{r})\cdot\boldsymbol{f}_n(\boldsymbol{r}')\frac{\partial_\tau T_j(i\Delta t - R/c)}{R}\mathrm{d}S'\mathrm{d}S \\
& + \frac{1}{4\pi\varepsilon_0}\int_{S_m}\int_{S_n}\nabla\cdot\boldsymbol{f}_m(\boldsymbol{r})\nabla\cdot\boldsymbol{f}_n(\boldsymbol{r}')\frac{\partial_\tau^{-1}T_j(i\Delta t - R/c)}{R}\mathrm{d}S'\mathrm{d}S \\
& - \frac{1}{4\pi\varepsilon_0}\oint_{l_m}\hat{\boldsymbol{t}}_m\cdot\boldsymbol{f}_m(\boldsymbol{r})\int_{S_n}\nabla\cdot\boldsymbol{f}_n(\boldsymbol{r}')\frac{\partial_\tau^{-1}T_j(i\Delta t - R/c)}{R}\mathrm{d}S'\mathrm{d}l \\
& - \frac{1}{4\pi\varepsilon_0}\int_{S_m}\nabla\cdot\boldsymbol{f}_m(\boldsymbol{r})\oint_{l_n}\hat{\boldsymbol{t}}_n\cdot\boldsymbol{f}_n(\boldsymbol{r}')\frac{\partial_\tau^{-1}T_j(i\Delta t - R/c)}{R}\mathrm{d}l'\mathrm{d}S \\
& + \frac{1}{4\pi\varepsilon_0}\oint_{l_m}\hat{\boldsymbol{t}}_m\cdot\boldsymbol{f}_m(\boldsymbol{r})\oint_{l_n}\hat{\boldsymbol{t}}_n\cdot\boldsymbol{f}_n(\boldsymbol{r}')\frac{\partial_\tau^{-1}T_j(i\Delta t - R/c)}{R}\mathrm{d}l'\mathrm{d}l
\end{aligned} \tag{3.3.8}$$

$$\begin{aligned}
[\mathbf{Z}_H^{i-j}]_{mn} = & \frac{1}{2}\int_{S_m}\boldsymbol{f}_m(\boldsymbol{r})\cdot\boldsymbol{f}_n(\boldsymbol{r}')T_j(i\Delta t)\mathrm{d}S \\
& - \frac{1}{4\pi}\int_{S_m}\boldsymbol{f}_m(\boldsymbol{r})\cdot\hat{\boldsymbol{n}}(\boldsymbol{r})\times\left\{\begin{aligned}&\int_{S_n}[\partial_\tau T_j(i\Delta t - R/c)\boldsymbol{f}_n(\boldsymbol{r}')]\times\frac{\boldsymbol{R}}{R^2}\mathrm{d}S'\mathrm{d}S \\ & + \int_{S_n}[T_j(i\Delta t - R/c)\boldsymbol{f}_n(\boldsymbol{r}')]\times\frac{\boldsymbol{R}}{R^3}\mathrm{d}S'\mathrm{d}S\end{aligned}\right\}
\end{aligned} \tag{3.3.9}$$

$$[\boldsymbol{V}_E^i]_m = \int_{S_m}\boldsymbol{f}_m(\boldsymbol{r})\cdot\boldsymbol{E}^{\mathrm{inc}}(\boldsymbol{r},\ i\Delta t)\mathrm{d}S \tag{3.3.10}$$

$$[\boldsymbol{V}_H^i]_m = \int_{S_m}\boldsymbol{f}_m(\boldsymbol{r})\cdot[\hat{\boldsymbol{n}}(\boldsymbol{r})\times\boldsymbol{H}^{\mathrm{inc}}(\boldsymbol{r},\ i\Delta t)]\mathrm{d}S \tag{3.3.11}$$

$$[\boldsymbol{I}^i]_n = \boldsymbol{J}_{n,\ i} \tag{3.3.12}$$

这里 $\hat{\boldsymbol{t}}_m$ 和 $\hat{\boldsymbol{t}}_n$ 分别表示第 m 和 n 个基函数所在边的单位外法向分量；$\oint_{l_m}\mathrm{d}l$ 表示在

第 m 号基函数边上进行的线积分，高斯点取在基函数对应的边上。

单极 RWG 基函数在相邻单元的边界上不满足法向连续性条件，然而用单极 RWG 基函数表征的金属表面电流本质上应该是连续的，因此我们需要强加一个连续性方程用来保证三角形单元之间所需要满足的电流连续性。因此，在 TDIEDG 方法中需要引入电流连续性条件：

$$\hat{\boldsymbol{t}}_{mn} \cdot \boldsymbol{J}_m(\boldsymbol{r}, t) = -\hat{\boldsymbol{t}}_{nm} \cdot \boldsymbol{J}_n(\boldsymbol{r}, t), \ \boldsymbol{r} \in C_{mn} \tag{3.3.13}$$

将式(3.3.5)代入式(3.3.13)，并进行空间上的伽辽金测试，在时间上用点匹配的方法，得到连续性方程的矩阵方程形式如下：

$$\boldsymbol{Z}_B^0 \boldsymbol{I}^i = 0 \tag{3.3.14}$$

$$[\boldsymbol{Z}_B^0]_{mn} = \frac{1}{4\pi\varepsilon_0} \oint_{l_m} (\hat{\boldsymbol{t}}_m \cdot \boldsymbol{f}_m(\boldsymbol{r}))(\hat{\boldsymbol{t}}_n \cdot \boldsymbol{f}_n(\boldsymbol{r}))\mathrm{d}l \tag{3.3.15}$$

在空间上，只需要在相邻三角形公共边上强加法向连续性条件，此时，场源高斯点是重合的。在 MOT 方法中，当场源高斯点重合时，计算得到的阻抗矩阵元素只需要填充到 $\boldsymbol{Z}^0$ 矩阵中，而 $\boldsymbol{Z}^0$ 矩阵在每个时间步的迭代过程中都会使用到。

此外，在边界上由于不连续性导致的误差电荷会产生电势，我们需要保证在轮廓边界没有电荷产生能量。为此，还需要强加边界惩罚项以满足电势为零的条件，矩阵形式的边界惩罚项如下：

$$\boldsymbol{Z}_P^0 \boldsymbol{I}^i = -\sum_{j=1}^{i-1} \boldsymbol{Z}_P^{i-j} \boldsymbol{I}^j \tag{3.3.16}$$

$$[\boldsymbol{Z}_P^{i-j}]_{mn} = \frac{1}{4\pi\varepsilon_0} \oint_{l_m} \hat{\boldsymbol{t}}_m \cdot \boldsymbol{f}_m(\boldsymbol{r}) \oint_{l_n} \hat{\boldsymbol{t}}_n \cdot \boldsymbol{f}_n(\boldsymbol{r}') \frac{\partial_\tau^{-1} T_j(i\Delta t - R/c)}{R} \mathrm{d}l' \mathrm{d}l \tag{3.3.17}$$

至此，我们得到了最终的 TDIEDG 如下：

$$\boldsymbol{Z}^0 \boldsymbol{I}^i = \boldsymbol{V}^i - \sum_{j=1}^{i-1} \boldsymbol{Z}^{i-j} \boldsymbol{I}^j \tag{3.3.18}$$

$$[\boldsymbol{Z}^{i-j}] = \alpha[\boldsymbol{Z}_E^{i-j}] + \eta_0(1-\alpha)[\boldsymbol{Z}_H^{i-j}] + \beta[\boldsymbol{Z}_B^{i-j}] + \gamma[\boldsymbol{Z}_P^{i-j}] \tag{3.3.19}$$

其中，$\eta_0 = \sqrt{\mu_0/\varepsilon_0}$ 为自由空间波阻抗；α 为加权系数，$0 \leqslant \alpha \leqslant 1$。当 $\alpha = 1$ 时，上式退化为时域电场积分方程；当 $\alpha = 0$ 时，上式退化为时域磁场积分方程。需要注意的是式(3.3.8)中存在双重线积分，当场源基函数重合时，难以进行奇异性处理，为了消除这个双重线积分，我们选取边界惩罚项系数 $\gamma = -\alpha$。β 是与剖分尺寸相关的参数，这里称作内罚稳定系数。在 TDIEDG 方法中 β 是一个很重要的参数，它直接影响了算法的精确性与稳定性，由于篇幅限制，这里不再展开讨论，具体内容可参考文献[37]与[38]。

3.3.2 数值算例与分析

算例 1：分析一个半径为 0.5 m 的理想导体球，验证算法的正确性。导体球被分成两部分，一部分使用 0.1 m 尺寸剖分，另一部分使用 0.06 m 剖分尺寸，离散网格如图 3.3.2 所示，空间未知量为 3 990。调制高斯脉冲中心频率为 150 MHz，频带宽度 300 MHz，入射角度 $\theta_{inc}=0°$，$\phi_{inc}=0°$，极化方向 $\hat{\boldsymbol{p}}=(1,0,0)$，时间步设置为 300 步。观察角度 $0°\leqslant\theta_{sc}\leqslant180°$，$\phi_{sc}=0°$。

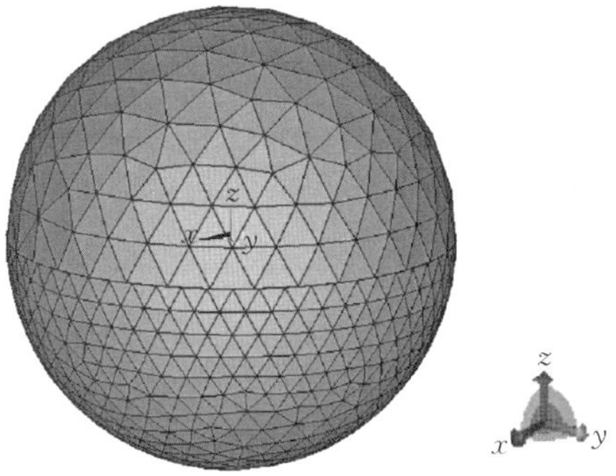

图 3.3.2 金属球的非共形剖分示意图

分别用 TDIEDG 方法计算导体球的后向散射场与频域方法的离散傅里叶逆变换(IDFT)得到的后向散射场进行对比，结果如图 3.3.3 所示，可以看出两种方法计算的结果一致。用 TDIEDG 方法分别计算在 30 MHz、150 MHz、270 MHz 频率下的双站 RCS，并与 Mie 结果进行对比，结果如图 3.3.4 所示。前文中提到，稳定系数 β 在 DG-TDIE 方法中至关重要，它直接影响了 TDIEDG 的稳定性。这里根据经验，对于入射波最高频率为 300 MHz 的情况，将 β 值设为 1。图 3.3.5 给出了迭代 3 000 个时间步之后导体球表面某点处 x 方向的时域电流波形，可以看出 TDIEDG 方法是晚时稳定的。

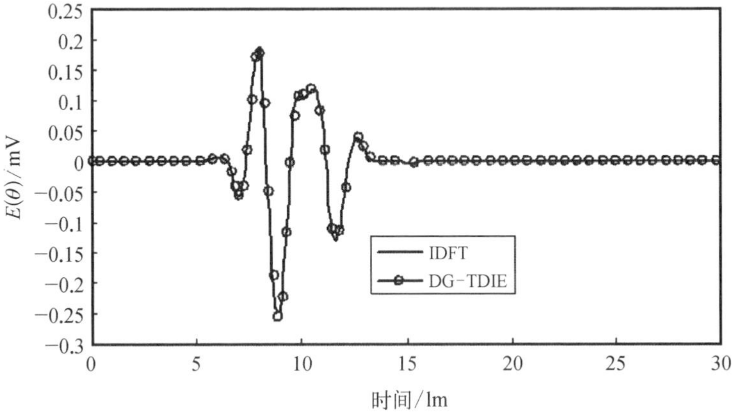

图 3.3.3 DG-TDIE 与频域 IDFT 后向散射场对比

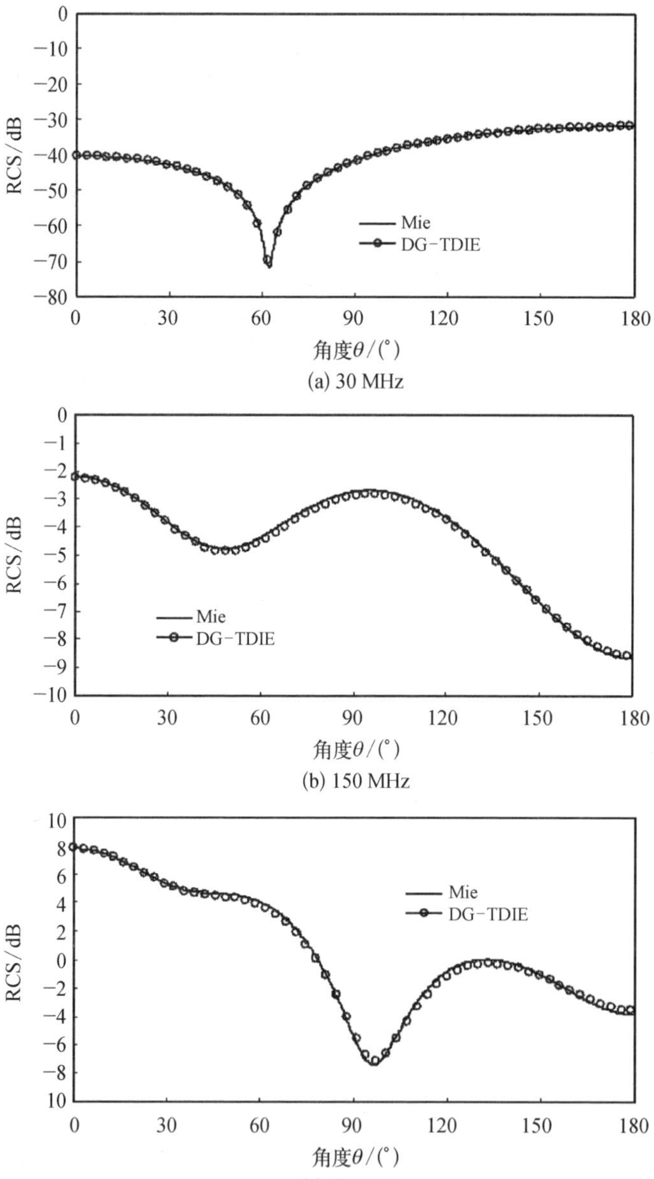

(a) 30 MHz

(b) 150 MHz

(c) 270 MHz

图 3.3.4　DG-TDIE 混合场计算的金属球双站 RCS 与 Mie 比较

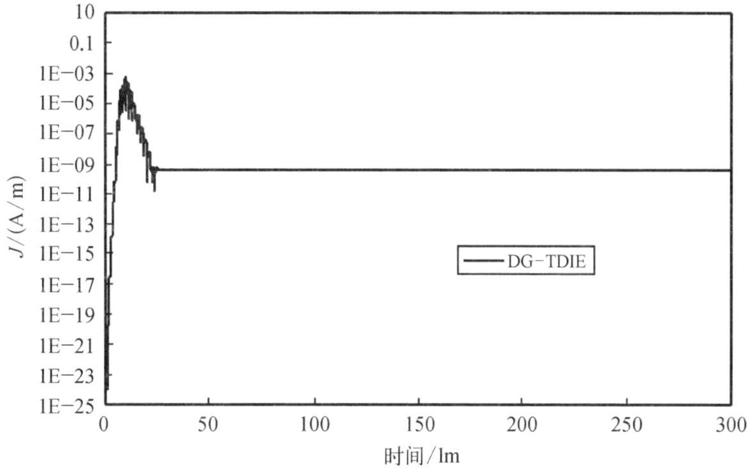

图 3.3.5　迭代 3 000 步之后金属球表面某点 x 方向的电流波形

3.4　高阶 Nyström 的时域积分方程方法

Nyström 方法是一种简单且有效的积分方程离散方式[39]。Nyström 积分方程方法与传统的基于 RWG 基函数的矩量法相比较,具有矩阵填充速度快、离散网格鲁棒性等优点[40–42]。Nyström 积分方程方法与基于 RWG 基函数的矩量法均属于低阶积分方程方法,与此类方法相比较,高阶积分方程方法是一种更加精确高效的数值方法。

高阶积分方程方法采用高阶单元对目标进行离散,从而更加精确地描述目标的几何外形,并且在离散的高阶单元上定义高阶的基函数,更加精确地描述未知源分布。高阶积分方程方法可以简单分为两类:第一类为要求相邻离散网格单元,满足切向或者法向连续性,如基于高阶叠层基的矩量法等[47–52];第二类为高阶基函数,定义在离散单元内部的一系列离散的点上,这类方法不要求相邻离散网格单元满足切向或者法向连续性,即具有离散网格鲁棒性,如高阶 Nyström 积分方程方法[43–46]。

3.4.1　高阶 Nyström 方法的基本原理

考虑如下积分方程:

$$\int_{\Omega} G(\boldsymbol{r},\ \boldsymbol{r}')\psi(\boldsymbol{r}')\,\mathrm{d}\Omega = \phi(\boldsymbol{r}) \tag{3.4.1}$$

式中,Ω 是积分区域;$G(\boldsymbol{r},\ \boldsymbol{r}')$ 是与场源位置均相关的已知函数;$\psi(\boldsymbol{r}')$ 表示待求解的未知量;$\phi(\boldsymbol{r})$ 也是已知函数。

Nyström 积分方程方法就是将积分方程(3.4.1)中左边的积分用一种恰当的积分规则进行计算,积分规则如下:

$$\int_{\Omega} f(\boldsymbol{r}')\mathrm{d}\boldsymbol{r}' = \sum_{j=1}^{P} w_j f(\boldsymbol{r}_j') \tag{3.4.2}$$

式中,P 是积分点的数目;w_j 是积分区域 Ω 上的第 j 个离散单元的权重。

对方程(3.4.1)采用如式(3.4.2)的积分规则,然后进行点测试,即可得到矩阵方程组:

$$\phi(\boldsymbol{r}_i) = \sum_{j=1}^{P} w_j G(\boldsymbol{r}_i,\ \boldsymbol{r}_j')\psi(\boldsymbol{r}_j') \tag{3.4.3}$$

Nyström 方法分析三维目标的电磁散射问题时,首先需要把积分域进行离散。目前,应用于 Nyström 方法中的网格主要有基于面离散的三角形和四边形网格,以及基于体离散的四面体和六面体网格。然后在每个离散单元内,采用一定的积分准则进行积分计算,再采用点测试,形成阻抗矩阵方程。以上即为 Nyström 方法求解积分方程的简单过程。

由于三角形或者四面体网格对于离散目标的面或者体积分域具有更大的灵活性,所以,本书中的 Nyström 方法,对于面积分域,均基于三角形网格离散,对于体积分域,均基于四面体网格离散。

对于自由空间的三维目标电磁散射问题,式(3.4.1)中,$G(\boldsymbol{r},\boldsymbol{r}')$ 是三维自由空间格林函数,它含有奇异积分核,使得运用 Nyström 方法分析该类问题时需要在奇异性处采用局部修正技术,也称为奇异性处理技术。关于 Nyström 方法中积分核奇异性的处理,会在本书后面详细介绍。

3.4.2 曲三角形单元的高阶建模

高阶方法的一个重要前提是采用高阶曲面单元对目标进行建模。高阶曲面建模可以更精确地模拟目标的几何外形,减少网格剖分过程引入的离散误差。曲三角形单元在离散目标表面时具有更大的灵活性。因此,在本节中将介绍适用于面剖分的曲三角形网格的高阶建模。

高阶曲三角形单元的实现过程需要引入由参数坐标空间(ξ_1, ξ_2, ξ_3)到笛卡儿坐标空间(x, y, z)的坐标转换关系,使得曲三角形单元映射到参数坐标内为规则三角形单元,从而可以使用原有的基于规则三角形内的基函数形式进行待求未知量的展开。

以二阶曲三角形单元为例,如图 3.4.1 所示,图(a)是笛卡儿坐标系下的二次曲三角形单元,每个单元内含有六个节点,其中三个是顶点,三个是边的中点,图(b)是参数坐标下的规则三角形。

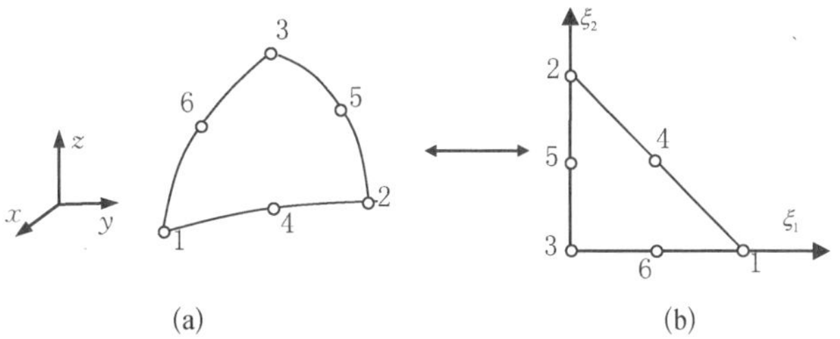

图 3.4.1　(a) 笛卡儿坐标下的二次曲三角形单元;(b) 参数坐标下的规则三角形

在参数坐标空间(ξ_1, ξ_2, ξ_3)中,满足如下约束方程:

$$\xi_1 + \xi_2 + \xi_3 = 1 \tag{3.4.4}$$

由上式可知,作为曲面上的参数坐标,其中只有两个是独立的。直角坐标系下曲面上任意一点可在参数坐标下表示为

$$\boldsymbol{r} = \sum_{j=1}^{6} \phi_j(\xi_1, \xi_2, \xi_3)\boldsymbol{r}_j \tag{3.4.5}$$

可以看出,求和项数与节点数一致,ϕ_j 是形状函数,具有如下形式:

$$\begin{cases} \phi_1 = \xi_1(2\xi_1 - 1) & \phi_4 = 4\xi_1\xi_2 \\ \phi_2 = \xi_2(2\xi_2 - 1) & \phi_5 = 4\xi_2\xi_3 \\ \phi_3 = \xi_3(2\xi_3 - 1) & \phi_6 = 4\xi_3\xi_1 \end{cases} \tag{3.4.6}$$

各形状函数对参量 ξ_1 和 ξ_2 求导,可得

$$\begin{cases} \dfrac{\partial\phi_1}{\partial\xi_1} = 4\xi_1 - 1 & \dfrac{\partial\phi_1}{\partial\xi_2} = 0 \\ \dfrac{\partial\phi_2}{\partial\xi_1} = 0 & \dfrac{\partial\phi_2}{\partial\xi_2} = 4\xi_2 - 1 \\ \dfrac{\partial\phi_3}{\partial\xi_1} = -4\xi_3 + 1 & \dfrac{\partial\phi_3}{\partial\xi_2} = -4\xi_3 + 1 \\ \dfrac{\partial\phi_4}{\partial\xi_1} = 4\xi_2 & \dfrac{\partial\phi_4}{\partial\xi_2} = 4\xi_1 \\ \dfrac{\partial\phi_5}{\partial\xi_1} = -4\xi_2 & \dfrac{\partial\phi_5}{\partial\xi_2} = 4\xi_3 - 4\xi_2 \\ \dfrac{\partial\phi_6}{\partial\xi_1} = 4\xi_3 - 4\xi_1 & \dfrac{\partial\phi_6}{\partial\xi_2} = -4\xi_1 \end{cases} \tag{3.4.7}$$

参数坐标系的基矢量$\boldsymbol{e}_1$和$\boldsymbol{e}_2$可以由下式计算出来：

$$\boldsymbol{e}_1=\frac{\partial \boldsymbol{r}}{\partial \xi_1}=\sum_{j=1}^{6}\frac{\partial \phi_j(\xi_1,\ \xi_1)}{\partial \xi_1}\boldsymbol{r}_j \tag{3.4.8}$$

$$\boldsymbol{e}_2=\frac{\partial \boldsymbol{r}}{\partial \xi_2}=\sum_{j=1}^{6}\frac{\partial \phi_j(\xi_1,\ \xi_1)}{\partial \xi_2}\boldsymbol{r}_j \tag{3.4.9}$$

由基向量可以得到面的单位法向矢量：

$$\hat{\boldsymbol{n}}=\frac{\boldsymbol{e}_1\times \boldsymbol{e}_2}{|\ \boldsymbol{e}_1\times \boldsymbol{e}_2\ |} \tag{3.4.10}$$

微分面元为

$$\mathrm{d}S=\psi_s \mathrm{d}\xi_1 \mathrm{d}\xi_2 \tag{3.4.11}$$

式(3.4.11)中，ψ_s是雅克比因子，定义为

$$\psi_s=\sqrt{g_{11}g_{22}-g_{12}g_{21}} \tag{3.4.12}$$

式(3.4.12)中，$g_{ij}=\boldsymbol{e}_i\cdot \boldsymbol{e}_j$。

前面介绍了六点的二阶曲三角形单元，其形状函数都是二次多项式，对曲面的描述精度为二阶，是实际应用中比较常见的单元。实际上，可以利用类似的思想建立任意阶的曲三角形单元。对于一个n阶的高阶曲三角形单元，为了建立形状函数，可用三个整数$(i,\ j,\ k)$标记单元内的每一个节点，如图3.4.2所示。令第1个节点为$(n,\ 0,\ 0)$，第2个节点为$(0,\ n,\ 0)$，第3个节点为$(0,\ 0,\ n)$。因此，编号为$(i,\ j,\ k)$的形状函数可以表示为

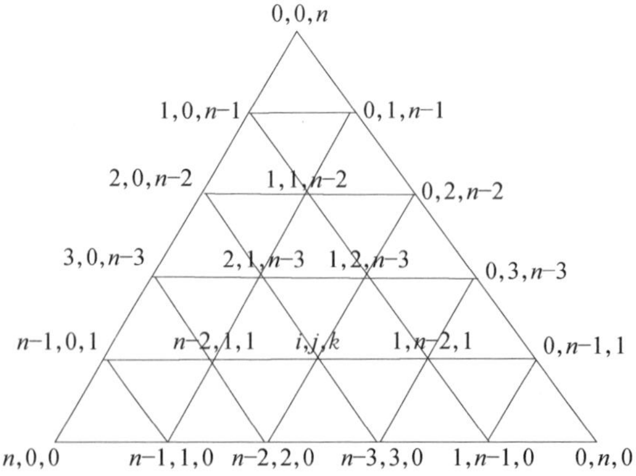

图3.4.2　n阶三角形

$$\phi = P_i^n(\xi_1)P_j^n(\xi_2)P_k^n(\xi_3), \quad i + j + k = n \tag{3.4.13}$$

其中，$P_i^n(\xi_1)$的定义如下所示：

$$\begin{cases} P_i^n(\xi_1) = \prod_{p=0}^{i-1} \dfrac{n\xi_1 - p}{i - p} = \dfrac{1}{i!}\prod_{p=0}^{i-1}(n\xi_1 - p), & i > 0 \\ P_0^n = 1 \end{cases} \tag{3.4.14}$$

$P_j^n(\xi_2)$和 $P_k^n(\xi_3)$具有类似的表达形式。得知形状函数的表达式后可以方便地得到形状函数对各个参量的导数以及参量坐标下的基矢量等参数。

3.4.3　曲三角形单元的矢量插值基函数

构造高阶形式的基函数是高阶方法中最重要的一步。在电磁散射的计算中，需要将计算区域进行离散，在不同的单元形式上构造合理的高阶基函数，这样不仅可以简化计算公式，而且能得到精确的计算结果。本小节将构造适用于曲三角形单元离散网格的高阶矢量插值基函数。

散射体表面总的电流分布可以由所有单元电流分布求和来表示，表达式如下：

$$\boldsymbol{J}_S(\boldsymbol{r}) = \sum_{p=1}^{P} \boldsymbol{J}_{Sp}(\boldsymbol{r}) \tag{3.4.15}$$

其中，$\boldsymbol{J}_{Sp}(\boldsymbol{r})$表示第 p 个单元的面电流密度；P 表示总单元数。每个曲面单元上电流密度可以用插值点 $\boldsymbol{r}_i$ 处的电流密度 $\boldsymbol{J}_{Sp}(\boldsymbol{r}_i)$的插值来表示：

$$\boldsymbol{J}_{Sp}(\boldsymbol{r}) = \sum_{i=1}^{I_p} L_{(i,\,p)}(\boldsymbol{r})\boldsymbol{J}_{Sp}(\boldsymbol{r}_i) \tag{3.4.16}$$

其中，$\boldsymbol{r}_i$ 表示单元上插值点的位置矢量；I_p 为第 p 个单元插值点的个数；$L_{(i,\,p)}(\boldsymbol{r})$是插值算符，具有如下性质：

$$L_{(i,\,p)}(\boldsymbol{r}_j) = \delta_{ij} \tag{3.4.17}$$

其中，$i = j$ 时，$\delta_{ij} = 1$；否则，$\delta_{ij} = 0$。式(3.4.16)也可以理解为 $L_{(i,\,p)}(\boldsymbol{r})$为高阶插值基函数，$\boldsymbol{J}_{Sp}(\boldsymbol{r}_i)$为待求的未知展开系数。

高阶曲单元可以精确模拟物体的几何信息，但是在高阶曲单元内不容易直接进行数值积分，因此需要将每个曲单元映射到局部参量坐标系 (u, v) 中，如图 3.4.1 所示。为了表述方便，记(u, v)为参量坐标系(ξ_1, ξ_2, ξ_3)任意两个独立的分量。式(3.4.16)在参量坐标系下可以写成

$$\boldsymbol{J}_{Sp}(\boldsymbol{r}) = \sum_{i=1}^{I_p} \psi_s^{-1} L_{(i,\,p)}(u, v)\left(\boldsymbol{J}_{S(i,\,p)}^{u}\boldsymbol{u} + \boldsymbol{J}_{S(i,\,p)}^{v}\boldsymbol{v}\right) \tag{3.4.18}$$

其中,ψ_s 是面雅克比因子。

对于构造的高阶插值基函数,除了具有式(3.4.17)的性质,还希望具有如下的性质:

(1) 插值点都位于三角形单元内部;

(2) 插值函数的插值节点和一些数值积分公式的节点重合;

(3) 选择的插值点在有相同积分点的诸多数值积分公式中,有最高的积分精度。

上述性质(1)保证了基函数基于三角形单元之上,使其具有局部性。性质(2),可以简化离散矩阵元素的数学表达式,减少计算量,这一点将在矩阵元素的计算过程中具体体现。性质(3),可以保证相同结点数的情况下,算法具有最高的精度。

高斯积分准则的选取应尽量满足上述的三个准则。一旦高斯积分准则确定以后,下面问题的关键是给出 $L_{(i,\,p)}(\boldsymbol{r})$ 的解析表达式。

在参数坐标系$(u,\ v)$下,定义 n 次多项式空间:

$$P_n^2 = \mathrm{span}\{u^i v^j;\ i,\ j \geqslant 0;\ i + j \leqslant n\} \tag{3.4.19}$$

此多项式空间的维数为

$$\dim P_n^2 = C_{n+2}^2 = \frac{(n+2)(n+1)}{2} \tag{3.4.20}$$

当 $n = 0$ 时, $\dim P_n^2 = 1$, $P_n^2 = \mathrm{span}\{1\}$,可选取一点高斯积分准则的积分点;$n = 1$ 时, $\dim P_n^2 = 3$, $P_n^2 = \mathrm{span}\{1,\ u,\ v\}$,可选取三点高斯积分准则的积分点;$n = 2$ 时, $\dim P_n^2 = 6$, $P_n^2 = \mathrm{span}\{1,\ u,\ v,\ u^2,\ uv,\ v^2\}$,可选取六点高斯积分准则的积分点;对于更高次的多项式空间,可做类似处理。一旦 n 次多项式选定以后,插值多项式 $L_i(u,\ v)$就可通过以下的矩阵方程求得:

$$\begin{bmatrix} P_1(u_1,\ v_1) & P_1(u_2,\ v_2) & \cdots & P_1(u_m,\ v_m) \\ P_2(u_1,\ v_1) & P_2(u_2,\ v_2) & \cdots & P_2(u_m,\ v_m) \\ \vdots & \vdots & \ddots & \vdots \\ P_m(u_1,\ v_1) & P_m(u_2,\ v_2) & \cdots & P_m(u_m,\ v_m) \end{bmatrix} \begin{bmatrix} L_1(u,\ v) \\ L_2(u,\ v) \\ \vdots \\ L_m(u,\ v) \end{bmatrix} = \begin{bmatrix} P_1(u,\ v) \\ P_2(u,\ v) \\ \vdots \\ P_m(u,\ v) \end{bmatrix} \tag{3.4.21}$$

其中,$(u_i,\ v_i)$是插值点;m 是插值点个数。如果上式系数矩阵的范德蒙德行列式不为零,即可求解获得插值多项式 $L_i(u,\ v)$,否则式(3.4.21)无法求解。

表 3.4.1 给出了从 0 阶到 3 阶的面矢量插值基函数和相对应的数值积分方法的积分点数等相关信息。

表 3.4.1　不同阶数的面矢量插值基函数的相应信息

基函数的阶数	插值点的个数	积分准则的精度	单元内未知量数目
0	1	1	2
1	3	2	6
2	6	4	12
3	12	7	24

实际应用中,不同的矢量插值基函数的阶数,对形成的阻抗矩阵的性态也是不一样的,作者从实际应用中发现,矢量插值基函数的阶数从 0 到 2 时,形成的阻抗矩阵性态变好。但是,当矢量插值基函数的阶数为 3 时,形成的阻抗矩阵性态很差,在不采用外部预条件等改善矩阵性态的技术的情况下,矩阵方程很难收敛到所需要的求解精度。综合之下,本节中的高阶 Nyström 的面积分方程方法如不做特别说明,均采用 2 阶矢量插值基函数。

3.4.4　矩阵方程的建立

导体表面的瞬态感应电流密度可由一系列空间基函数和时间基函数展开表示为[6]

$$\boldsymbol{J}(\boldsymbol{r},\ t) = \sum_{n=1}^{N_s}\sum_{p=1}^{N_p}\sum_{j=1}^{N_t}\boldsymbol{J}^{\beta,\ j}_{(p,\ n)}\boldsymbol{f}^{\beta}_{(p,\ n)}(\boldsymbol{r})T_j(t) \tag{3.4.22}$$

其中,N_s、N_p、N_t 分别为曲面三角形单元的数目、每个曲三角形单元内的插值点的数目以及每个插值点对应的时间步数;$\boldsymbol{J}^{\beta,\ j}_{(p,\ n)}$ 为待求瞬态未知电流密度系数;$T_j(t)$ 为三角时间基函数;$\boldsymbol{f}^{\beta}_{(p,\ n)}(\boldsymbol{r})$ 为空间基函数,

$$\boldsymbol{f}^{\beta}_{(p,\ n)}(\boldsymbol{r}) = L_{(p,\ n)}(u,\ v)\boldsymbol{\beta}_{(p,\ n)}\psi^{-1} \tag{3.4.23}$$

式(3.4.23)中,$\boldsymbol{\beta}\in\{\hat{\boldsymbol{u}},\ \hat{\boldsymbol{v}}\}$;$\psi$ 为雅克比因子,$L_{(p,\ n)}(u,\ v)$ 为第 n 个曲面三角形单元内的第 p 个插值点上的勒让德插值多项式。

将式(3.4.22)和(3.4.23)代入式(2.2.1)、式(2.2.2)以及式(2.1.28)、式(2.1.29),并且参考附录 C 中相关公式推导,可得

$$\begin{aligned}\boldsymbol{E}^{\mathrm{inc}}(\boldsymbol{r},\ t) = {} & \frac{\mu}{4\pi}\int_S \frac{\boldsymbol{f}(\boldsymbol{r}')\,\partial_t T(t-R/c)}{R}\mathrm{d}S' - \frac{1}{4\pi\varepsilon}\int_S \nabla g(t,\ R)\,\nabla'\cdot\boldsymbol{f}(\boldsymbol{r}')\mathrm{d}S' \\ & + \frac{1}{4\pi\varepsilon}\int_{\partial S}\nabla g(t,\ R)(\boldsymbol{f}(\boldsymbol{r}')\cdot\hat{\boldsymbol{n}}_e)\mathrm{d}l'\end{aligned} \tag{3.4.24}$$

$$\hat{\boldsymbol{n}}(\boldsymbol{r}) \times \boldsymbol{H}^{\text{inc}}(\boldsymbol{r}, t) = \frac{\boldsymbol{f}(\boldsymbol{r}) T(t)}{2} - \frac{1}{4\pi}\hat{\boldsymbol{n}}(\boldsymbol{r}) \times P.V.\int_S \partial_t \nabla g(t,R) \times \boldsymbol{f}(\boldsymbol{r}')\,\mathrm{d}S' \quad (3.4.25)$$

其中，$P.V.\int_S \mathrm{d}S'$ 表示主值积分，此外，

$$g(t, R) = \frac{\partial_t^{-1} T(t - R/c)}{R} \quad (3.4.26)$$

$$\nabla g(t, R) = -\frac{\boldsymbol{R}}{R^3}\left[\partial_t^{-1} T(t - R/c) + \frac{R}{c} T(t - R/c)\right] \quad (3.4.27)$$

式(3.4.27)中，$\boldsymbol{R} = r - r'$。

在空间和时间上均采用点测试，可得基于时间步进的 TD-EFIE 和 TD-MFIE 矩阵方程，即：

$$\begin{bmatrix} Z_{Euu}^0 & Z_{Euv}^0 \\ Z_{Evu}^0 & Z_{Evv}^0 \end{bmatrix}\begin{bmatrix} J^{u,i} \\ J^{v,i} \end{bmatrix} = \begin{bmatrix} V_E^{u,i} \\ V_E^{v,i} \end{bmatrix} - \sum_{j=1}^{i-1}\begin{bmatrix} Z_{Euu}^{i-j} & Z_{Euv}^{i-j} \\ Z_{Evu}^{i-j} & Z_{Evv}^{i-j} \end{bmatrix}\begin{bmatrix} J^{u,j} \\ J^{v,j} \end{bmatrix} \quad (3.4.28)$$

$$\begin{bmatrix} Z_{Muu}^0 & Z_{Muv}^0 \\ Z_{Mvu}^0 & Z_{Mvv}^0 \end{bmatrix}\begin{bmatrix} J^{u,i} \\ J^{v,i} \end{bmatrix} = \begin{bmatrix} V_M^{u,i} \\ V_M^{v,i} \end{bmatrix} - \sum_{j=1}^{i-1}\begin{bmatrix} Z_{Muu}^{i-j} & Z_{Muv}^{i-j} \\ Z_{Mvu}^{i-j} & Z_{Mvv}^{i-j} \end{bmatrix}\begin{bmatrix} J^{u,j} \\ J^{v,j} \end{bmatrix} \quad (3.4.29)$$

式中，阻抗矩阵元素表达式为

$$\begin{aligned}[Z_{E\alpha\beta}^{i-j}]_{(q,m)(p,n)} = &\ \boldsymbol{\alpha}_{(q,m)} \cdot \frac{\mu}{4\pi}\int_{S_n} f_{(p,n)}^{\beta}(\boldsymbol{r}')\frac{1}{R}\partial_t T_j(i\Delta t - R/c)\,\mathrm{d}S' \\ &- \boldsymbol{\alpha}_{(q,m)} \cdot \frac{1}{4\pi\varepsilon}\int_{S_n} \nabla g_j(i\Delta t, R)\,\nabla' \cdot f_{(p,n)}^{\beta}(\boldsymbol{r}')\,\mathrm{d}S' \\ &+ \boldsymbol{\alpha}_{(q,m)} \cdot \frac{1}{4\pi\varepsilon}\int_{\partial S_n} \nabla g_j(i\Delta t, R)\, f_{(p,n)}^{\beta}(\boldsymbol{r}') \cdot \hat{\boldsymbol{n}}_l\,\mathrm{d}l' \end{aligned} \quad (3.4.30)$$

$$\begin{aligned}[Z_{M\alpha\beta}^{i-j}]_{(q,m)(p,n)} = &\ \boldsymbol{\alpha}_{(q,m)} \cdot \frac{1}{2} f_{(p,n)}^{\beta}(\boldsymbol{r}')\delta_{qp}\delta_{mn} T_j(i\Delta t) - (1 - \delta_{qp}\delta_{mn})\boldsymbol{\alpha}_{(q,m)} \\ &\cdot \frac{1}{4\pi}\int_S \hat{\boldsymbol{n}} \times \partial_\tau \nabla g_j(i\Delta t, R) \times f_{(p,n)}^{\beta}(\boldsymbol{r}')\,\mathrm{d}S' \end{aligned} \quad (3.4.31)$$

其中，

$$g_j(i\Delta t, R) = \frac{\partial_t^{-1} T_j(i\Delta t - R/c)}{R} \quad (3.4.32)$$

$$\nabla g_j(i\Delta t, R) = -\frac{\boldsymbol{R}}{R^3}\left[\partial_t^{-1} T_j(i\Delta t - R/c) + \frac{R}{c} T_j(i\Delta t - R/c)\right] \quad (3.4.33)$$

线性叠加式(3.4.28)和式(3.4.29)，可得基于时间步进的 TD-CFIE，如下：

$$\begin{bmatrix} Z_{uu}^{0} & Z_{uv}^{0} \\ Z_{vu}^{0} & Z_{vv}^{0} \end{bmatrix} \begin{bmatrix} J^{u,i} \\ J^{v,i} \end{bmatrix} = \begin{bmatrix} V^{u,i} \\ V^{v,i} \end{bmatrix} - \sum_{j=1}^{i-1} \begin{bmatrix} Z_{uu}^{i-j} & Z_{uv}^{i-j} \\ Z_{vu}^{i-j} & Z_{vv}^{i-j} \end{bmatrix} \begin{bmatrix} J^{u,j} \\ J^{v,j} \end{bmatrix} \tag{3.4.34}$$

式中，

$$[Z_{\alpha\beta}^{i-j}]_{(q,m)(p,n)} = \alpha_{\text{efie}} [Z_{E\alpha\beta}^{i-j}]_{(q,m)(p,n)} + (1-\alpha_{\text{efie}})\eta [Z_{M\alpha\beta}^{i-j}]_{(q,m)(p,n)} \tag{3.4.35}$$

$$V^{\alpha,i} = \alpha_{\text{efie}} V_E^{\alpha,i} + (1-\alpha_{\text{efie}})\eta V_M^{\alpha,i} \tag{3.4.36}$$

其中，α_{efie}为混合场组合系数，且 $0 \leqslant \alpha_{\text{efie}} \leqslant 1$；$\eta$ 为自由空间波阻抗。

3.4.5 矩阵元素奇异性的处理

当场三角形单元与源三角形单元不重合时，即 $m \neq n$，式(3.4.30)和式(3.4.31)均可直接采用高斯积分进行数值计算。

当场三角形单元与源三角形单元重合时，即 $m = n$，式(3.4.30)中第一项面积分仅含有 $1/R$ 的奇异性，可用 Duffy 变换进行处理，第三项围线积分是无奇异性的，可直接采用高斯积分进行计算。式(3.4.30)中第二项面积分含有 $1/R^2$ 的奇异性，可对该面积分进行如下变换：

$$\begin{aligned}
&\int_{S_n} \nabla g_j(i\Delta t, R)\, \nabla' \cdot f_{(p,n)}^{\beta}(\boldsymbol{r}')\,\mathrm{d}S' \\
&= \int_{S_n} \nabla g_j(i\Delta t, R)\, \frac{\partial L_{(p,n)}}{\partial \beta} \psi^{-1} \mathrm{d}S' \\
&= \int_{S_n} \nabla g_j(i\Delta t, R) \left[\frac{\partial L_{(p,n)}}{\partial \beta} - \left. \frac{\partial L_{(p,n)}}{\partial \beta} \right|_{r'=r_{(q,m)}} \right] \psi^{-1} \mathrm{d}S' \\
&\quad + \int_{S_n} \nabla g_j(i\Delta t, R) \left. \frac{\partial L_{(p,n)}}{\partial \beta} \right|_{r'=r_{(q,m)}} \psi^{-1} \mathrm{d}S' \\
&= \int_{S_n} \nabla g_j(i\Delta t, R) \left[\frac{\partial L_{(p,n)}}{\partial \beta} - \left. \frac{\partial L_{(p,n)}}{\partial \beta} \right|_{r'=r_{(q,m)}} \right] \psi^{-1} \mathrm{d}S' \\
&\quad + \int_{\partial S_n} \frac{g_j(i\Delta t, R)}{R} \left. \frac{\partial L_{(p,n)}}{\partial \beta} \right|_{r'=r_{(q,m)}} \psi^{-1} \hat{\boldsymbol{n}}_l \,\mathrm{d}l'
\end{aligned} \tag{3.4.37}$$

式(3.4.37)变换之后的式子中，第一项面积分仅含有 $1/R$ 的奇异性，可用 Duffy 变换进行处理，第二项围线积分是无奇异性的，同样可直接采用高斯积分进行计算。

式(3.4.31)中第二项包含如下变换关系：

$$\begin{aligned}
&\hat{\boldsymbol{n}} \times \partial_\tau \nabla g_j(i\Delta t, R) \times \boldsymbol{\beta}_{(p,n)} \\
&= \left[\frac{R}{c} \partial_t T_j(i\Delta t - R/c) + T_j(i\Delta t - R/c) \right] [\hat{\boldsymbol{n}} \cdot \boldsymbol{\beta}_{(p,n)} \boldsymbol{R} - \hat{\boldsymbol{n}} \cdot \boldsymbol{R} \boldsymbol{\beta}_{(p,n)}] \frac{1}{R^3}
\end{aligned} \tag{3.4.38}$$

将式(3.4.38)的变换关系式代入式(3.4.31),该面积分仅含有 $1/R$ 的奇异性,可用 Duffy 变换进行处理。

3.4.6 数值算例与分析

算例 1: 分析一个半径为 0.5 m 的理想导体(PEC)球的瞬态电磁散射特性。该导体球离散的曲三角形数目为 146,空间未知量数目为 1 752。调制高斯平面波的极化方向和传播方向分别为 $\hat{\boldsymbol{p}}^{\mathrm{inc}}=\hat{\boldsymbol{x}}$ 和 $\hat{\boldsymbol{k}}^{\mathrm{inc}}=\hat{\boldsymbol{z}}$,频带为 0~300 MHz。三角时间基函数的时间步长为 0.1 lm。图 3.4.3 给出了本节方法的 TD-CFIE、TD-EFIE 以及 TD-MFIE 的双站 RCS 结果与 Mie 级数结果的对比,可以看出,在不同频点处的 RCS 结果均吻合较好。图 3.4.4 给出了在该导体球上一点(−0.196 m, 0.355 m, −0.293 m)处的时域电流密度波形曲线,本节方法的结果与频域方法的 IDFT 结果一致。图 3.4.5 给出了本节方法的时域电流密度幅值的晚时变化曲线,可以看

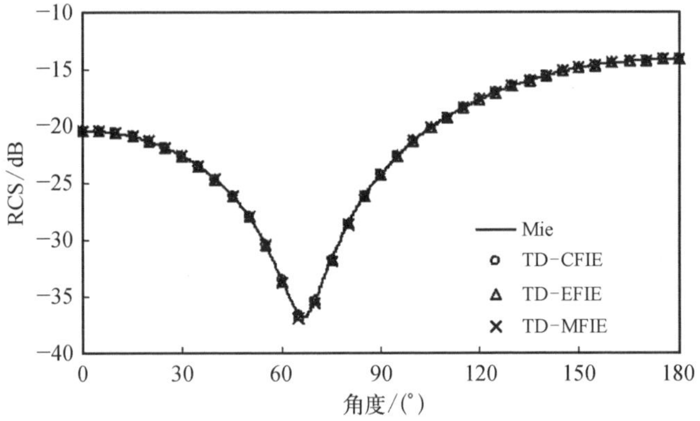

(a) 60 MHz

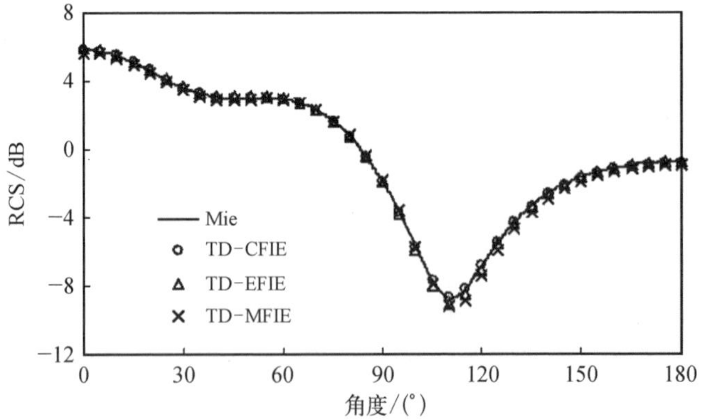

(b) 240 MHz

图 3.4.3　PEC 球在不同频点处的双站 RCS

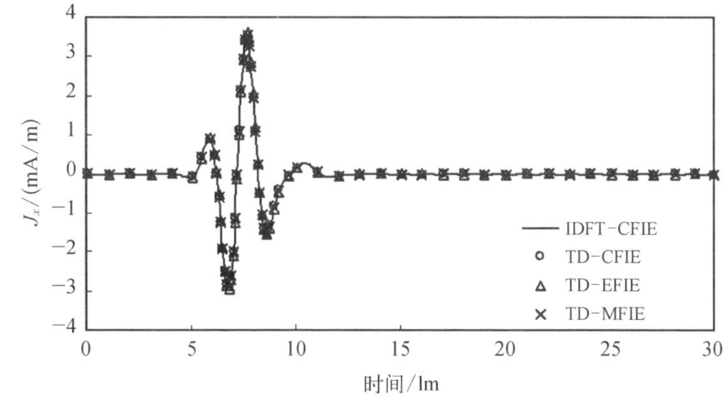

图3.4.4　PEC球上一点(−0.196 m, 0.355 m, −0.293 m)处的时域电流密度波形

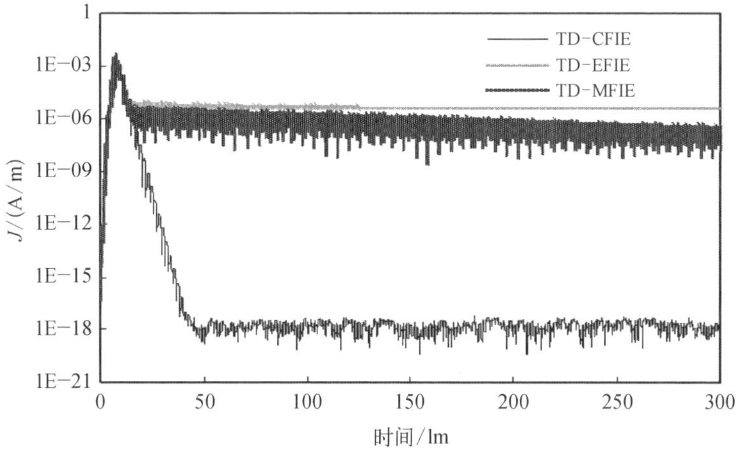

图3.4.5　PEC球上一点(−0.196 m, 0.355 m, −0.293 m)处的时域电流密度晚时稳定性

出,TD-CFIE、TD-EFIE以及TD-MFIE时域电流密度分别趋向于1.0×10^{-18} A/m, 1.0×10^{-6} A/m和1.0×10^{-5} A/m,表明它们均是晚时稳定的。

为了验证本节方法的高阶误差收敛特性,此处选用RRMS作为误差公式,RRMS的定义如下:

$$\mathrm{RRMS}=\sqrt{\left(\sum_{i=1}^{N}|A_i-B_i|^2\right)\Big/\left(\sum_{i=1}^{N}|B_i|^2\right)} \tag{3.4.39}$$

式中,A_i为所研究方法的计算值;B_i为参考值(Mie级数值);N为观察角度的数目。图3.4.6给出了本节方法的TD-CFIE、TD-EFIE以及TD-MFIE在240 MHz频点处的高阶误差收敛曲线。

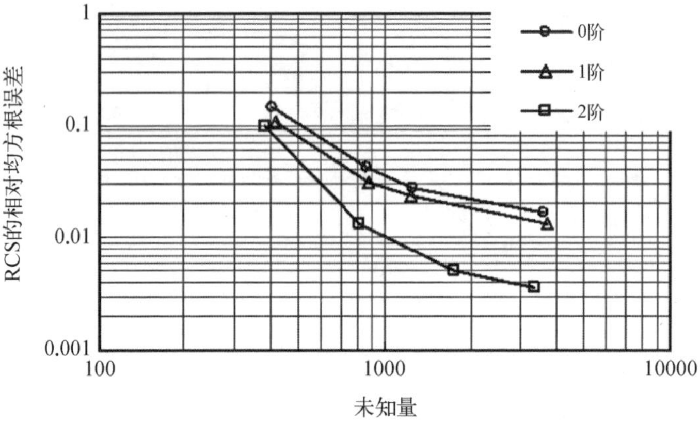

(a) TD-EFIE

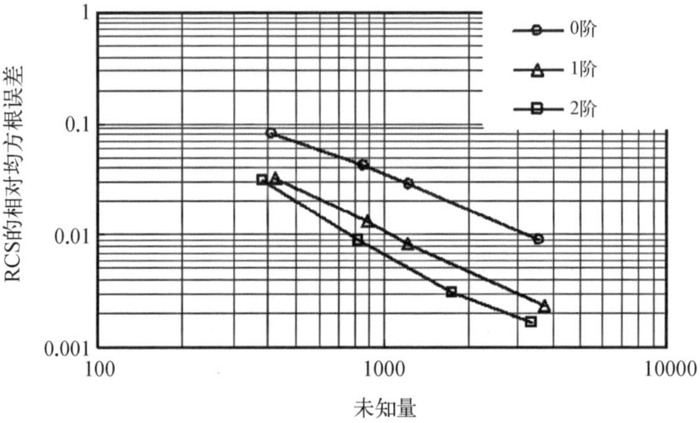

(b) TD-MFIE

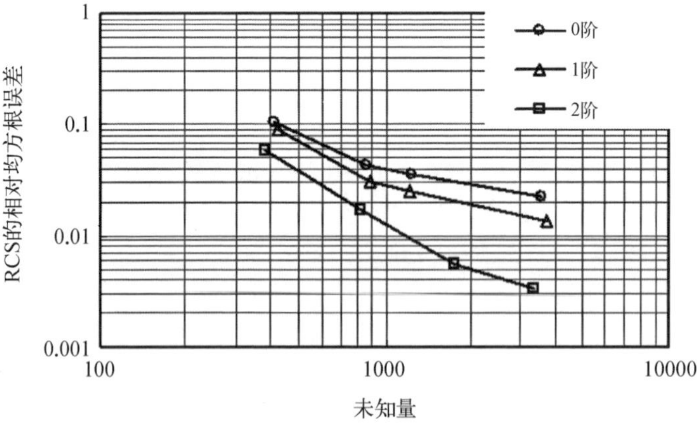

(c) TD-CFIE

图 3.4.6　240 MHz 频率时,PEC 球的双站 RCS 的相对均方根误差随着未知量变化曲线

此外，研究了不同时间步长对本节方法数值计算精度的影响，如图 3.4.7 所示。从图中可以看出，在一定范围内，时间步长越小，数值计算精度越高。且相同时间步长的情况下，TD-CFIE 的数值计算精度最高，其次为 TD-MFIE，最后为 TD-EFIE。

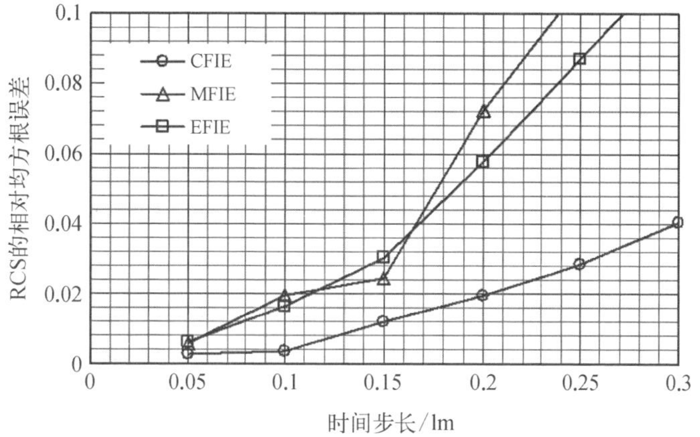

图 3.4.7　150 MHz 频率时，PEC 球的双站 RCS 的相对均方根误差随着时间步长变化曲线

算例 2：分析一个理想导体球锥的瞬态电磁散射特性，锥的底面半径和高分别为 0.5 m 和 1.0 m，如图 3.4.8 所示。该球锥离散的曲面三角形数目为 340。调制高斯平面波的极化方向和传播方向分别为 $\hat{\boldsymbol{p}}^{\text{inc}}=\hat{\boldsymbol{x}}$ 和 $\hat{\boldsymbol{k}}^{\text{inc}}=-\hat{\boldsymbol{z}}$，频带为 0～300 MHz。三角时间基函数的时间步长为 0.1 lm。为了验证本节方法具有离散网格鲁棒性的特点，本算例给出的离散曲三角形网格存在非共形的情况，如图 3.4.8 中的离散网格所示。图 3.4.9 给出了本节方法的 TD-CFIE、TD-EFIE 以及 TD-MFIE 的双站 RCS 结果与频域方法的双站 RCS 结果在不同频点处的对比，可以看出，这些结果均吻合较好。类似地，图 3.4.10 给出了在该导体球锥的顶点处的时域电流密度波形曲线，本节方法的结果与频域方法的 IDFT 结果一致。图 3.4.11 给出了本节方法的时域电流密度幅值的变化曲线，可以看出，TD-CFIE、TD-EFIE 以及 TD-MFIE 时域电流密度分别趋向于 1.0×10^{-18} A/m、1.0×10^{-9} A/m 和 1.0×10^{-4} A/m，表明它们也是晚时稳定的。

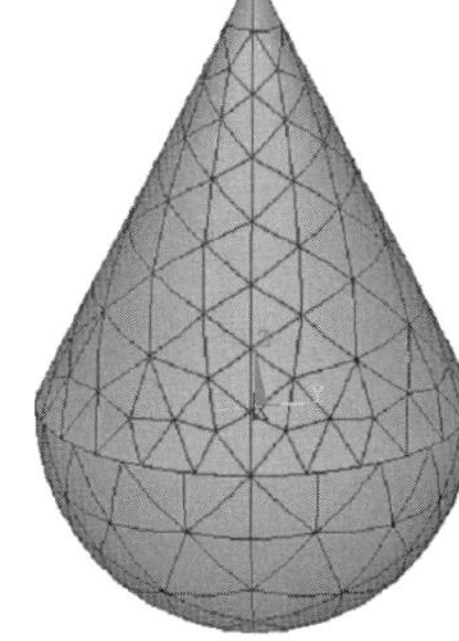

图 3.4.8　PEC 球锥结构以及离散网格示意图

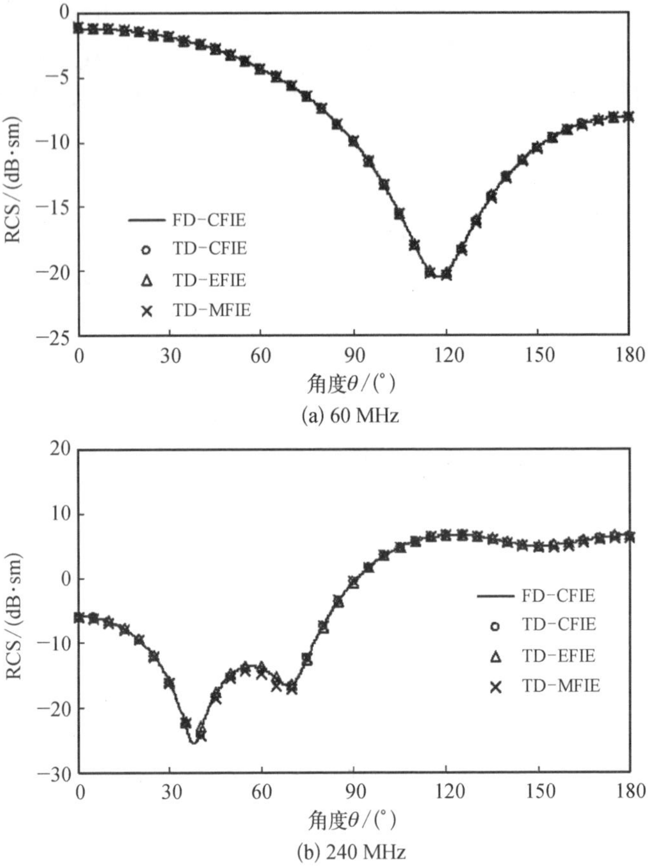

图 3.4.9　PEC 球锥在不同频点处的双站 RCS

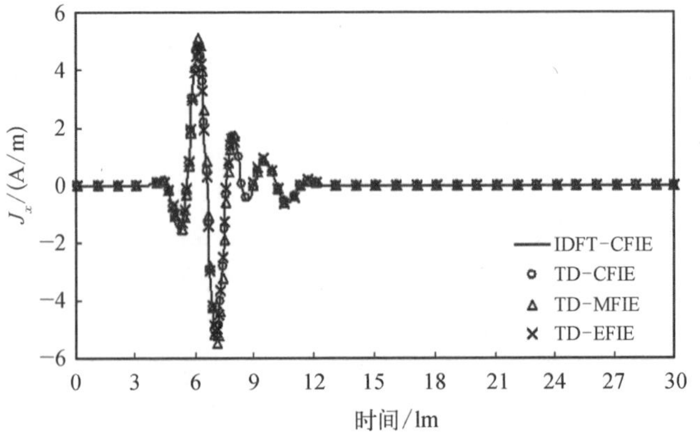

图 3.4.10　PEC 球锥顶点(0 m，0 m，1 m)处的时域电流密度波形

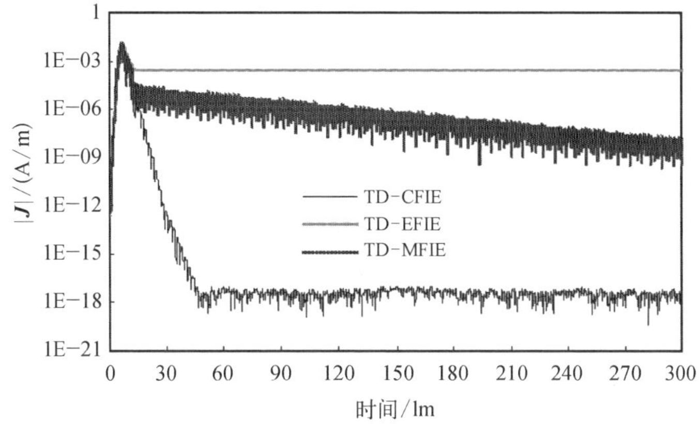

图 3.4.11　PEC 球锥顶点(0 m, 0 m, 1 m)处的时域电流密度晚时稳定性

3.5　雷达体制下运动目标的瞬态电磁特性分析

以调频连续波雷达体制为例,分析运动目标电磁散射变化规律的计算,对象主要是锥体占主体的目标特性分析与规律模拟。分析调频连续波雷达观测高速运动目标电磁散射过程,如果按照常规的电磁求解算法在每个连续波周期内对运动目标扫频计算,会带来大量的计算成本。然而使用时域积分方程方法求解这一问题,仅需通过一次计算即可快速得到目标的一个连续波周期内的后向散射场。再通过扫角可得到多个连续波的后向散射场。

3.5.1　调频连续波的激励源的设置

为获得调频连续波雷达体制下的目标电磁散射特性,使用调频连续波作为时域电磁散射计算时的激励,其表达式为

$$\boldsymbol{E}^{\mathrm{inc}}(\boldsymbol{r}_o,\ t)=\ \hat{\boldsymbol{p}}^{\mathrm{inc}}\mathrm{rect}\left(\frac{t}{T}\right)\cos\left[2\pi f_0(t-t_p-\boldsymbol{r}_o\cdot\hat{\boldsymbol{k}}^{\mathrm{inc}}/c)+\frac{1}{2}K(t-t_p-\boldsymbol{r}_o\cdot\hat{\boldsymbol{k}}^{\mathrm{inc}}/c)^2\right] \tag{3.5.1}$$

式中,f_0 表示入射波的中心频率;$\hat{\boldsymbol{k}}^{\mathrm{inc}}$ 和 $\hat{\boldsymbol{p}}^{\mathrm{inc}}$ 分别表示平面波的入射方向和极化方向;t_p 是脉冲的时延,其中,$t_p<t<t_p+T$ 为一个脉冲周期;K 为斜率。

通常调频连续波的周期远小于目标运动频率,因此每一个调频连续波周期 T 内,目标近似认为是静止的。线性调频的信号带宽和中心频率,决定了电磁计算中的调频连续波的激励,单个周期内目标静止,下个周期目标旋转一定的角度,因此线性调频的脉冲个数对应电磁计算中的角度计算个数。按照调频连续波的周期 T

将高速运动目标运动轨迹离散成一系列静态的时刻，在每一个静态时刻分别进行电磁计算与分析。

3.5.2 数值算例与分析

算例 1：分析一个半径为 0.8 m 的理想导体球，验证使用调频连续波的激励源算法的正确性。导体球使用 0.1 m 尺寸剖分，空间未知量为 2 433。调频连续波 $K=2\cdot \mathrm{pi}$，设置最低频率 f_0 为 0，此时带宽为 300 MHz，入射角度 $\theta_{\mathrm{inc}} = 0°$，$\phi_{\mathrm{inc}} = 0°$。图 3.5.1 给出了调频连续波的激励源（MOT_CW）与传统高斯调制平面波激励源（MOT_Gauss）的 RCS 结果，从中可以看出，在两种激励源下，30 MHz、150 MHz 和 270 MHz 下的 RCS 结果吻合很好。图 3.5.2 给出了调频连续波的后向散射场与频域方法的离散傅里叶逆变换（IDFT）得到的后向散射场进行对比，从图中可以看出两种方法计算的结果一致，说明了调频连续波的后向散射场是准确的。使用调频连续波的激励源的同时，对目标进行扫角，初始角度为 0°，间隔 10°，共扫 5 个角度。图3.5.3 给出扫角之后的后向散射场，即模拟得出了高速运动目标在 5 个脉冲下的后向散射场。

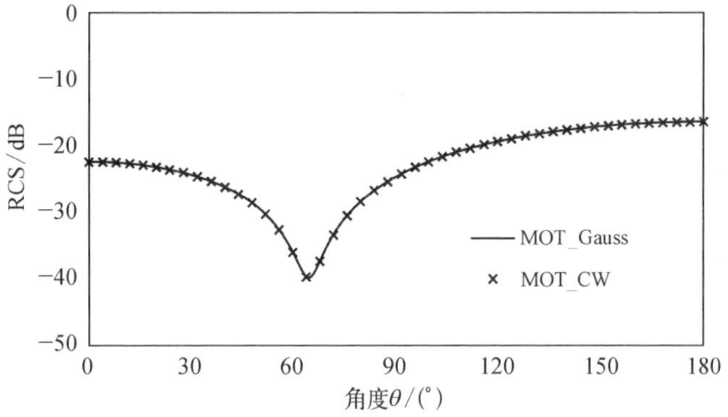

(a) 30 MHz

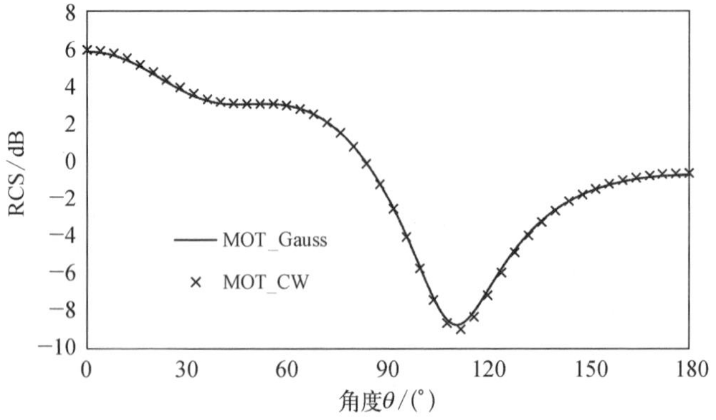

(b) 150 MHz

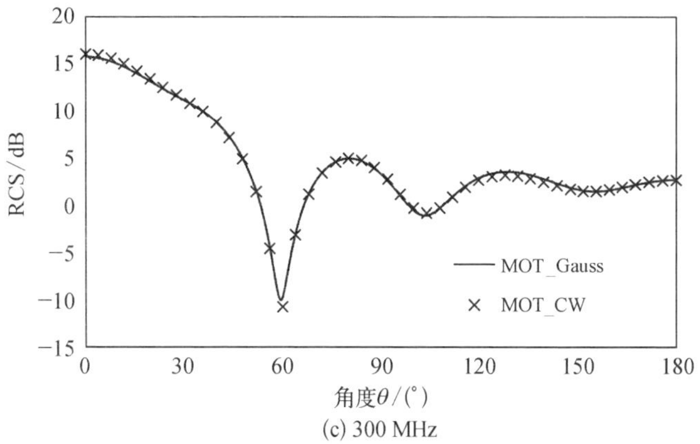

(c) 300 MHz

图 3.5.1　PEC 球在不同频点处双站 RCS 对比

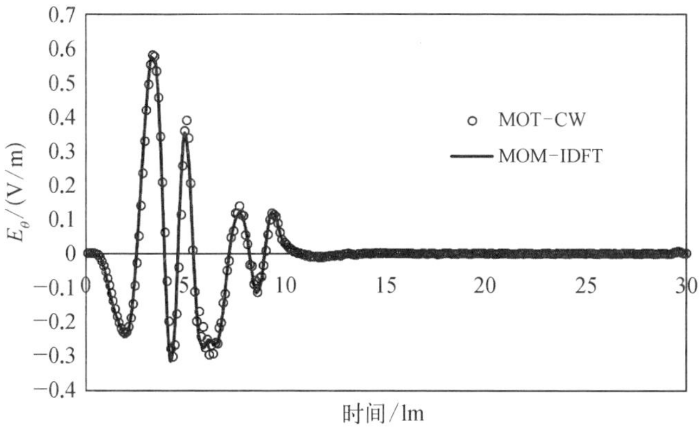

图 3.5.2　后向散射场的时域波形，时域结果与频域 IDFT 的结果相对比

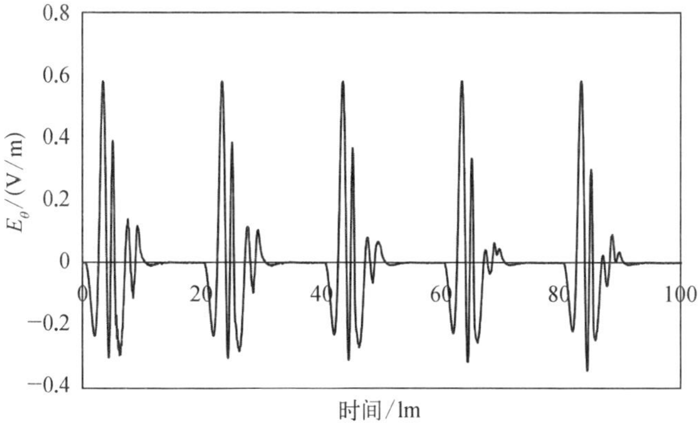

图 3.5.3　调频连续波多脉冲下后向散射场的时域波形

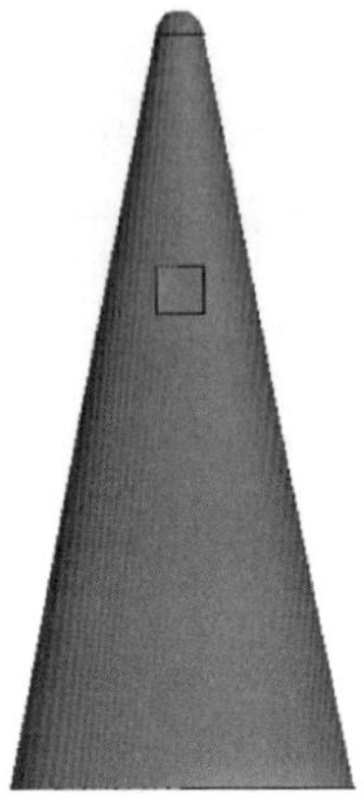

图 3.5.4　单个金属弹头模型图

算例 2：分析含窗单个子弹头模型，如图 3.5.4 所示，金属弹头高 1.627 m，底面半径为 0.375 m，验证使用调频连续波的激励源算法的正确性。窗的使用 0.1 m 尺寸剖分，空间未知量为 12 357。调频连续波 $K = 2 \cdot \mathrm{pi}$，最低频率 f_0 为 0，带宽为 300 MHz，入射角度 $\theta_{\mathrm{inc}} = 90°$，$\phi_{\mathrm{inc}} = 0°$。图 3.5.5 给出了调频连续波的激励源与传统高斯调制平面波激励源的 RCS 结果，从中可以看出，在两种激励源下，30 MHz、150 MHz 和 270 MHz 下的 RCS 结果吻合很好。对目标进行扫角，初始角度为 0°，间隔 10°，共扫 5 个角度。图 3.5.6 给出扫角之后的后向散射场，即模拟得出了高速运动目标在 5 个脉冲下的后向散射场。接着分析两个子弹头模型，间距为 1.5 m，图 3.5.7 给出了高速运动的两个子弹头模型在 5 个脉冲下的后向散射场。

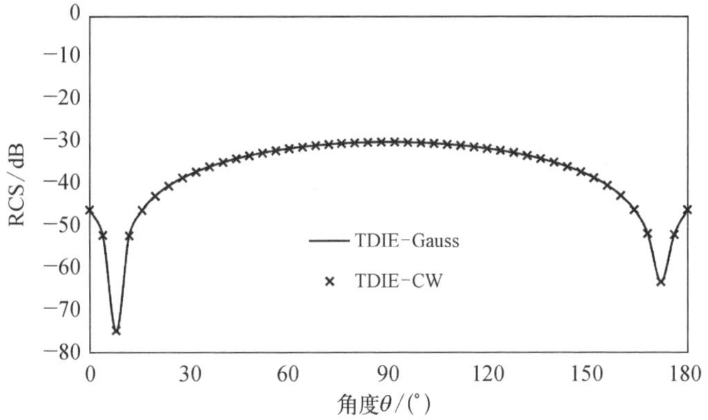

(a) 30 MHz

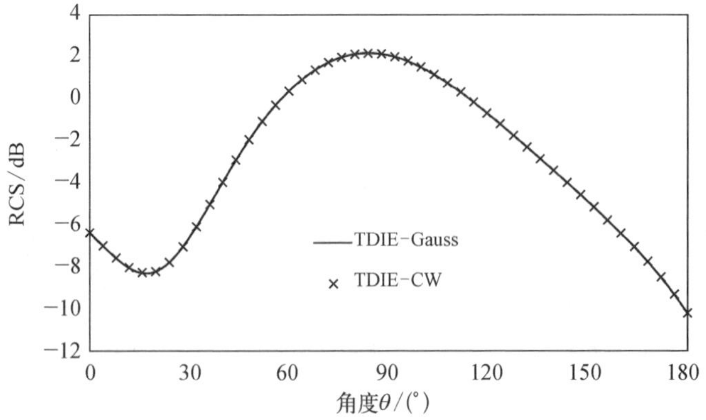

(b) 150 MHz

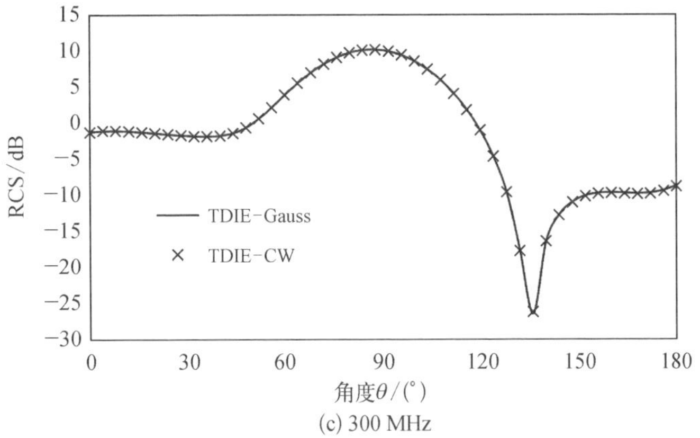

(c) 300 MHz

图 3.5.5　单个子弹头在不同频点处双站 RCS 对比

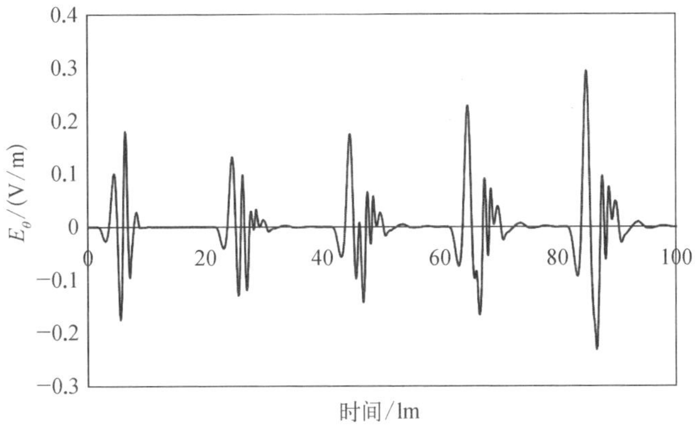

图 3.5.6　单个子弹头调频连续波多脉冲下后向散射场的时域波形

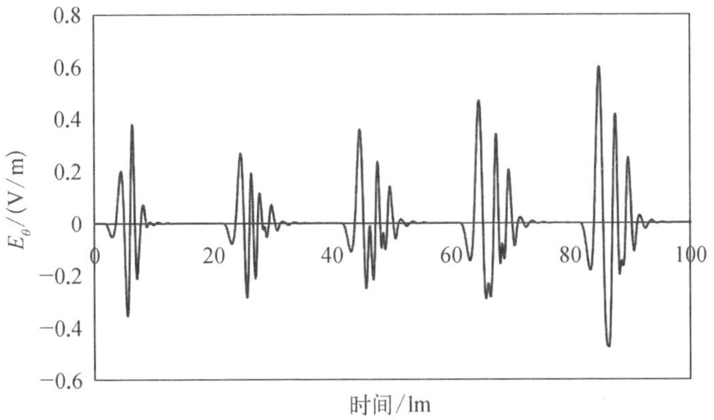

图 3.5.7　两个子弹头调频连续波多脉冲下后向散射场的时域波形

参考文献

[1] Rao S M, Wilton D R. Transient scattering by conducting surfaces of arbitrary shape [J]. IEEE Transactions on Antennas and Propagation, 1991, 39(1): 56－61.

[2] Shanker B, Ergin A A, Aygun K, et al. Analysis of transient electromagnetic scattering from closed surfaces using a combined field integral equation [J]. IEEE Transactions on Antennas and Propagation, 2000, 48(7): 1064－1074.

[3] Manara G, Monorchio A, Reggiannini R. A space-time discretization criterion for a stable time-marching solution of the electric field integral equation [J]. IEEE Transactions on Antennas and Propagation, 1997, 45(3): 527－532.

[4] Shanker B, Lu M, Yuan J, et al. Time domain integral equation analysis of scattering from composite bodies via exact evaluation of radiation fields [J]. IEEE Transactions on Antennas and Propagation, 2009, 57(5): 1506－1520.

[5] Hu J L, Chan C H. Improved temporal basis functions using for time domain electric field integral equation method [J]. Electronics Letters, 1999, 35: 883－885.

[6] Hu J L, Chan C H. Novel approach to construct temporal basis functions for time-domain integral equation method [J]. IEEE Antennas and Propagation Society International Symposium, 2001, 4: 172－175.

[7] Hu J L, Chan C H. A new temporal basis function for the time-domain integral equation method [J]. IEEE Microwave and Wireless Components Letters, 2001, 11: 465－466.

[8] Weile D S, Pisharody G, Chen N, et al. A novel scheme for the solution of the time-domain integral equations of electromagnetics [J]. IEEE Transactions on Antennas and Propagation, 2004, 52(1): 283－295.

[9] Jiang G X, Zhu H B, Ji G Q, et al. Improved stable scheme for the time domain integral equation method [J]. IEEE Microwave and Wireless Components Letters, 2007, 17(3): 1－3.

[10] Xia M Y, Zhang G H, Dai G L, et al. Stable solution of time domain integral equation methods using quadratic B-spline temporal basis functions [J]. Journal of Computational Mathematics, 2007, 25(3): 374－384.

[11] Lu M, Michielssen E. Closed form evaluation of time domain fields due to Rao-Wilton-Glisson sources for use in marching-on-in-time based EFIE solvers [J]. IEEE Antennas and Propagation Society International Symposium, 2002, 1: 74－77.

[12] Jin J M. The finite element method in electromagnetics [M]. 2nd ed. New York: Wiley, 2002.

[13] Ling R T. Numerical solution for the scattering of sound waves by a circular cylinder [J]. AIAA Journal, 1987, 25: 560－566.

[14] James R M. A contribution to scattering calculation for small wave-lengths: The high-frequency panel method [J]. IEEE Transactions on Antennas and Propagation, 1990, 38(10): 1625－1630.

[15] Aberegg K R, Peterson A F. Application of the integral equation-asymptotic phase method to two-dimensional scattering [J]. IEEE Transactions on Antennas and Propagation, 1995, 438

(5): 534 - 537.

[16] Kowalski M E, Singh B, Kempel L C. Application of the integral equation-Asymptotic phase (IE-AP) method to three-dimensional scattering [J]. Journal of Electromagnetic Waves and Applications, 2001, 15(7): 885 - 900.

[17] Gulick J R. A combination of Rao-Wilton-Glisson and Asymptotic phase basic functions to solve the electric and magnetic field integral equations [D]. Michigan: Michigan State University, 2001.

[18] Blance I G, Taboada J M, Rodriguez J L, et al. Efficient asymptotic-phase modeling of the induced currents in the fast multipole method [J]. Microwave and Optical Technology Letters, 2006, 48(8): 885 - 900.

[19] Nie Z P, Yan S, He S Q, et al. On the basis functions with travelling wave phase factor for efficientanalysis of scattering from electrically large targets [J]. Progress in Quantum Electronics, 2008, 85: 83 - 114.

[20] 任思.基于积分方程方法的新型基函数的研究[D].成都：电子科技大学,2011.

[21] Zhang G H, Xia M Y. An enhanced TDIE solver using causal-delayed temporal basis functions and curvilinear RWG spatial basis functions [C]. Microwave Conference, APMC, 2009: 810 - 813.

[22] Zha L P, Fan Z H, Ding D Z, et al. Time domain analysis of electromagnetic scattering problems by using integral equation method with space-delayed temporal basis functions [J]. IEEE Transactions on Antennas and Propagation, 2014, 62(11): 5846 - 5851.

[23] Manara G, Monorchio A, Reggiannini R. A space-time discretization criterion for a stable time-marching solution of the electric field integral equation [J]. IEEE Transactions on Antennas and Propagation, 1997, 45(3): 527 - 532.

[24] Yucel A C, Ergin A A. Exact evaluation of retarded-time potential integrals for the RWG bases [J]. IEEE Transactions on Antennas and Propagation, 2006, 54(5): 1496 - 1502.

[25] Pingenot J, Chakraborty S, Jandhyala V. Polar integration for exact space-time quadrature in time-domain integral equations [J]. IEEE Transactions on Antennas and Propagation, 2006, 54 (5): 3037 - 3042.

[26] Shi Y F, Xia M Y, Chen R S, et al. Stable electric field TDIE solvers via quasi-exact evaluation of MOT matrix elements [J]. IEEE Transactions on Antennas and Propagation, 2011, 59(2): 574 - 585.

[27] Duffy M G. Quadrature over a pyramid or cube of integrands with a singularity at a vertex [J]. SIAM Journal on Numerical Analysis, 1982, 19(6): 1260 - 1262.

[28] Taylor D J. Accurate and effiecent numerical integration of weakly singular integrals in Galerkin EFIE solutions [J]. IEEE Transactions on Antennas and Propagation, 2003, 51(7): 1630 - 1637.

[29] Bibby M M, Peterson A F. High accuracy evaluation of the EFEI matrix entries ona planar patch [J]. Applied Computational Electromagnetics Society Journal, 2005, 20(3): 198 - 206.

[30] Khayat M A, Wilton D R. Numerical evaluation of singular and near-singular potential integrals [J]. IEEE Transactions on Antennas and Propagation, 2005, 53(10): 3180 - 3190.

[31] Khayat M A, Song J M, Fink P W. An improved transformation and optimaized sampling

scheme for the numerical evaluation of singular and near-singular potentials [J]. IEEE Transactions on Antennas and Propagation Letters, 2008, 7: 377 - 380.

[32] Vipiana F, Wilton D R. Numerical evaluation via singularity cancellation schemes of near-singular integrals involving the gradient of helmholtz-type potentials [J]. IEEE Transactions on Antennas and Propagation, 2013, 61(3): 1255 - 1265.

[33] Polimeridis A G, Vipiana F, Mosig J R, et al. Directfn: Fully numerical algorithms for high precision computation of singular integrals in galerkin SIE methods[J]. IEEE Transactions on Antennas and Propagation, 2013, 61(6): 3112 - 3122.

[34] Graglia R D, Lombardi G. Machine precision evaluation of singular and nearly singular potential integrals by use of gauss quadrature formulas for rational functions [J]. IEEE Transactions on Antennas and Propagation, 2008, 56: 981 - 998.

[35] Ubeda E, Rius J M. Novel monopolar MoM-MFIE discretization for the scattering analysis of small objects[J]. IEEE Transactions on Antennas and Propagation, 2006, 54(1): 50 - 57.

[36] Ubeda E, Rius J M, Heldring A. Nonconforming discretization of the electric-field integral equation for closed perfectly conducting objects [J]. IEEE Transactions on Antennas and Propagation, 2014, 62(8): 4171 - 4186.

[37] Zhen P, Lim K-H, Lee J-F. A discontinuous galerkin surface integral equation method for electromagnetic wave scattering from nonpenetrable targets [J]. IEEE Transactions on Antennas and Propagation, 2013, 61(7): 3617 - 3628.

[38] Zhao Y, Ding D Z, Chen R S. A discontinuous galerkin time domain integral equation method for electromagnetic scattering from PEC objects [J]. IEEE Transactions on Antennas and Propagation, 2016, 64(6): 2410 - 2417.

[39] Nyström E J. Über die praktische auflösung von integral-gleichungen mit anwendungen auf randwertaufgaben [J]. Acta Mathematica, 1930, 54(1): 185 - 204.

[40] Gedney S D. On deriving a locally corrected Nyström scheme from a quadrature sampled moment method [J]. IEEE Transactions on Antennas and Propagation, 2003, 51(9): 2402 - 2412.

[41] Zhu A, Gedney S D, Visher J L. A study of combined field formulations for material scattering for a locally corrected Nyström discretization [J]. IEEE Transactions on Antennas and Propagation, 2005, 53(12): 4111 - 4120.

[42] Al-Qedra M, Saleh P, Ling F, et al. Barnes-hut accelerated capacitance extraction via locally corrected Nyström discretization [C]. IEEE Electrical Performance of Electronic Packaging, 2006: 107 - 110.

[43] Canino L F, Ottusch J J, Stalzer M A, et al. Numerical solution of the Helmholtz equation in 2D and 3D using a high-order Nyström discretization [J]. Journal of Computational Physics, 1998, 146: 627 - 663.

[44] Gedney S D, Zhu A, Lu C C. Study of mixed-order basis functions for the locally corrected Nyström method [J]. IEEE Transactions on Antennas and Propagation, 2004, 52(11): 2996 - 3004.

[45] Peterson A F. Accuracy of currents produced by the locally-corrected Nyström method and the

method of moments when used with higher-order representations [J]. Applied Computational Electromagnetics Society Journal, 2002, 17(1): 74 - 83.

[46] Kang G, Song J M, Chew W C, et al. A novel grid-robust higher order vector basis function for the method of moments [J]. IEEE Transactions on Antennas and Propagation, 2001, 49(6): 908 - 915.

[47] Graglia R D, Wilton D R, Peterson A F. Higher order interpolatory vector bases for computational electromagnetics [J]. IEEE Transactions on Antennas and Propagation, 1997, 45(3): 329 - 342.

[48] Graglia R D, Peterson A F, Andriulli F P. Curl-conforming hierarchical vector bases for triangles and tetrahedral [J]. IEEE Transactions on Antennas and Propagation, 2011, 59(3): 950 - 959.

[49] Zha L P, Hu Y Q, Su T. Efficient surface integral equation using hierarchical vector bases for complex EM scattering problems [J]. IEEE Transactions on Antennas and Propagation, 2012, 60(2): 952 - 957.

[50] Valdés F, Andriulli F P, Bağcı H, et al. Time-domain single-source integral equations for analyzing scattering from homogeneous penetrable objects [J]. IEEE Transactions on Antennas and Propagation, 2013, 61(3): 1239 - 1254.

[51] 任义.基于高阶叠层矢量基函数的快速算法研究[D].成都：电子科技大学,2009.

[52] 查丽萍.表面积分方程的高效求解算法研究[D].南京：南京理工大学,2015.

第4章　时域积分方程阻抗矩阵元素的精确计算

自从基于时间步进(marching-on-in-time, MOT)算法的时域积分方程(time domain integral equation, TDIE)于1968年诞生以来[1],MOT的不稳定性曾经长期困扰着TDIE的发展[2,3]。不稳定一般发生在基于时域电场积分方程的MOT,时域磁场积分方程的MOT是稳定的。研究发现,将TDIE中的时间求导直接作用在时间基函数上[4]以及准确求解阻抗矩阵元素[5-9]是实现MOT稳定求解的必要条件。本章提出一种精确求解基于Rao-Wilton-Glisson(RWG)基函数[10]以及Lagrange插值时间基函数[6,11]的MOT-TDIE阻抗矩阵元素的方法,称为准严格积分(quasi-exact integration)技术。在阻抗矩阵元素的求解中包含时间上的积分或求导以及空间上的四重奇异性积分,其中时间一维的积分或求导容易处理,而空间上的四重奇异性积分传统上最多实现了其中两重奇异性积分的解析求解,剩下的两重积分需要依赖数值求解。本章提出的准严格积分技术实现了空间上的四重奇异性积分中的三重积分是解析的,只剩下一重积分需要数值求解,特别是在当场源三角形重合这种特殊情况下,可以得到四重奇异性积分完全解析的公式,不需使用数值积分,称之为完全严格积分(full-exact integration)技术。并且针对时域磁场积分方程推导了一个解析公式,用于提取对数奇异性,提高了准严格积分技术的求解效率。

4.1　时域电场积分方程阻抗矩阵元素的准严格积分技术

将时域电场积分方程(time domain electric field integral equation, TD-EFIE)[12]的阻抗矩阵元素写在下面:

$$[\bar{\boldsymbol{Z}}^l]_{mn}=\frac{\mu_0}{4\pi}\iint_S \mathrm{d}S_o\boldsymbol{\Lambda}_m(\boldsymbol{r}_o)\cdot\iint_S \mathrm{d}S_s\boldsymbol{\Lambda}_n(\boldsymbol{r}_s)\frac{\left[\frac{\mathrm{d}}{\mathrm{d}t'}T(t')\right]_{t'=t_l-R/c}}{R}$$
$$+\frac{1}{4\pi\varepsilon_0}\iint_S \mathrm{d}S_o[\nabla_o\cdot\boldsymbol{\Lambda}_m(\boldsymbol{r}_o)]\iint_S \mathrm{d}S_s[\nabla_s\cdot\boldsymbol{\Lambda}_n(\boldsymbol{r}_s)]\frac{\int_{-\infty}^{t_l-R/c}T(t')\mathrm{d}t'}{R}\tag{4.1.1}$$

其中，$\nabla_o\cdot$ 和 $\nabla_s\cdot$ 分别表示在物体表面 S 观察点 $\boldsymbol{r}_o$ 和源点 $\boldsymbol{r}_s$ 上求面散度；$R=|\boldsymbol{r}_o-\boldsymbol{r}_s|$；$\mu_0$ 和 ε_0 分别是自由空间的磁导率和介电常数；$c=1/\sqrt{\varepsilon_0\mu_0}$ 是自由空间中的光速；$\boldsymbol{\Lambda}_m(\boldsymbol{r}_o)$ 和 $\boldsymbol{\Lambda}_n(\boldsymbol{r}_s)$ 分别是定义在第 m 个三角形对 $P_m^{\pm}$ 和第 n 个三角形对 $P_n^{\pm}$ 上的 Rao-Wilton-Glisson(RWG) 基函数[10]；$T(t')$ 是 Lagrange 插值时间基函数[6,11]；$t_l=l\Delta t$，$l=0,1,2,\cdots,N_t-1$。

在式(4.1.1)中，观察(源)贴片上的二重积分的区域是 $P_m^-\cup P_m^+(P_n^-\cup P_n^+)$。因为 RWG 基函数 $\boldsymbol{\Lambda}_m(\boldsymbol{\Lambda}_n)$ 在 $P_m^-\cup P_m^+(P_n^-\cup P_n^+)$ 上是线性变化的，并且它们的面散度是个常数，所以式(4.1.1)表示成如下形式的积分的线性组合：

$$I=\iint\limits_{P_o}\mathrm{d}S_o\iint\limits_{P_s}\mathrm{d}S_s\frac{\xi(t_l-R/c)}{R},\quad \xi(t)=\int_{-\infty}^{t}T(t')\mathrm{d}t' \tag{4.1.2}$$

$$J=\iint\limits_{P_o}\mathrm{d}S_o(\boldsymbol{r}_o-\boldsymbol{r}_o^*)\cdot\iint\limits_{P_s}\mathrm{d}S_s(\boldsymbol{r}_s-\boldsymbol{r}_s^*)\frac{\zeta(t_l-R/c)}{R},\quad \zeta(t)=\frac{\mathrm{d}T(t)}{\mathrm{d}t} \tag{4.1.3}$$

在式(4.1.2)和式(4.1.3)中，$P_o(P_s)$ 是观察(源)三角形对中的 P_m^- 或 $P_m^+(P_n^-$ 或 $P_n^+)$，并且 $\boldsymbol{r}_o^*(\boldsymbol{r}_s^*)$ 是 $P_o(P_s)$ 的自由顶点。

首先详细推导了求解式(4.1.2)中积分的准严格积分(quasi-exact integration)技术，式(4.1.3)中的积分可以类推。式(4.1.2)中的二重面积分可以转化成体积分：

$$\begin{aligned}I&=\iint\limits_{P_o}\mathrm{d}S_o\iint\limits_{P_s}\mathrm{d}S_s\frac{\xi(t_l-R/c)}{R}\quad(\text{二重面积分})\\&=\iiint\mathrm{d}\boldsymbol{r}_o\Pi_o(r_o)\iiint\mathrm{d}\boldsymbol{r}_s\Pi_s(\boldsymbol{r}_s)\frac{\xi(t_l-R/c)}{R}\\&\xrightarrow{\boldsymbol{r}=\boldsymbol{r}_o-\boldsymbol{r}_s}\iiint\mathrm{d}\boldsymbol{r}\frac{\xi(t_l-r/c)}{r}\boldsymbol{\Omega}(\boldsymbol{r})\quad(\text{体积分})\end{aligned} \tag{4.1.4}$$

所有的三重积分都是在整个三维空间中进行的。在式(4.1.4)中，$\Pi_o(\boldsymbol{r}_o)$ 和 $\Pi_s(\boldsymbol{r}_s)$ 称为指示函数(indicator function)，表示观察或源三角形的几何形状和空间位置。具体而言，当 $\boldsymbol{r}_o$ 不在 P_o 范围内时 $\Pi_o(\boldsymbol{r}_o)=0$，当 $\boldsymbol{r}_o$ 在 P_o 范围内时 Π_o 的值是常量，对于 Π_s 也是如此。从数学上来讲，$\Pi_o(\boldsymbol{r}_o)$ 和 $\Pi_s(\boldsymbol{r}_s)$ 的定义如下：对于任何连续的 $g(\boldsymbol{r})$，满足：

$$\iint\limits_{P_q}g(\boldsymbol{r}_q)\mathrm{d}S_q=\iiint\mathrm{d}\boldsymbol{r}_q g(\boldsymbol{r}_q)\Pi_q(\boldsymbol{r}_q),\quad q\in\{o,s\} \tag{4.1.5}$$

式(4.1.4)中的第一步通过使用两个指示函数，将在 P_o 和 P_s 上的积分拓展到整个三维空间。式(4.1.4)中的第二步，使用变量代换 $\boldsymbol{r}=\boldsymbol{r}_o-\boldsymbol{r}_s$，得到相关函数

(correlation function) $\Omega(\boldsymbol{r})$：

$$\Omega(\boldsymbol{r}) = \iiint \mathrm{d}\boldsymbol{r}_o \Pi_o(\boldsymbol{r}_o)\Pi_s(\boldsymbol{r}_o - \boldsymbol{r}) \tag{4.1.6}$$

很明显，$\Omega(\boldsymbol{r})$是通过 Π_o 和 Π_s“相关”得到，且有有限的空间支集。这里假设 P_o 和 P_s 是不平行的，所以 $\Omega(\boldsymbol{r})$的空间支集是个多面体。当 P_o 和 P_s 是平行的时候，将会在后面讨论。在式(4.1.4)中，因为 $r = |\boldsymbol{r}|$，所以式(4.1.4)中的最后一行可以解释为：将式(4.1.2)中的积分 I 等价成在坐标原点观察体积源 $\Omega(\boldsymbol{r})$产生的场。

为了便于观察 $\Omega(\boldsymbol{r})$的形状和求解式(4.1.4)中的体积分，接下来建立直角坐标系 (u, v, w)，见图 4.1.1。其中 $\hat{\boldsymbol{n}}_o$ 和 $\hat{\boldsymbol{n}}_s$ 分别表示垂直于 P_o 和 P_s 的法向单位矢量。直角坐标系(u, v, w)的原点位于 $\boldsymbol{r}_o^*$，并且坐标轴满足 $\hat{\boldsymbol{w}} = \hat{\boldsymbol{n}}_o$、$\hat{\boldsymbol{u}} = \hat{\boldsymbol{n}}_o \times \hat{\boldsymbol{n}}_s$、$\hat{\boldsymbol{v}} = \hat{\boldsymbol{w}} \times \hat{\boldsymbol{u}}$。在直角坐标系$(u, v, w)$中，$r = |\boldsymbol{r}| = \sqrt{u^2 + v^2 + w^2}$。

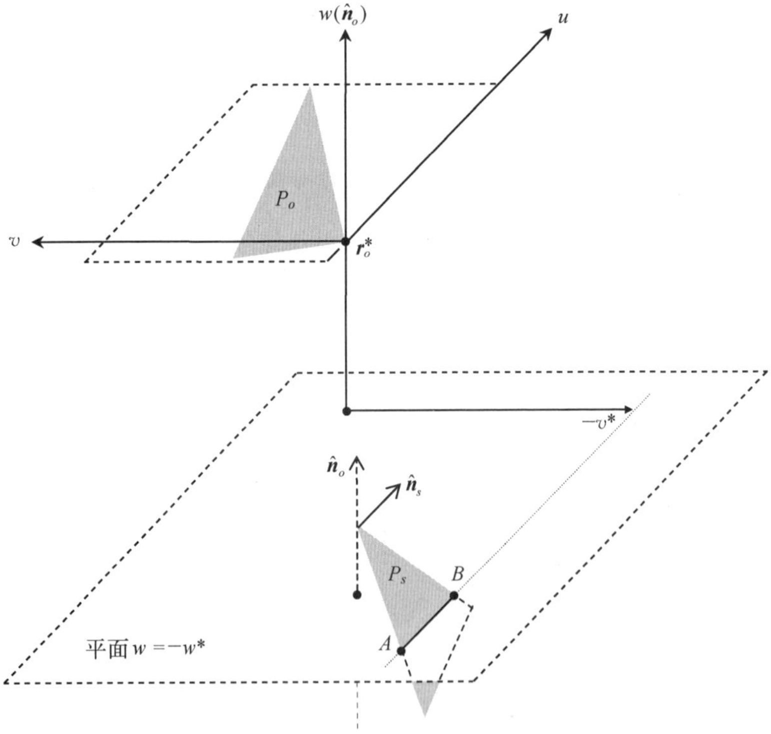

图 4.1.1 直角坐标系 (u, v, w) 中的源三角形和观察三角形

在直角坐标系(u, v, w)中，$\Pi_o(\boldsymbol{r}) = \pi_o(u, v)\delta(w)$，其中当 $(u, v) \in P_o$ 时，$\pi_o(u, v) = 1$，否则为 0。对于 $w = w^*$，$\Omega(u, v, w = w^*)$（Ω 的一个薄片）可以解释为三角形 P_o 和线段 AB 进行“相关”：

$$\int \mathrm{d}u_o \boldsymbol{\pi}_o(u_o, v - v^*) P_{u_A}^{u_B}(u_o - u) \tag{4.1.7}$$

其中，

$$P_{\alpha}^{\beta}(u) = \begin{cases} 1, & u \in [\alpha, \beta] \\ 0, & \text{其他} \end{cases} \tag{4.1.8}$$

并且$(u_A, -v^*, -w^*)$和$(u_B, -v^*, -w^*)$分别是线段 AB(三角形 P_s 和平面 $w = -w^*$ 的交集)的两个端点的坐标，见图 4.1.1。$\Omega(u, v, w = w^*)$ 在平面(u, v)中的空间支集如图 4.1.2(a)所示。对于一个给定的 v，$\Omega(u, v, w = w^*)$ 可以通过两条线段“相关”得到。特别是，在图 4.1.2(b)中的线段 EF 可以由 AB 和 CD“相关”得到。可以看出“相关”得到的值在线段 EF 上不是常量。为了能够写出 $\Omega(u, v, w = w^*)$ 的表达式，需要将其支集分成若干个多边形区域来描述，在每个区域中 $\Omega(u, v, w = w^*)$ 都是连续多项式 $u^i v^j$, $i, j = 0, 1, 2, \cdots$ 的叠加。推导 $\Omega(u, v, w = w^*)$ 的表达式虽然比较繁琐，但并不困难，所以这里不详细给出其表达式。在图 4.1.3 中，Ω 的空间支集通过将 $\Omega(u, v, w = w^*)$ 在 w 方向上随着 w^* 变化的形状组合起来。

在式(4.1.4)中，最后一行的体积分可以分解成“线+面”积分：

$$\begin{aligned} I &= \iiint \mathrm{d}\boldsymbol{r} \frac{\xi(t_l - r/c)}{r} \Omega(\boldsymbol{r}) \quad (\text{体积分}) \\ &= \int \mathrm{d}w \Phi(w) \quad (\text{线} + \text{面积分}) \end{aligned} \tag{4.1.9}$$

其中，

$$\Phi(w) = \iint \mathrm{d}u\mathrm{d}v \frac{\xi(t_l - r/c)}{r} \Omega(u, v, w) \tag{4.1.10}$$

时间基函数 $T(t)$ 以及其导数 $\zeta(t)$ 还有其积分 $\xi(t)$ 都是关于 t 的分段连续的多项式，$\zeta(t)$ 在 $t = \gamma\Delta t$, $\gamma = -1, 0, 1, \cdots$ 处是不连续的。可以得出函数 $\xi(t_l - r/c)$, $t_l = l\Delta t$, $l = 1, 2, 3, \cdots$ 是关于 t 的分段连续的多项式，在空间上有不连续的球壳：

$$\Gamma_{\gamma}(r) = \begin{cases} 1, & (\gamma - 1)c\Delta t \leqslant r \leqslant \gamma c\Delta t, \gamma = 1, 2, 3, \cdots \\ 0, & \text{其他} \end{cases} \tag{4.1.11}$$

上述的 $\xi(t_l - r/c)$ 可以表示成

$$\xi(t_l - r/c) = \sum_{\tau = 0, 1, \cdots} a_{\gamma}^{\tau} r^{\tau}, \ (\gamma - 1)c\Delta t \leqslant r \leqslant \gamma c\Delta t \tag{4.1.12}$$

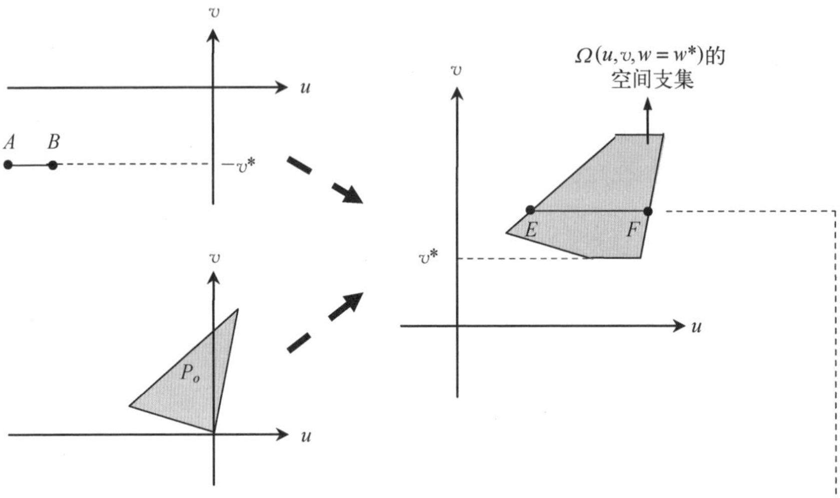

(a) 线段与三角形之间的“相关”

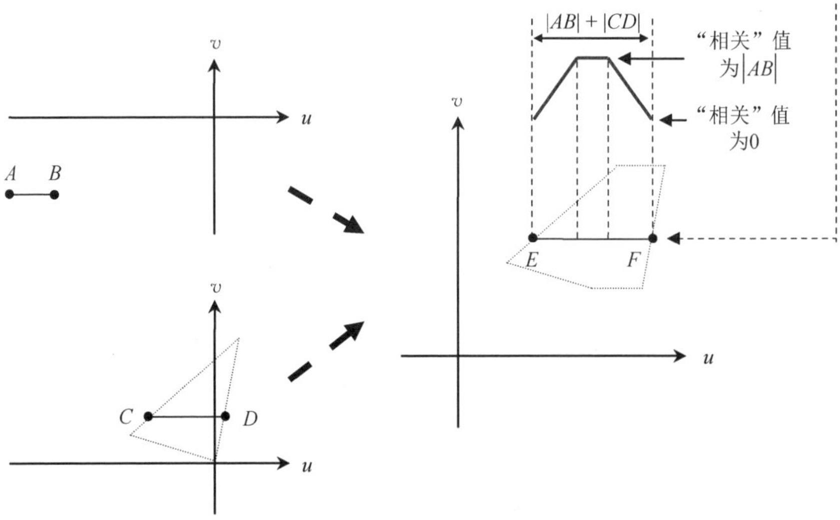

(b) AB和CD“相关”得到线段EF

图 4.1.2　$\Omega(u, v, w = w^*)$ 的形状

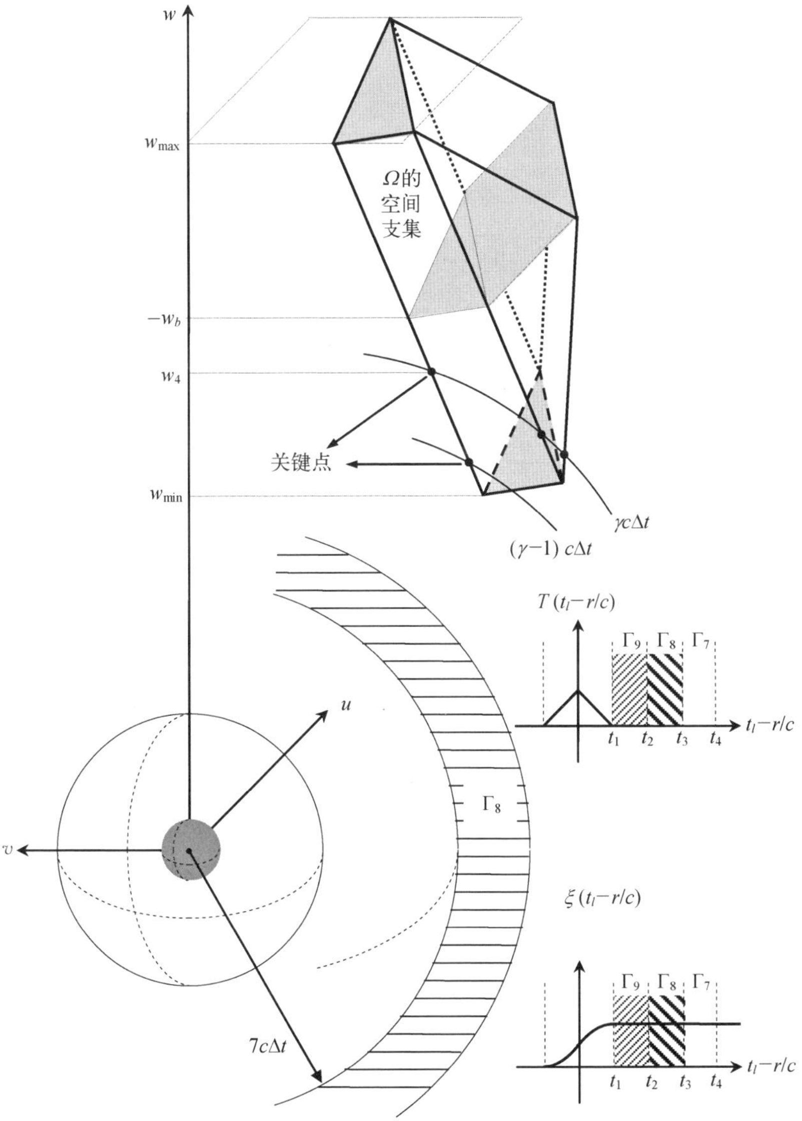

图 4.1.3　相关函数 Ω 的形状

式(4.1.10)中的 $\Phi(w)$ 可以表示成

$$\Phi(w)=\sum_{\gamma=1,2,\cdots}\sum_{\tau=0,1,\cdots}a_{\gamma}^{\tau}\Phi_{\gamma}^{\tau}(w) \tag{4.1.13}$$

其中，

$$\Phi_{\gamma}^{\tau}(w)=\iint \mathrm{d}u\mathrm{d}v r^{\tau-1}\Gamma_{\gamma}(r)\Omega(u,v,w) \tag{4.1.14}$$

很明显,

$$I = \sum_{\gamma=1,\,2,\,\cdots} \sum_{\tau=0,\,1,\,\cdots} a_\gamma^\tau I_\gamma^\tau \tag{4.1.15}$$

其中,

$$I_\gamma^\tau = \int \mathrm{d}w \Phi_\gamma^\tau(w) \tag{4.1.16}$$

接下来将会给出 $\Phi_\gamma^\tau(w)$ 如何解析求解,并且可以发现 $\Phi_\gamma^\tau(w)$ 是个关于 w 分段连续函数,这表明式(4.1.16)中的 w 方向的积分可以使用常见的一维数值积分快速准确地求解。也就是说,式(4.1.2)中的四重奇异性积分可以转化成式(4.1.16)中的一维积分。

对于一个给定的 w, $\Omega(u, v, w)$ 的空间支集可以分成若干个多边形区域,每个区域中 $\Omega(u, v, w)$ 可以表示成多项式 $u^i v^j$, $i, j = 0, 1, 2, \cdots$ 的叠加。所以在式(4.1.14)中的 $\Phi_\gamma^\tau(w)$ 可以通过下面的积分线性地组合出来:

$$\Phi_{i,\,j}^\tau(w) = \iint_{\Gamma_\gamma P\text{的支集}} \mathrm{d}u \mathrm{d}v r^{\tau-1} u^i v^j \tag{4.1.17}$$

其中,P 表示 $\Omega(u, v, w)$ 对于一个给定的 w 的任意一个多边形区域。Γ_γ 和 $\Omega(u, v, w = w^*)$ 的交集如图 4.1.4 所示。式(4.1.17)中的积分 $\Phi_{i,\,j}^\tau$ 可以使用文献[6]与[13]中的方法得到:

$$\begin{aligned} &\Phi_{0,\,0}^\tau, \quad \tau = 0, 1, 2, \cdots \\ &\Phi_{1,\,0}^\tau, \quad \tau = 0, 1, 2, \cdots \\ &\Phi_{0,\,1}^\tau, \quad \tau = 0, 1, 2, \cdots \end{aligned} \tag{4.1.18}$$

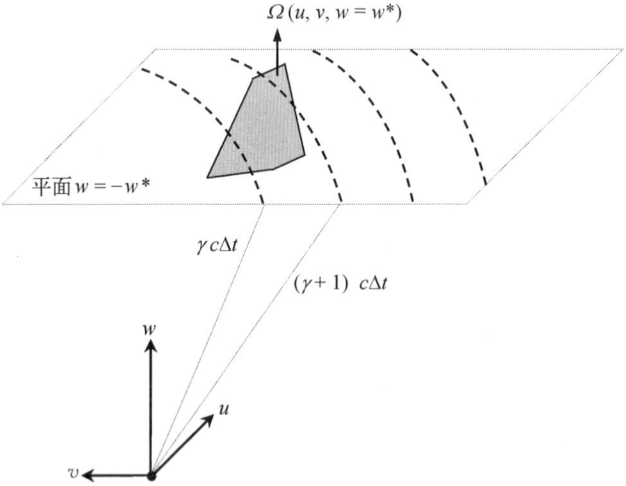

图 4.1.4 从坐标原点观察源 $\Omega(u, v, w = w^*)$ 的一个薄片

首先推导积分 $\boldsymbol{\Phi}_{2,0}^{0}$、$\boldsymbol{\Phi}_{1,1}^{0}$ 和 $\boldsymbol{\Phi}_{0,2}^{0}$ 的求解，然后推广到求解任意 i、j 和 τ 的 $\boldsymbol{\Phi}_{i,j}^{\tau}$。为了得到 $\boldsymbol{\Phi}_{2,0}^{0}$、$\boldsymbol{\Phi}_{1,1}^{0}$ 和 $\boldsymbol{\Phi}_{0,2}^{0}$ 的表达式，需要两种积分：

$$\begin{aligned}\boldsymbol{Q}_{1,0}^{2} &= \iint\limits_{\Gamma_\gamma P\text{的支集}} \mathrm{d}u\mathrm{d}v\, \nabla(u\ r) \\ &= \hat{\boldsymbol{u}}\iint \mathrm{d}u\mathrm{d}v r + \hat{\boldsymbol{u}}\iint \mathrm{d}u\mathrm{d}v\, \frac{u^2}{r} + \hat{\boldsymbol{v}}\iint \mathrm{d}u\mathrm{d}v\, \frac{uv}{r} \\ &= \hat{\boldsymbol{u}}\boldsymbol{\Phi}_{0,0}^{2} + \hat{\boldsymbol{u}}\boldsymbol{\Phi}_{2,0}^{0} + \hat{\boldsymbol{v}}\boldsymbol{\Phi}_{1,1}^{0}\end{aligned} \tag{4.1.19}$$

和

$$\boldsymbol{Q}_{0,1}^{2} = \iint\limits_{\Gamma_\gamma P\text{的支集}} \mathrm{d}u\mathrm{d}v\, \nabla(v\ r) = \hat{\boldsymbol{u}}\boldsymbol{\Phi}_{1,1}^{0} + \hat{\boldsymbol{v}}\boldsymbol{\Phi}_{0,0}^{2} + \hat{\boldsymbol{v}}\boldsymbol{\Phi}_{0,2}^{0} \tag{4.1.20}$$

很明显，

$$\boldsymbol{\Phi}_{2,0}^{0} = \hat{\boldsymbol{u}} \cdot \boldsymbol{Q}_{1,0}^{2} - \boldsymbol{\Phi}_{0,0}^{2} \tag{4.1.21}$$

$$\boldsymbol{\Phi}_{0,2}^{0} = \hat{\boldsymbol{v}} \cdot \boldsymbol{Q}_{0,1}^{2} - \boldsymbol{\Phi}_{0,0}^{2} \tag{4.1.22}$$

$$\boldsymbol{\Phi}_{1,1}^{0} = \hat{\boldsymbol{v}} \cdot \boldsymbol{Q}_{1,0}^{2} \tag{4.1.23}$$

可以递归求解高阶的 $\boldsymbol{\Phi}_{i,j}^{\tau}$。具体而言，借助以下的等式：

$$\begin{aligned}\boldsymbol{Q}_{i,j}^{\tau} &= \iint \mathrm{d}u\mathrm{d}v\, \nabla[u^i v^j r^{\tau-1}] \\ &= \hat{\boldsymbol{u}} i u^{i-1} v^j r^{\tau-1} + \hat{\boldsymbol{u}}(\tau-1) u^{i+1} v^j r^{\tau-3} + \hat{\boldsymbol{v}} j u^i v^{j-1} r^{\tau-1} + \hat{\boldsymbol{v}}(\tau-1) u^i v^{j+1} r^{\tau-3} \\ &= \hat{\boldsymbol{u}} i \boldsymbol{\Phi}_{i-1,j}^{\tau} + \hat{\boldsymbol{u}}(\tau-1)\boldsymbol{\Phi}_{i+1,j}^{\tau-2} + \hat{\boldsymbol{v}} j \boldsymbol{\Phi}_{i,j-1}^{\tau} + \hat{\boldsymbol{v}}(\tau-1)\boldsymbol{\Phi}_{i,j+1}^{\tau-2}\end{aligned} \tag{4.1.24}$$

很明显，

$$(\tau-1)\boldsymbol{\Phi}_{i+1,j}^{\tau-2} = \hat{\boldsymbol{u}} \cdot \boldsymbol{Q}_{i,j}^{\tau} - i\boldsymbol{\Phi}_{i-1,j}^{\tau} \tag{4.1.25}$$

$$(\tau-1)\boldsymbol{\Phi}_{i,j+1}^{\tau-2} = \hat{\boldsymbol{v}} \cdot \boldsymbol{Q}_{i,j}^{\tau} - j\boldsymbol{\Phi}_{i,j-1}^{\tau} \tag{4.1.26}$$

式(4.1.24)中的面积分可以转化成基于直线或者弧线(图 4.1.4)的围线积分[6]，使用文献[6]中的技术就能求解。

因为 $\boldsymbol{\Phi}_{\gamma}^{\tau}(w)$ 是 w 的函数，所以是分段连续的，当 $\Gamma_\gamma \Omega$ 随 w 变化产生突变时，$\boldsymbol{\Phi}_{\gamma}^{\tau}(w)$ 有不连续的点，这些点称之为“关键点”：

(1) 将 P_s 的三个顶点的 w 方向的坐标记为 w_a、w_b 和 w_c，其中 $w_a < w_b < w_c$。从图 4.1.3 看出，当 $w \notin [w_{\min}, w_{\max}]$ 时 $\boldsymbol{\Phi}_{\gamma}^{\tau}(w) = 0$，其中 $w_{\min} = -w_c$，$w_{\max} = -w_a$。因为 Ω 的空间支集在 $w = -w_b$ 处有个“几何变化”，所以 $w = -w_b$ 也是关键点。

(2) Ω 的空间支集有 14 条棱边，其中有 7 条不垂直于 w 轴(图 4.1.3)。$\Gamma_\gamma(r)$ 与这 7 条棱边的交点也是关键点。

(3) Ω 的空间支集有 8 个面，其中有 6 个不垂直于 w 轴(图 4.1.3)。如果这 6

个面与 $\Gamma_\gamma(r)$ 有相交的弧线的话,那么弧线的最大和最小的 w 值也是关键点。

(4) 在球表面 $\Gamma_\gamma(r)$,w 可以在点 $(0, 0, (\gamma-1)c\Delta t)$、$(0, 0, -(\gamma-1)c\Delta t)$、$(0, 0, \gamma c\Delta t)$ 和 $(0, 0, -\gamma c\Delta t)$ 处取得极值,所以如果上面的点在 Ω 的空间支集内部的话也是关键点。

在所有的关键点有找到之后,将它们按照 w 方向坐标值从小到大排序 $\{w_{\min}, \cdots, w_1, w_2, w_3, \cdots, w_{\max}\}$。然后式(4.1.24)中的 I_γ^τ 可以使用由关键点确定的区域进行求解:

$$I_\gamma^\tau = \int \mathrm{d}w \boldsymbol{\Phi}_\gamma^\tau(w) = \int_{w_{\min}}^{w_1} \mathrm{d}w \boldsymbol{\Phi}_\gamma^\tau(w) + \int_{w_1}^{w_2} \mathrm{d}w \boldsymbol{\Phi}_\gamma^\tau(w) + \cdots \int^{w_{\max}} \mathrm{d}w \boldsymbol{\Phi}_\gamma^\tau(w) \quad (4.1.27)$$

在每两个关键点之间的区间内,积分核 $\boldsymbol{\Phi}_\gamma^\tau(w)$ 是个平滑的函数。因此,可以使用常见的积分方法实现高效精确地求解,这里使用 M_w 点 Gauss-Legendre 积分[14]。在后面的算例中表明,对于常见的问题,$M_w = 7$ 可以精确到 5 位有效数字。

这里提一下几个需要注意的地方:

(1) 在三角形 P_o 和 P_s 是互相平行的情况下,Ω 的空间支集是一个多边形平面而不是多面体。只需要将 Ω 的空间支集想象成没有"厚度的多面体",首先将源三角形分解成线段,然后把这些线段和观察三角形做"相关",最后把得到的多边形叠在一起。其他处理和前面是一样的。

(2) 为了不增加上面描述本方法的复杂性,忽略了累加项的上下标。

(3) 与积分 I 相比,在式(4.1.3)中的积分 J 包含有矢量 $\boldsymbol{r}_o - \boldsymbol{r}_o^*$ 和 $\boldsymbol{r}_s - \boldsymbol{r}_s^*$。但这不会增加本方法的求解难度,只是增加了式(4.1.17)中的多项式的阶数 i 和 j。

这里通过算例来测试本方法的准确性以及在散射问题中的应用。平面波的入射方向为 $\hat{\boldsymbol{k}}^i = \sin\theta^i\cos\phi^i\hat{\boldsymbol{x}} + \sin\theta^i\sin\phi^i\hat{\boldsymbol{y}} + \cos\theta^i\hat{\boldsymbol{z}}$, 极化方向为 $\hat{\boldsymbol{u}}^i$, 表达式为

$$\boldsymbol{E}^{\mathrm{inc}}(\boldsymbol{r}_o, t) = \hat{\boldsymbol{u}}^i \exp[-0.5(t - t_p - \boldsymbol{r}_o \cdot \boldsymbol{k}^i/c)^2/\sigma^2]\cos[2\pi f_0(t - \boldsymbol{r}_o \cdot \boldsymbol{k}^i/c)] \quad (4.1.28)$$

其中, $t_p = 10\sigma$ 是脉冲的时延。$\boldsymbol{E}^{\mathrm{inc}}(\boldsymbol{r}_o, t)$ 的频谱的中心频率为 f_0,带宽与 σ 成反比。特别指出的是,入射波的频谱近似认为在 $[f_{\min}, f_{\max}]$ 的范围,其中 $f_{\min} = f_0 - 3/(2\pi\sigma)$ 以及 $f_{\max} = f_0 + 3/(2\pi\sigma)$, $f_{\max}$ 在 $\boldsymbol{E}^{\mathrm{inc}}(\boldsymbol{r}_o, t)$ 中的能量比中心频率 f_0 低 40 dB。在 MOT 中,Δt 满足 $\Delta t = 1/(2\chi_t f_{\max})$, 其中 χ_t 称为时间过采样比(temporal oversampling ratio)。为了能将 Δt 与空间离散的尺寸有个比较,这里定义了隐比(implicit ratio) $\chi_i = c\Delta t/l_{\max}$, 其中 $l_{\max}$ 是离散得到的最大的公共边的长度。当 χ_t 缩小时,χ_i 会增大,会提高 MOT 的稳定性,但会降低求解精度[15]。在 MOT 中,χ_i 通常取值范围在 0.5 和 2 之间。在这里,χ_i 最小取到 0.04 来展示本章提出的准严格积分技术对 MOT 稳定性的提高。

考虑观察三角形 P_o，其顶点分别为(0, 0.169 m, -0.184 m)、(0.126 m, 0.188 m, -0.097 8 m)以及(0.108 m, 0.098 m, -0.199 m)。同样源三角形 P_s，其顶点分别为(0, 0.169 m, -0.184 m)、(0.126 m, 0.188 m, -0.097 8 m)以及(-0.01 m, 0.239 m, -0.074 6 m)。求解下面的两个积分：

$$
\begin{aligned}
\tilde{J} &= \iint_{P_o} \mathrm{d}S_o(\boldsymbol{r}_o - \boldsymbol{r}_o^*) \cdot \iint_{P_s} \mathrm{d}S_s(\boldsymbol{r}_s - \boldsymbol{r}_s^*) f(|\boldsymbol{r}_o - \boldsymbol{r}_s|) \\
\tilde{I} &= \iint_{P_o} \mathrm{d}S_o \iint_{P_s} \mathrm{d}S_s f(|\boldsymbol{r}_o - \boldsymbol{r}_s|)
\end{aligned}
\tag{4.1.29}
$$

其中，

$$
f(R) = \begin{cases} \dfrac{1}{R}, & R \in [2c\Delta t,\ 3c\Delta t] \\ 0, & \text{其他} \end{cases}
\tag{4.1.30}
$$

在式(4.1.29)中，自由顶点分别是 $\boldsymbol{r}_o^* = (0.126\ \text{m},\ 0.188\ \text{m},\ -0.097\ 8\ \text{m})$ 和 $\boldsymbol{r}_s^* = (-0.01\ \text{m},\ 0.239\ \text{m},\ -0.074\ 6\ \text{m})$，$\Delta t = 0.129\ \text{ns}$。这两个积分的准确值是通过直接使用很多点的高斯积分得到的，用作精度比较的参考。在图 4.1.5 中，使用准严格积分技术得到的积分值与准确值进行比较。相对误差(relative error)随着 M_w 的增加而快速减少。经过一系列的测试，可以观察到在 M_w 为 4 的情况下，只有少数阻抗矩阵元素的相对误差大于 0.01。在接下来的算例中，M_w 都是取 4，这样的取值已经可以保证 MOT 的稳定性。

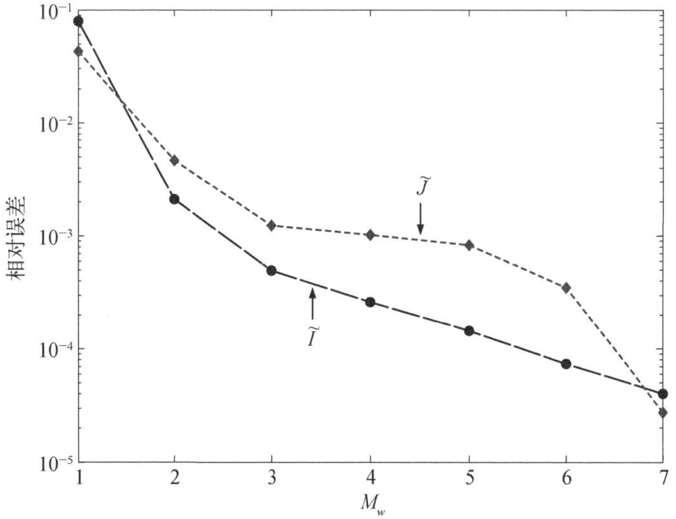

图 4.1.5　使用准严格积分技术得到的积分值与准确解的比较

为了测试准严格积分技术相对于传统数值方法的效率,在表 4.1.1 和表 4.1.2 中给出了计算 $\tilde{J}$ 的相对误差和计算时间。在表 4.1.1 中可以看出,准严格积分技术的相对误差随着 M_w 的增加快速减少,而计算时间几乎是线性变化的。在表 4.1.2 中,传统数值方法需要大量的计算时间才能达到相同的计算精度。

表 4.1.1　准严格积分技术的精度和 CPU 时间

M_w	相对误差	CPU 时间/s
1	7.93×10^{-2}	0.004 8
2	2.11×10^{-3}	0.005 5
3	4.96×10^{-4}	0.006 7
4	2.59×10^{-4}	0.008 4

表 4.1.2　传统数值积分的精度和 CPU 时间

积分点个数	相对误差	CPU 时间/s
36 × 36	0.17	0.000 22
91 × 91	8.23×10^{-2}	0.001 4
171 × 171	6.1×10^{-2}	0.004 7
741 × 741	2.71×10^{-2}	0.083
2 346 × 2 346	1.45×10^{-2}	0.81
7 021 × 7 021	7.77×10^{-3}	7.14
19 701 × 19 701	3.93×10^{-3}	55.47
44 551 × 44 551	1.95×10^{-3}	283.66

考虑一个半径为 1 m 的金属球,其球心位于坐标原点。入射波的参数为 $\theta^i = 0°$、$\phi^i = 0°$、$\hat{\boldsymbol{u}}^i = \hat{\boldsymbol{x}}$、$f_0 = 98.4\ \text{MHz}$、$\sigma = 4.85 \times 10^{-9}\ \text{s}$。金属球的表面电流使用 963 个 RWG 基函数模拟。在图 4.1.6 中,比较了使用 MOT 计算得到的在金属球表面($\theta = 165°$, $\phi = 20°$)处的电流密度,使用 1 阶 Lagrange 插值时间基函数,时间步长分别为 $\Delta t = 1.02\ \text{ns}$($\chi_t = 2.5$ 和 $\chi_i \approx 0.98$)以及 $\Delta t = 0.043\ \text{ns}$($\chi_t = 60$ 和 $\chi_i \approx 0.04$)。在图 4.1.7 中比较了使用 MOT 得到的解与 Mie 级数解的误差,时间步长分别为 $\Delta t = 1.02\ \text{ns}$、$\Delta t = 0.339\ \text{ns}$($\chi_t = 7.5$ 和 $\chi_i \approx 0.33$),以及 $\Delta t = 0.043\ \text{ns}$。很明显,MOT 得到的结果的误差随着时间步长的变小而变小。在图 4.1.8 中,使用了上述的时间

步长以及 $\Delta t = 0.254\,\text{ns}$($\chi_t = 10$ 和 $\chi_i \approx 0.25$)，MOT 的计算结果很稳定，注意到 $\chi_i \approx 0.04$ 的 MOT 一共计算了 437 000 个时间步。

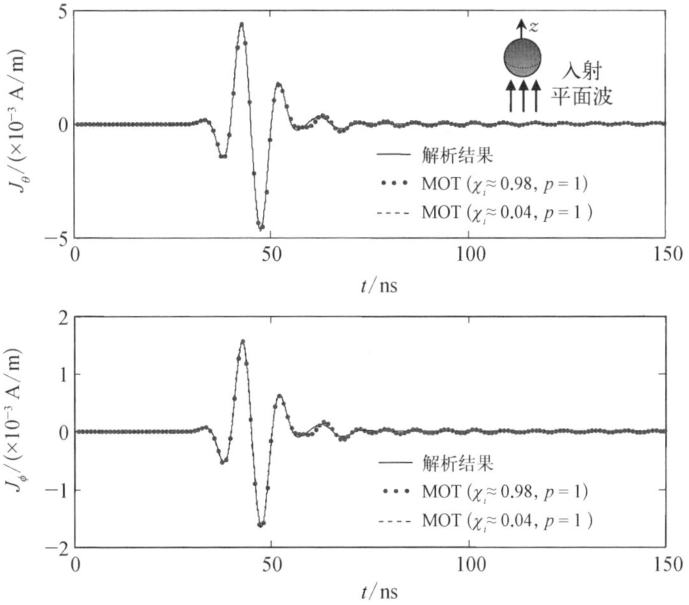

图 4.1.6　金属球表面的电流

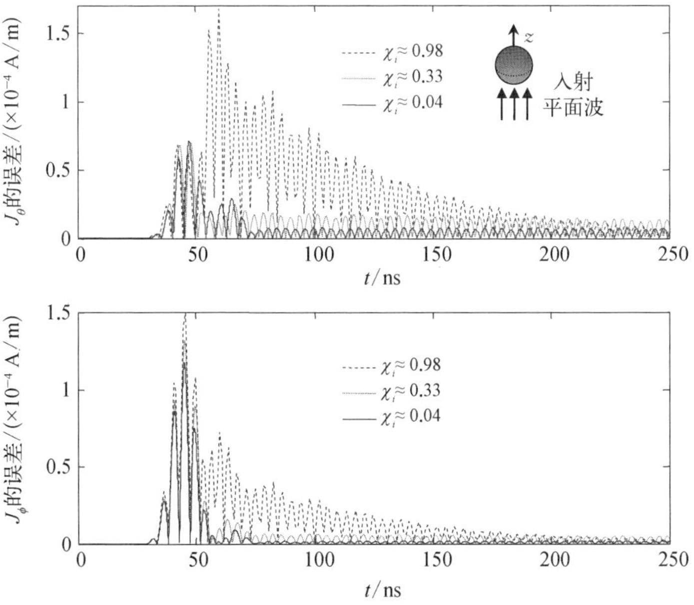

图 4.1.7　使用 MOT 求得的金属球表面的电流的误差

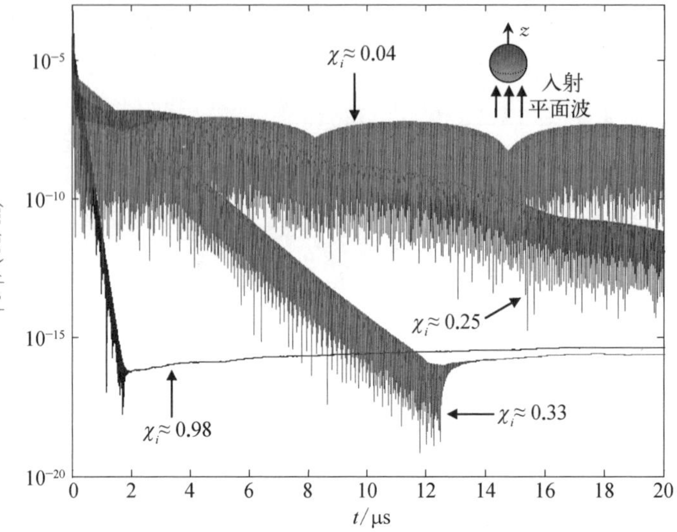

图 4.1.8　使用 MOT 求得的金属球表面的电流

接下来分析两块平行的金属平板的散射问题。每块平板的长和宽都是 1 m，并且平行于 xz 平面。两块平板的中心分别位于(0.5 m, 0, 0.5 m)以及(0.5 m, 0.1 m, 0.5 m)。入射场的参数为 $\theta^i = 45°$、$\phi^i = 45°$、$\hat{\boldsymbol{u}}^i = 0.707\hat{\boldsymbol{x}} - 0.707\hat{\boldsymbol{y}}$、$f_0 = 264.1$ MHz 以及 $\sigma = 1.81 \times 10^{-9}$ s。两块平板共使用 $N_s = 1\,070$ 个 RWG 基函数。图 4.1.9 中画出了使用 $\Delta t = 0.094\,3$ ns($\chi_t = 10$ 和 $\chi_i \approx 0.28$) 以及 2 阶 Lagrange 插值时

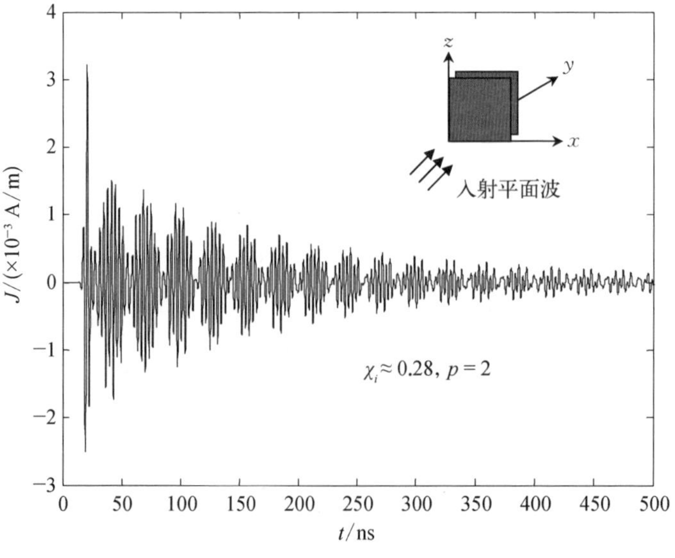

图 4.1.9　使用 MOT 求得的平行金属平板表面的电流

间基函数的 MOT 计算得到的在(0.081 m, 0, −0.95 m)处的方向 $0.17\hat{\boldsymbol{x}} + 0.99\hat{\boldsymbol{z}}$ 上的电流波形。和预期一样,两块平行板会使电磁波多次反射,导致电流波形会有一个很长的尾巴。图 4.1.10 中还显示了 MOT 取 $\Delta t = 0.0377$ ns($\chi_t = 25$ 和 $\chi_i \approx 0.11$)以及 1 阶 Lagrange 时间基函数时,在超过必要的求解范围(超过 800 000 个时间步)时依然稳定。为了比较 MOT 的求解精度,将 MOT 得到的结果傅里叶变换到频域,与 MOM 计算得到的结果比较雷达散射截面(radar cross sections, RCS)(本书使用的是归一化的 RCS,即 RCS 值除以波长平方)。图 4.1.11 中,可以看到 MOT 和 MOM 的结果不但在频谱$[f_{\min} \approx 0, f_{\max} \approx 500\ \text{MHz}]$内吻合得很好,在超出这范围的频率上也能得到很好的结果,这表明使用了准严格积分技术的 MOT 具有很高的计算精度。

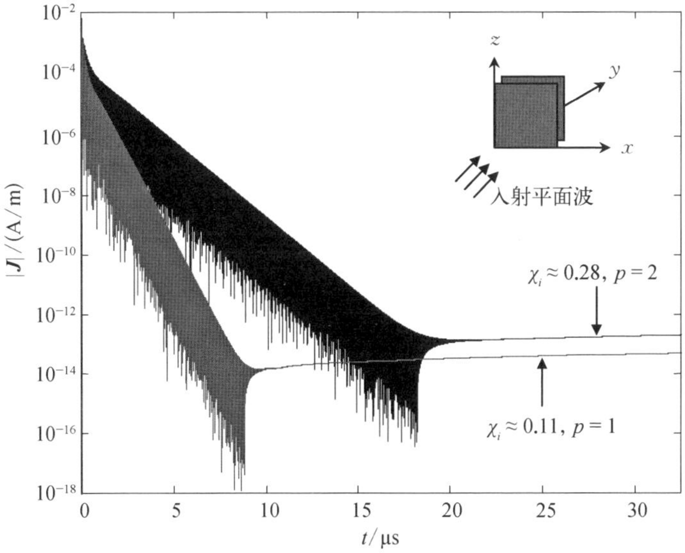

图 4.1.10　使用不同时间步长的 MOT 求得的平行金属平板表面的电流

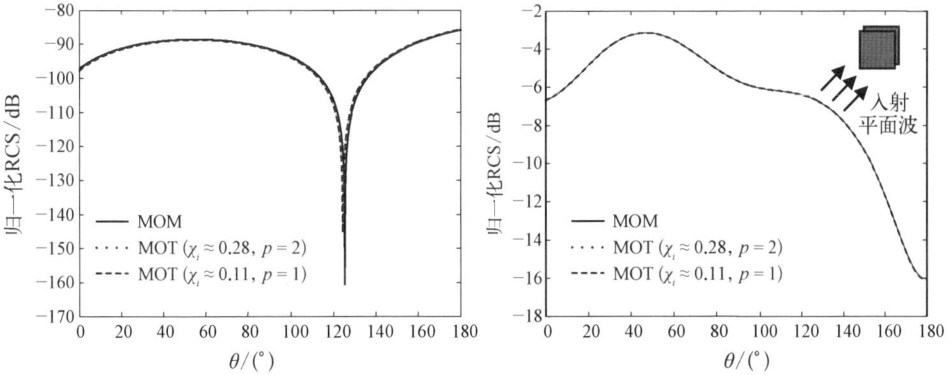

(a) $f = 5.29$ MHz　　(b) $f = 174.7$ MHz

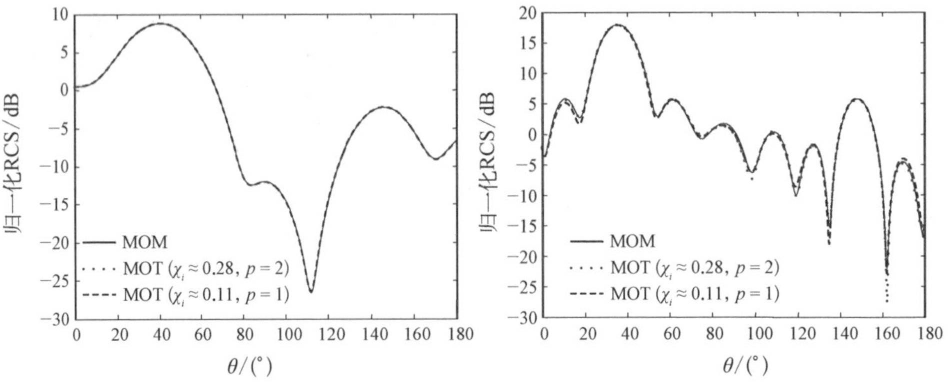

(c) f = 354.6 MHz　　(d) f = 751.5 MHz

图 4.1.11　当 $\phi = 0°$ 时,两块平行板的双站 RCS

考虑如图 4.1.12 中的一个开口金属波导结构,尺寸为 4 m、0.1 m、1 m(沿着 x、y、z 方向),平行于 xz 平面的两个面是开口的。入射波的参数为 $\theta^i = 45°$、$\phi^i = 45°$、$\hat{\boldsymbol{u}}^i = 0.707\hat{\boldsymbol{x}} - 0.707\hat{\boldsymbol{y}}$、$f_0 = 120.4$ MHz,以及 $\sigma = 3.97 \times 10^{-9}$ s。因为电磁波从开口处进来,会在内部多次反射,使得 MOT 的求解更具有挑战性。波导共离散成 $N_s = 1\,006$ 个 RWG 基函数。在图 4.1.12 和图 4.1.13 中,画出了在波导(0.13 m, 0.075 m, 0)处的方向 $0.52\hat{\boldsymbol{x}} + 0.86\hat{\boldsymbol{z}}$ 上的电流波形。MOT 求解时分别使用了 3 种

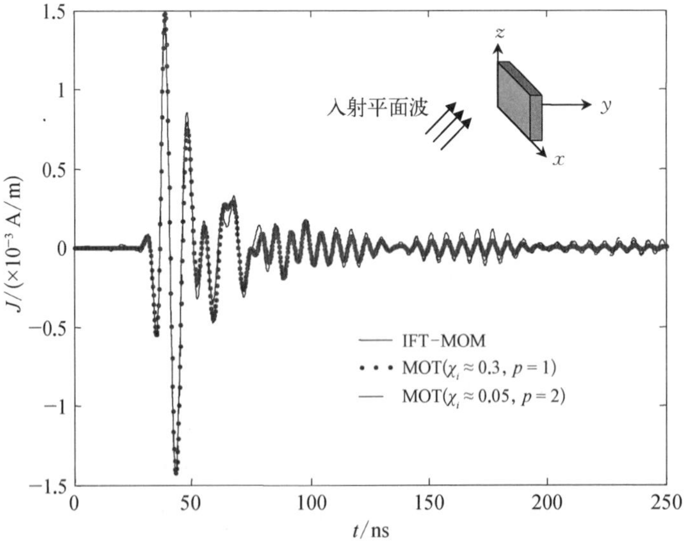

图 4.1.12　开口金属波导结构上的电流

参数：① $\Delta t = 0.208$ ns($\chi_t = 10$ 和 $\chi_i \approx 0.3$) 以及 1 阶 Lagrange 插值时间基函数；② $\Delta t = 0.138$ ns($\chi_t = 15$ 和 $\chi_i \approx 0.2$) 以及 1 阶 Lagrange 插值时间基函数；③ $\Delta t = 0.0347$ ns($\chi_t = 60$ 和 $\chi_i \approx 0.05$) 以及 2 阶 Lagrange 插值时间基函数。在图 4.1.12 中，使用条件①和③的 MOT 得到的结果与傅里叶逆变换(inverse Fourier transformed MOM, IFT-MOM)的结果进行了比较。三条曲线都是吻合的，特别是使用条件③的 MOT(更小的时间步长和更高的时间基函数的阶数)得到的结果与 MOM 的结果更加接近。图 4.1.13 表明，MOT 计算的结果随着时间呈指数下降。

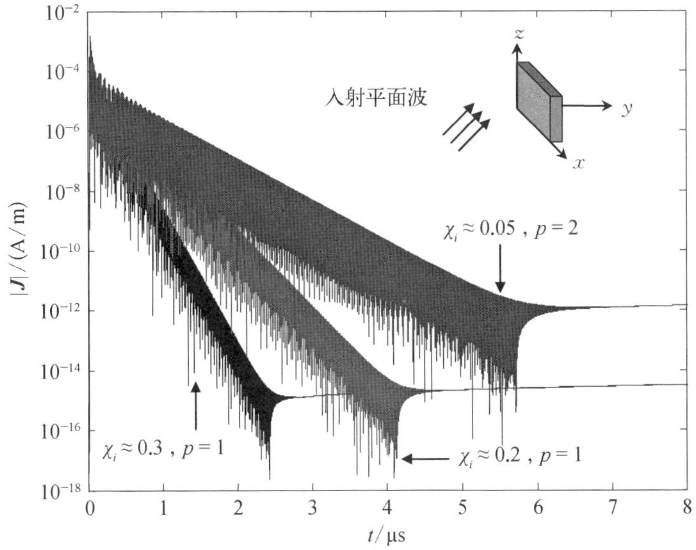

图 4.1.13　观察电流的晚时稳定性

这里计算了 NASA 杏仁体[16]的瞬态散射，总共离散了 1 965 个 RWG 基函数。入射波的参数为 $\theta^i = 0°$、$\phi^i = 0°$、$\hat{\boldsymbol{u}}^i = \hat{\boldsymbol{x}}$、$f_0 = 2.5$ GHz 以及 $\sigma = 1.91 \times 10^{-10}$ s。图 4.1.14 和图 4.1.15 中画出了在杏仁体(0.11 m, −0.012 m, 0.003 m)处的方向 $0.63\hat{\boldsymbol{x}} + 0.77\hat{\boldsymbol{y}} + 0.039\hat{\boldsymbol{z}}$ 上的电流时域波形，其中 MOT 的参数为 $\Delta t = 10$ ps($\chi_t = 10$ 和 $\chi_i \approx 0.23$)，以及 $\Delta t = 4$ ps($\chi_t = 25$ 和 $\chi_i \approx 0.09$)。图 4.1.15 中可以观察到 MOT 的稳定性，其中使用 $\Delta t = 10$ ps 的 MOT 一共计算了 250 000 个时间步以上，使用 $\Delta t = 4$ ps 的 MOT 一共计算了 625 000 个时间步以上。在图 4.1.16 中，给出了 MOT 计算得到的双站 RCS 与频域结果的比较，在频带 $[f_{\min} \approx 0, f_{\max} \approx 5$ GHz$]$ 内都吻合得很好。

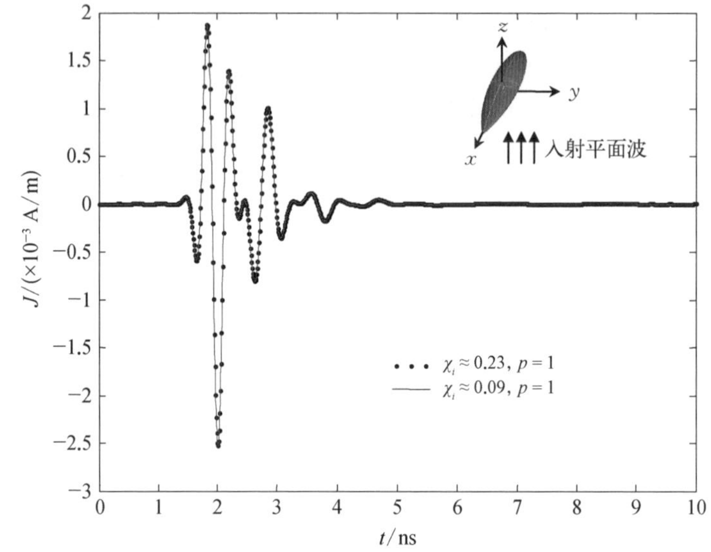

图 4.1.14　杏仁体上的电流

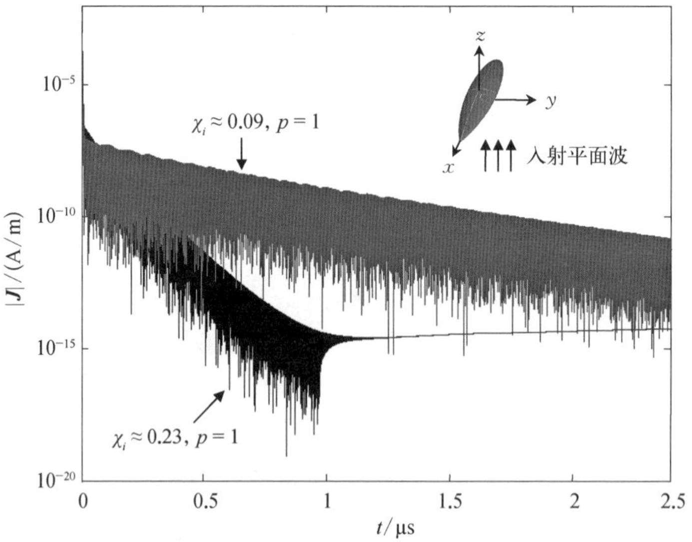

图 4.1.15　观察电流的晚时稳定性

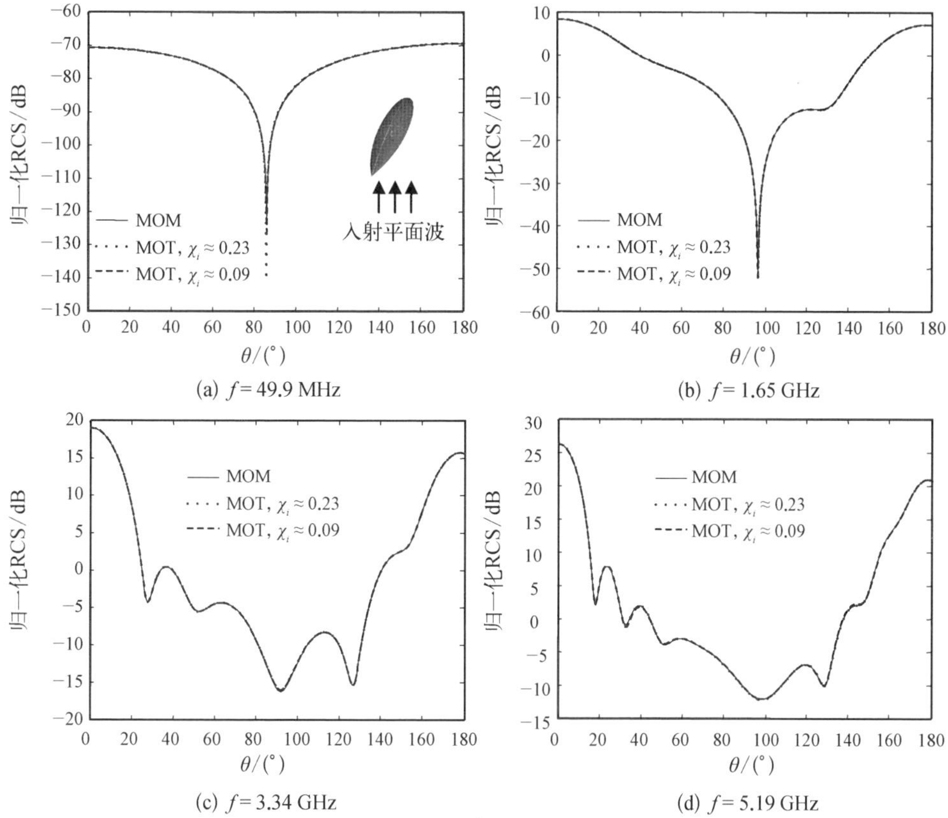

图 4.1.16　当 $\phi = 0°$ 时，杏仁体的双站 RCS

4.2　时域电场积分方程阻抗矩阵元素自作用项的完全严格积分技术

时域电场积分方程阻抗矩阵元素中的四重奇异性积分在第 4.1 节中已经通过准严格积分(quasi-exact integration)技术实现了其中三重积分是解析的，只有一重积分是数值求解。在本节中，讨论自作用项(场源三角形重合)的完全严格积分(full-exact integration)技术，目标是实现四重积分都是解析地求解。时域磁场积分方程的主值项积分是没有奇异性的，并且只是二重积分，其解析公式比较容易求得，在文献[17]中就有解析公式，这里不再讨论。频域电场积分方程的自作用项的求解已有很多学者进行了研究[18-23]，这里我们考虑时域电场积分方程中的自作用项的四重奇异性积分的求解，其中包括如下两个积分：

$$I = \iint_{T_o} \mathrm{d}\boldsymbol{r} \iint_{T_s} \mathrm{d}\boldsymbol{r}' \frac{\xi(t - R/c)}{R} \tag{4.2.1}$$

$$J_{i,j} = \iint_{T_o} \mathrm{d}\boldsymbol{r}(\boldsymbol{r} - \boldsymbol{r}_i) \iint_{T_s} \mathrm{d}\boldsymbol{r}'(\boldsymbol{r}' - \boldsymbol{r}_j') \frac{\zeta(t - R/c)}{R} \tag{4.2.2}$$

其中，$\xi(t) = \int_{-\infty}^{t} \mathrm{d}t' T(t')$；$\zeta(t) = \dfrac{\mathrm{d}T(t)}{\mathrm{d}t}$；$\boldsymbol{r}(\boldsymbol{r}')$ 和 $\boldsymbol{r}_i(\boldsymbol{r}_j')$ 分别是场（源）三角形 $T_o(T_s)$ 的位置矢量以及自由顶点，$i, j = 1, 2, 3$。R 是 $\boldsymbol{r}$ 和 $\boldsymbol{r}'$之间距离。$T(t)$是 Lagrange 插值时间基函数：

$$T(t) = \begin{cases} f_0(t) g_p(t), & -\Delta t \leqslant t < 0 \\ f_1(t) g_{p-1}(t), & 0 \leqslant t < \Delta t \\ & \vdots \\ f_p(t) g_0(t), & (p-1)\Delta t \leqslant t < p\Delta t \\ 0, & \text{其他} \end{cases} \tag{4.2.3}$$

$$f_q(t) = \begin{cases} 1, & q = 0 \\ \prod_{i=1}^{q} \dfrac{-(t - i\Delta t)}{i\Delta t}, & q \neq 0 \end{cases} \tag{4.2.4}$$

$$g_{p-q}(t) = \prod_{i=1}^{p-q} \frac{t + i\Delta t}{i\Delta t} \tag{4.2.5}$$

其中，Δt 是时间步长；p 表示 $T(t)$ 有$(p+1)\Delta t$ 长。

假设三角形在 xy 平面，并且其中一个顶点在坐标原点（图 4.2.1），我们首先考虑将式(4.2.1)中的积分 I 改写为

$$I = \iint_{T} \mathrm{d}\boldsymbol{r} \Pi_o(\boldsymbol{r}) \iint_{T} \mathrm{d}\boldsymbol{r}' \Pi_s(\boldsymbol{r}') \frac{\xi(t - R/c)}{R} \tag{4.2.6}$$

其中，Π_o 和 Π_s 是定义在三角形 T 上的指示函数（indicator function）：

$$\Pi_q(\boldsymbol{r}) = \begin{cases} 1, & \boldsymbol{r} \in T \\ 0, & \boldsymbol{r} \notin T \end{cases} \tag{4.2.7}$$

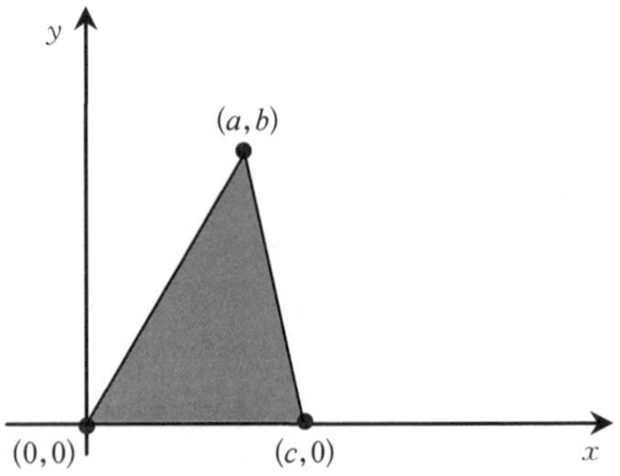

图 4.2.1　在 xy 平面中的三角形

其中，$q \in \{o, s\}$。将积分区域拓展到整个二维平面，使用变量代换 $\boldsymbol{R} = \boldsymbol{r} - \boldsymbol{r}'$ 将式(4.2.6)改写成：

$$I = \iint_{\Omega\text{的空间支集}} \mathrm{d}\boldsymbol{R} \frac{T(t - |\boldsymbol{R}|/c)}{|R|} \Omega(\boldsymbol{R}) \tag{4.2.8}$$

其中相关函数(correlation function)定义如下：

$$\Omega(\boldsymbol{R}) = \iint_{\text{整个平面}} \mathrm{d}\boldsymbol{r} \Pi_o(\boldsymbol{r}) \Pi_s(\boldsymbol{r} - \boldsymbol{R}) \tag{4.2.9}$$

相关函数 $\Omega(\boldsymbol{R})$ 是三角形 Π_o 和 Π_s“相关”得到的。因为 Π_o 和 Π_s 的定义区间是同一个三角形 T，所以容易得到 $\Omega(\boldsymbol{R})$ 的空间支集是个六边形(图 4.2.2)，并且 $\Omega(u, v)$ 可以进一步分为 6 个三角形区域。借助 $\boldsymbol{R} = (u, v)$，相关函数 $\Omega(u, v)$ 在每个三角形区域 $\Delta_k(k = 1, 2, 3, \cdots, 6)$ 上都能得到解析式(4.2.10) ~ (4.2.15)：

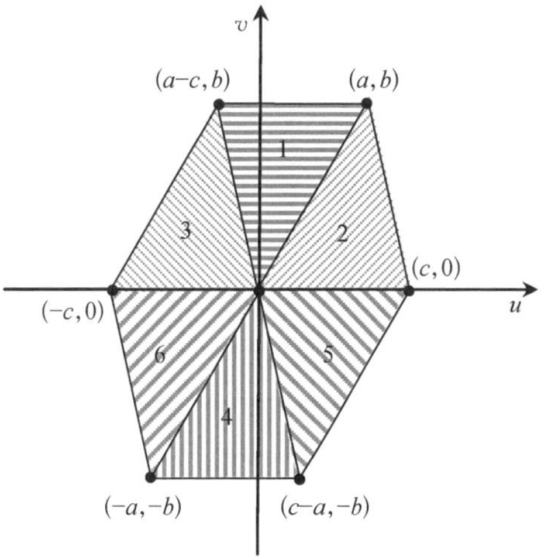

图 4.2.2　相关函数 $\Omega(u, v)$ 的形状

$$\Omega_{\Delta_1}(u, v) = \frac{bc}{2} - cv + \frac{c}{2b}v^2 \tag{4.2.10}$$

$$\Omega_{\Delta_2}(u, v) = \frac{bc}{2} + bu - av - \frac{3b}{2c}u^2 + \left(\frac{3a}{c} - 2\right)uv - \frac{(3a^2 - 4ac + c^2)}{2ab}v^2 \tag{4.2.11}$$

$$\Omega_{\Delta_3}(u, v) = \frac{bc}{2} - bu + (a - c)v - \frac{3b}{2c}u^2 + \left(\frac{3a}{c} - 1\right)uv + \frac{a(-3a + 2c)}{2bc}v^2 \tag{4.2.12}$$

$$\Omega_{\Delta_4}(u, v) = \frac{bc}{2} + cv + \frac{c}{2b}v^2 \tag{4.2.13}$$

$$\Omega_{\Delta_5}(u, v) = \frac{bc}{2} + bu + (c - a)v - \frac{3b}{2c}u^2 + \left(\frac{3a}{c} - 1\right)uv + \frac{a(-3a + 2c)}{2bc}v^2 \tag{4.2.14}$$

$$\Omega_{\Delta_6}(u, v) = \frac{bc}{2} - bu + av - \frac{3b}{2c}u^2 + \left(\frac{3a}{c} - 2\right)uv - \frac{(3a^2 - 4ac + c^2)}{2bc}v^2 \tag{4.2.15}$$

其中,a、b、c 已经标示在图 4.2.1 中。

式(4.2.8)中的积分 I 可以写成:

$$I = \sum_{k=1}^{6} \iint_{\Delta_k} \mathrm{d}v\mathrm{d}u \frac{T(t - R/c)}{R} \Omega_{\Delta_k}(u, v) \tag{4.2.16}$$

其中, $R = \sqrt{u^2 + v^2}$。

由于式(4.2.16)中的 Lagrange 插值时间基函数在整个区域没有统一的数学表达式,其定义的方式是分段连续的[见式(4.2.3)~(4.2.5)],所以为了严格求解积分 I,积分区域必须划分成小的区域来考虑:

$$I = \sum_{k=1}^{6} \sum_{l=1,2\cdots} \iint_{\Delta_k \cap \Gamma_l} \mathrm{d}v\mathrm{d}u \frac{T(t - R/c)}{R} \Omega_{\Delta_k}(u, v) \tag{4.2.17}$$

三角形的 $\Omega_{\Delta_k}(u, v)$ 空间支集需要被分成若干个区域,使得 $T(t - R/c)$ 在区域内具有统一的数学表达式。具体而言就是 $\Delta_k \cap \Gamma_l$, 其中 Γ_l 表示一个圆环区域:

$$\Gamma_l(u, v) = \begin{cases} 1, & (l-1)c\Delta t \leqslant \sqrt{u^2 + v^2} \leqslant lc\Delta t \\ 0, & \text{其他} \end{cases} \tag{4.2.18}$$

在图 4.2.3 中,画出了 3 个中心在坐标原点的圆环。当转化到 $t - R/c$ 轴时, Lagrange 插值时间基函数 $T(t - R/c)$ 在每个圆环区域内有统一的数学表达式。$\Delta_k \cap \Gamma_l$ 是圆环 Γ_l 和三角形 Δ_k 的重合部分。并且在 $\Delta_k \cap \Gamma_l$ 区域, $T(t - R/c)$ 是个关于 R 的多项式。所以积分 $\iint_{\Delta_k \cap \Gamma_l} \mathrm{d}v\mathrm{d}u \Omega_{\Delta_k}(u, v) T(t - R/c)/R$ 能够通过如下的积分线性组合得

$$\boldsymbol{\Phi}_{i,j}^{\tau} = \iint_{\Delta_k \cap \Gamma_l} \mathrm{d}v\mathrm{d}u u^i v^j R^{\tau-1}, \quad i, j, \tau = 0, 1, 2, \cdots \tag{4.2.19}$$

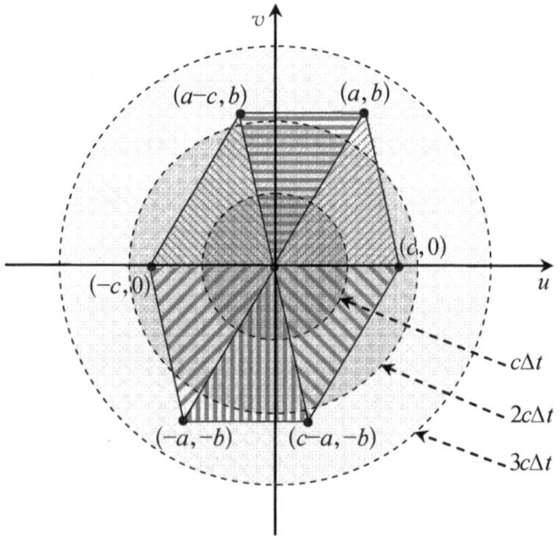

图 4.2.3　相关函数 $\Omega(u, v)$ 被时间基函数的圆环分成若干个子区域

为了求解式(4.2.19)中的积分,首先定义积分 $\boldsymbol{Q}$:

$$\boldsymbol{Q}_{i,j}^{\tau} = \iint_{\Delta_k \cap \Gamma_l} \mathrm{d}v\mathrm{d}u\, \nabla(u^i v^j R^{\tau-1}),\ i,\ j,\ \tau = 0,\ 1,\ 2,\cdots \tag{4.2.20}$$

通过前面的递归公式(4.2.25)与(4.2.26)建立起积分 I 和 $\boldsymbol{Q}$ 的关系：

$$(\tau - 1)\boldsymbol{\Phi}_{i+1,j}^{\tau-2} = \hat{\boldsymbol{u}} \cdot \boldsymbol{Q}_{i,j}^{\tau} - i\boldsymbol{\Phi}_{i-1,j}^{\tau} \tag{4.2.21}$$

$$(\tau - 1)\boldsymbol{\Phi}_{i,j+1}^{\tau-2} = \hat{\boldsymbol{v}} \cdot \boldsymbol{Q}_{i,j}^{\tau} - j\boldsymbol{\Phi}_{i,j-1}^{\tau} \tag{4.2.22}$$

式(4.2.20)中的积分 $\boldsymbol{Q}$ 可以转化成围线积分，而式(4.2.19)中的积分 $\boldsymbol{\Phi}$ 可以通过递归公式(4.2.21)与(4.2.22)求解。最终积分 $\boldsymbol{\Phi}$ 使用解析的线积分和弧线积分来求解，从而实现了积分 I 的解析求解。同样，积分 J 也可以使用这个方法求解，积分 J 中的相关函数 $\Omega(u,\ v)$ 在每个三角形区域 $\Delta_k(k = 1,\ 2,\ 3,\cdots,\ 6)$ 也能得到解析公式(见附录 A)。这样积分 I 和 J 都可以解析求得，这方法称为完全严格积分(full-exact integration)技术。

这里我们验证本节提出的完全严格积分技术的正确性。假设一个三角形位于 xy 平面。其三个顶点分别为(0.001 5 m, 0.001 m)、(0, 0)以及(0.002 m, 0)。并且假设观察 RWG 基函数和源 RWG 基函数都定义在这个三角形上，其中观察 RWG 基函数的自由顶点是(0.001 5 m, 0.001 m)，源 RWG 基函数的自由顶点是(0, 0)。我们选择积分 I 和 J 的 $1/R$ 部分，在当 $R \in [0,\ c\Delta t]$，$\Delta t = 3.333$ ps 时，测试本节提出的完全严格积分技术的正确性。在图 4.2.4(a)中，当积分点 $M_w \geqslant 3$ 时，通过准严格积分技术计算得到的结果与完全严格积分技术得到结果吻合得很好，同样的现象也可以在图 4.2.4(b)的积分 J 中看到。在图 4.2.5 中，画出了准严格积分技术和完全严格积分技术得到的积分 I 以及 J 的相对误差。当准严格积分技术中的积分点个数 M_w 增加时，计算得到的结果逐渐接近完全严格积分技术的结果。完全严格积分技术计算积分 I 和 J 的 CPU 时间是 0.008 3 s，在表 4.2.1 中，给出了准严格积分技术所需要的 CPU 时间，可以看出，完全严格积分技术的计算效率远高于准严格积分技术。

表 4.2.1　准严格积分技术的 CPU 时间

M_w	CPU 时间/s	M_w	CPU 时间/s
1	0.017	9	0.15
2	0.033	11	0.19
3	0.051	14	0.24
6	0.10	15	0.25

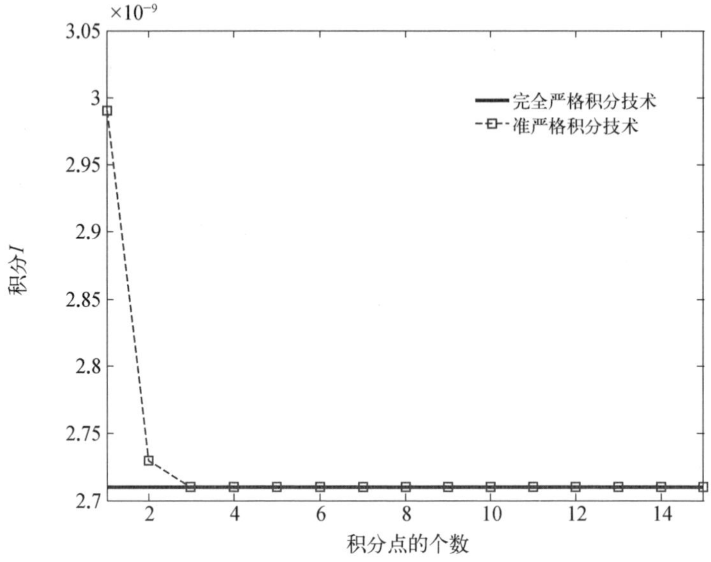

(a)

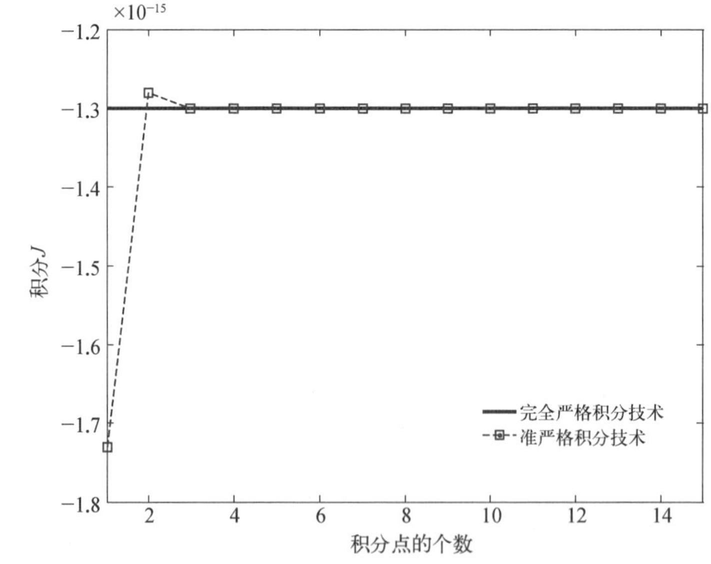

(b)

图 4.2.4　(a) 通过完全严格积分技术和准严格积分技术得到的积分 I；
(b) 通过完全严格积分技术和准严格积分技术得到的积分 J

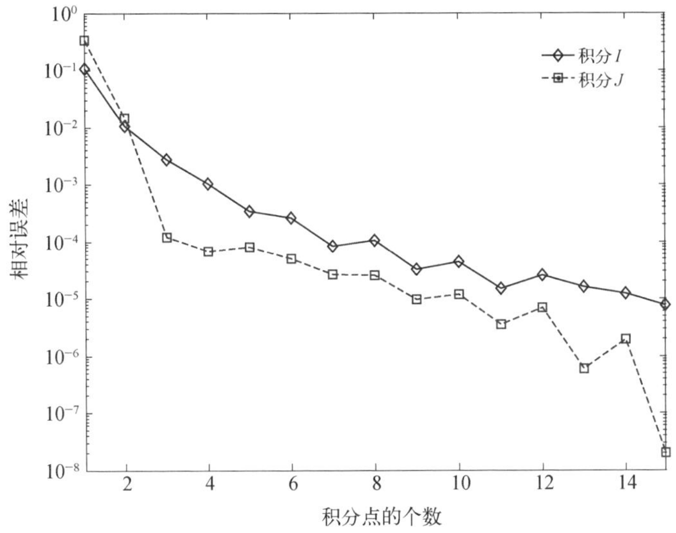

图 4.2.5　随着准严格积分技术的积分点个数的增加,计算得到的积分 I 和 J 与完全严格积分技术的结果的相对误差

4.3　时域磁场积分方程阻抗矩阵元素的准严格积分技术

本书 4.1 节中提出的准严格积分技术可以直接推广到求解时域磁场积分方程(time domain magnetic field integral equation, TD-MFIE)的阻抗矩阵元素中的积分。准严格积分技术同样可以实现四重积分中的三重是解析的,剩下一重积分是数值求解的,而传统方法只能实现两重积分是解析的,余下的两重积分是数值求解的。与时域电场积分方程中的积分核只包含弱奇异性(weak singularity)$1/R$ 不同,在 TD-MFIE 中不但包含 $1/R$,还包含超奇异性(hyper singularity)$1/R^3$[24-27]。这使得准严格积分技术中的一重数值积分会包含对数奇异性(logarithmic singularity)$\ln R$[26],降低了一重数值积分的效率。为此,这里推导了对数奇异性的表达形式,从而严格地提取了对数奇异性。通过将 TD-MFIE 中的积分分成两个部分——不包含有超奇异性部分和超奇异性部分来求解。其中不包含有超奇异性部分可以使用准严格积分技术精确求解,而超奇异性部分使用解析公式求解。

在 TD-MFIE 中,将阻抗矩阵元素写在下面:

$$
\begin{aligned}
[\bar{\boldsymbol{Z}}^{l}]_{mn} = & \frac{1}{2}\iint_S \mathrm{d}\boldsymbol{r}_o [\boldsymbol{\Lambda}_m(\boldsymbol{r}_o) \cdot \boldsymbol{\Lambda}_n(\boldsymbol{r}_o)] \\
& + \frac{1}{4\pi}\iint_S \mathrm{d}\boldsymbol{r}_o [\hat{\boldsymbol{n}}(\boldsymbol{r}_o) \times \boldsymbol{\Lambda}_m(\boldsymbol{r}_o)] \cdot \iint_S \mathrm{d}\boldsymbol{r}_s \left\{ \nabla_s \times \left[\boldsymbol{\Lambda}_n(\boldsymbol{r}_s) \frac{T(t_l - R/c)}{R} \right] \right\}
\end{aligned}
$$

$$
\begin{aligned}
&= \frac{1}{2}\iint_S \mathrm{d}\boldsymbol{r}_o[\boldsymbol{\Lambda}_m(\boldsymbol{r}_o)\cdot\boldsymbol{\Lambda}_n(\boldsymbol{r}_o)] \\
&\quad + \frac{1}{4\pi}\iint_S \mathrm{d}\boldsymbol{r}_o[\hat{\boldsymbol{n}}(\boldsymbol{r}_o)\times\boldsymbol{\Lambda}_m(\boldsymbol{r}_o)]\cdot\iint_S \mathrm{d}\boldsymbol{r}_s\{G(t_l - R/c)[(\boldsymbol{r}_o - \boldsymbol{r}_s)\times\boldsymbol{\Lambda}_n(\boldsymbol{r}_s)]\}
\end{aligned}
\tag{4.3.1}
$$

其中，

$$
G(t) = -\frac{T(t)}{R^3} - \frac{1}{R^2}\frac{\partial T(t)}{\partial t} \tag{4.3.2}
$$

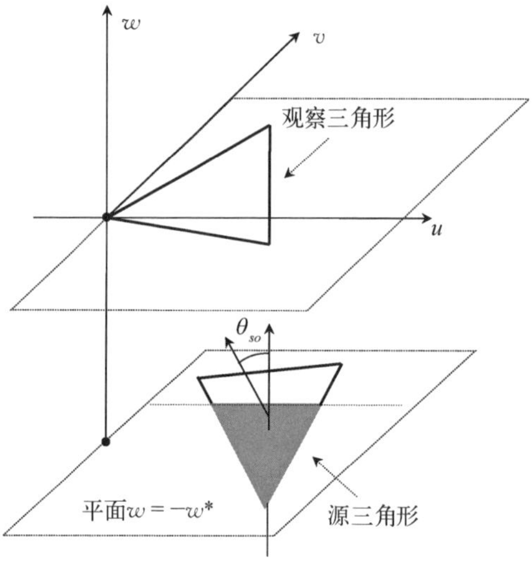

图 4.3.1　观察三角形和源三角形

$\nabla_s\times$表示在物体表面 S 源点 $\boldsymbol{r}_s$ 处求旋度，$R=|\boldsymbol{r}_o-\boldsymbol{r}_s|$ 是观察点 $\boldsymbol{r}_o$ 和源点 $\boldsymbol{r}_s$ 之间的距离，c 是自由空间中的光速。$\boldsymbol{\Lambda}_m(\boldsymbol{r}_o)$和 $\boldsymbol{\Lambda}_n(\boldsymbol{r}_s)$分别是定义在第 m 个三角形对 $P_m^{\pm}$ 上和第 n 个三角形对 $P_n^{\pm}$ 上的 RWG 基函数，$T(t')$ 是 Lagrange 插值时间基函数，$t_l=l\Delta t(l=0,1,2,\cdots,N_t-1)$。

这里只考虑观察三角形与源三角形不平行的情况，因为当观察三角形与源三角形平行时，式(4.3.1)中最后一行的值为零，不存在奇异性积分。将坐标系(x, y, z)变换到坐标系(u, v, w)(图 4.3.1)，使得观察三角形的一个顶点位于坐标系(u, v, w)的原点，并且观察三角形在 uv 平面内，源三角形平行于 u 轴。将式(4.3.1)中最后一行的积分重新写成：

$$
K = \iint_{P_o} \mathrm{d}\boldsymbol{r}_o[\hat{\boldsymbol{n}}_o\times(\boldsymbol{r}_o-\boldsymbol{r}_p)]\cdot\iint_{P_s}\mathrm{d}\boldsymbol{r}_s\{G(t_l-R/c)[(\boldsymbol{r}_o-\boldsymbol{r}_s)\times(\boldsymbol{r}_s-\boldsymbol{r}_q)]\} \tag{4.3.3}
$$

$\boldsymbol{r}_p$ 和 $\boldsymbol{r}_q$ 分别是定义在观察三角形 P_o 和源三角形 P_s 上的 RWG 基函数的自由顶点，$\hat{\boldsymbol{n}}_o=\hat{\boldsymbol{w}}$ 是垂直于 P_o 的单位外法向矢量。定义两个指示函数(indicator function) $\Pi_o(\boldsymbol{r}_o)$和 $\Pi_s(\boldsymbol{r}_s)$如下：

$$
\begin{aligned}
&\iint_{P_o}\mathrm{d}Sg(\boldsymbol{r}_o)\,\Pi_o(\boldsymbol{r}_o) = \iiint \mathrm{d}\boldsymbol{r}_o g(\boldsymbol{r}_o)[\hat{\boldsymbol{w}}\times(\boldsymbol{r}_o-\boldsymbol{r}_p)] \\
&\iint_{P_s}\mathrm{d}Sg(\boldsymbol{r}_s)\,\Pi_s(\boldsymbol{r}_s) = \iiint \mathrm{d}\boldsymbol{r}_s g(\boldsymbol{r}_s)(\boldsymbol{r}_s-\boldsymbol{r}_q)
\end{aligned}
\tag{4.3.4}
$$

对于任何连续的函数 $g(\boldsymbol{r})$ 满足上式，本节中的三重积分的积分区域是整个三维空间。$\Pi_o(\boldsymbol{r}_o)$ 和 $\Pi_s(\boldsymbol{r}_s)$ 分别表示定义在三角形 P_o 和 P_s 上的 RWG 基函数。通过变量代换 $\boldsymbol{r}=\boldsymbol{r}_o-\boldsymbol{r}_s$ 将式(4.3.3)中的积分改写成：

$$\begin{aligned}K&=\iiint \mathrm{d}\boldsymbol{r}_o\,\Pi_o(\boldsymbol{r}_o)\cdot\iiint \mathrm{d}\boldsymbol{r}_s G(t_l-r/c)[(\boldsymbol{r}_o-\boldsymbol{r}_s)\times\Pi_s(\boldsymbol{r}_s)]\\&=\iiint \mathrm{d}\boldsymbol{r} G(t_l-r/c)[\boldsymbol{r}\cdot\boldsymbol{\Omega}(\boldsymbol{r})]\end{aligned}\tag{4.3.5}$$

其中 $r=|\boldsymbol{r}|=\sqrt{u^2+v^2+w^2}$，相关函数(correlation function)$\boldsymbol{\Omega}(\boldsymbol{r})$定义如下：

$$\boldsymbol{\Omega}(\boldsymbol{r})=\iiint \mathrm{d}\boldsymbol{r}_o[\Pi_s(\boldsymbol{r}_o-\boldsymbol{r})\times\Pi_o(\boldsymbol{r}_o)]\tag{4.3.6}$$

相关函数 $\boldsymbol{\Omega}(\boldsymbol{r})$ 表示定义在三角形 P_o 和 P_s 上的 RWG 基函数上的空间关系，并且其空间支集是个多面体(图 4.3.2)，$\boldsymbol{\Omega}(\boldsymbol{r})$ 可以进一步整理为

$$\begin{aligned}\boldsymbol{\Omega}(\boldsymbol{r})=&\ \hat{\boldsymbol{w}}\iiint \mathrm{d}\boldsymbol{r}_o[(\boldsymbol{r}_o-\boldsymbol{r}_q)\cdot(\boldsymbol{r}_o-\boldsymbol{r}_p)]\pi(\boldsymbol{r})\\&-\hat{\boldsymbol{u}}\iiint \mathrm{d}\boldsymbol{r}_o\{[(\boldsymbol{r}_o-\boldsymbol{r}_p)\cdot\hat{\boldsymbol{u}}][(\boldsymbol{r}_o-\boldsymbol{r}_q)\cdot\hat{\boldsymbol{w}}]\}\pi(\boldsymbol{r})\\&-\hat{\boldsymbol{v}}\iiint \mathrm{d}\boldsymbol{r}_o\{[(\boldsymbol{r}_o-\boldsymbol{r}_p)\cdot\hat{\boldsymbol{v}}][(\boldsymbol{r}_o-\boldsymbol{r}_q)\cdot\hat{\boldsymbol{w}}]\}\pi(\boldsymbol{r})\\&-\boldsymbol{r}\times\iiint \mathrm{d}\boldsymbol{r}_o[\hat{\boldsymbol{n}}_o\times(\boldsymbol{r}_o-\boldsymbol{r}_p)]\pi(\boldsymbol{r})\end{aligned}\tag{4.3.7}$$

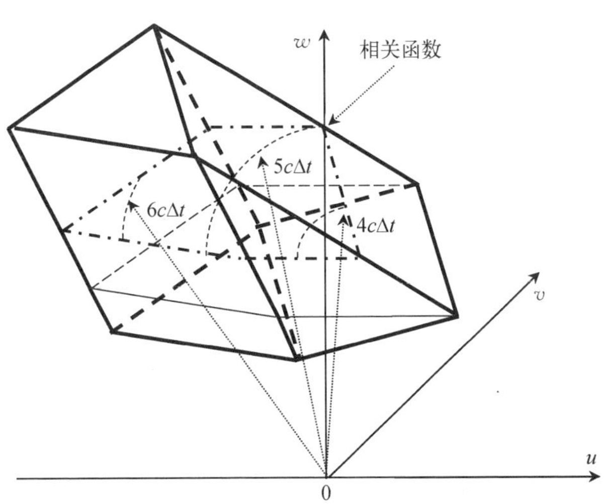

图 4.3.2　相关函数 $\boldsymbol{\Omega}(\boldsymbol{r})$ 的空间支集

其中,当位置矢量 $\boldsymbol{r}$ 在 $\boldsymbol{\Omega}(\boldsymbol{r})$ 里面时 $\pi(\boldsymbol{r})=1$, 否则为 0。在式(4.3.7)中,$\boldsymbol{\Omega}(\boldsymbol{r})$ 包含有四项,前三项分别是 w、u、v 方向的分量,而第四项和 $\boldsymbol{r}$ 有关,将式(4.3.7)代入式(4.3.5)中,可以发现第四项的贡献为零:

$$
\begin{aligned}
K &= \iiint \mathrm{d}\boldsymbol{r} G(t_l - r/c)[\boldsymbol{r}\cdot\boldsymbol{\Omega}(\boldsymbol{r})] \\
&= \iiint \mathrm{d}\boldsymbol{r} G(t_l - r/c)\boldsymbol{r}\cdot\Big\{\hat{\boldsymbol{w}}\iiint \mathrm{d}\boldsymbol{r}_o[(\boldsymbol{r}_o-\boldsymbol{r}_q)\cdot(\boldsymbol{r}_o-\boldsymbol{r}_p)] \\
&\qquad - \hat{\boldsymbol{u}}\iiint \mathrm{d}\boldsymbol{r}_o\{[(\boldsymbol{r}_o-\boldsymbol{r}_p)\cdot\hat{\boldsymbol{u}}][(\boldsymbol{r}_o-\boldsymbol{r}_q)\cdot\hat{\boldsymbol{w}}]\} \\
&\qquad - \hat{\boldsymbol{v}}\iiint \mathrm{d}\boldsymbol{r}_o\{[(\boldsymbol{r}_o-\boldsymbol{r}_p)\cdot\hat{\boldsymbol{v}}][(\boldsymbol{r}_o-\boldsymbol{r}_q)\cdot\hat{\boldsymbol{w}}]\} \\
&\qquad - r\times\iint \mathrm{d}\boldsymbol{r}_o[\hat{\boldsymbol{n}}_o\times(\boldsymbol{r}_o-\boldsymbol{r}_p)]\Big\}\pi(\boldsymbol{r}) \\
&= \iiint \mathrm{d}\boldsymbol{r} G(t_l - r/c)\boldsymbol{r}\cdot\Big\{\hat{\boldsymbol{w}}\iiint \mathrm{d}\boldsymbol{r}_o[(\boldsymbol{r}_o-\boldsymbol{r}_q)\cdot(\boldsymbol{r}_o-\boldsymbol{r}_p)] \\
&\qquad - \hat{\boldsymbol{u}}\iiint \mathrm{d}\boldsymbol{r}_o\{[(\boldsymbol{r}_o-\boldsymbol{r}_p)\cdot\hat{\boldsymbol{u}}][(\boldsymbol{r}_o-\boldsymbol{r}_q)\cdot\hat{\boldsymbol{w}}]\} \\
&\qquad - \hat{\boldsymbol{v}}\iiint \mathrm{d}\boldsymbol{r}_o\{[(\boldsymbol{r}_o-\boldsymbol{r}_p)\cdot\hat{\boldsymbol{v}}][(\boldsymbol{r}_o-\boldsymbol{r}_q)\cdot\hat{\boldsymbol{w}}]\}\Big\}\pi(\boldsymbol{r})
\end{aligned}
\tag{4.3.8}
$$

因为上式很复杂,所以不容易得到解析的表达式。为了降低求解难度,先将 $\boldsymbol{\Omega}(\boldsymbol{r})$ 的空间支集分成若干个薄片,然后在每个薄片上实现解析求解,最后将所有薄片上的贡献累加得到最终的解。接下来考虑在薄片 $\boldsymbol{\Omega}(\boldsymbol{r})\delta(w-w^*)$ 上的积分,因为 $\boldsymbol{\Omega}(\boldsymbol{r})\delta(w-w^*)$ 是由观察三角形 P_o 和在平面 $w=w^*$ 中的源三角形 P_s 上的线段"相关"得到的。将式(4.3.8)中的空间支集分成若干个薄片:

$$
\begin{aligned}
K &= \frac{1}{\sin\theta_{so}}\int \mathrm{d}w\Big\{\iint \mathrm{d}v\mathrm{d}u G(t_l - r/c)\Big\{w\int \mathrm{d}\boldsymbol{r}_o[(\boldsymbol{r}_o-\boldsymbol{r}_q)\cdot(\boldsymbol{r}_o-\boldsymbol{r}_p)]\Big\}\Big\}\pi(\boldsymbol{r})\delta(w-w^*) \\
&\quad + \frac{w_q}{\sin\theta_{so}}\int \mathrm{d}w\Big\{\iint \mathrm{d}v\mathrm{d}u G(t_l - r/c)\Big[u\int \mathrm{d}\boldsymbol{r}_o(\boldsymbol{r}_o-\boldsymbol{r}_p)\cdot\hat{\boldsymbol{u}}\Big]\Big\}\pi(\boldsymbol{r})\delta(w-w^*) \\
&\quad + \frac{w_q}{\sin\theta_{so}}\int \mathrm{d}w\Big\{\iint \mathrm{d}v\mathrm{d}u G(t_l - r/c)\Big[v\int \mathrm{d}\boldsymbol{r}_o(\boldsymbol{r}_o-\boldsymbol{r}_p)\cdot\hat{\boldsymbol{v}}\Big]\Big\}\pi(\boldsymbol{r})\delta(w-w^*)
\end{aligned}
\tag{4.3.9}
$$

其中,θ_{so}是 P_o 和 P_s 法线的夹角。因为 $G(t_l-r/c)$ 包含有 Lagrange 插值时间基函数,所以 $G(t_l-r/c)$ 在 $\gamma c\Delta t$ 和 $(\gamma+1)c\Delta t(\gamma=0, 1, 2,\cdots)$ 之间的区间是连续的(图 4.3.2)。在式(4.3.9)中的关于 $\boldsymbol{r}_o$ 的积分是可以得到解析表达式的,因此每个薄片的连续区域和 $G(t_l-r/c)$ 的连续区域的重叠部分上的积分 K 可以写成一系列积分的线性组合:

$$\Phi_{i,j}^{\tau}(w) = \iint \mathrm{d}v\mathrm{d}u r^{\tau-1} u^{i} v^{j}, \quad \tau = -2, 0, 1, 2, \cdots \quad i, j = 0, 1, 2, \cdots \tag{4.3.10}$$

上式中的面积分可以转化成围线积分，使用式(4.1.25)~式(4.2.26)解析求解：

$$\begin{aligned}
(\tau+1)\Phi_{i+1,j}^{\tau} &= \hat{\boldsymbol{u}} \cdot \boldsymbol{Q}_{i,j}^{\tau+2} - i\Phi_{i-1,j}^{\tau+2} \\
(\tau+1)\Phi_{i,j+1}^{\tau} &= \hat{\boldsymbol{v}} \cdot \boldsymbol{Q}_{i,j}^{\tau+2} - i\Phi_{i,j-1}^{\tau+2} \\
\boldsymbol{Q}_{i,j}^{\tau}(w) &= \iint \mathrm{d}v\mathrm{d}u \nabla[\boldsymbol{r}^{\tau-1} u^{i} v^{j}]
\end{aligned} \tag{4.4.11}$$

所以积分 K 可以实现三重积分的解析求解，只有关于 w 的一重积分是数值求解的。当观察三角形和源三角形距离比较远时，关于 w 的一重数值积分不包含有对数奇异性 $\ln R$，通过按照 $\boldsymbol{\Omega}(\boldsymbol{r})$ 的空间支集以及 $G(t_l - r/c)$ 的球壳划分积分区域，使用 Gauss-Legendre 积分就可以令准严格积分技术在 TD-MFIE 中达到很高的精度。

接下来考虑当式(4.3.3)中的积分 K 包含对数奇异性 $\ln R$ 的情况。假设观察三角形 P_o 和源三角形 P_s 有一条公共边，但是两个三角形在不同的平面内，如图 4.3.3 所示。将两个三角形变换到坐标系 (u, v, w)，使得 P_o 的单位外法向矢量 $\hat{\boldsymbol{n}}_o$ 沿着 w 方向，公共边在 u 轴上，公共边的一个端点在坐标系的原点，而另一个端点在坐标系的 $+u$ 轴上。为了观察在观察三角形 P_o 和源三角形 P_s 有一条公共边的情况下准严格积分技术产生的对数奇异性，将相关函数画在图 4.3.4 中。可以看出相关函数的空间支集有一个面在 uv 平面上，并且那个面上的一条边穿过原点。因为求解式(4.3.9)中的积分 K 的准严格积分技术的最外面的一重积分是沿着 w 轴进行，而右边三重积分都是在平行于 uv 平面的相关函数的一个薄片上进行，所以当

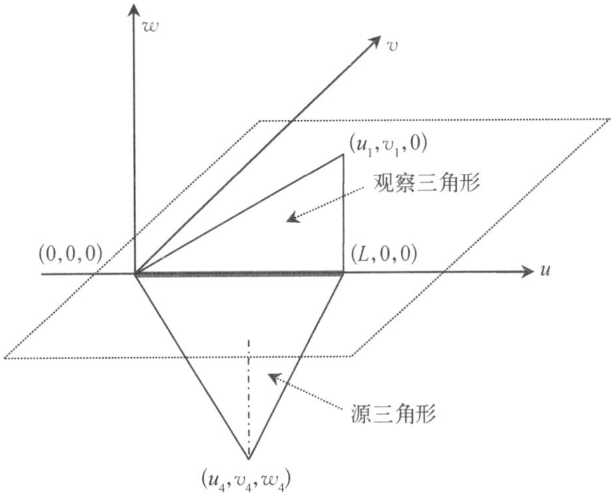

图 4.3.3　观察三角形和源三角形有公共边

$w \to 0$ 时,薄片趋向于相关函数的底部(图 4.3.4)以及坐标原点。当式(4.3.10)中的 $\tau \geqslant 0$ 时,关于 w 的积分核是分段连续的,Gauss-Legendre 积分可以满足精度要求。但当 $\tau = -2$ 时,会产生对数奇异性 $\ln w$,导致 Gauss-Legendre 积分效率显著降低。为了准确提取对数奇异性,需要找出在式(4.3.9)中,哪些项会产生关于 w 的对数奇异性。在式(4.3.9)中的第一项有个 w 乘在外面,由于 $\ln w$ 的奇异性弱于 $1/w$,所以当 w 趋向 0 时,第一项不会产生奇异性。

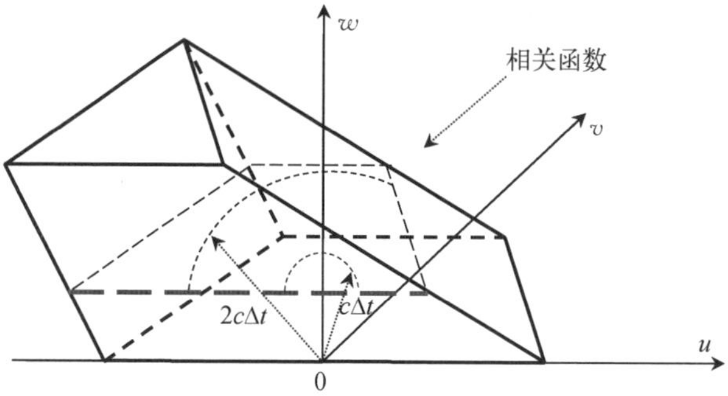

图 4.3.4　相关函数 $\boldsymbol{\Omega}(\boldsymbol{r})$ 的空间支集

考虑式(4.3.9)中的后面两项,因为在薄片上的三重积分需要变换成围线积分,而根据相关函数的空间支集的形状,薄片是梯形的,所以三重积分转化为 4 条边上的线积分。在这 4 条线积分中,只有平行于 u 轴的,并且当 $w \to 0$ 时,会趋近于坐标原点的线积分才可能包含有对数奇异性。将 $\tau = -2$ 代入式(4.3.11):

$$\begin{aligned} \boldsymbol{\Phi}_{1,0}^{-2} &= -\hat{\boldsymbol{u}} \cdot \boldsymbol{Q}_{0,0}^{0} \\ \boldsymbol{\Phi}_{0,1}^{-2} &= -\hat{\boldsymbol{v}} \cdot \boldsymbol{Q}_{0,0}^{0} \end{aligned} \tag{4.3.12}$$

其中,$\boldsymbol{\Phi}_{1,0}^{-2}$和 $\boldsymbol{\Phi}_{0,1}^{-2}$和式(4.3.9)中的最后两项有关。注意到线积分 $\boldsymbol{Q}_{0,0}^{0}$是沿着 u 方向的,并且只含有 v 方向的分量,所以 $\boldsymbol{\Phi}_{1,0}^{-2}$总是为零。对数奇异性只能由式(4.3.9)中的最后一项中的 $\boldsymbol{\Phi}_{0,1}^{-2}$产生,我们用$-1/r^3$ 代替 $G(t_l - r/c)$ 来简化分析,这样做不会改变对数奇异性,最终能得到对数奇异性的表达式 $2|w_4| w_q v_p L[\ln(|w_4|/\sin\theta_{so}) - 1]/\sin\theta_{so}$(推导过程见附录 B)。我们可以使用准严格积分技术结合严格提取的对数奇异性来求解 TD-MFIE 中的四重超奇异性积分。

$$\begin{aligned} K &= \iiint \mathrm{d}\boldsymbol{r} G(t_l - r/c)[\boldsymbol{r} \cdot \boldsymbol{\Omega}(\boldsymbol{r})] \\ &= \frac{1}{\sin\theta_{so}} \int_0^{-w_4} \mathrm{d}w \left\{ \iint \mathrm{d}v \mathrm{d}u G(t_l - r/c) \boldsymbol{r} \cdot \left\{ \hat{\boldsymbol{n}}_o \int \mathrm{d}\boldsymbol{r}_o [(\boldsymbol{r}_o - \boldsymbol{r}_q) \cdot (\boldsymbol{r}_o - \boldsymbol{r}_p)] \right.\right. \\ &\quad \left.\left. - \int \mathrm{d}\boldsymbol{r}_o \{(\boldsymbol{r}_o - \boldsymbol{r}_p)[(\boldsymbol{r}_o - \boldsymbol{r}_q) \cdot \hat{\boldsymbol{n}}_o]\} \right\} \right\} \pi(\boldsymbol{r}) \end{aligned}$$

$$= \frac{1}{\sin\theta_{so}} \sum_i \omega_i \Big\{ \iint \mathrm{d}v\mathrm{d}u G(t_l - r_i/c) \boldsymbol{r}_i \cdot \Big\{ \hat{\boldsymbol{n}}_o \int \mathrm{d}\boldsymbol{r}_o [(\boldsymbol{r}_o - \boldsymbol{r}_q) \cdot (\boldsymbol{r}_o - \boldsymbol{r}_p)]$$

$$- \int \mathrm{d}\boldsymbol{r}_o \{ (\boldsymbol{r}_o - \boldsymbol{r}_p) [(\boldsymbol{r}_o - \boldsymbol{r}_q) \cdot \hat{\boldsymbol{n}}_o] \} \Big\} \pi(\boldsymbol{r}_i) \delta(w - w_i)$$

$$- 2 w_q v_p L \ln\left(\frac{|w_i|}{\sin\theta_{so}}\right) \Big\} + 2 \frac{|w_4| w_q v_p L}{\sin\theta_{so}} \left[\ln\left(\frac{|w_4|}{\sin\theta_{so}}\right) - 1 \right] \tag{4.3.13}$$

上式中的第一部分的最外层的积分可以使用 Gauss-Legendre 积分求出，而第二部分使用解析公式求解。可以看到，对数奇异性只在场三角形和源三角形上的 RWG 基函数的自由顶点不在两个三角形的公共边上时存在，其他情况不会产生对数奇异性，因为 $w_q v_p$ 是 0。

为了观察对数奇异性公式的准确性，当源线段趋向于观察三角形时，比较了直接使用准严格积分技术求解积分 K 和解析对数奇异性公式得到的值。观察三角形的三个顶点为(1.5 m, 2 m, 0)、(0, 0, 0)、(2 m, 0, 0)，而源三角形的三个顶点为(1 m, 1 m, 2 m)、(0, 0, 0)、(2 m, 0, 0)。因为观察三角形在 xy 平面中，源线段是平行于 xy 平面的。由准严格积分技术和解析对数奇异性公式得到的值画在图 4.3.5 中。可以观察到准严格积分技术沿着 z 方向积分时会有对数奇异性，使得 Gauss-Legendre 积分的效率变差，而解析对数奇异性公式得到的值在 z 趋向于 0 时与准严格积分技术得到的值吻合得很好，所以可以用解析对数奇异性公式来提取准严格积分技术中的对数奇异性。在图 4.3.6 中，比较使用和不使用解析对数奇

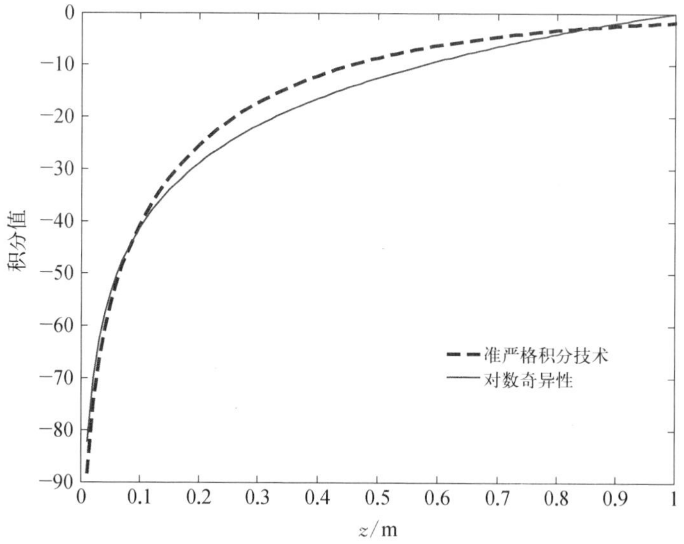

图 4.3.5　当 z 趋向于 0 时，由准严格积分技术和解析对数奇异性公式给出的值

异性公式的准严格积分技术的表现。使用解析对数奇异性公式的准严格积分技术只使用很少的积分点就达到了很高的精度。

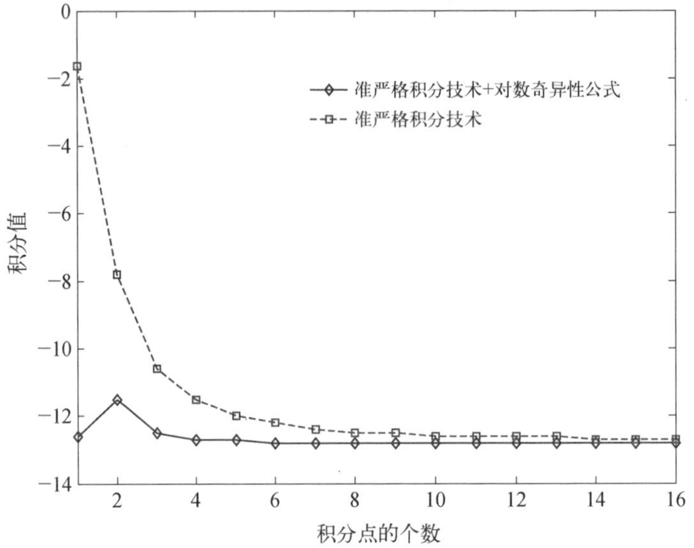

图 4.3.6　准严格积分技术使用和不使用解析对数奇异性公式的比较

接下来计算了半径为 1 m 的金属球的瞬态散射，总共离散了 4 140 个 RWG 基函数。入射波方向为 $\hat{z}$、极化方向为 $\hat{\boldsymbol{x}}$、$f_0 = 203.0$ MHz 以及 $f_{\max} = 406.0$ MHz。使用 $\Delta t = 0.024\,6$ ns 的 MOT 一共计算了 3 000 个时间步。图 4.3.7 中，给出了分别使用基于 TD-EFIE、TD-MFIE 和 TD-CFIE 的 MOT 计算得到的双站 RCS 与 Mie 级数结果的比较，使用 TD-CFIE 的 MOT 在频带 $[f_{\min} \approx 0$ MHz, $f_{\max} \approx 406.0$ MHz$]$ 内都吻合得很好。可以看出使用 TD-CFIE 的 MOT 计算结果的精度比使用 TD-EFIE 和 TD-MFIE 的 MOT 高。

这里计算了导弹模型的瞬态散射，导弹模型总共离散了 7 818 个 RWG 基函数。入射波方向为 $\hat{z}$、极化方向为 $\hat{\boldsymbol{x}}$、$f_0 = 166.1$ MHz 以及 $f_{\max} = 322.3$ MHz。使用 $\Delta t = 0.3$ ns 的 MOT 计算了 4 000 个时间步。图 4.3.8 中，给出了基于 TD-CFIE 的 MOT 计算得到的双站 RCS 与使用 CFIE 的频域 MOM 结果的比较，在频带 $[f_{\min} \approx 0, f_{\max} \approx 322.3$ MHz$]$ 内都吻合得很好。

最后计算了标准物体 double-ogive 的瞬态散射，总共离散了 5 886 个 RWG 基函数。入射波方向为 $\hat{z}$、极化方向为 $\hat{\boldsymbol{x}}$、$f_0 = 5.16$ GHz 以及 $f_{\max} = 10.32$ GHz。使用 $\Delta t = 9.69$ ps 的 MOT 计算了 3 000 个时间步。图 4.3.9 中，给出了 TD-CFIE 的 MOT 计算得到的双站 RCS 与使用 CFIE 的频域 MOM 结果的比较，在频带 $[f_{\min} \approx 0, f_{\max} \approx 10.32$ GHz$]$ 内都吻合得很好。

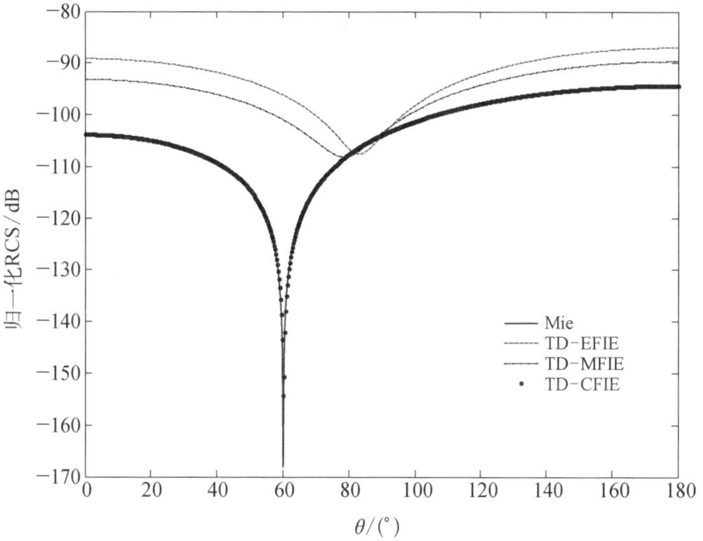

归一化RCS/dB
−80
−90
−100
−110
−120
−130
−140
−150
−160
−170
0
20
40
60
80
100
120
140
160
180
θ/(°)
Mie
TD-EFIE
TD-MFIE
TD-CFIE

(a)

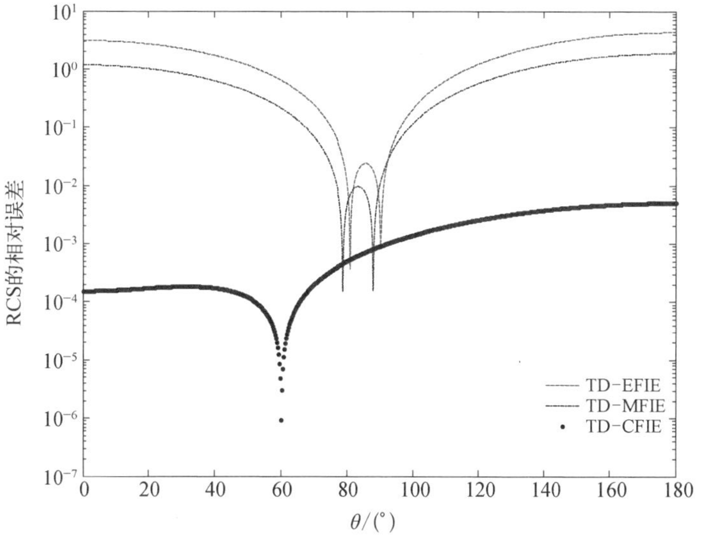

RCS的相对误差
10^1
10^0
10^-1
10^-2
10^-3
10^-4
10^-5
10^-6
10^-7
0
20
40
60
80
100
120
140
160
180
θ/(°)
TD-EFIE
TD-MFIE
TD-CFIE

(b)

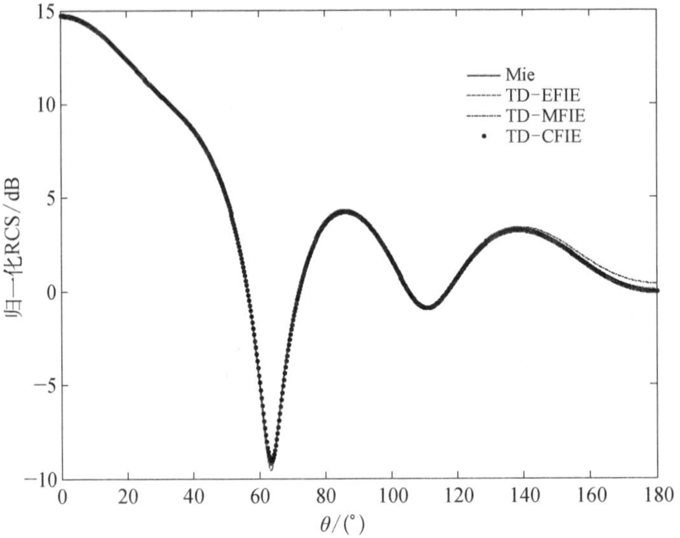
Mie
TD-EFIE
TD-MFIE
TD-CFIE
归一化RCS/dB
θ/(°)

(c)

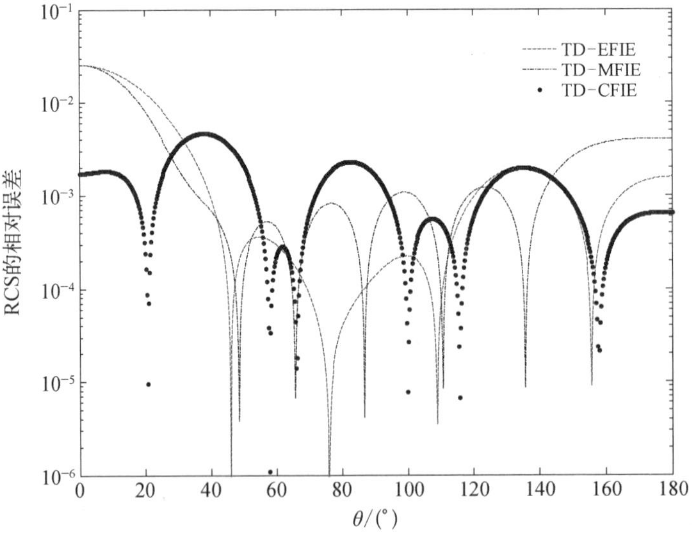
TD-EFIE
TD-MFIE
TD-CFIE
RCS的相对误差
θ/(°)

(d)

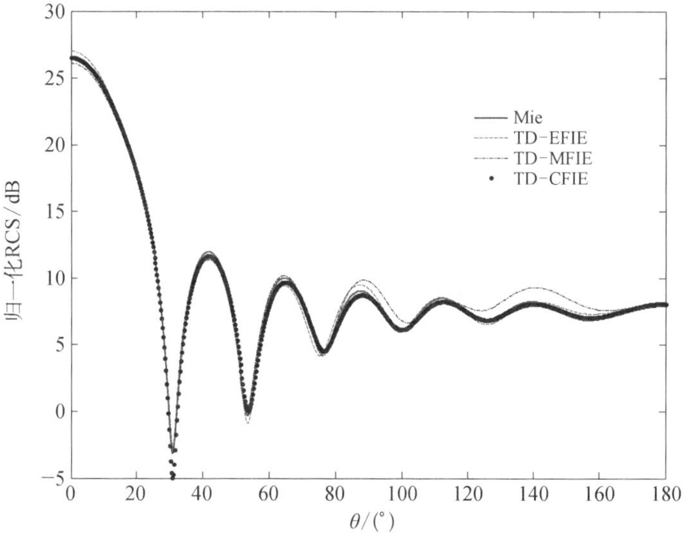

(e)

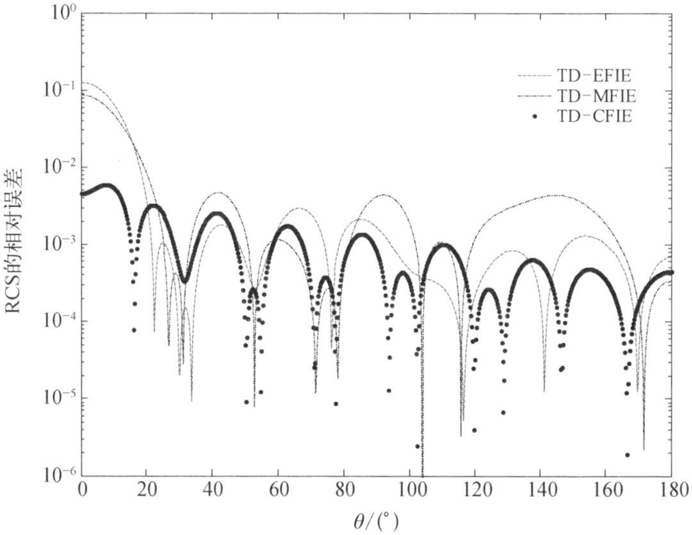

(f)

图 4.3.7　当 $\phi = 0°$ 时，金属球的双站 RCS(a) 频率为 20.3 MHz 时的 RCS；(b) 频率为 20.3 MHz 时的 RCS 的相对误差；(c) 频率为 203.0 MHz 时的 RCS；(d) 频率为 203.0 MHz 时的 RCS 的相对误差；(e) 频率为 406.0 MHz 时的 RCS；(f) 频率为 406.0 MHz 时的 RCS 的相对误差

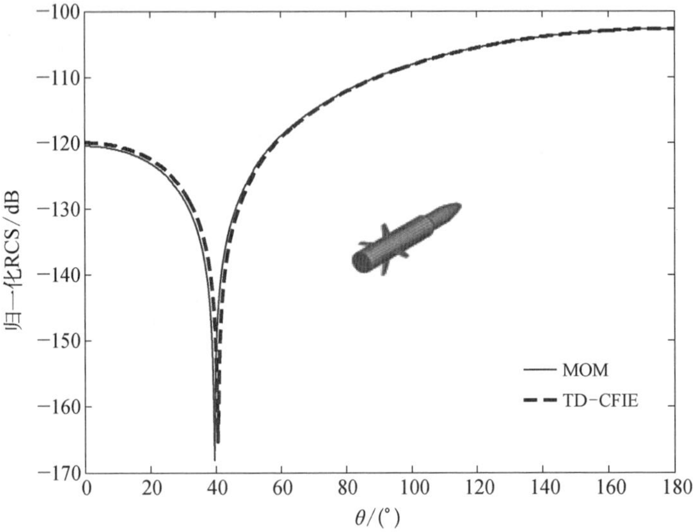
-100
-110
-120
-130
-140
-150
-160
-170
归一化RCS/dB
0
20
40
60
80
100
120
140
160
180
θ/(°)
MOM
TD-CFIE

(a)

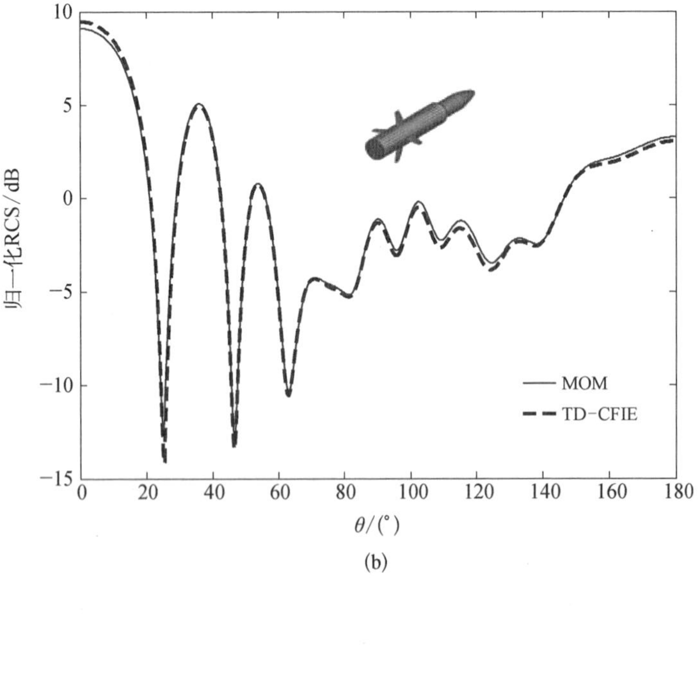
10
5
0
-5
-10
-15
归一化RCS/dB
0
20
40
60
80
100
120
140
160
180
θ/(°)
MOM
TD-CFIE

(b)

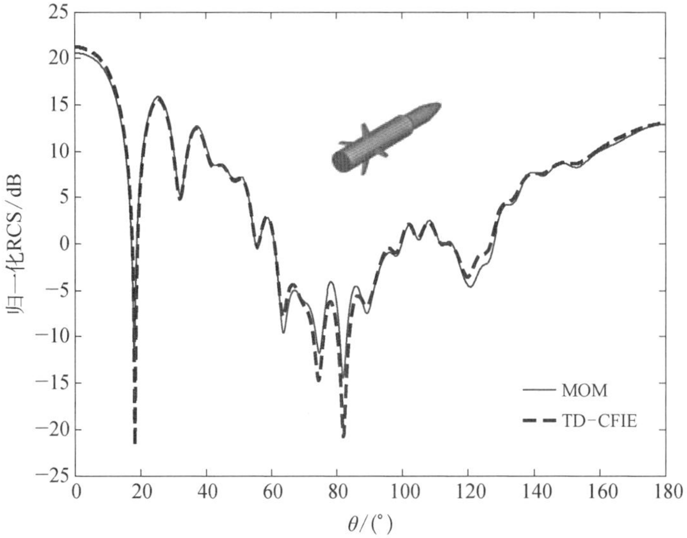

(c)

图 4.3.8　当 $\phi = 0°$ 时，导弹的双站 RCS：(a) 频率为 0.83 MHz；(b) 频率为 166.1 MHz；(c) 频率为 322.3 MHz

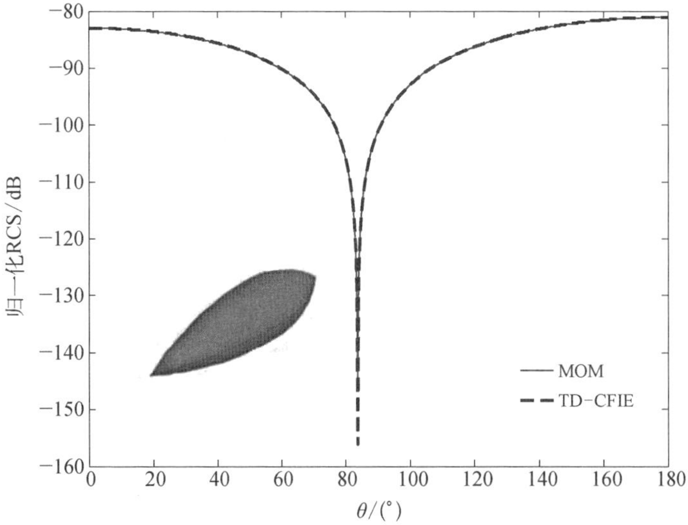

(a)

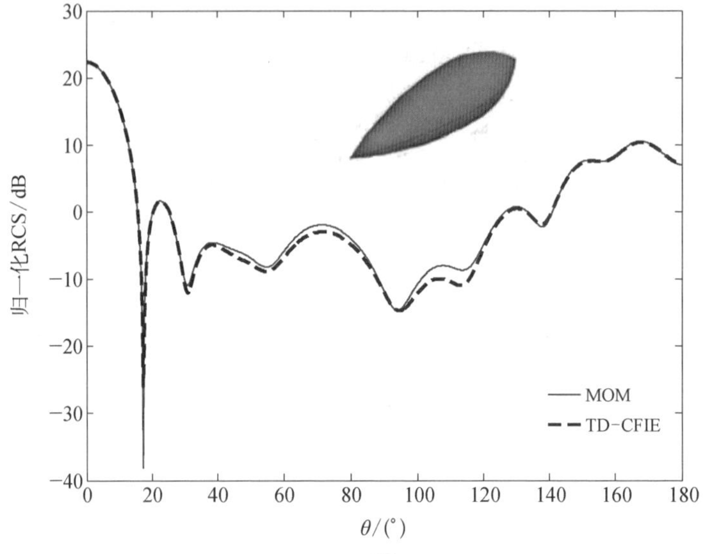

(b)

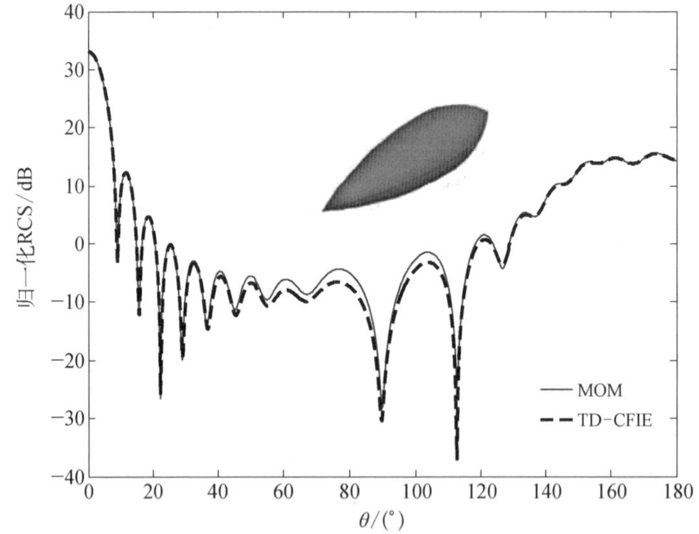

(c)

图 4.3.9　当 $\phi = 0°$ 时，double-ogive 的双站 RCS：(a) 频率为 34.41 MHz；(b) 频率为 5.16 GHz；(c) 频率为 10.32 GHz

参考文献

[1] Bennett C L, Weeks W L. A technique for computing approximate electromagnetic impulse response of conducting bodies [D]. Lafayette: Purdue University, 1968.

[2] Vechinski D A, Rao S M. A stable procedure to calculate the transient scattering by conducting surfaces of arbitrary shape [J]. IEEE Transactions on Antennas and Propagation, 1992, 40(6): 661-665.

[3] Davies P J. On the stability of time-marching schemes for the general surface electric-field integral equation [J]. IEEE Transactions on Antennas and Propagation, 1996, 44: 1467-1473.

[4] Abboud T, Nedellec J C, Volakis J. Stable solution of the retarded potential equations [C]. Proc. Appl. Comput. Electromagn. Soc. Conf., Monterey, 2001: 146-151.

[5] Lu M, Michielssen E. Closed form evaluation of time domain fields due to Rao-Wilton-Glisson sources for use in marching-on-in-time based EFIE solvers [C]. IEEE Antennas and Propagation Society International Symposium, San Antonio, 2002: 74-77.

[6] Shanker B, Lu M, Yuan J, et al. Time domain integral equation analysis of scattering from composite bodies via exact evaluation of radiation fields [J]. IEEE Transactions on Antennas and Propagation, 2009, 57(5): 1506-1520.

[7] 赵延文,聂在平,徐建华,等.精确稳定求解时域电场积分方程的一种新方法[J].电子学报,2006,34(6):1104-1108.

[8] Yucel A C, Ergin A A. Exact evaluation of retarded-time potential integrals for the RWG bases [J]. IEEE Transactions on Antennas and Propagation, 2006, 54(5): 1496-1502.

[9] Shi Y, Xia M-Y, Chen R-S, et al. Stable electric field TDIE solvers via quasi-exact evaluation of MOT matrix elements [J]. IEEE Transactions on Antennas and Propagation, 2011, 59(2): 574-585.

[10] Rao S M, Wilton S M, Glisson A W. Electromagnetic scattering by surfaces of arbitrary shape [J]. IEEE Transactions on Antennas and Propagation, 1982, 30: 409-418.

[11] Manara G, Monorchio A, Reggiannini R. A space-time discretization criterion for a stable time-marching solution of the electric field integral equation [J]. IEEE Transactions on Antennas and Propagation, 1997, 45(3): 527-532.

[12] Shanker B, Ergin A A, Aygün K, et al. Analysis of transient electromagnetic scattering from closed surfaces using a combined field integral equation [J]. IEEE Transactions on Antennas and Propagation, 2000, 48(7): 1064-1074.

[13] Wilton D R, Rao S M, Glisson A W, et al. Potential integrals for uniform and linear source distributions on polygonal and polyhedral domains [J]. IEEE Transactions on Antennas and Propagation, 1984, 32(3): 276-281.

[14] Press W H, Teukolsky S A, Vetterling W T, et al. Numerical recipes in Fortran 90 [M]. Cambridge: Cambridge University Press, 1996.

[15] Dodson S J, Walker S P, Bluck M J. Implicitness and stability of time domain integral equation scattering analyses [J]. Applied Computational Electromagnetics Society Journal, 1997, 13: 291 - 301.

[16] Woo A C, Wang H T G, Schuh M J, et al. EM programmer's notebook-benchmark radar targets for the validation of computational electromagnetics programs [J]. IEEE Antennas and Propagation Magazine, 1993, 35: 84 - 89.

[17] 盛新庆.计算电磁学要论[M].2 版.合肥：中国科学技术大学出版社,2008.

[18] Eibert T F, Hansen V. On the calculation of potential integrals for linear source distributions on triangular domains [J]. IEEE Transactions on Antennas and Propagation, 1995, 43(12): 1499 - 1502.

[19] Taylor D J. Accurate and efficient numerical integration of weakly singularity integrals in Galerkin EFIE solutions [J]. IEEE Transactions on Antennas and Propagation, 2003, 51(7): 1630 - 1637.

[20] Arcioni P, Bressan M, Perregrini L. On the evaluation of the double surface integrals arising in the application of the boundary integral method to 3-D problems [J]. IEEE Transactions on Microwave Theory and Techniques, 1997, 45(3): 1499 - 1502.

[21] Knockaert L K, Olyslager F, Ginste D V. On the evaluation of self-patch integrals in the method of moments [J]. Microwave and Optical Technology Letters, 2005, 47(1): 22 - 26.

[22] Polimeridis A G, Yioultsis T V. On the direct evaluation of weakly singular integrals in Galerkin mixed potential integral equation formulations [J]. IEEE Transactions on Antennas and Propagation, 2008, 56(9): 3011 - 3019.

[23] Bogaert I, de Zutter D. High precision evaluation of the selfpatch integral for linear basis functions on flat triangles [J]. Microwave and Optical Technology Letters, 2010, 58(5): 1813 - 1816.

[24] Graglia R D. On the numerical integration of the linear shape functions times the 3-D Green's function or its gradient on a plane triangle [J]. IEEE Transactions on Antennas and Propagation, 1993, 41(10): 1448 - 1455.

[25] Hodges R E, Rahmat-Samii Y. The evaluation of MFIE integrals with the use of vector triangle basis functions [J]. Microwave and Optical Technology Letters, 1997, 14(1): 9 - 14.

[26] Gürel L, Ergül Ö. Singularity of the magnetic-field integral equation and its extraction [J]. IEEE Antennas and Wireless Propagation Letters, 2009, 4: 229 - 232.

[27] Ylä-Oijala P, Taskinen M. Calculation of CFIE impedance matrix elements with RWG and $n \times$ RWG Functions [J]. IEEE Transactions on Antennas and Propagation, 2003, 51(8): 1837 - 1845.

第 5 章　时域快速算法 I：时域平面波算法

经典的 MOT 算法的计算复杂度为 $O(N_tN_s^2)$，内存消耗为 $O(N_s^2)$，N_s 是空间基函数的个数，N_t 是时间步数。这给求解电大尺寸目标的电磁特性带来了极大挑战。为降低计算量，提高求解效率，基于该算法的快速算法研究一直是时域积分方程方法的研究热点，其中最具代表性的就是时域平面波（PWTD）算法[1-20]。该方法是 E. Michielssen 教授课题组于 1999 年首次提出的[2]。PWTD 算法是频域快速多极子算法（fast multipole method，FMM）[21-27]在时域的拓展，其基本原理是瞬态场的平面波展开。对于三维电磁问题，两层时域平面波算法（TLPWTD）[3]可以将 MOT 计算量降低到 $O(N_tN_s^{1.5}\log N_s)$ 量级，而多层时域平面波算法（MLPWTD）[4]可以将 MOT 的计算量进一步降低到 $O(N_tN_s\log^2 N_s)$ 量级。自被提出以来，PWTD 算法发展很快并得到广泛应用，其应用范围主要包括电磁辐射和散射[5-8]、电磁兼容[9]、场路模拟[10]等问题，PWTD 算法还可应用于加速 FDTD、TDFEM 的吸收边界计算[11]。

本章主要研究 PWTD 算法的理论、实现方法以及数值性能。首先介绍了 PWTD 算法的基本原理——瞬态场的平面波表示；在这一理论基础上，重点研究了两层时域平面波算法（TLPWTD）和多层时域平面波算法（MLPWTD）加速求解基于时间步进（MOT）的时域积分方程；在此基础上，研究了将时域平面波算法和高阶叠层矢量基函数结合求解目标的宽带电磁散射特性。同时开发了一种基于 MPI 实现负载自动平衡的并行 PWTD 平台，实现了电大导体目标宽带电磁特性的快速精确仿真。

5.1　时域平面波算法理论

5.1.1　矢量势的平面波表示

PWTD 算法的机理在于瞬态远场的平面波展开，通过这种展开可以减少 MOT 方程[式(3.1.14)]右端的求和运算。现在通过 PWTD 算法计算源点 $\boldsymbol{r}'$ 处的源信号 $\boldsymbol{J}_n(\boldsymbol{r}', t)$ 对场点 $\boldsymbol{r}$ 处的辐射贡献来描述 PWTD 算法的基本原理。假设源点 $\boldsymbol{r}'$ 所在的空间基函数为 $\boldsymbol{f}_n(\boldsymbol{r}')$，因此 $\boldsymbol{r}'$ 处的源信号 $\boldsymbol{J}_n(\boldsymbol{r}', t)$ 可以展开如下：

$$\boldsymbol{J}_n(\boldsymbol{r}', t) = \sum_{j=1}^{N_t} I_n^j \boldsymbol{f}_n(\boldsymbol{r}') T_j(t) = \boldsymbol{f}_n(\boldsymbol{r}') g_n(t) \tag{5.1.1}$$

此源信号在 $\boldsymbol{r}$ 处的矢量势为

$$\boldsymbol{A}_n(\boldsymbol{r}, t) = \frac{\mu_0}{4\pi}\int_{S_n} \mathrm{d}S' \frac{\boldsymbol{f}_n(\boldsymbol{r}') g_n(t - R/c)}{R} \tag{5.1.2}$$

为了将瞬态场展开成平面波的形式,考虑如下表达式的矢量势:

$$\tilde{\boldsymbol{A}}_n(\boldsymbol{r}, t) = -\frac{\mu_0 \partial_t}{8\pi^2 c}\int \mathrm{d}^2\Omega \int_{S_n} \mathrm{d}S' \boldsymbol{f}_n(\boldsymbol{r}') \delta[t - \hat{\boldsymbol{k}} \cdot (\boldsymbol{r} - \boldsymbol{r}')/c] * g_n(t) \tag{5.1.3}$$

式中, $\hat{\boldsymbol{k}} = \hat{\boldsymbol{x}}\sin\theta\cos\phi + \hat{\boldsymbol{y}}\sin\theta\sin\phi + \hat{\boldsymbol{z}}\cos\theta$ 为单位方向矢量, $\int \mathrm{d}^2\Omega = \int_0^{2\pi}\mathrm{d}\phi \int_0^{\pi}\mathrm{d}\theta\sin\theta$ 表示空间谱域积分。化简式(5.1.3)如下:

$$\begin{aligned}
\tilde{\boldsymbol{A}}_n(\boldsymbol{r}, t) &= -\frac{\mu_0 \partial_t}{8\pi^2 c}\int \mathrm{d}^2\Omega \int_{S_n} \mathrm{d}S' \boldsymbol{f}_n(\boldsymbol{r}') \delta[t - \hat{\boldsymbol{k}} \cdot (\boldsymbol{r} - \boldsymbol{r}')/c] * g_n(t) \\
&= -\frac{\mu_0 \partial_t}{8\pi^2 c}\int_{S_n} \mathrm{d}S' \int_0^{2\pi}\mathrm{d}\phi \int_0^{\pi}\mathrm{d}\theta\sin\theta \boldsymbol{f}_n(\boldsymbol{r}') \delta[t - \hat{\boldsymbol{k}} \cdot (\boldsymbol{r} - \boldsymbol{r}')/c] * g_n(t) \\
&= -\frac{\mu_0 \partial_t}{8\pi^2 c}\int_{S_n} \mathrm{d}S' \int_0^{2\pi}\mathrm{d}\phi' \int_0^{\pi}\mathrm{d}\theta'\sin\theta' \boldsymbol{f}_n(\boldsymbol{r}') \delta(t - R\cos\theta'/c) * g_n(t) \\
&= -\frac{\mu_0 \partial_t}{4\pi}\int_{S_n} \mathrm{d}S' \int_{-R/c}^{R/c}\mathrm{d}\tau \frac{\boldsymbol{f}_n(\boldsymbol{r}') \delta(t - \tau) * g_n(t)}{R} \\
&= \frac{\mu_0}{4\pi}\int_{S_n} \mathrm{d}S' \frac{\boldsymbol{f}_n(\boldsymbol{r}') g_n(t - R/c)}{R} - \frac{\mu_0}{4\pi}\int_{S_n} \mathrm{d}S' \frac{\boldsymbol{f}_n(\boldsymbol{r}') g_n(t + R/c)}{R} \\
&= \boldsymbol{A}_n(\boldsymbol{r}, t) - \boldsymbol{A}_n(\boldsymbol{r}, t + 2R/c)
\end{aligned} \tag{5.1.4}$$

由式(5.1.4)可以看出, $\tilde{\boldsymbol{A}}_n(\boldsymbol{r}, t)$ 包含了真实源信号的矢量势 $\boldsymbol{A}_n(\boldsymbol{r}, t)$,同时也包含了违反时间因果关系的虚假场 $\boldsymbol{A}_n(\boldsymbol{r}, t + 2R/c)$。如果源信号持续时间满足条件 $T = N_t \cdot \Delta t < R/c$,则可以保证真实场信号到达场点以前源信号已经结束,同时也保证源信号与虚假场信号不会重叠。

5.1.2 源信号的分段表示

在计算诸如散射体表面一点处电流在其他位置产生的场等问题时,场点与源点的距离变得很小,相对于源信号的持续时间往往不能满足恢复真实场所需的约束条件: $T < R/c$。为此,须将源信号分解为持续时间更短的分段子信号,保证每段子信号的持续时间满足约束条件: $T_s < R/c$。应用 PWTD 算法分别求出每一段

子信号的矢量势，再根据系统的线性关系将每一段子信号的矢量势进行叠加得到源信号总的矢量势。

源信号 $\boldsymbol{J}_n(\boldsymbol{r}', t)$ 可以被分解为 L 段连续的子信号 $\boldsymbol{J}_{n,l}(\boldsymbol{r}', t)$，每一段子信号的持续时间为 $T_s=(M_t+1)\Delta t$，且 $LM_t=N_t$，该子信号占据的时间段为 $T_{l,\text{start}}\leqslant t\leqslant T_{l,\text{stop}}$，其中 $T_{l,\text{start}}=(l-1)M_t\Delta t$，$T_{l,\text{stop}}=lM_t\Delta t+\Delta t$，$l=1, 2, \cdots, L$。源信号可以写成如下形式：

$$\boldsymbol{J}_n(\boldsymbol{r}', t)=\sum_{l=1}^{L}\boldsymbol{J}_{n,l}(\boldsymbol{r}', t)=\sum_{l=1}^{L}\boldsymbol{f}_n(\boldsymbol{r}')g_{n,l}(t) \tag{5.1.5}$$

其中，第 l 段时间子信号为

$$g_{n,l}(t)=\sum_{j=(l-1)M_t}^{lM_t+1}I_n^jT_j(t) \tag{5.1.6}$$

因此第 l 段子信号的矢量势为

$$\boldsymbol{A}_{n,l}(\boldsymbol{r}, t)=\frac{\mu_0}{4\pi}\int_{S_n}\mathrm{d}S'\frac{\boldsymbol{f}_n(\boldsymbol{r}')g_{n,l}(t-R/c)}{R} \tag{5.1.7}$$

根据式(5.1.3)可得，第 l 段子信号的瞬态场平面波展开为

$$\tilde{\boldsymbol{A}}_{n,l}(\boldsymbol{r}, t)=-\frac{\mu_0\partial_t}{8\pi^2c}\int\mathrm{d}^2\Omega\int_{S_n}\mathrm{d}S'\boldsymbol{f}_n(\boldsymbol{r}')\delta[t-\hat{\boldsymbol{k}}\cdot(\boldsymbol{r}-\boldsymbol{r}')/c]*g_{n,l}(t) \tag{5.1.8}$$

化简式(5.1.8)可得

$$\tilde{\boldsymbol{A}}_{n,l}(\boldsymbol{r}, t)=\boldsymbol{A}_{n,l}(\boldsymbol{r}, t)-\boldsymbol{A}_{n,l}(\boldsymbol{r}, t+2R/c) \tag{5.1.9}$$

由式(5.1.9)可以看出，$\tilde{\boldsymbol{A}}_{n,l}(\boldsymbol{r}, t)$ 包含了真实源子信号的矢量势 $\boldsymbol{A}_{n,l}(\boldsymbol{r}, t)$，同时也包含了违反时间因果关系的虚假场 $\boldsymbol{A}_{n,l}(\boldsymbol{r}, t+2R/c)$。通过设置时域窗函数 $T_s<R/c$ 可以将真实场信号 $\boldsymbol{A}_{n,l}(\boldsymbol{r}, t)$ 从 $\tilde{\boldsymbol{A}}_{n,l}(\boldsymbol{r}, t)$ 中分离出来。

为了满足计算机处理时域离散序列的运算，分段后的源子信号在满足时间有限的约束条件同时还要保证信号的带宽有限，因此对源信号的分割不能采取直接分割的方式，因为直接分割方式将导致子信号带宽扩展过大（在转移函数空间谱截断部分会看出子信号带宽过大的影响）。程序在实现过程中采用一种过渡分割的方式，这种过渡分割会导致每一段子信号边缘部分产生重叠现象。通过过渡分割可以保证子信号带宽可控，带宽为 $\omega_{\max}$ 的源信号将被分割成带宽为 $\omega_s=\chi_0\omega_{\max}$ 的子信号，其中 χ_0 为子信号的带宽扩展因子。这个参数会影响 PWTD 算法的精度。

MOT 算法求解的是各个离散时刻的电流系数，PWTD 和 MOT 结合时，源信号就是当前时刻之前各个离散时刻的电流系数值。为了求得任一时刻源子信号的值，需要进行插值操作，这里采用近似椭球基函数作为插值函数。它既是带宽有限也是持续时间有限的，由它插值出来的源子信号也是带宽有限持续时间有限的，满足源子信号的要求。因此第 l 段源子信号中的时间信号可以写成

$$g_{n,l}(t) = \sum_{j=(l-1)M_t}^{lM_t+1} I_n^j \Psi_j(t) \tag{5.1.10}$$

其中，$\Psi_j(t)$ 为近似椭球基函数，如式(5.1.11)所示：

$$\Psi_j(t) = \frac{\omega_+}{\omega_s} \frac{\sin(\omega_+(t - j\Delta t))}{\omega_+(t - j\Delta t)} \frac{\sinh(\omega_- p_t \Delta t \sqrt{1 - [(t - j\Delta t)/p_t \Delta t]^2})}{\sinh(\omega_- p_t \Delta t)\sqrt{1 - [(t - j\Delta t)/p_t \Delta t]^2}} \tag{5.1.11}$$

上式中，

$$\omega_s = \pi/\Delta t = \chi_0 \omega_{\max} \quad \omega_{\pm} = (\omega_s \pm \omega_{\max})/2 \tag{5.1.12}$$

p_t 为整数值，决定近似椭球基函数的持续时间。在实际的使用过程中，$\Psi_j(t)$ 采取截断的形式，即当 $|t - k\Delta t| > p_t\Delta t$ 时，$\Psi_j(t)$ 等于 0。

由式(5.1.10)可知，虽然每个子信号的采样点长度为 $T_s = M_t\Delta t$，但由近似椭球插值函数的性质可知，每段子信号的实际持续时间为 $T_s' = M_t'\Delta_t = (M_t + 2p_t)\Delta t$，相邻子信号之间会有 $p_t\Delta t$ 的重叠宽度。

5.2　两层时域平面波算法

上一节通过计算源信号的矢量势来描述 PWTD 算法的基本原理和数值实现方法，本节将结合第 2 章介绍的时间步进算法求解时域积分方程的原理及过程，将上一节由平面波表达的矢量势代入时域积分方程中，推导两层 PWTD 算法加速 MOT 的方案，主要包括三步计算：空间基函数分组、子信号参数的确定，以及散射场的平面波求解。

5.2.1　空间基函数分组

类似于频域快速多极子方法，PWTD 算法也是基于对目标表面源进行空间分组操作的。假设一个虚拟的立方体盒子刚好能够包围整个待分析物体，然后将该立方体盒子均匀分割成若干个子立方体，通常子立方体的电尺寸不低于$0.2\lambda_{\min}$($\lambda_{\min}$为入射波最高频对应的波长)。每个子立方体的边长为 R_s，记含有基函数的

非空组的数目为 N_g，如图 5.2.1 所示，对于非空组对 (α, α')，$\alpha, \alpha' = 1, \cdots, N_g$，如果 α 组与 α' 组的中心距离 $R_{c,\alpha\alpha'} > R_{c,\min}$，则称 (α, α') 为远场作用对（far field pair, FFP），否则称为近场作用对（near field pair, NFP），$R_{c,\min} = \gamma R_s$ 为近远场对的距离门限，$4 \leqslant \gamma \leqslant 6$。对于近场对，采用经典的 MOT 算法计算其相互作用；所有远场对之间的相互作用采用 PWTD 算法计算。

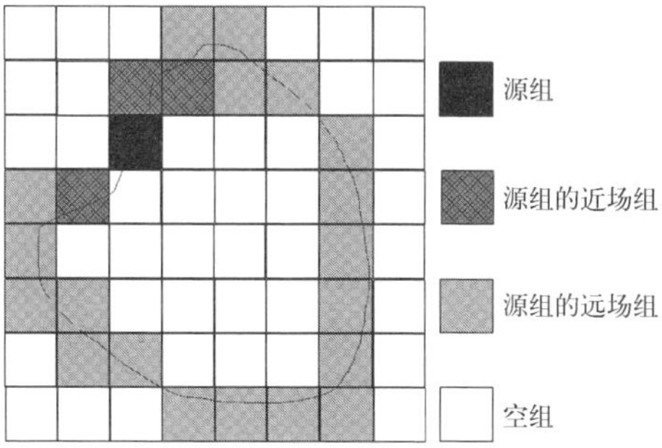

图 5.2.1　基函数分组示意图

5.2.2　子信号参数的确定

对于不同的远场对 (α, α')，如果按照 5.1.2 节所述的约束条件来决定子信号的持续时间，很显然每个远场对所决定的子信号持续时间 $T_{s,\alpha\alpha'}$ 不尽相同。解决的办法是定义一个基本子信号，基本子信号的持续时间 T_s 满足最近的远场组对内 PWTD 算法对源信号持续时间的要求，因此基本子信号必然也满足其他远场对的约束条件。基于这种思想，定义基本子信号的持续时间如下：

$$T_s = (M_t + 2p_t)\Delta t \tag{5.2.1}$$

其中基本子信号时间离散序列数 M_t 为

$$M_t = \min_{(\alpha, \alpha') \in \text{FFP}} \left\{ \left\lfloor \frac{R_{c,\alpha\alpha'} - \sqrt{3} R_s}{c\Delta t} \right\rfloor \right\} - 2p_t \tag{5.2.2}$$

上式表示在所有远场对中找到距离最近的一对，按照这个远场对确定基本子信号的长度。实际程序中先确定了分组尺寸 R_s，再确定近远场的阈值 γ，然后按照式(5.2.3)来确定基本子信号的长度：

$$M_t = \left\lfloor \frac{\gamma \cdot R_s - \sqrt{3} R_s}{c\Delta t} \right\rfloor - p_t \tag{5.2.3}$$

对于其他任意远场对 (α, α')，其子信号的持续时间按下式确定：

$$M_{t,\alpha\alpha'} = M_t \lfloor (R_{c,\alpha\alpha'} - \sqrt{3} R_s - p_t c\Delta t) / M_t \rfloor \tag{5.2.4}$$

很显然，其他远场对的子信号长度为基本子信号长度的整数倍。这样设置子信号长度能给计算和存储带来极大的好处。

5.2.3　散射场的平面波求解

基本子信号确定以后，就可以通过基本子信号的矢量势求其瞬态场，子信号矢

量势的平面波表达如式(5.1.8)所示,将该式代入电磁场积分方程就能求得散射场的平面波表达式。考虑如图 5.2.2 所示的远场对,其中 $\boldsymbol{r}_n^c$ 与 $\boldsymbol{r}_m^c$ 分别是源点所在子立方体与场点所在子立方体的中心,R_s 为子立方体边长,$R_c = |\boldsymbol{R}_c| = |\boldsymbol{r}_m^c - \boldsymbol{r}_n^c|$ 为两个子立方体中心之间的距离。

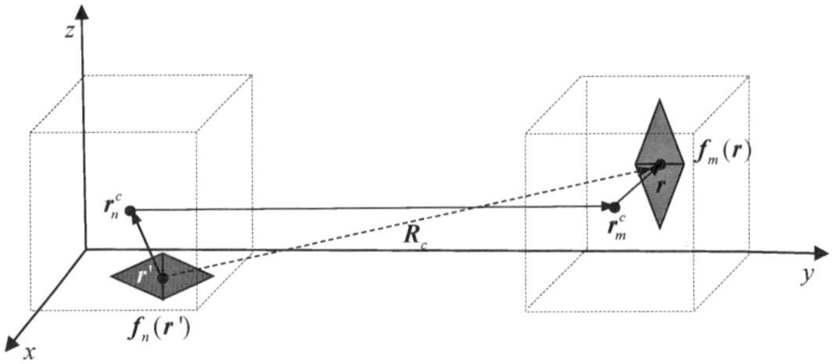

图 5.2.2 远场对示意图

散射电场和磁场可根据式(2.1.28)和(2.1.29)写成矢量势的形式:

$$\boldsymbol{E}^{\text{sca}}(\boldsymbol{r}, t) = -\int_0^t \mathrm{d}t'\left(\frac{\partial^2 \bar{\bar{\boldsymbol{I}}}}{\partial (t')^2} - c^2 \nabla\nabla\right) \cdot \boldsymbol{A}(\boldsymbol{r}, t') \tag{5.2.5}$$

$$\boldsymbol{H}^{\text{sca}}(\boldsymbol{r}, t) = \frac{1}{\mu_0}\nabla \times \boldsymbol{A}(\boldsymbol{r}, t) \tag{5.2.6}$$

其中,$\bar{\bar{\boldsymbol{I}}}$ 为并矢符号,当 $t \geqslant T_{l,\text{ stop}}$ 时,可得由源子信号 $\boldsymbol{J}_{n,l}(\boldsymbol{r}', t)$ 产生的散射电磁场平面波表达式:

$$\begin{aligned}\boldsymbol{E}_{n,l}^{\text{sca}}(\boldsymbol{r}, t) = \frac{\eta_0}{8\pi^2 c^2}\int_{T_{l,\text{ stop}}}^{t} \mathrm{d}t' \partial_{t'} \int \mathrm{d}^2\Omega (\partial_{t'}^2 \boldsymbol{I} - c^2 \nabla\nabla)\\ \cdot \int_{S_n} \mathrm{d}S' \delta[t' - \hat{\boldsymbol{k}} \cdot (\boldsymbol{r} - \boldsymbol{r}')/c] * \boldsymbol{J}_{n,l}(\boldsymbol{r}', t')\end{aligned} \tag{5.2.7}$$

$$\boldsymbol{H}_{n,l}^{\text{sca}}(\boldsymbol{r}, t) = -\frac{\partial_t}{8\pi^2 c}\int \mathrm{d}^2\Omega \nabla \times \int_{S_n} \mathrm{d}S' \delta[t' - \hat{\boldsymbol{k}} \cdot (\boldsymbol{r} - \boldsymbol{r}')/c] * \boldsymbol{J}_{n,l}(\boldsymbol{r}', t') \tag{5.2.8}$$

上式中,时间维上的积分下限设为从 $T_{l,\text{ stop}}$ 开始,即为考虑了因果性,将虚假信号滤除。对于平面波,算子 $\nabla \Leftrightarrow -\partial_t \hat{\boldsymbol{k}}/c$。

在 MOT 求解过程中,需要用空间基函数 $\boldsymbol{f}_m(\boldsymbol{r})$ 对散射场作伽辽金测试,在时间上进行点测试,下面给出式(5.2.7)和式(5.2.8)在空间上测试的结果:

$$\langle \boldsymbol{f}_m(\boldsymbol{r}),\ \boldsymbol{E}_{n,l}^{\mathrm{sca}}(\boldsymbol{r},t)\rangle = \int_{S_m}\mathrm{d}S\boldsymbol{f}_m(\boldsymbol{r})\cdot\frac{\eta_0}{8\pi^2c^2}\int_{T_{l,\mathrm{stop}}}^{t}\mathrm{d}t'\partial_{t'}^3\int\mathrm{d}^2\Omega(\bar{\bar{\boldsymbol{I}}}-\hat{\boldsymbol{k}}\hat{\boldsymbol{k}})$$
$$\cdot\int_{S_n}\mathrm{d}S'\boldsymbol{f}_n(\boldsymbol{r}')\delta[t'-\hat{\boldsymbol{k}}\cdot(\boldsymbol{r}-\boldsymbol{r}')/c]*g_{n,l}(t')\tag{5.2.9}$$

$$\langle \boldsymbol{f}_m(\boldsymbol{r}),\ \hat{\boldsymbol{n}}\times\boldsymbol{H}_{n,l}^{\mathrm{sca}}(\boldsymbol{r},t)\rangle = \int_{S_m}\mathrm{d}S\boldsymbol{f}_m(\boldsymbol{r})\cdot\hat{\boldsymbol{n}}\times\frac{1}{8\pi^2c^2}\int_{T_{l,\mathrm{stop}}}^{t}\mathrm{d}t'\partial_{t'}^3\int\mathrm{d}^2\Omega\hat{\boldsymbol{k}}$$
$$\times\int_{S_n}\mathrm{d}S'\boldsymbol{f}_n(\boldsymbol{r}')\delta[t'-\hat{\boldsymbol{k}}\cdot(\boldsymbol{r}-\boldsymbol{r}')/c]*g_{n,l}(t')\tag{5.2.10}$$

以上两式说明散射电磁场是由矢量势的横向分量决定的[算子($\bar{\bar{\boldsymbol{I}}}-\hat{\boldsymbol{k}}\hat{\boldsymbol{k}}$)和$\hat{\boldsymbol{k}}\times$作用后的矢量中没有$\hat{\boldsymbol{k}}$方向上的分量]。同时式(5.2.9)和式(5.2.10)中的时间积分不能和内层的时间微分相抵消,否则会引入常数项伪信号。同时考虑如下矢量恒等式:

$$\boldsymbol{f}_m\cdot(\bar{\bar{\boldsymbol{I}}}-\hat{\boldsymbol{k}}\hat{\boldsymbol{k}})\cdot\boldsymbol{f}_n=\boldsymbol{f}_m\cdot[-\hat{\boldsymbol{k}}\times(\hat{\boldsymbol{k}}\times\boldsymbol{f}_n)]=(\hat{\boldsymbol{k}}\times\boldsymbol{f}_m)\cdot(\hat{\boldsymbol{k}}\times\boldsymbol{f}_n)\tag{5.2.11}$$

$$\boldsymbol{f}_m\cdot[\hat{\boldsymbol{n}}\times(\hat{\boldsymbol{k}}\times\boldsymbol{f}_n)]=(\hat{\boldsymbol{k}}\times\boldsymbol{f}_n)\cdot(\boldsymbol{f}_m\times\hat{\boldsymbol{n}})=-(\hat{\boldsymbol{k}}\times\boldsymbol{f}_n)\cdot(\hat{\boldsymbol{n}}\times\boldsymbol{f}_m)\tag{5.2.12}$$

式(5.2.9)与式(5.2.10)可以写成如下形式:

$$\langle \boldsymbol{f}_m(\boldsymbol{r}),\ \boldsymbol{E}_{n,l}^{\mathrm{sca}}(\boldsymbol{r},t)\rangle$$
$$=\frac{\eta_0}{8\pi^2c^2}\int_{S_m}\mathrm{d}S[\hat{\boldsymbol{k}}\times\boldsymbol{f}_m(\boldsymbol{r})]$$
$$\cdot\int_{T_{l,\mathrm{stop}}}^{t}\mathrm{d}t'\partial_{t'}^3\int\mathrm{d}^2\Omega\int_{S_n}\mathrm{d}S'[\hat{\boldsymbol{k}}\times\boldsymbol{f}_n(\boldsymbol{r}')]\delta[t'-\hat{\boldsymbol{k}}\cdot(\boldsymbol{r}-\boldsymbol{r}')/c]*g_{n,l}(t')\tag{5.2.13}$$

$$\langle \boldsymbol{f}_m(\boldsymbol{r}),\ \hat{\boldsymbol{n}}\times\boldsymbol{H}_{n,l}^{\mathrm{sca}}(\boldsymbol{r},t)\rangle$$
$$=-\frac{1}{8\pi^2c^2}\int_{S_m}\mathrm{d}S[\hat{\boldsymbol{n}}\times\boldsymbol{f}_m(\boldsymbol{r})]$$
$$\cdot\int_{T_{l,\mathrm{stop}}}^{t}\mathrm{d}t'\partial_{t'}^3\int\mathrm{d}^2\Omega\int_{S_n}\mathrm{d}S[\hat{\boldsymbol{k}}\times\boldsymbol{f}_n(\boldsymbol{r}')]\delta[t'-\hat{\boldsymbol{k}}\cdot(\boldsymbol{r}-\boldsymbol{r}')/c]*g_{n,l}(t')\tag{5.2.14}$$

如图5.2.2所示,考虑如下矢量恒等式:

$$\boldsymbol{r}-\boldsymbol{r}'=(\boldsymbol{r}-\boldsymbol{r}_m^c)+(\boldsymbol{r}_m^c-\boldsymbol{r}_n^c)-(\boldsymbol{r}'-\boldsymbol{r}_n^c) \tag{5.2.15}$$

则式(5.2.13)和式(5.2.14)可以写为

$$\langle \boldsymbol{f}_m(\boldsymbol{r}),\ \boldsymbol{E}_{n,l}^{\mathrm{sca}}(\boldsymbol{r},t)\rangle=\frac{\eta_0}{8\pi^2c^2}\int_{T_{l,\,\mathrm{stop}}}^{t}\mathrm{d}t'\int \mathrm{d}^2\Omega\,[S_m^-(\hat{\boldsymbol{k}},t',\hat{\boldsymbol{k}})]^{\mathrm{T}}*T(\hat{\boldsymbol{k}},t')*[S_n^+(\hat{\boldsymbol{k}},t',\hat{\boldsymbol{k}})]*g_{n,l}(t') \tag{5.2.16}$$

$$\langle \boldsymbol{f}_m(\boldsymbol{r}),\ \hat{\boldsymbol{n}}\times\boldsymbol{H}_{n,l}^{\mathrm{sca}}(\boldsymbol{r},t)\rangle=-\frac{1}{8\pi^2c^2}\int_{T_{l,\,\mathrm{stop}}}^{t}\mathrm{d}t'\int \mathrm{d}^2\Omega\,[S_m^-(\hat{\boldsymbol{k}},t',\hat{\boldsymbol{n}})]^{\mathrm{T}}*T(\hat{\boldsymbol{k}},t')*[S_n^+(\hat{\boldsymbol{k}},t',\hat{\boldsymbol{k}})]*g_{n,l}(t') \tag{5.2.17}$$

上式中，

$$S_o^{\pm}(\hat{\boldsymbol{k}},t',\hat{\boldsymbol{v}})=\int_{S_o}\mathrm{d}S'[\hat{\boldsymbol{v}}\times\boldsymbol{f}_o(\boldsymbol{r}')]\delta[t\pm\hat{\boldsymbol{k}}(\boldsymbol{r}'-\boldsymbol{r}_o^c)/c],\ o\in\{m,n\} \tag{5.2.18}$$

$$T(\hat{\boldsymbol{k}},t)=\partial_t^3\delta(t-\hat{\boldsymbol{k}}\cdot\boldsymbol{R}_c/c) \tag{5.2.19}$$

其中式(5.2.19)为转移函数。

至于时间上的点测试,可以这样理解,源点处一段源子信号产生的电磁场也是时间有限的,假设源子信号持续时间为$(0,\ T_s)$,延时R/c后在场点产生场,则场产生的时刻为$(R/c,\ R/c+T_s)$。只要在对应时刻取出场值就可以了。

对式(5.2.16)和式(5.2.17)的计算分为聚合、转移、投射三个步骤。下面以计算式(5.2.16)为例做简要说明。

(1) 聚合。即式(5.2.16)的最右边的卷积和积分运算:

$$\begin{aligned}\boldsymbol{J}_{n,l}^{\mathrm{out}}(\hat{\boldsymbol{k}},t)&=[S_n^+(\hat{\boldsymbol{k}},t',\hat{\boldsymbol{k}})]*g_{n,l}(t')\\&=\int_{S_n}\mathrm{d}S'[\hat{\boldsymbol{k}}\times\boldsymbol{f}_n(\boldsymbol{r}')]\delta[t+\hat{\boldsymbol{k}}\cdot(\boldsymbol{r}'-\boldsymbol{r}_n^c)/c]*g_{n,l}(t')\end{aligned} \tag{5.2.20}$$

聚合过程将源球内所有的源投影到源球的各个方向上,并在各个方向上形成聚合。$\boldsymbol{J}_{n,l}^{\mathrm{out}}(\hat{\boldsymbol{k}},t)$可理解为沿$\hat{\boldsymbol{k}}$方向离开源球的输出射线。所有$\hat{\boldsymbol{k}}$方向上的输出射线叠加在一起构成源的瞬态远场模型。

(2) 转移。即式(5.2.16)中间部分的卷积运算:

$$\boldsymbol{J}_{n,l}^{\mathrm{in}}(\hat{\boldsymbol{k}},t)=T(\hat{\boldsymbol{k}},t)*\boldsymbol{J}_{n,l}^{\mathrm{out}}(\hat{\boldsymbol{k}},t) \tag{5.2.21}$$

$\boldsymbol{J}_{n,l}^{\mathrm{in}}(\hat{\boldsymbol{k}},t)$对场球来说相当于输入射线。因此转移函数是将源球中心的$\hat{\boldsymbol{k}}$方向的输出射线转移到场球中心形成场球的$\hat{\boldsymbol{k}}$方向的输入射线。

(3) 投射。即式(5.2.16)最左边的卷积和积分运算：

$$\begin{aligned}\boldsymbol{K}_{n,l}(\boldsymbol{r},t) &= \int \mathrm{d}^2\Omega\,[S_m^-(\hat{\boldsymbol{k}},t',\hat{\boldsymbol{k}})]^{\mathrm{T}} * \boldsymbol{J}_{n,l}^{\mathrm{in}}(\hat{\boldsymbol{k}},t)\\ &= \int \mathrm{d}^2\Omega \int_{S_m} \mathrm{d}S[\hat{\boldsymbol{k}}\times \boldsymbol{f}_m(\boldsymbol{r})]\delta[t' - \hat{\boldsymbol{k}}\cdot(\boldsymbol{r}-\boldsymbol{r}_m^c)/c] * \boldsymbol{J}_{n,l}^{\mathrm{in}}(\hat{\boldsymbol{k}},t)\end{aligned} \tag{5.2.22}$$

这部分操作将所有方向上的入射射线投射到场点，卷积运算是将 $\hat{\boldsymbol{k}}$ 方向上的输入射线进行时间平移，单位球上的积分是将投射到场点的所有方向的投射射线累加，累加的结果包含虚假场和真实场。

最后通过时间上的积分将虚假信号剔除。根据因果性关系，第 l 段子信号一定是在信号结束后产生场，时间维上的积分区间为 $t \geqslant T_{l,\,\mathrm{stop}}$ 即可剔除虚假信号，即

$$\langle \boldsymbol{f}_m(\boldsymbol{r}),\boldsymbol{E}_{n,l}^{\mathrm{sca}}(\boldsymbol{r},t)\rangle = \frac{\eta_0}{8\pi^2c^2}\int_{T_{l,\,\mathrm{stop}}}^{t} \boldsymbol{K}_{n,l}(\boldsymbol{r},t)\mathrm{d}t' \tag{5.2.23}$$

注意，这里考虑的远场对为最近的远场对，所以 $g_{n,l}(t)$ 为基本子信号，真实场提取的条件为 $t \geqslant T_{l,\,\mathrm{stop}}$。对于 $\forall(\alpha,\alpha') \in$ FFP 且 $M_{t,\,\alpha\alpha'} > M_t$ 的情况，做转移的是源组几段输出射线连接的信号，相当于使用长度为 $M_{t,\,\alpha\alpha'}\Delta_t$ 的子信号，因此真实信号提取的条件要相应地改变。

对式(5.2.19)所示的转移函数需要进行截断处理，将式(5.2.19)写成有限项勒让德级数和的形式：

$$\bar{T}(\hat{\boldsymbol{k}},t,K) = \begin{cases} -\dfrac{c\partial_t^3}{2\boldsymbol{R}_c}\displaystyle\sum_{k=0}^{K}(2k+1)P_k(ct/R_c)P_k(\cos\theta'), & |t| \leqslant R_c/c\\ 0, & \text{其他}\end{cases} \tag{5.2.24}$$

其中，$K = \mathrm{int}(2\pi\chi_1 f_s\sqrt{3}R_s/c) + 1$；$\theta'$ 是 $\hat{\boldsymbol{k}}$ 和 $\boldsymbol{R}_c$ 之间的夹角函数；χ_1 为过采样系数(这个参数选取的经验公式是文献[3]中的，实际使用中我们一般在 K 前面乘上系数 0.3)。

使用截断形式的转移函数重新计算式(5.2.21)的转移运算：

$$\boldsymbol{J}_{n,l}^{\mathrm{in}}(\hat{\boldsymbol{k}},t) = \bar{T}(\hat{\boldsymbol{k}},t,K) * \boldsymbol{J}_{n,l}^{\mathrm{out}}(\hat{\boldsymbol{k}},t) \tag{5.2.25}$$

执行上式中的卷积运算最有效的方法就是 FFT-IFFT，分别将转移函数和输出射线离散序列变换到频域，在频域相乘，然后再反变换到时域得到输入射线序列。输出射线序列 $\boldsymbol{J}_{n,l}^{\mathrm{out}}(\hat{\boldsymbol{k}},t)$ 直接做快速傅里叶变换即可，但是截断形式的转移函数 $\bar{T}(\hat{\boldsymbol{k}},t,K)$ 不是带限的，不能够通过时域采样然后变换到频域的方法得到其离散频谱，所幸的是转移函数的傅里叶变换可以通过解析得到，即

$$F\{\bar{T}(\hat{\boldsymbol{k}}, t, K)\} = \int_{-\infty}^{+\infty} \bar{T}(\hat{\boldsymbol{k}}, t, K) \mathrm{e}^{-\mathrm{j}\omega t} \mathrm{d}t$$
$$= -\frac{jc^3}{R_{c, \alpha\alpha'}^3} \Omega_f^3 \sum_{k=0}^{K} (2k+1)(-\mathrm{j})^k J_k(\Omega_f) P_k(\cos\theta)$$
$$= -\frac{jc^3}{R_{c, \alpha\alpha'}^3} \tilde{T}(\Omega_f, \theta) \tag{5.2.26}$$

上式中，$\Omega_f = \omega R_{c, \alpha\alpha'}/c$ 是归一化频率；$J_k(\cdot)$ 为 k 阶球贝塞尔函数。上式仅是 Ω_f 和 θ 的函数，与具体的源球和场球空间坐标无关。由于 $J_k(\Omega_f)$、$P_k(\cos\theta)$ 分别是 Ω_f、θ 的带限函数，因此 $\tilde{T}(\Omega_f, \theta)$ 是 Ω_f、θ 的带限函数，所以 $\tilde{T}(\Omega_f, \theta)$ 可以通过 Ω_f、θ 定义域上有限个采样点的值插值得到。在实际执行时，采样点是事先计算好的并以表格的形式存储起来，在使用时可以通过二维插值计算任意(Ω_f, θ)处的转移函数的值，这样可以极大地节省计算量。

对式(5.2.16)和式(5.2.17)中的空间谱积分，我们采用了和频域快速多极子一样的积分策略，即 θ 方向采用 $K+1$ 点的一维高斯积分，ϕ 方向采用 $2K+1$ 长度的梯形法则积分，最终的数值积分表达式：

$$\langle \boldsymbol{f}_m(\boldsymbol{r}), \boldsymbol{E}_{n,l}^{\mathrm{sca}}(\boldsymbol{r}, t) \rangle = \frac{\eta_0}{8\pi^2 c^2} \int_{T_{l,\mathrm{stop}}}^{t} \mathrm{d}t' \sum_{p=0}^{K} \sum_{q=-K}^{K} \omega_{pq} [S_m^-(\hat{\boldsymbol{k}}_{pq}, t', \hat{\boldsymbol{k}}_{pq})]^{\mathrm{T}}$$
$$* \bar{T}(\hat{\boldsymbol{k}}_{pq}, t', K) * [S_n^+(\hat{\boldsymbol{k}}_{pq}, t', \hat{\boldsymbol{k}}_{pq})] * g_{n,l}(t') \tag{5.2.27}$$

$$\langle \boldsymbol{f}_m(\boldsymbol{r}), \hat{\boldsymbol{n}} \times \boldsymbol{H}_{n,l}^{\mathrm{sca}}(\boldsymbol{r}, t) \rangle = -\frac{1}{8\pi^2 c^2} \int_{T_{l,\mathrm{stop}}}^{t} \mathrm{d}t' \sum_{p=0}^{K} \sum_{q=-K}^{K} \omega_{pq} [S_m^-(\hat{\boldsymbol{k}}_{pq}, t', \hat{\boldsymbol{n}})]^{\mathrm{T}}$$
$$* \bar{T}(\hat{\boldsymbol{k}}_{pq}, t', K) * [S_n^+(\hat{\boldsymbol{k}}_{pq}, t', \hat{\boldsymbol{k}}_{pq})] * g_{n,l}(t') \tag{5.2.28}$$

其中各参数如下：

$$\hat{\boldsymbol{k}}_{pq} = \hat{\boldsymbol{x}} \sin\theta_p \cos\phi_q + \hat{\boldsymbol{y}} \sin\theta_p \sin\phi_q + \hat{\boldsymbol{z}} \cos\theta_p \tag{5.2.29}$$

$$\omega_{pq} = \frac{2\pi}{2K+1} \cdot \omega_\theta(p) \tag{5.2.30}$$

$$\phi_q = q \cdot 2\pi/(2K+1) \tag{5.2.31}$$

θ_p 为一维高斯积分点值，$\omega_\theta(p)$ 为 θ 方向上一维高斯积分点 p 处的系数。

对式(5.2.16)和式(5.2.17)中的聚合、转移、投射操作，聚合部分可以在频域操作，也可以直接在时域通过插值方法做时域延时；转移部分最好在频域操作，将源组某个角谱上的输出射线变换到频域，乘上对应角谱上的频域转移因子，最后逆傅里叶变换到时域，得到时域输入射线序列，这样对于确定的源组的某个确定角谱方向上的输出射线只要做一次傅里叶变换，其对应不同的场组只要变换转移因子即可，比直接在时域进行转移效率高。投射部分最好在时域操作，因为最后进行时间上的积分时需要滤除虚假场，时域投射有利于时间步的对齐。另外需要注意的是，三个过程要处理的对象都是矢量序列，且从式(5.2.9)与式(5.2.10)可以发现散射电磁场在球坐标系下只有 θ 和 ϕ 分量，这样对矢量的 FFT-IFFT 变换则可以采用复数的 FFT-IFFT 变换方法（θ 和 ϕ 分量分别对应复数实部及虚部）。

5.2.4　时域平面波加速 MOT 算法

前面主要介绍了时域平面波算法求解散射场的原理及实现过程，下面简要介绍 PWTD 算法加速 MOT 算法的实现过程。MOT 最主要的计算量就在于式(3.1.14)右端的矩阵矢量乘积求和运算，PWTD 算法之所以能够加速 MOT 算法求解速度，就是因为 PWTD 能够快速计算 MOT 中的求和部分。现将空间某一点的散射场贡献来源分为两部分：一部分由该场点所在组的近场组 NFP(α)中的源产生的，这部分计算采用经典 MOT 算法实现，源与场之间通过阻抗矩阵建立联系；另一部分由该场点所在组的远场组 FFP(α)中的源产生，这部分求和采用 PWTD 算法实现，源对场的贡献通过聚合、转移、投射三个步骤来完成。因此，PWTD 加速 MOT 算法可表达如下：

$$\boldsymbol{Z}_0\boldsymbol{I}_j = \boldsymbol{V}_j - \sum_{\alpha'\in \mathrm{NFP}(\alpha)}\sum_{l=0}^{j-1}\boldsymbol{Z}_{j-l}^{\alpha\alpha'}\boldsymbol{I}_l^{\alpha'} - \sum_{\alpha'\in \mathrm{FFP}(\alpha)}\sum_{n\in\alpha'(n)}\langle \boldsymbol{f}_m(\boldsymbol{r}),\ L_d\{\boldsymbol{J}_n(\boldsymbol{r},\ t)\}\rangle \tag{5.2.32}$$

其中，$d=e,\ m,\ c$ 表示散射电场、磁场和混合场；i 为整数，并有 $0\leqslant i<M_t$；$\boldsymbol{Z}_i^{\alpha\alpha'}$ 为 $\boldsymbol{Z}_i$ 的子矩阵，是近组对($\alpha,\ \alpha'$)之间的阻抗矩阵；$\alpha'(n)$表示组 α' 内所有源的集合。式(5.2.32)便是 PWTD 加速 MOT 算法求解电磁散射的递推公式。下面给出式(5.2.32)的具体实现过程：

当时间步 $t_j<M_t\Delta t$ 时，只有近场对之间发生作用，因此在这段时间内只有 MOT 参与计算。

当时间步 $t_j\geqslant M_t\Delta t$ 时，远场对内的源已经开始相互作用。在此时刻之后，每个时间步内近场对和远场对的相互作用都要计算。当时间步 $t_j=M_t\Delta t$ 时，所有的组都要进行一次聚合操作，计算并存储每组的输出射线 l_1，但是只有子信号长度满足 $M_{t,\ \alpha\alpha'}=M_t$ 的场源组对($\alpha,\ \alpha'$)之间开始发生作用，此时场源组对($\alpha,\ \alpha'$)之间需要进行一次转移操作，将源组中心的输出射线 l_1 转移到场组中心的输入射线，同时开始对该场组作投射操作，将场组中心的输入射线投射到场点。

当时间继续前进到 $t_j=2M_t\Delta t$，所有的组再次进行聚集操作，计算并存储每组的输出射线 l_2，然后子信号长度满足 $M_{t,\ \alpha\alpha'}=M_t$ 的场源组对($\alpha,\ \alpha'$)之间作转移操作，将源组中心的输出射线 l_2 转移到场组中心的输入射线，同时开始对该场组作投射操作，将场组中心的输入射线投射到场点；子信号长度满足 $M_{t,\alpha\alpha'}=2M_t$ 的场源组对 (α, α') 之间作转移操作，将最近计算出来的输出射线 l_2 连接在先前计算出的输出射线 l_1 后面，将连接后的输出射线 l_1+l_2 通过转移操作从源组 α' 中心转移到场组 α 中心，形成场组 α 的输入射线，同时开始对该场组作投射操作，将场组中心的输入射线投射到场点。

当时间前进到 $t_j=3M_t\Delta t$，重复上面的过程，先进行聚合操作，计算并存储每组的输出射线 l_3，然后判断各远组对之间是否需要做转移操作。对于子信号长度满足 $M_{t,\alpha\alpha'}=M_t$ 的场源组，对 (α, α') 之间作转移操作，将源组中心的输出射线 l_3 转移到场组中心的输入射线，同时开始对该场组作投射操作，将场组中心的输入射线投射到场点；子信号长度满足 $M_{t,\alpha\alpha'}=3M_t$ 的场源组对 (α, α') 之间作转移操作，将最近计算出来的输出射线 l_3 连接在先前计算出的输出射线 l_1、l_2 后面，将连接后的输出射线 $l_1+l_2+l_3$ 通过转移操作从源组 α' 中心转移到场组 α 中心，形成场组 α 的输入射线，同时开始对该场组作投射操作，将场组中心的输入射线投射到场点。

因此，总结上述操作流程，基本子信号长度 M_t 是一个关键参数，这也是前面特别定义基本子信号的原因。每到时刻 $t_j=NM_t\Delta t$ 时，就需要对所有组进行聚合操作，同时判断 t_j 是否是远场对 (α, α') 的长度 $M_{t,\alpha\alpha'}$ 的整数倍，如果是就进行转移操作，且转移的是第 $N-M_{t,\alpha\alpha'}/M_t+1$ 到第 N 段子信号对应的输出射线。需要注意的是，只要远场对 (α, α') 之间进行了转移操作，此后的所有时间步都要进行投射操作，因为需要计算每一时刻场点处的值。

5.3 多层时域平面波算法

对于电大尺寸目标的散射，其未知量数目 $N\gg 1$，两层时域平面波算法中的非空组数 N_g 也会很大。虽然聚合和投射的过程能够有效地进行，但时域平面波算法中的转移过程计算量会变得很大，此时应用多层时域平面波算法将获得比两层时域平面波算法更高的效率。多层时域平面波算法是两层时域平面波算法在多层级结构(hierarchically structure)中的推广。多层时域平面波算法基于树形结构计算，其特点是逐层聚合、逐层转移、逐层投射、嵌套递推。

5.3.1 空间基函数分组

多层时域平面波算法需要将目标进行多层分组操作。对于三维情况，假设一个虚拟的立方体盒子刚好能够包围整个计算物体，然后将该立方体等分成 8 个子立方体。随着层数的增加，每个子正方体再细分为 8 个更小的子正方体，这种分层级结构如图 5.3.1 所示。对于散射问题，最细层的每个子正方体的边长为半个波长左右，由此可以确定求解一个给定尺寸的目标散射时多层时域平面波算法所需的层数。定义最细的一层立方体为第一层，所有内部含有空间基函数的第一层立方体形成第一层组，按照这样的方式依次定义更高层及其分组。对于所有层 $i = 1, 2, \cdots, N_l$，各层参量都是层数 i 的函数。设 $N_g(i)$ 表示第 i 层非空组的数目，$R_s(i)$ 表示第 i 层子立方体的边长，$K(i)$ 表示第 i 层中构建转移函数所需球谐函数的数目。不难发现各层参量有如下关系：$N_g(i+1) \propto N_g(i)/4$，$R_s(i+1) = 2R_s(i)$，$K(i+1) \propto 2K(i)$。

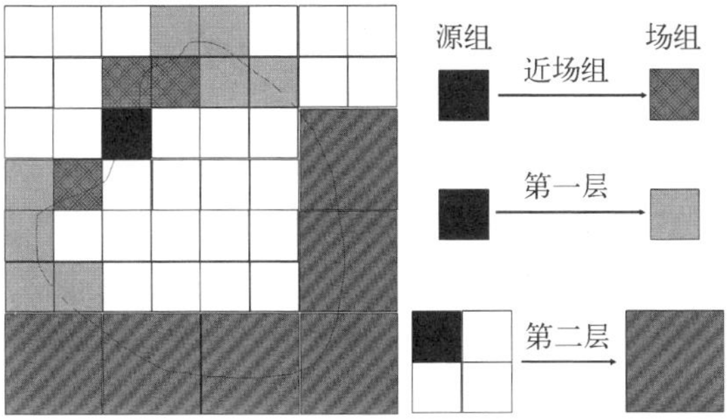

图 5.3.1　多层结构下的近远场示意图

多层时域平面波算法中每一层都需要定义远场组对，并且较远的场源基函数所在的组更倾向于形成高层的远场组对。$R_{c,\min}(i) = \gamma R_s(i)$ 为第 i 层近远场对的距离门限，$4 \leqslant \gamma \leqslant 6$。具体原理和过程与频域多层快速多极子类似，不再赘述。需要注意的是在多层框架下，近场组对只存在于最细层中。

5.3.2　子信号参数的确定

多层时域平面波中各层子信号长度不同，其定义方式与 5.2.2 节所述略有区别。假设第 i 层的基本子信号持续时间为 $T_s(i)$，所占用的实际信号的采样点数为 $M_t(i)$。

定义第 1 层的基本子信号的持续时间如下：

$$T_s(1) = [M_t(1) + 2p_t]\Delta t \tag{5.3.1}$$

$$M_t(1) = \left\lceil \frac{R_{c,\min}(1) - \sqrt{3}R_s(1)}{c\Delta t} \right\rceil - p_t \tag{5.3.2}$$

则对于第 i 层的基本子信号有

$$T_s(i) = [M_t(i) + 2p_t]\Delta t \tag{5.3.3}$$

$$M_t(i) = 2^{i-1}M_t(1) \tag{5.3.4}$$

各层基本子信号长度定义完后，对于第 i 层其他任意远场对(α, α')，其子信号的持续时间按下式确定：

$$T_{s,\alpha\alpha'}(i) = [M_{t,\alpha\alpha'}(i) + 2p_t]\Delta t \tag{5.3.5}$$

$$M_{t,\alpha\alpha'}(i) = M_t(i)\{[R_{c,\alpha\alpha'}(i) - \sqrt{3}R_s(i) - p_t c\Delta t]/M_t(i)\} \tag{5.3.6}$$

很显然，所有父层组基本子信号长度是其子层组基本子信号长度的两倍，每层中不同远场组对的子信号长度为其所在层基本子信号长度的整数倍。这样设置子信号长度能给计算和存储带来极大的好处。

5.3.3　多层时域平面波加速 MOT 算法

和两层时域平面波算法一样，多层时域平面波算法的矩阵矢量乘同样可以分解成聚合、转移、投射三个部分。有所不同的是，在两层时域平面波算法中，聚合、转移、投射只发生在一层，即在最细层某个组除了近场组，其他所有的组都属于远场组需要转移过来。而在多层时域平面波算法中，首先在最细层将各个非空组内的散射体的贡献聚合到该组的中心，然后进行该层内部的转移操作，这种转移操作只在满足本层是远场而父层是近场的组之间发生作用。具体如图 5.3.1 所示，一个二维目标的分组示意图，图中黑色正方形表示源组，填充菱形阴影的正方形代表近场作用区，填充下对角线的正方形表示使用两层时域平面波算法作用的区，其符合多层快速时域平面波算法中的在本层属于远场组而在父层是近场组的条件，因此在最细层发生转移的作用。完成同层之间内部的转移操作之后，将各个组中心的聚合因子通过插值和连接操作聚合到本组的父层组。接着完成父层组之间的满足转移条件的远场组之间的转移，如图中的填充上对角线的父层正方形。如此递推至最高层。到此，聚合、转移过程算是完成。然后从最高层开始各个非空组将通过转移得到的输入射线通过外推和截断技术，得到子层组的输入射线表达式。这种操作一直进行下去，直至投射到最细层组为止。从而完成整个多层时域平面波算法逐层聚合、逐层转移、逐层投射的过程。

下面以计算式(5.2.27)做简要说明，在多层时域平面波的框架下，式(5.2.27)可以改写为下式：

$$\langle \boldsymbol{f}_m(\boldsymbol{r}), \boldsymbol{E}^{\text{sca}}_{n,l(i)}(\boldsymbol{r},t)\rangle = \frac{\eta_0}{8\pi^2c^2}\int_{T_{l,\text{stop}}}^{t}\mathrm{d}t'\sum_{p=0}^{K(i)}\sum_{q=-K(i)}^{K(i)}\omega_{pq}(i)\,[S_m^-(\hat{\boldsymbol{k}}_{pq}(i), t', \hat{\boldsymbol{k}}_{pq}(i))]^{\mathrm{T}} * \bar{T}[\hat{\boldsymbol{k}}_{pq}(i), t', K(i)] * [S_n^+(\hat{\boldsymbol{k}}_{pq}(i), t', \hat{\boldsymbol{k}}_{pq}(i))] * g_{n,l(i)}(t') \tag{5.3.7}$$

其中，$\hat{\boldsymbol{k}}_{pq}(i)$为第 i 层的角谱分量；$K(i)$表示第 i 层中球谐函数的数目；$g_{n,l(i)}(t')$表示第 i 层中第 n 个基函数上的第 l 段子信号。

1. 聚合

即式(5.3.7)中最右边的卷积和积分运算。

$$\boldsymbol{J}_{n,\ l(i)}^{\text{out}}(\hat{\boldsymbol{k}}(i),\ t) = \sum_{p=0}^{K(i)} \sum_{q=-K(i)}^{K(i)} [S_n^{+}(\hat{\boldsymbol{k}}_{pq}(i),\ t',\ \hat{\boldsymbol{k}}_{pq}(i))] * g_{n,\ l(i)}(t') \tag{5.3.8}$$

对于第一层远组对$(\alpha(1),\ \alpha'(1))$，输出射线能够通过两层 PWTD 采用的方式直接获得。然而对于更高层的远场对$(\alpha(i),\ \alpha'(i))$，使用两层 PWTD 采用的方法直接获得其输出射线，其计算复杂度将会增加。为了使源的信息能够通过各层之间传递，可以采用内插和连接两种操作从第 $i-1$ 层的输出射线构造出第 i 层的输出射线。

由 5.3.2 节可知 $K(i+1)=2K(i)$，$T_s(i+1)=2T_s(i)$，因此，使用第 i 层输出射线构建第 $i+1$ 层的输出射线，只需要将第 i 层由 $K(i)$ 方向上的输出射线内插到第 $i+1$ 层由 $K(i+1)$ 所确定的更密方向上的输出射线上，然后将两段内插后的第 i 层的输出射线连接在一起，即可得到一段第 $i+1$ 层的输出射线。

现在假定需要构造第 $i+1$ 层的输出射线，设 $i+1$ 层某源组中心为 r_c，其 N_c 个子组中心为 $r_{c,\ \xi}$，$\xi=1,\cdots,\ N_c$，每个子组的积分区域为 S_ξ。则父层组的输出射线可表达为

$$\begin{aligned}
&\boldsymbol{J}_{n,\ l(i+1)}^{\text{out}}(\hat{\boldsymbol{k}}(i+1),\ t) \\
&= \sum_{p=0}^{K(i+1)} \sum_{q=-K(i+1)}^{K(i+1)} \int_{S_o} \mathrm{d}S'[\hat{\boldsymbol{k}}_{pq}(i+1)\times \boldsymbol{f}_m(\boldsymbol{r}')]\delta[t+\hat{\boldsymbol{k}}_{pq}(i+1)(\boldsymbol{r}'-\boldsymbol{r}_c)/c] * g_{n,\ l(i+1)}(t') \\
&= \sum_{\xi=1}^{N_c} \sum_{p=0}^{K(i+1)} \sum_{q=-K(i+1)}^{K(i+1)} \delta[t+\hat{\boldsymbol{k}}_{pq}(i+1)(\boldsymbol{r}_{c,\ \xi}-\boldsymbol{r}_c)/c] \\
&\quad * \int_{S_\xi} \mathrm{d}S'[\hat{\boldsymbol{k}}_{pq}(i+1)\times \boldsymbol{f}_m(\boldsymbol{r}')]\delta[t+\hat{\boldsymbol{k}}_{pq}(i+1)(\boldsymbol{r}'-\boldsymbol{r}_{c,\ \xi})/c] * g_{n,\ l(i+1)}(t')
\end{aligned} \tag{5.3.9}$$

其中，$g_{n,\ l(i+1)}(t')$ 表示第 $i+1$ 层中第 n 个基函数上的第 l 段子信号；$\hat{\boldsymbol{k}}_{pq}(i+1)$ 表示第 $i+1$ 层中的一个角谱方向。

既然每个第 $i+1$ 层子信号 $g_{n,\ l(i+1)}(t')$ 能由两个时间连续的第 i 层子信号 $g_{n,\ l'(i)}(t')$ 和 $g_{n,\ l'+1(i)}(t')$ 连接而成，则父层组的输出射线能表达为

$$\begin{aligned}
&\boldsymbol{J}_{n,\ l(i+1)}^{\text{out}}(\hat{\boldsymbol{k}}(i+1),\ t) \\
&= \sum_{p=0}^{K(i+1)} \sum_{q=-K(i+1)}^{K(i+1)} \int_{S_o} \mathrm{d}S'[\hat{\boldsymbol{k}}_{pq}(i+1)\times \boldsymbol{f}_m(\boldsymbol{r}')]\delta[t+\hat{\boldsymbol{k}}_{pq}(i+1)(\boldsymbol{r}'-\boldsymbol{r}_c)/c] * g_{n,\ l(i+1)}(t') \\
&= \sum_{\zeta=l'}^{l'+1} \sum_{\xi=1}^{N_c} \sum_{p=0}^{K(i+1)} \sum_{q=-K(i+1)}^{K(i+1)} \delta[t+\hat{\boldsymbol{k}}_{pq}(i+1)(\boldsymbol{r}_{c,\ \xi}-\boldsymbol{r}_c)/c]
\end{aligned}$$

$$* \int_{S_\xi} \mathrm{d}S'[\hat{\boldsymbol{k}}_{pq}(i+1) \times \boldsymbol{f}_m(\boldsymbol{r}')]\delta[t + \hat{\boldsymbol{k}}_{pq}(i+1)(\boldsymbol{r}' - \boldsymbol{r}_{c,\xi})/c] * g_{n,\zeta(i)}(t') \tag{5.3.10}$$

从上式可以看出,一旦第 i 层子组的输出射线被内插到第 $i+1$ 层的 $\hat{\boldsymbol{k}}_{pq}(i+1)$ 角谱上,这些子组的输出射线就能够通过平移 $\hat{\boldsymbol{k}}_{pq}(i+1)(\boldsymbol{r}_{c,\xi} - \boldsymbol{r}_c)/c$ 然后连接形成第 $i+1$ 层的父层输出射线,本节中我们采用了和频域 MLFMM 一样的内插方案,具体不再赘述。总结为：角谱内插—子组中心到父组中心的延时—连接。

2. 转移

即式(5.3.7)中间部分的卷积运算。

$$\boldsymbol{J}^{\text{in}}_{n,l(i)}(\hat{\boldsymbol{k}}(i), t) = \bar{T}(\hat{\boldsymbol{k}}(i), t', K(i)) * \boldsymbol{J}^{\text{out}}_{n,l(i)}(\hat{\boldsymbol{k}}(i), t) \tag{5.3.11}$$

转移操作部分和两层时域平面波一样,采用 FFT-IFFT 方式,分别将转移函数和输出射线离散序列变换到频域,在频域相乘,然后再反变换到时域得到输入射线序列。第 i 层 $\hat{\boldsymbol{k}}_{pq}(i)$ 方向上的频域转移函数为

$$\begin{aligned} F\{\bar{T}(\hat{\boldsymbol{k}}_{pq}(i), t, K(i))\} &= \int_{-\infty}^{+\infty} \bar{T}(\hat{\boldsymbol{k}}_{pq}(i), t, K(i))\mathrm{e}^{-\mathrm{j}\omega t}\mathrm{d}t \\ &= -\frac{jc^3}{R^3_{c,\alpha(i)\alpha'(i)}}\Omega_f^3(i)\sum_{k=0}^{K(i)}(2k+1)(-j)^k J_k(\Omega_f(i))P_k(\cos\theta) \\ &= -\frac{jc^3}{R^3_{c,\alpha(i)\alpha'(i)}}\tilde{T}_i(\Omega_f(i), \theta(i)) \end{aligned} \tag{5.3.12}$$

上式中, $\Omega_f(i) = \omega R_{c,\alpha(i)\alpha'(i)}/c$ 是归一化频率,由于每层转移函数所需谐函数的数量 $K(i) = \text{int}(2\sqrt{3}\pi\chi_1 f_s R_s(i)/c) + 1$ 不同,因此每层都需要事先建立好转移函数表 $\tilde{T}_i(\Omega_f(i), \theta(i))$,在使用时可以通过二维插值计算任意 $(\Omega_f(i), \theta(i))$ 处的转移函数的值,这样可以极大地节省计算量。

3. 投射

即式(5.3.7)最左边的卷积和积分运算。

$$\boldsymbol{K}_{n,l(i)}(\boldsymbol{r}, t) = \sum_{p=0}^{K(i)}\sum_{q=-K(i)}^{K(i)} \omega_{pq}(i)[S_m^-(\hat{\boldsymbol{k}}_{pq}(i), t', \hat{\boldsymbol{k}}_{pq}(i))]^{\mathrm{T}} * \boldsymbol{J}^{\text{in}}_{n,l(i)}(\hat{\boldsymbol{k}}(i), t) \tag{5.3.13}$$

与聚合部分类似,对于第一层远组对 $(\alpha(1), \alpha'(1))$,输入射线直接通过两层 PWTD 采用的方式投射到场基函数。然而,对于更高层的远场对 $(\alpha(i), \alpha'(i))$,使用两层 PWTD 采用的方法直接投射到场基函数,其计算复杂度将会增加。可以

采用外推和截断两种操作从第 i 层的输入射线构造出第 $i-1$ 层的输入射线，不断地递推下去直到得到第 1 层中各场组各方向的输入射线，最后将第 1 层中各场球的输入射线配置到其内部相应的场基函数上。这个过程和插值后连接得到输出射线刚好相反，可以简要概括为：将第 i 层子组的输入射线截断，并进行父组到子组的延时 $\hat{\boldsymbol{k}}_{pq}(i)(\boldsymbol{r}_c-\boldsymbol{r}_{c,\xi})/c$，然后通过角谱上的外推获得第 $i-1$ 层子组的输入射线。总结为：截断—父组中心到子组中心的延时—角谱外推。

最后通过时间上的积分将虚假信号剔除，这部分和两层时域平面波相同，不再赘述。

5.3.4　计算复杂度分析

多层 PWTD 算法的计算量主要分为近场互作用计算量和远场互作用计算量。

1. 近场对之间相互作用

在多层框架下，近场对只出现在最细层，最细层非空组数为 $O(N_s)$，每个非空组组内基函数数目为 $O(1)$，每个非空组的相邻近场组数目为 $O(1)$，每个时间步都需要执行近场互作用，一共需要 $O(N_t)$ 次。因此近场互作用的计算量为 $O(N_tN_s)$。同样的，每个非空组只和 $O(1)$ 个近场组有互作用，所以近场部分的内存需求为 $O(N_s)$。

2. 远场对之间相互作用

远场对之间的互作用是通过聚合、转移、投射三个步骤完成的。然而聚集和投射的过程是从最细层进行的，后通过子父层插值和外推、连接和截断以及中心点平移来完成粗层的聚集和投射，至于同层间转移过程，则和单层 PWTD 方法是完全一样的，只是多层 PWTD 的转移操作只在同一层的次相邻中心进行。下面分别分析各步骤的计算量和内存需求。

(1) 聚合：根据前面的分析可知，在多层框架下，需要对每一层的每个非空组执行聚合操作，构建输出射线。对于第一层的非空组，每个组的角谱数目为 $O(1)$，每个 $T_s(1)$ 时刻需要执行聚合操作，总共需要执行 $O(N_t/T_s(1))$ 次。因此在第一层中聚合操作的计算量为 $O(N_tN_s)$。对于第二层以及更高层的非空组，其输出射线是通过对子层输出射线进行内插和连接操作得到的，内插过程采用了和 MLFMM 一样的插值方式，其计算量为 $O(N_tN_s)$，连接过程的计算量也是 $O(N_tN_s)$，因为总共需要在 $O(\log N_s)$ 层上执行上述操作，所以总的计算量为 $O(N_tN_s\log N_s)$。同样的，聚合部分的内存需求为 $O(N_tN_s) \propto O(N_s^{1.5})$。

(2) 转移：转移函数的构建是通过建表插值的方式来进行的，因此这部分计算量可以忽略不计。转移操作部分的主要计算量来自转移函数与输出射线的卷积计算,而这个卷积计算是通过 FFT 完成的。对于第一层的每个非空组,需要转移的远场组数目为 $O(1)$,每个 $T_s(1)$ 时刻需要执行转移操作,总共需要执行 $O(N_t/T_s(1))$ 次,每次操作需要执行的傅里叶变换的计算量为 $O(\log N_s)$。因为总共需要在 $O(\log N_s)$ 层上执行上述操作,所以总的计算量为 $O(N_tN_s\log^2N_s)$。

(3) 投射:与聚合部分类似,对于高层的非空组的输入射线采用外推和截断两种操作,从第 i 层的输入射线构造出第 $i-1$ 层的输入射线,不断地递推下去,直到得到第 1 层中各非空组的输入射线,最后将第 1 层中各非空组的输入射线配置到其内部相应的场基函数上。这部分操作与聚合部分的连接和截断刚好相反,用相同的复杂度预估方式可以得到投射操作的计算量也为 $O(N_tN_s\log N_s)$。这部分的内存需求和聚合部分一样为 $O(N_s^{1.5})$。

综上所述,多层时域平面波的计算复杂度由转移操作部分主导,为 $O(N_tN_s\log^2N_s)$。近场和远场的内存需求分别为 $O(N_s)$ 和 $O(N_s^{1.5})$。

5.3.5 数值算例与分析

基于上述多层时域平面波算法的实现过程,我们开发了用于分析三维电大导体目标时域电磁散射特性的多层时域平面波算法的串行数值程序。下面通过分析一些电大尺寸导体目标的散射特性来验证程序的精确性和高效性。本节在默认的情况下所有的数值结果都是在服务器 Intel® Xeon® E7 - 4850(主频 2 GHz,内存 512 GB)上计算获得的,特殊情况将在算例中说明。本节所有数值算例的分析均采用广义最小余量法(generalized minimal residual, GMRES)来求解矩阵方程,双精度程序的迭代收敛精度设为 10^{-9}。对于下面几个算例,如果目标属于闭合结构,使用混合场积分方程来计算,α 选取为 0.5,开放结构使用电场积分方程,α 选取为 1.0。采用时域平面波算法主要参数的取值为:近似椭球波函数的阶数 $p_t=4$,空间谱过采样系数 $\chi_1=1.1$,分组尺寸设为 0.4λ,其中 λ 为入射波最高频对应的波长,近远场阈值设为 $\gamma=4$。

1. 计算复杂度验证

算例 1:首先通过一组数值算例验证 5.3.4 节中理论证明的计算复杂度。分别用 MOT 算法和 PWTD 算法计算半径为 0.75 m、1.0 m、1.5 m、2 m、2.5 m 和 3.0 m 的金属球的瞬态电磁散射问题。入射波为调制高斯脉冲波,中心频率为 200 MHz,带宽为 200 MHz,入射方向和极化方向分别为 $\hat{\boldsymbol{k}}^{\text{inc}}=\hat{\boldsymbol{z}}$, $\hat{\boldsymbol{p}}^{\text{inc}}=\hat{\boldsymbol{x}}$。观察角为 $0°\leqslant\theta_s\leqslant180°$, $\phi_s=0°$。采用平面三角形剖分,剖分尺度固定为 0.1 m,离散得到的未知量分别为 2 592、4 608、10 368、18 432、28 800 和 41 472。MOT 算法和 PWTD 算法使用的时间步长为 $\Delta t=0.333$ ns,分别计算 300 个时间步。表 5.3.1 给出了两种方法所需峰值内存和计算时间的统计。表 5.3.2 给出了 MOT 算法和 PWTD 算

法计算得到的不同频点处金属球双站 RCS 的相对均方根(relative root mean square, RRMS)误差。

表 5.3.1　计算时间和内存消耗比较

半径/m	N_s	计算时间/s		内存/MB		
		MOT	PWTD	MOT	PWTD 近场	PWTD 远场
0.75	2 592	375	/	344.2	/	/
1.0	4 608	1 161	1 299	1 058.0	1 115.6	71.2
1.5	10 368	5 743	4 839	5 266.0	2 965.8	186.8
2.0	18 432	18 252	14 651	16 567.9	5 643.7	559.7
2.5	28 800	44 561	27 226	40 449.1	8 886.5	997.1
3.0	41 472	89 550	40 569	83 615.3	12 905.8	1 440.8

表 5.3.2　不同频点处金属球双站 RCS 的 RRMS 误差比较

半径/m	N_s	误差/%					
		MOT			PWTD		
		120 MHz	200 MHz	290 MHz	120 MHz	200 MHz	290 MHz
0.75	2 592	1.28	2.27	3.10	/	/	/
1.0	4 608	1.28	1.76	3.64	1.27	1.76	3.63
1.5	10 368	0.696	1.63	1.72	2.30	2.41	1.72
2.0	18 432	1.33	0.260	0.506	4.92	0.860	1.24
2.5	28 800	1.19	0.696	1.79	2.38	0.755	1.49
3.0	41 472	0.388	0.632	1.11	3.61	0.648	0.958

其中相对均方根误差的定义方式为：$\mathrm{RRMS}=\sqrt{\sum|f_c-f_r|^2/\sum|f_r|^2}$，$f_r$ 为 Mie 级数解析解，f_c 是 MOT 算法或者 PWTD 算法计算的结果。

从表 5.3.2 中可以看出，PWTD 算法具有良好的数值精度。图 5.3.2 给出了 PWTD 和 MOT 计算复杂度和内存需求的比较，可以确认 PWTD 算法的计算复杂度为$O(N_tN_s^{1.17}\log^2N_s)$，其近场内存复杂度为 $O(N_s)$，远场内存复杂度为 $O(N_s^{1.5})$；传统的 MOT 算法的计算复杂度与内存复杂度分别为 $O(N_tN_s^2)$ 和 $O(N_s^2)$，均与理论预估值吻合较好，且进一步核实 PWTD 算法能明显降低传统 MOT 算法的复杂度。

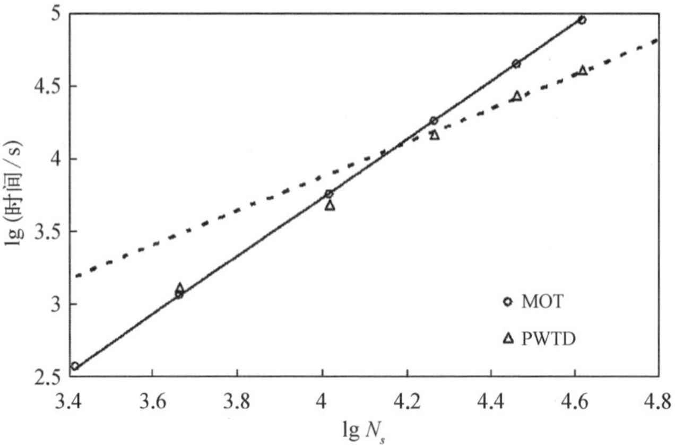

(a)

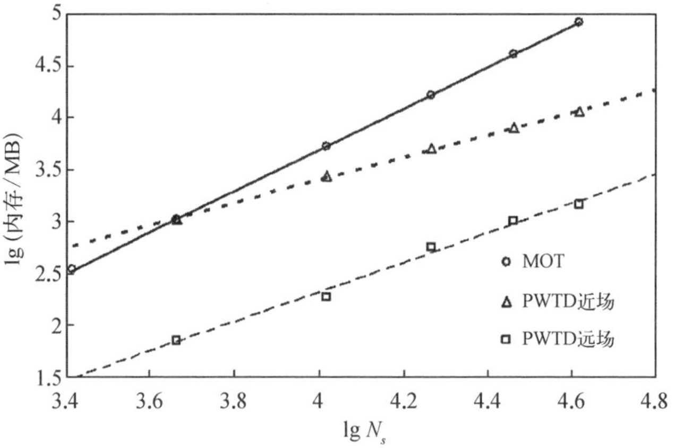

(b)

图 5.3.2　(a) PWTD 和 MOT 计算复杂度比较,其中实线和虚线的斜率分别为 2、1.17;(b) PWTD 和 MOT 峰值内存比较,其中实线、短虚线和长虚线的斜率分别为 2、1 和 1.5

2. 计算精度和稳定性验证

算例 2:分析了一个半径为 3 m 的金属球的瞬态电磁散射问题。入射波为调制高斯脉冲波,中心频率为 200 MHz,带宽为 200 MHz,入射方向和极化方向分别为 $\hat{\boldsymbol{k}}^{\text{inc}}=\hat{\boldsymbol{z}}$, $\hat{\boldsymbol{p}}^{\text{inc}}=\hat{\boldsymbol{x}}$。观察角为 $0°\leqslant\theta_s\leqslant 180°$, $\phi_s=0°$。采用平面三角形剖分,剖分尺度固定为 0.1 m,离散得到的未知量为 41 472。MOT 算法和 PWTD 算法使用的时间步长为 $\Delta t=0.333\,\text{ns}$, 分别计算 300 个时间步。图 5.3.3 给出了时域平面波算法计算得到的不同频点处的双站 RCS 结果与 Mie 解析解比较,两者的数据吻合得比较好。事实上时域平面波算法计算得到的频率为 120 MHz、200 MHz、

290 MHz 时的双站 RCS 的相对均方根(RRMS)误差分别为 3.61%、0.648% 和 0.958%。为了进一步验证程序的精度,我们给出后向散射场的分量 $E(\theta)$ 与 MOT 算法得到的后向散射场做比较,如图 5.3.3(d)所示。接着给出了两种方法计算得到的金属球表面一个 RWG 基函数的系数,这个 RWG 基函数的公共边的两个端点为(0.0 m, 0.0 m, 3.0 m)和(0.049 078 6 m, 0.085 006 7 m, 2.998 39 m),如图 5.3.3(e)所示,为了便于观察,我们只给出了前 300 步的电流系数值。从图中可以看出,PWTD 算法计算得到的瞬态后向散射场以及金属表面一点处的电流值均与传统 MOT 算法结果吻合得很好,由此验证了 PWTD 算法的精确性。为了验证 PWTD 算法的稳定性,图 5.3.3(f)给出了前面所述 RWG 基函数系数的对数形式,PWTD 算法一直迭代了 3 000 步,可以看出电流密度的幅值随时间的变化呈指数衰减,并收敛到 1.0×10^{-9},证明了 PWTD 算法的晚时稳定性。

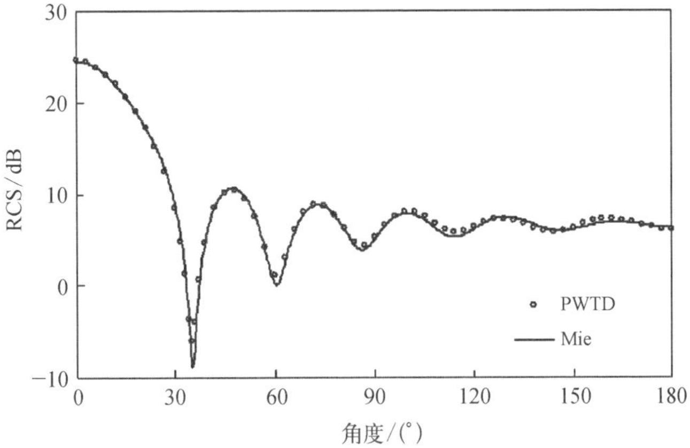

(a)

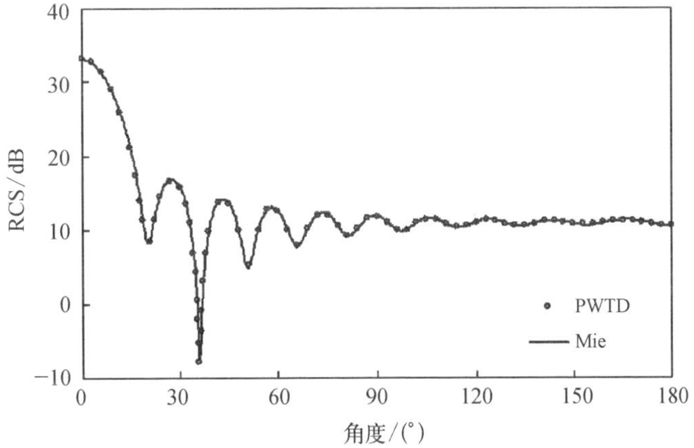

(b)

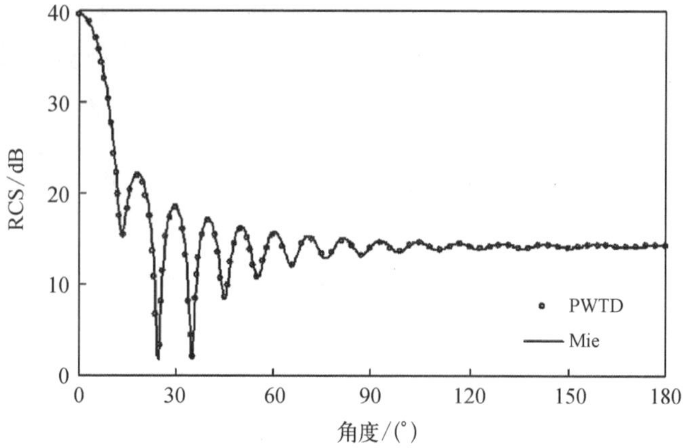
40
30
20
10
0
RCS/dB
0
30
60
90
120
150
180
角度/(°)
PWTD
Mie

(c)

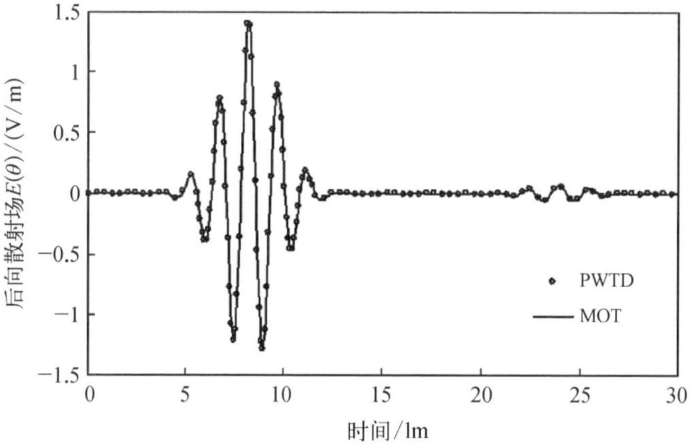
1.5
1
0.5
0
−0.5
−1
−1.5
后向散射场$E(\theta)$/(V/m)
0
5
10
15
20
25
30
时间/lm
PWTD
MOT

(d)

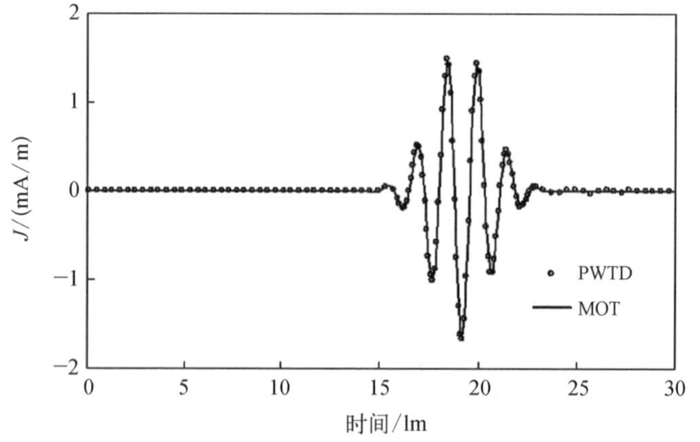
2
1
0
−1
−2
J/(mA/m)
0
5
10
15
20
25
30
时间/lm
PWTD
MOT

(e)

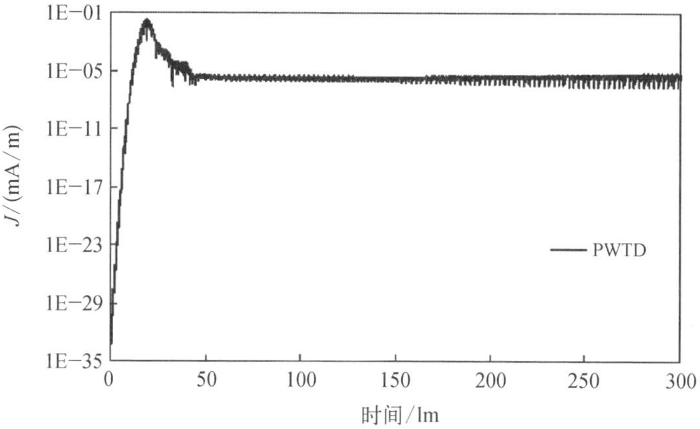

(f)

图 5.3.3　金属球不同频点处双站 RCS 对比：(a) 120 MHz；(b) 200 MHz；(c) 290 MHz。(d) 时域后向散射场对比。(e) 金属球表面一个 RWG 基函数系数的对比。(f) 晚时稳定性验证

3. 计算能力测试

前面只使用 PWTD 算法计算了简单金属球的瞬态电磁散射问题，为了验证 PWTD 算法的计算能力，下面使用 PWTD 算法计算几个复杂模型的宽频带电磁散射问题。

算例 3： B－2 轰炸机 1∶2 缩比模型如图 5.3.4(a)所示，几何尺寸为 10.492 m × 26.188 m × 1.546 m，入射波为调制高斯脉冲波，中心频率为 200 MHz，带宽为 200 MHz，入射方向和极化方向分别为 $\hat{\boldsymbol{k}}^{\mathrm{inc}} = \hat{\boldsymbol{x}}$，$\hat{\boldsymbol{p}}^{\mathrm{inc}} = -\hat{\boldsymbol{z}}$，即从飞机头部水平入射。观察角为 $0° \leqslant \theta_s \leqslant 180°$，$\phi_s = 0°$。采用平面三角形剖分，剖分尺度固定为 0.1 m，离散得到的未知量为85 326。PWTD 算法使用的时间步长为 $\Delta t = 0.333$ ns，计算 500 个时间步。图 5.3.4(b)～(d) 给出了 PWTD 算法计算得到的不同频点处的双站 RCS 结果与频域多层快速多极子(MLFMM)的比较，两者的数据吻合得很好，由此验证了 PWTD 算法计算复杂目标的能力。本算例 PWTD 算法的内存需求是 39.3 GB，一共计算了 51.9 h。

算例 4： 一个按照 1∶2 缩比的 F－35 战机模型如图 5.3.5(a)所示，尺寸为 5.337 m × 7.839 m × 1.647 m，入射波为调制高斯脉冲波，中心频率为 350 MHz，带宽为 500 MHz，入射方向和极化方向分别为 $\hat{\boldsymbol{k}}^{\mathrm{inc}} = \hat{\boldsymbol{y}}$，$\hat{\boldsymbol{p}}^{\mathrm{inc}} = -\hat{\boldsymbol{z}}$，即从飞机头部水平入射。观察角为 $0° \leqslant \theta_s \leqslant 180°$，$\phi_s = 0°$。采用平面三角形剖分，剖分尺度固定为 0.05 m，离散得到的未知量为 75 126。PWTD 算法使用的时间步长为 $\Delta t = 0.167$ ns，

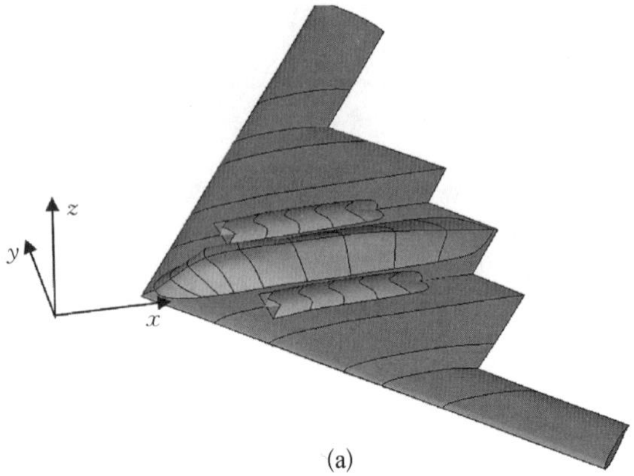
z
y
x

(a)

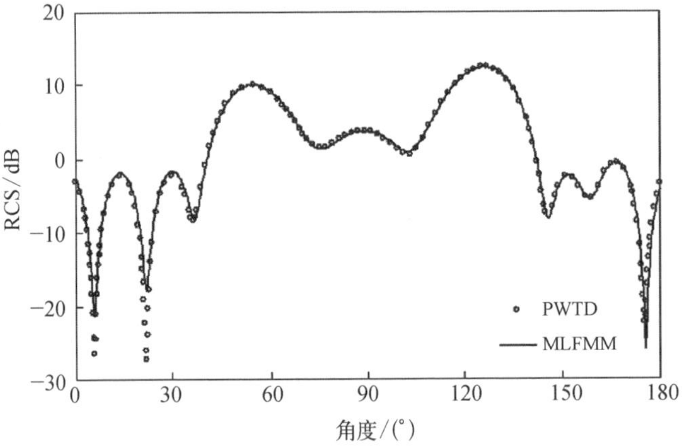
20
10
0
−10
−20
−30
0
30
60
90
120
150
180
RCS/dB
角度/(°)
PWTD
MLFMM

(b)

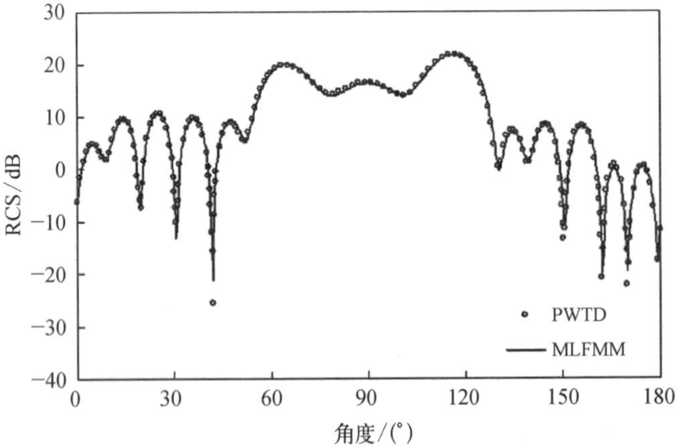
30
20
10
0
−10
−20
−30
−40
0
30
60
90
120
150
180
RCS/dB
角度/(°)
PWTD
MLFMM

(c)

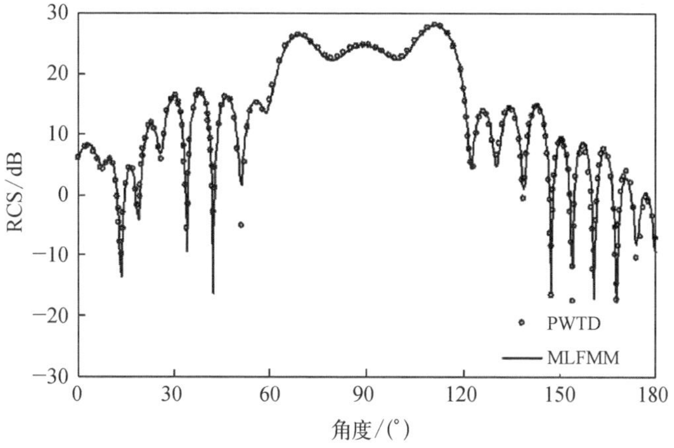

(d)

图 5.3.4　(a) B－2 轰炸机模型。B－2 轰炸机在不同频点处双站 RCS 对比：(b) 114 MHz；(c) 204 MHz；(d) 300 MHz

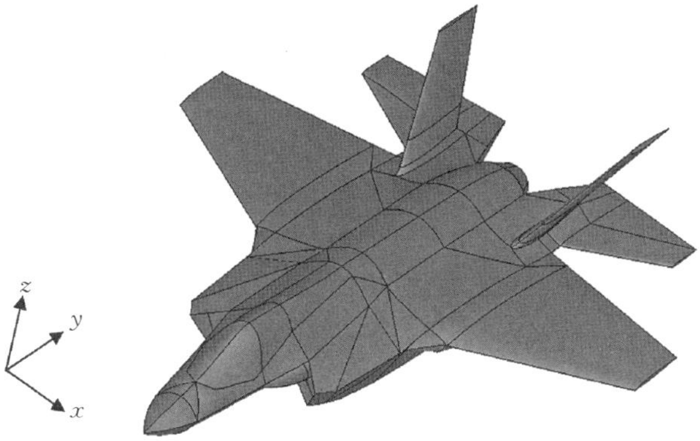

(a)

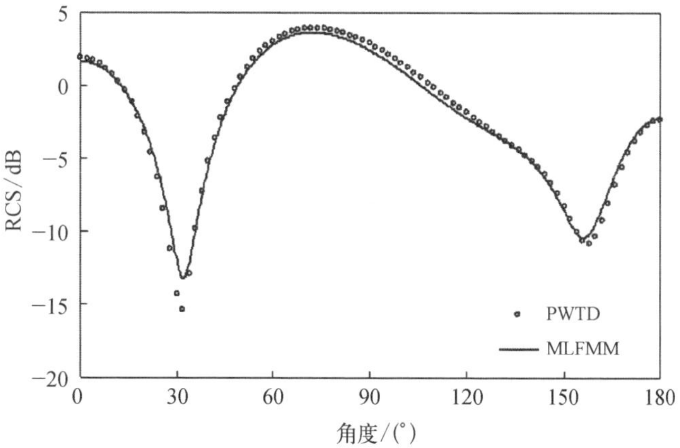

(b)

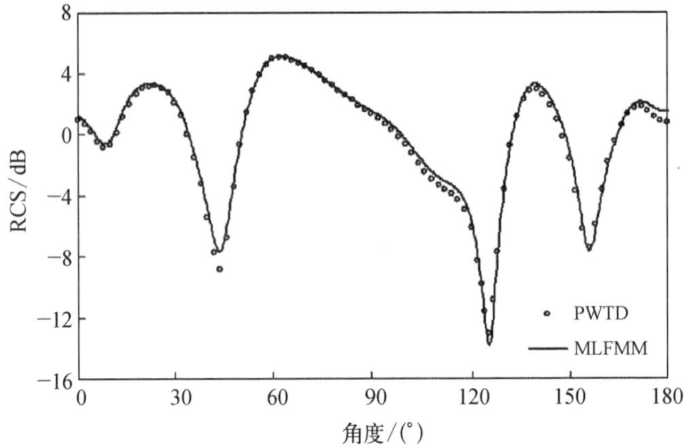

(c)

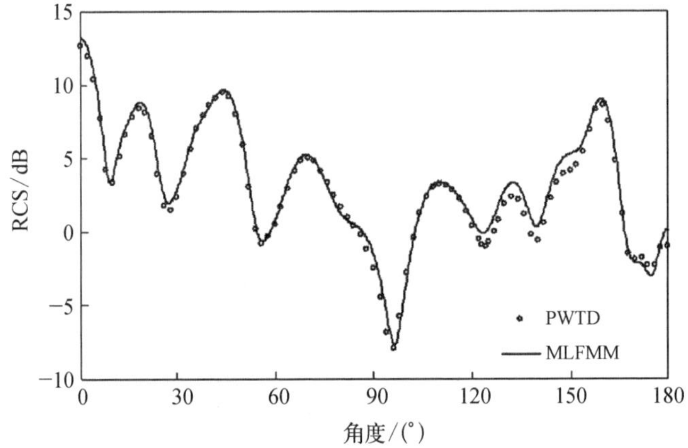

(d)

图 5.3.5　(a) F－35 飞机缩比模型。F－35 飞机在不同频点处双站 RCS 对比：(b) 130 MHz；(c) 350 MHz；(d) 550 MHz

计算 600 个时间步。图 5.3.5(b)～(d)给出了 PWTD 算法计算得到的不同频点处的双站 RCS 结果与频域多层快速多极子(MLFMM)的比较,两者的数据吻合得很好,进一步验证了 PWTD 算法计算复杂模型宽频带电磁散射的准确性。本算例 PWTD 算法的内存需求是 37.7 GB,一共计算了 81 h。

5.4　基于高阶叠层矢量基函数的时域平面波算法

采用时域积分方程分析目标电磁特性时,其计算复杂度和内存需求分别是为 $O(N_tN_s^2)$ 和 $O(N_s^2)$,N_s 是基函数的个数,N_t 是时间步数。显然时间和内存是限制时域积分方程实际工程应用的两大要素。时域平面波快速算法的使用,能够将传统 MOT 的计算复杂度和内存需求降低到 $O(N_tN_s\log^2N_s)$ 和 $O(N_s^{1.5})$。但是快速算法并不会减少描述目标几何特性的未知量,因此若能有效减少未知量的个数,则在相同的计算机资源下就能够分析更大的问题。本节拟将高阶叠层矢量基函数应用到时域积分方程,建立基于高阶叠层矢量基函数的时域积分方程算法(HO-TDIE),有效降低待求解的未知量,达到降低求解时间和内存消耗的目的。然后将时域平面波算法和高阶叠层矢量基函数结合,进一步节约内存节省时间。

5.4.1　高阶叠层矢量基函数

高阶方法[28-33]的一个重要前提是采用高阶曲面单元对目标进行建模。高阶曲面建模可以更精确地模拟目标的几何外形,减少网格剖分过程引入的离散误差。Ansys、Patran 等软件都可以提供具有 6 个插值点的 2 阶参数曲面三角形单元网格剖分。因此本节的几何建模使用的是 2 阶参数曲面三角形单元,下面简要介绍适用于面剖分的 2 阶参数曲面三角形建模。

如图 5.4.1 所示,三维直角坐标系下 2 阶曲面三角形单元中点 $\boldsymbol{r}(x, y, z)$ 和参量坐标系下 (ξ_1, ξ_2) 的关系如下:

$$
\begin{aligned}
&\boldsymbol{r}(x, y, z) \doteq \boldsymbol{r}(\xi_1, \xi_2) \\
&= \boldsymbol{r}_{200}\xi_1(2\xi_1 - 1) + \boldsymbol{r}_{020}\xi_2(2\xi_2 - 1) + \boldsymbol{r}_{002}\xi_3(2\xi_3 - 1) \\
&\quad + \boldsymbol{r}_{110}4\xi_1\xi_2 + \boldsymbol{r}_{011}4\xi_2\xi_3 + \boldsymbol{r}_{101}4\xi_1\xi_3
\end{aligned}
\tag{5.4.1}
$$

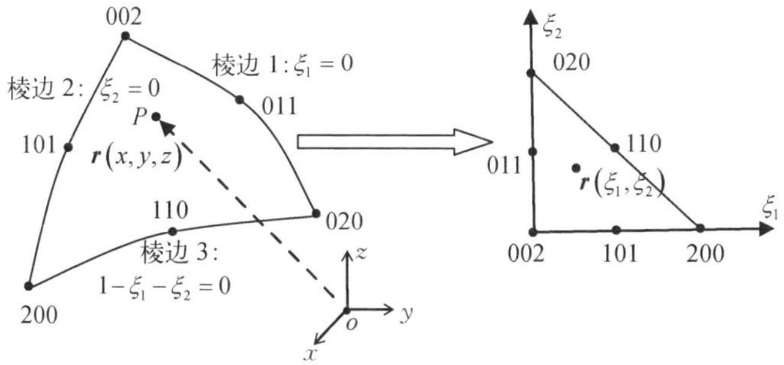

图 5.4.1　2 阶曲面三角形单元到参数三角形映射关系

其中,$\boldsymbol{r}_{mnp}$ 表示曲面三角形上插值点的坐标矢量,m、n、p 的不同组合代表不同的插值点;(ξ_1, ξ_2, ξ_3) 表示 $\boldsymbol{r}$ 在参量坐标系中的坐标值,且在参量坐标的定义下 (ξ_1, ξ_2, ξ_3) 满足 $\xi_1 + \xi_2 + \xi_3 = 1$。

参数曲面单元上任意一点 $\boldsymbol{r}(\xi_1, \xi_2)$ 的微分矢量如下式所示:

$$\mathrm{d}\boldsymbol{r}(\xi_1, \xi_2) = \frac{\partial \boldsymbol{r}}{\partial \xi_1}\mathrm{d}\xi_1 + \frac{\partial \boldsymbol{r}}{\partial \xi_2}\mathrm{d}\xi_2 \tag{5.4.2}$$

其中,面元矢量的微分形式为

$$\mathrm{d}\boldsymbol{S} = \frac{\partial \boldsymbol{r}}{\partial \xi_1} \times \frac{\partial \boldsymbol{r}}{\partial \xi_2}\mathrm{d}\xi_1\mathrm{d}\xi_2 \tag{5.4.3}$$

面元单位外法向矢量表示为

$$\hat{\boldsymbol{n}}(\xi_1, \xi_2) = \frac{1}{\sqrt{g}}\frac{\partial \boldsymbol{r}}{\partial \xi_1} \times \frac{\partial \boldsymbol{r}}{\partial \xi_2} \tag{5.4.4}$$

其中,$g = \left(\frac{\partial \boldsymbol{r}}{\partial \xi_1} \cdot \frac{\partial \boldsymbol{r}}{\partial \xi_1}\right)\left(\frac{\partial \boldsymbol{r}}{\partial \xi_2} \cdot \frac{\partial \boldsymbol{r}}{\partial \xi_2}\right) - \left(\frac{\partial \boldsymbol{r}}{\partial \xi_1} \cdot \frac{\partial \boldsymbol{r}}{\partial \xi_2}\right)^2$。雅可比(Jacobian)因子可将三维直角坐标系下关于曲面的积分转化为参量坐标系中的平面积分,雅可比因子如下:

$$J(\xi_1, \xi_2) = \left|\frac{\partial \boldsymbol{r}}{\partial \xi_1} \times \frac{\partial \boldsymbol{r}}{\partial \xi_2}\right| \tag{5.4.5}$$

公式(5.4.2)~(5.4.5)给出了参数曲面建模以及构造高阶矢量基函数时需要用到的微分几何量的映射关系式。

下面简单介绍下本节用到的高阶叠层矢量基函数。最低阶的散度共形矢量基函数即为 CRWG 基函数,其表达式如下所示:

$$\begin{aligned}
\boldsymbol{f}_{1,0}^{\mathrm{e}}(\boldsymbol{r}) &= \frac{1}{J}\left[(\xi_1 - 1)\frac{\partial \boldsymbol{r}}{\partial \xi_1} + \xi_2\frac{\partial \boldsymbol{r}}{\partial \xi_2}\right] \\
\boldsymbol{f}_{2,0}^{\mathrm{e}}(\boldsymbol{r}) &= \frac{1}{J}\left[\xi_1\frac{\partial \boldsymbol{r}}{\partial \xi_1} + (\xi_2 - 1)\frac{\partial \boldsymbol{r}}{\partial \xi_2}\right] \\
\boldsymbol{f}_{3,0}^{\mathrm{e}}(\boldsymbol{r}) &= \frac{1}{J}\left(\xi_1\frac{\partial \boldsymbol{r}}{\partial \xi_1} + \xi_2\frac{\partial \boldsymbol{r}}{\partial \xi_2}\right)
\end{aligned} \tag{5.4.6}$$

CRWG 基函数是定义在三角形单元的棱边上的,其本身满足一阶线性插值精度,但是其散度是恒定的常量,具有零阶精度,通常将 CRWG 称为 0.5 阶散度共形矢量基函数。上式中基函数的上标"e"表示基于棱边(edge)定义的基函数,第一个下标表示边的编号,第二下标表示多项式的阶数,以下定义基于棱边的高阶基函数也按这种方式给出上标和下标编号。

由高阶叠层矢量基函数的特性可知,高阶的基函数形式包含了低阶基函数,因此下面我们直接给出 3.5 阶高阶叠层矢量基函数的表达式。

表 5.4.1 中给出了第 1 条边对应的基于边和基于面的 3 阶多项式,由多项式的

叠层特性可知,3 阶多项式中包含了 2 阶和 1 阶多项式表达。表中 $P_k(x)$ 表示第 k 阶勒让德多项式。

表 5.4.1　三角形单元上基于边和基于面的 3 阶多项式

基于边的多项式	基于面的多项式
$E_1 = \sqrt{3}P_1(\xi_2 - \xi_3)$	$F_{0,1} = 2\sqrt{3}\xi_1$
$E_2 = \sqrt{5}P_2(\xi_2 - \xi_3)$	$F_{0,2} = 2\sqrt{3}\xi_1(5\xi_1 - 3)$ $F_{1,1} = 6\sqrt{5}\xi_1(\xi_2 - \xi_3)$
$E_3 = \sqrt{7}P_3(\xi_2 - \xi_3)$	$F_{0,3} = 2\sqrt{30}\xi_1(7\xi_1^2 - 8\xi_1 + 2)$ $F_{1,2} = 2\sqrt{30}(7\xi_1^2 - 3\xi_1)(\xi_2 - \xi_3)$ $F_{2,1} = 2\sqrt{210}\xi_1(\xi_2^2 - 4\xi_2\xi_3 + \xi_3^2)$

将基于边的高阶多项式乘以 $\boldsymbol{f}_{1,0}^{e}(\boldsymbol{r})$,即可得到第 1 条边对应的 3.5 阶棱边矢量基函数:

$$
\begin{aligned}
\boldsymbol{f}_{1,1}^{e}(\boldsymbol{r}) &= \sqrt{3}(2\xi_2 - 1 + \xi_1)\boldsymbol{f}_{1,0}^{e} \\
\boldsymbol{f}_{1,2}^{e}(\boldsymbol{r}) &= \frac{\sqrt{5}}{2}[3(\xi_2 - \xi_3)^2 - 1]\boldsymbol{f}_{1,0}^{e} \\
\boldsymbol{f}_{1,3}^{e}(\boldsymbol{r}') &= \frac{\sqrt{7}}{2}[5(\xi_2 - \xi_3)^3 - 3(\xi_2 - \xi_3)]\boldsymbol{f}_{1,0}^{e}
\end{aligned}
\tag{5.4.7}
$$

其中,3.5 阶包含了 2.5 阶和 1.5 阶的棱边矢量基函数。同理可得第 2 条边对应的 3.5 阶棱边矢量基函数:

$$
\begin{aligned}
\boldsymbol{f}_{2,1}^{e}(\boldsymbol{r}) &= \sqrt{3}(2\xi_3 - 1 + \xi_2)\boldsymbol{f}_{2,0}^{e} \\
\boldsymbol{f}_{2,2}^{e}(\boldsymbol{r}) &= \frac{\sqrt{5}}{2}[3(\xi_3 - \xi_1)^2 - 1]\boldsymbol{f}_{2,0}^{e} \\
\boldsymbol{f}_{2,3}^{e}(\boldsymbol{r}) &= \frac{\sqrt{7}}{2}[5(\xi_3 - \xi_1)^3 - 3(\xi_3 - \xi_1)]\boldsymbol{f}_{2,0}^{e}
\end{aligned}
\tag{5.4.8}
$$

第 3 条边对应的 3.5 阶棱边矢量基函数为

$$
\begin{aligned}
\boldsymbol{f}_{3,1}^{e}(\boldsymbol{r}) &= \sqrt{3}(2\xi_1 - 1 + \xi_3)\boldsymbol{f}_{3,0}^{e} \\
\boldsymbol{f}_{3,2}^{e}(\boldsymbol{r}) &= \frac{\sqrt{5}}{2}[3(\xi_1 - \xi_2)^2 - 1]\boldsymbol{f}_{3,0}^{e} \\
\boldsymbol{f}_{3,3}^{e}(\boldsymbol{r}) &= \frac{\sqrt{7}}{2}[5(\xi_1 - \xi_2)^3 - 3(\xi_1 - \xi_2)]\boldsymbol{f}_{3,0}^{e}
\end{aligned}
\tag{5.4.9}
$$

将第 1 条边对应的面多项式乘以 0.5 阶基函数$\boldsymbol{f}^{\mathrm{e}}_{1,0}(\boldsymbol{r})$即得到 3.5 阶面矢量基函数，如下所示：

$$
\begin{aligned}
&\boldsymbol{f}^{\mathrm{f}}_{1,01}(\boldsymbol{r}) = 2\sqrt{3}\xi_1\boldsymbol{f}^{\mathrm{e}}_{1,0}\\
&\boldsymbol{f}^{\mathrm{f}}_{1,02}(\boldsymbol{r}) = 2\sqrt{3}\xi_1(5\xi_1 - 3)\boldsymbol{f}^{\mathrm{e}}_{1,0}\\
&\boldsymbol{f}^{\mathrm{f}}_{1,11}(\boldsymbol{r}) = 6\sqrt{5}(\xi_2 - \xi_3)\xi_1\boldsymbol{f}^{\mathrm{e}}_{1,0}\\
&\boldsymbol{f}^{\mathrm{f}}_{1,03}(\boldsymbol{r}) = 2\sqrt{30}\xi_1(2 - 8\xi_1 + 7\xi_1^2)\boldsymbol{f}^{\mathrm{e}}_{1,0}\\
&\boldsymbol{f}^{\mathrm{f}}_{1,12}(\boldsymbol{r}) = 2\sqrt{30}(\xi_2 - \xi_3)\xi_1(7\xi_1 - 3)\boldsymbol{f}^{\mathrm{e}}_{1,0}\\
&\boldsymbol{f}^{\mathrm{f}}_{1,21}(\boldsymbol{r}) = 2\sqrt{210}(\xi_2^2 - 4\xi_2\xi_3 + \xi_3^2)\xi_1\boldsymbol{f}^{\mathrm{e}}_{1,0}
\end{aligned}
\tag{5.4.10}
$$

同理，3.5 阶面矢量基函数包含了 2.5 阶和 1.5 阶的面矢量基函数，基函数的上标“f”表示面(face)矢量基函数，第一个下标表示边的编号，第二个下标的两位数之和等于多项式的阶数。同样的第二条边对应的 3.5 阶面矢量基函数可以表示为

$$
\begin{aligned}
&\boldsymbol{f}^{\mathrm{f}}_{2,01}(\boldsymbol{r}) = 2\sqrt{3}\xi_2\boldsymbol{f}^{\mathrm{e}}_{2,0}\\
&\boldsymbol{f}^{\mathrm{f}}_{2,02}(\boldsymbol{r}) = 2\sqrt{3}\xi_2(5\xi_2 - 3)\boldsymbol{f}^{\mathrm{e}}_{2,0}\\
&\boldsymbol{f}^{\mathrm{f}}_{2,11}(\boldsymbol{r}) = 6\sqrt{5}(\xi_3 - \xi_1)\xi_2\boldsymbol{f}^{\mathrm{e}}_{2,0}\\
&\boldsymbol{f}^{\mathrm{f}}_{2,03}(\boldsymbol{r}) = 2\sqrt{30}\xi_2(2 - 8\xi_2 + 7\xi_2^2)\boldsymbol{f}^{\mathrm{e}}_{2,0}\\
&\boldsymbol{f}^{\mathrm{f}}_{2,12}(\boldsymbol{r}) = 2\sqrt{30}(\xi_3 - \xi_1)\xi_2(7\xi_2 - 3)\boldsymbol{f}^{\mathrm{e}}_{2,0}\\
&\boldsymbol{f}^{\mathrm{f}}_{2,21}(\boldsymbol{r}) = 2\sqrt{210}(\xi_3^2 - 4\xi_3\xi_2 + \xi_2^2)\xi_2\boldsymbol{f}^{\mathrm{e}}_{2,0}
\end{aligned}
\tag{5.4.11}
$$

对于二维的三角形面单元，面上只有 2 个独立的切向方向，所以我们舍去第三条边对应的面矢量基函数。式(5.4.6)~式(5.4.11)构成了一个三角形单元上 3.5 阶叠层矢量基函数，一共有 24 个基函数。对于一个三角形单元上的 $(p + 0.5)$ 阶基函数，其中 p 为整数，一共有 $3(p + 1)$ 个棱边基函数和 $p(p + 1)$ 个面基函数。

5.4.2　基于高阶叠层矢量基函数的时域积分方程方法

利用式(5.4.5)，将定义在曲面三角形上直角坐标系下的时域积分方程转换为参量坐标系下的时域积分方程：

$$
\begin{aligned}
&\hat{\boldsymbol{n}} \times \hat{\boldsymbol{n}} \times \boldsymbol{E}^{\mathrm{inc}}(\boldsymbol{r}, t)\\
&= \hat{\boldsymbol{n}} \times \hat{\boldsymbol{n}} \times \left[
\begin{aligned}
&\frac{\mu_0}{4\pi}\iint_S J(\varepsilon_1, \varepsilon_2)\mathrm{d}\varepsilon_1\varepsilon_2\,\frac{\partial_\tau \boldsymbol{J}(\boldsymbol{r}', \tau)}{R}\\
&- \frac{\nabla}{4\pi\varepsilon_0}\iint_S J(\varepsilon_1, \varepsilon_2)\mathrm{d}\varepsilon_1\varepsilon_2\,\frac{\partial_\tau^{-1}\nabla' \cdot \boldsymbol{J}(\boldsymbol{r}', \tau)}{R}
\end{aligned}
\right]
\end{aligned}
\tag{5.4.12}
$$

$$\hat{\boldsymbol{n}} \times \boldsymbol{H}^{\text{inc}}(\boldsymbol{r}, t) = \frac{\boldsymbol{J}(\boldsymbol{r}, t)}{2} - \hat{\boldsymbol{n}} \times \frac{1}{4\pi}\iint_S J(\varepsilon_1, \varepsilon_2)\mathrm{d}\varepsilon_1\varepsilon_2 \nabla \times \frac{\boldsymbol{J}(\boldsymbol{r}', \tau)}{R} \tag{5.4.13}$$

将上述方程在空间上用高阶叠层矢量基函数离散,时间上用三角基函数离散。对电场和磁场方程在空间上进行伽辽金测试,在时间上进行点匹配,得到如下所示矩阵方程组:

$$\bar{\boldsymbol{Z}}_E^0\boldsymbol{I}^i = \boldsymbol{V}_E^i - \sum_{j=1}^{i-1}\bar{\boldsymbol{Z}}_E^{i-j}\boldsymbol{I}^j \tag{5.4.14}$$

$$\bar{\boldsymbol{Z}}_M^0\boldsymbol{I}^i = \boldsymbol{V}_M^i - \sum_{j=1}^{i-1}\bar{\boldsymbol{Z}}_M^{i-j}\boldsymbol{I}^j \tag{5.4.15}$$

上面两式分别是电场和磁场矩阵形式。其中,$\boldsymbol{I}^i$ 代表当前时刻待求电流系数; $\bar{\boldsymbol{Z}}^{i-j}$ 是阻抗矩阵, $i, j = 1, 2, 3, \cdots, i \geqslant j$; $\boldsymbol{V}^i$表示在第 i 个时间步的激励;下标 E、M 代表电场和磁场。矩阵元素的具体表达式参照式(3.1.17)~式(3.1.20)。

需要注意的是在计算阻抗矩阵元素时,对于曲面单元的奇异性和近奇异性需要处理,基本思想是将曲面单元上的奇异性积分的计算转换到相应的切平面上,然后在该切平面上进行相应奇异性处理的步骤。其他过程和普通的平面三角形单元的奇异性处理一样,本节采用的是文献[34]中的方法。

下面首先通过简单模型的数值算例来说明高阶基函数的使用原则,即如何选择合适的计算参数以保证最佳的计算效率和结果精度。算例分析了一个半径为 1.0 m 的球,球心位于(0, 0, 0)处,采用曲面三角剖分,具体剖分尺寸见表 5.4.2。激励采用调制高斯脉冲,最大频率设为 300 MHz,中心频率为 150 MHz。入射方向和极化方向分别为 $\hat{\boldsymbol{k}}^{\text{inc}} = \hat{z}$, $\hat{\boldsymbol{p}}^{\text{inc}} = \hat{\boldsymbol{x}}$, 散射角为 $0° \leqslant \theta_s \leqslant 180°$, $\phi_s = 0°$。 HO-TDIE 算法使用的时间步长为 $\Delta t = 0.333$ ns, 分别计算 300 个时间步。表 5.4.2 给出了不同阶基函数使用的剖分单元的尺寸、高斯积分点的个数与计算时间,以及不同频点处 RCS 误差之间的关系,表中的均方根误差是基于 Mie 级数(解析解)求解的。

表 5.4.2　不同阶数高阶基函数精度、内存以及时间对比

阶数	剖分尺寸/m	高斯点	未知量	RRMS (30 MHz)	RRMS (150 MHz)	RRMS (270 MHz)	峰值内存/MB	填充时间	求解时间	迭代步数	总时间
0.5	0.1	6	3 852	0.000 13	0.009 278	0.021 312	757.1	227	716	18	968
1.5	0.3	6	1 400	0.001 05	0.006 173	0.014 901	145.9	10	292	68	303

(续表)

阶数	剖分尺寸/m	高斯点	未知量	RRMS (30 MHz)	RRMS (150 MHz)	RRMS (270 MHz)	峰值内存/MB	填充时间	求解时间	迭代步数	总时间
1.5	0.3	12	1 400	0.001 746	0.006 967	0.018 73	151	24	318	71	344
1.5	0.3	25	1 400	0.001 112	0.007 114	0.016 205	156.9	72	323	71	399
1.5	0.4	6	730	0.001 452	0.010 471	0.023 61	52.7	4	46	66	50
1.5	0.4	25	730	0.001 609	0.007 624	0.023 333	55.1	20	63	69	85
1.5	0.5	25	570	0.002 141	0.012 156	0.045 261	39.9	13	37	70	52
2.5	0.3	25	2 940	0.000 543	0.008 373	0.014 9	634.3	213	2 512	122	2 733
2.5	0.4	25	1 533	0.000 867	0.010 152	0.015 979	211.7	61	826	116	889
2.5	0.5	25	1 197	0.002 847	0.013 202	0.029 081	137.8	39	492	122	532
2.5	0.6	25	735	0.004 637	0.020 78	0.037 403	65.8	15	192	135	208

为了排除平面三角形单元和曲面三角形单元在几何建模上的不同造成的误差,我们在此定义使用曲面三角形单元建模和 CRWG 基函数为低阶(0.5 阶)方法,低阶方法的计算参数以最优化的组合给出,并以此作为参考标准。

表 5.4.2 中首先使用的是 1.5 阶基函数。固定剖分单元的尺寸为 0.3λ,逐渐增加单元上高斯积分点的个数,可以看出阻抗矩阵的填充时间随之增加,矩阵方程迭代求解时间略有增加,RCS 的 RRMS 误差基本不变,这是因为对于边长尺寸为 0.3λ 的单元,6 个点的高斯积分已经达到了饱和精度,所以继续增加积分点个数对积分精度不会再有提高。适当增大单元尺寸到 0.4λ 并固定高斯积分点个数为 6 和 25,未知量总数、峰值内存、阻抗矩阵填充时间及迭代求解时间相比剖分尺寸为 0.3λ 时都有所减少,RCS 的 RRMS 误差有所增加。继续增大单元尺寸到 0.5λ 并固定高斯积分点个数为 25,RCS 的 RRMS 误差继续增加。

表 5.4.2 继续给出了使用 2.5 阶基函数时,剖分单元尺寸、高斯积分点个数与计算内存、时间及结果精度之间的关系。发现当使用 2.5 阶基函数时,矩阵条件数明显变差,迭代步数增加,导致迭代求解时间增加。在实际应用中,当分析问题的未知量变大时,阻抗矩阵的性态会逐渐变差,迭代求解时间变长或者难以迭代收敛,这样一来总的仿真时间中阻抗填充时间不再占主要部分,所以此时我们需要考虑选用矩阵条件数更好的高阶基函数,而本节的高阶叠层基函数的矩阵条件数随

着基函数阶数的升高而增大，所以实际应用时倾向选择阶数较低、条件数较好的基函数。

通过对精度、内存以及时间的综合考虑，选用 1.5 阶基函数，剖分尺寸在 $0.3\lambda \sim 0.4\lambda$ 时效果最好。因此没有特殊说明的情况下，下面的高阶基函数算例全部使用 1.5 阶基函数。

5.4.3　基于高阶叠层矢量基函数的时域平面波算法

传统的 MOT-TDIE 的计算复杂度为 $O(N_t N_s^2)$，内存消耗为 $O(N_s^2)$，N_s 是空间基函数的个数，N_t 是时间步的个数。高阶基函数的使用可以显著降低求解问题的未知量，但是当目标的电尺寸很大时，基于高阶叠层矢量基函数的时域积分方法求解能力仍有较大的局限。所以为了分析实际电大尺寸目标，必须考虑减少存储量和加速计算的快速算法。本节研究基于高阶叠层矢量基函数的时域平面波算法，将快速算法和高阶基函数在时域积分方程的框架下结合，同时从降低未知量和降低计算复杂度两个角度出发，减少时域积分方程方法的计算时间和内存消耗。

时域平面波算法的原理以及具体实现过程已经在 5.1 ~ 5.3 节中详细说明，当将高阶叠层矢量基函数与时域平面波算法结合时，高阶基函数采用曲面剖分，剖分尺寸较大，因此需要依据相应的剖分尺寸选择合理的分组尺寸。高阶叠层基函数时域积分算法中，未知量既有棱边基函数也含有面基函数，在时域平面波的聚合和投射时，需要注意面基函数应选用三角形的中心点作为面基函数的中心，然后计算聚合因子和投射因子，转移过程不变。

下面通过数值算例来说明基于高阶叠层矢量基函数的时域平面波（HO-PWTD）算法的计算效率和精度。

算例 1： B－2 轰炸机 1∶2 缩比模型如图 5.3.4（a）所示，几何尺寸为 10.492 m × 26.188 m × 1.546 m，入射波为调制高斯脉冲波，中心频率为 200 MHz，带宽为 200 MHz，入射方向和极化方向分别为 $\hat{\boldsymbol{k}}^{\mathrm{inc}} = \hat{\boldsymbol{x}}$，$\hat{\boldsymbol{p}}^{\mathrm{inc}} = -\hat{\boldsymbol{z}}$，即从飞机头部水平入射。观察角为 $0° \leqslant \theta_s \leqslant 180°$，$\phi_s = 0°$。采用曲面三角形剖分，剖分尺度固定为 0.3 m，离散得到的曲面单元为 6 688，采用 1.5 阶高阶基函数时的未知量为 33 440。HO-PWTD 算法使用的时间步长为 $\Delta t = 0.333$ ns，计算 500 个时间步。图 5.4.2 给出了 HO-PWTD 算法计算得到的不同频点处的双站 RCS 结果与 5.3.4 节中基于 RWG 基函数的 PWTD 算法的比较，两者的数据吻合得很好，由此验证了 HO-PWTD 算法的精确性。同时将 HO-PWTD 和 RWG-PWTD 分析同样问题所消耗的时间及内存作比较，如表 5.4.3 所示，HO-PWTD 相比于 RWG-PWTD，内存和时间都得到了很大的节约，充分体现了 HO-PWTD 算法的优越性。

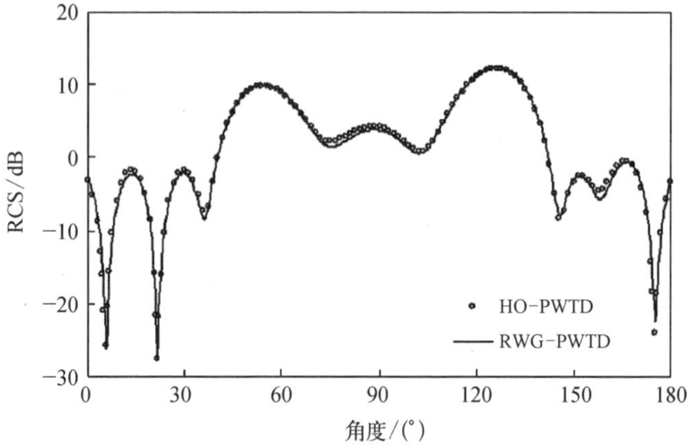

(a) 114 MHz

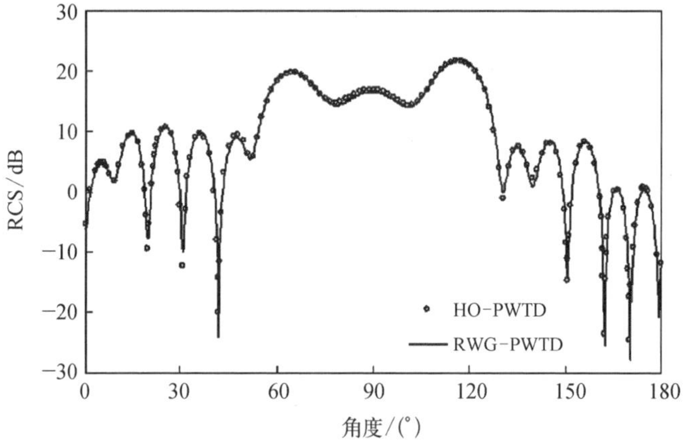

(b) 204 MHz

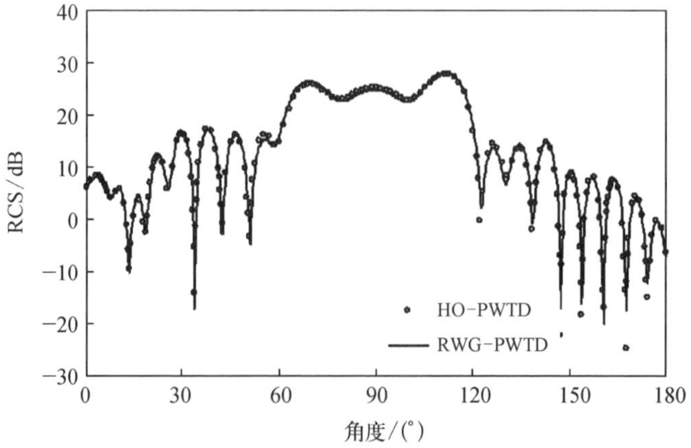

(c) 300 MHz

图 5.4.2　B－2 轰炸机在不同频点处双站 RCS 对比

表 5.4.3　HO-PWTD 和 RWG-PWTD 时间内存对比

	剖分尺寸/m	未知量	峰值内存/GB	运行时间/h
HO-PWTD（基于高阶基函数）	0.3	33 440	15.4	29.8
RWG-PWTD（基于 RWG 基函数）	0.1	85 326	39.3	51.9

5.5　并行时域平面波算法的设计和实现

由于 MOT 算法计算量的基数较大，对于大规模的电磁问题，即使采用 PWTD 算法加速，需要的计算时间依然很长。进一步降低 PWTD 算法的计算复杂度已经很困难。因此如何进一步提高 PWTD 算法求解问题的能力成为人们关注的焦点，而并行计算技术正是高效利用计算机资源提高计算速度和效率的一种有效方法。近年来，关于并行 FMM 的研究取得了很多成果[35-40]。然而由于 PWTD 算法的复杂性，并行 PWTD 算法并不是并行 FMM 在时域上的简单拓展，需要从算法结构方面做出很多调整，有些甚至是根本性的改变才能实现 PWTD 算法并行的高效性。这一节我们将详细说明并行 PWTD 算法在解决电大尺寸目标问题时存在的困难以及解决方案。

5.5.1　硬件条件和并行规范

硬件条件方面，课题组拥有高性能的电磁仿真平台，构建了基于惠普刀片式服务器的并行平台，主要配置为 40 个刀片式服务器 Proliant BL680C G5，每个刀片配置了两颗四核 Intel® Xeon®处理器 X5550（主频 2.66 GHz，内存 48 GB），共1 920 GB 内存；构建了基于戴尔机架式高性能计算平台，主要配置为 7 台 Intel®Xeon®处理器 E7－4850（主频 2 GHz，内存 512 GB）；构建了基于曙光机架式高性能计算平台，主要配置为 2 台 Intel® Xeon®处理器 E7－8850（主频 2.3 GHz，内存2 TB）和一台 Intel® Xeon®处理器 E7－8860（主频 2.2 GHz，内存 2 TB），具有强大的并行处理能力，能够满足超大规模目标电磁特性的高性能计算。

本章采用的是基于 MPI 的并行技术。MPI（message passing interface）即消息传递接口，各个进程之间不能共享内存，每个进程都独立拥有自己的堆栈和代码段，各自独立执行多个程序且互不相关，需要通过调用通信函数来完成互相之间的消息传递，特别适合计算机集群系统。缺点是使用进程间通信的方式协调并行计算，如果某个程序进程间的通信很多将会导致并行效率低、内存开销大，并且增加编程复杂度。

在并行计算中,一个重要的性能指标是要均衡分配负载任务和减少进程间的通信量。只有负载任务均衡且进程间通信量极小才能最大限度地提高并行效率。本节中采用了平分组的方式来并行,即每个进程中有部分组的所有的平面波数的信息。事实上,时域方法的内存消耗比较大,在现有计算机硬件平台能承受的计算规模下,PWTD 算法能调用到的层数有限,这种按照平分组的思想并行效率是很高的。以后随着计算机内存容量不断增大,并行 PWTD 算法能调用的层数增高,考虑采用最新的并行策略: 在每一层都平均分配非空组和平面波数的混合并行策略,以提高并行算法的并行效率,保证算法的高可扩展性。

5.5.2 PWTD 算法的并行实现步骤

本节采用了主从式并行方案,即程序调用一个主进程和 P 个从进程。我们指定主进程用于多进程间的通信,其余的各个进程平均分配计算任务。PWTD 算法的并行实现主要包括近场并行处理技术和远场并行处理技术。

1. 近场并行处理技术

各个进程根据主进程划分任务分配所要处理的区域,读入本进程处理区域的目标几何信息后,根据本进程在最细层需要处理的非空组数开始近场矩阵的初始化。首先统计出每个非空组内的基函数个数,根据 Morton 编码找出本进程组的近场组,每个基函数的近场元素个数包括基函数所在组的基函数个数和基函数所在组的近场组中基函数的个数之和。通过这种统计,每个进程统计出本进程需要填充的近场矩阵的大小及元素位置的索引。然后并行化计算阻抗矩阵元素。由于阻抗元素计算相互独立,不需要经常数据交换,故这一部分并行效率很高。

2. 远场并行处理技术

假设并行计算调用的进程数为 P,在最细层的非空组个数为 $N_g(1)$,则每个进程平均分得的非空组的个数大约是 $N_g(1)/P$ 个。从最细层开始所有组的父层组都分配给同一个进程处理,通过这种方式可以尽量减少子层组通过插值和连接得到父层组的输出射线过程的通信。下面具体介绍按组并行层中的聚合-转移-配置的过程。

首先各个进程根据自己需要处理组的信息,完成基函数到组中心的聚集,得到每个非空组的输出射线。这个时候各个非空组的输出射线的信息分布存储在各个进程中,每个进程拥有部分组的全部输出射线的信息。当完成从基函数到组中心的聚集后,子层需要继续通过内插-延时-连接操作得到父层组的输出射线的信息,直到最粗层为止。下面说明本节采用的并行方法需要将这些聚合射线写到本地内存中。

转移操作是 PWTD 算法中的核心，转移过程效率的高低直接影响到并行 PWTD 算法的效率。在并行 PWTD 算法中，如果不同组的输出射线的信息分布存储在各个不同的进程中，转移过程会出现需要的输出射线的信息不在本地的进程中，因此就需要与其他的进程通信，获得非本进程组的消息。在频域 FMM 中可以通过组复用技术，在进程中存储足够的信息来减少通信的次数，以空间换时间。具体操作是：在通信之前我们可以通过判断统计出本进程转移过程总共需要哪些非空组的信息，然后找出不在本进程中的非空组的编号，反过来本进程中某个组需要的信息在某个进程中，那么这个组的消息也需要发给这个进程。经过这样的统计后，本进程需要接受组的信息和向其他进程发送组的消息也就清楚了。然后每个进程开辟临时数组，保存这些需要发送和接受的其他进程的输出射线，一次性完成通信操作。但是 PWTD 算法和 FMM 不同，FMM 只需要在空间和角谱两维上进行数值离散，在多层结构中，FMM 要求相隔一个组即算是远场组。而 PWTD 算法需要在空间、角谱和时间上进行离散，在多层结构中，PWTD 要求相隔 3～6 个组算是远场组。这就导致了 PWTD 算法中如果通过通信传递所需要的输出射线的信息，信息量是巨大的，通信需要消耗大量的时间，而且需要开辟巨大的临时数组来保存这个输出射线，内存消耗也是难以承受的。并且在 PWTD 算法中，不同时间步时，需要做转移操作的远场组对也不同，即使采用组复用技术，也要考虑统计不同时刻需要转移的远场组对。

为了克服转移过程中通信量巨大的问题，本节采用了读写内存的方式。当每个进程完成聚合得到了各自进程负责的最细层组的输出射线时，通过写内存操作，将最细层组的输出射线写到本地内存中。然后在子层到父层的聚合操作时，先把需要的子层组的输出射线通过读取内存的方式从本地内存中读取出来，然后通过内插-延时-连接操作得到父层组的输出射线，再把父层的输出射线也通过写内存的操作写到本地内存中。这样所有层的所有组的输出射线都保存在本地内存中。转移过程中，直接从本地内存中读取需要的输出射线的信息即可。通过采用这种读写内存的方式可以避免转移过程中的大量通信需求，大大提高了并行 PWTD 算法的效率。

5.5.3　数值算例与分析

基于上述并行 PWTD 算法的实现过程，我们开发了用于分析三维电大导体目标时域电磁散射特性的并行 PWTD 算法的数值程序。下面通过分析一些电大尺寸导体目标的散射特性来验证程序的精确性和高效性。本节在默认的情况下所有的数值结果都是在服务器 Intel® Xeon® E7 − 8850（主频 2.3 GHz，内存 2 TB）上计算获得的。本节所有数值算例的分析均采用广义最小余量法（GMRES）来求解矩阵方程，单精度程序的迭代收敛精度设为 10^{-6}。对于下面几个算例，如果目标属于闭合结构，使用混合场积分方程来计算，α 选取为 0.5，开放结构使用电场积分方程，α 选取为 1.0。采用时域平面波算法主要参数的取值为：近似椭球波函数的阶数 $p_t = 4$，空间谱过采样系数 $\chi_1 = 1.1$，分组尺寸设为 0.4λ，其中 λ 为入射波最高频对应的波长，近远场阈值设为 $\gamma = 4$。

1. 并行效率测试

算例 1： 通过一个金属球的算例来验证并行效率。分析了一个半径为 2 m 的金属球的瞬态电磁散射问题，入射波为调制高斯脉冲波，中心频率为 200 MHz，带宽为 200 MHz，入射方向和极化方向分别为 $\hat{\boldsymbol{k}}^{\text{inc}} = \hat{\boldsymbol{z}}$, $\hat{\boldsymbol{p}}^{\text{inc}} = \hat{\boldsymbol{x}}$。观察角为 $0° \leqslant \theta_s \leqslant 180°$，$\phi_s = 0°$。采用平面三角形剖分，剖分尺度固定为 0.1 m，离散得到的未知量为 18 432。并行 PWTD 算法使用的时间步长为 $\Delta t = 0.333$ ns，计算 300 个时间步。分别调用 1、2、4、8、16、32 个进程依次分析上述目标。图 5.5.1 给出了进程数不同时并行效率的变化，从图 5.5.1 中可以看出当进程数达到 32 个时，并行效率仍然能够保证在 75%以上，说明了本章并行方案的高效性。随着进程数的增加，并行效率有所降低，主要是因为进程数目越多，进程之间的通信会越频繁。但从总体上来说并行效率还是较高的。说明了本章并行方案的高效性和可扩展性。

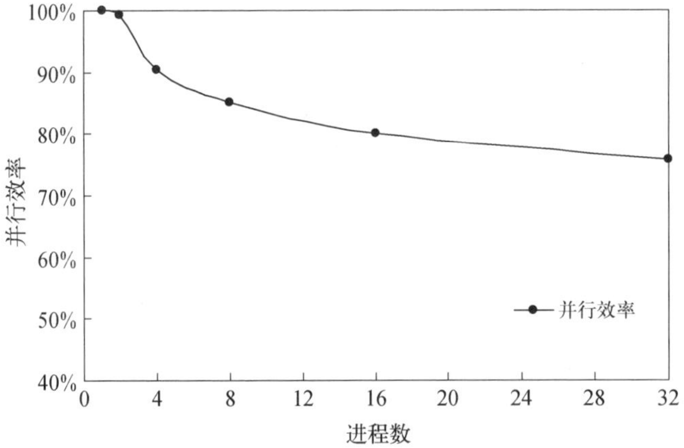

图 5.5.1 并行效率随进程数变化情况

2. 计算能力测试

算例 2： 分析一个半径为 25 m 的金属球的瞬态电磁散射问题。入射波为调制高斯脉冲波，中心频率为 200 MHz，带宽为 200 MHz，入射方向和极化方向分别为 $\hat{\boldsymbol{k}}^{\text{inc}} = \hat{\boldsymbol{z}}$, $\hat{\boldsymbol{p}}^{\text{inc}} = \hat{\boldsymbol{x}}$。观察角为 $0° \leqslant \theta_s \leqslant 180°$，$\phi_s = 0°$。采用平面三角形剖分，剖分尺度固定为 0.1 m，离散得到的未知量为 2 880 000。PWTD 算法使用的时间步长为 $\Delta t = 0.333$ ns，计算 800 个时间步。图 5.5.2 给出了时域平面波算法计算得到的不

同频点处的双站 RCS 结果与 Mie 解析解比较，两者的数据吻合得比较好。调用 80 个进程分析上述目标。消耗峰值内存为 1.3 T，运行时间为 84.5 h。

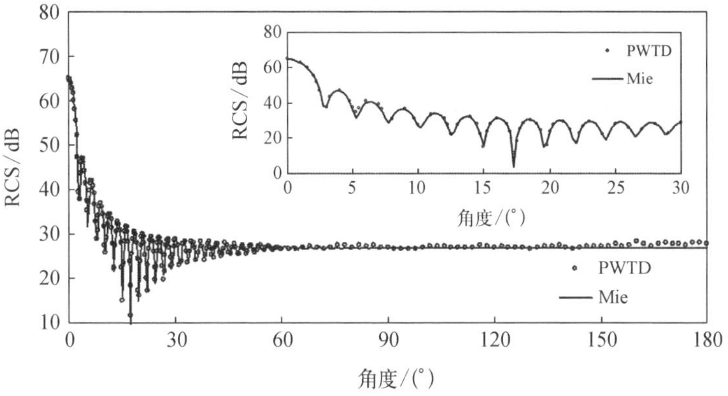

(a) 150 MHz

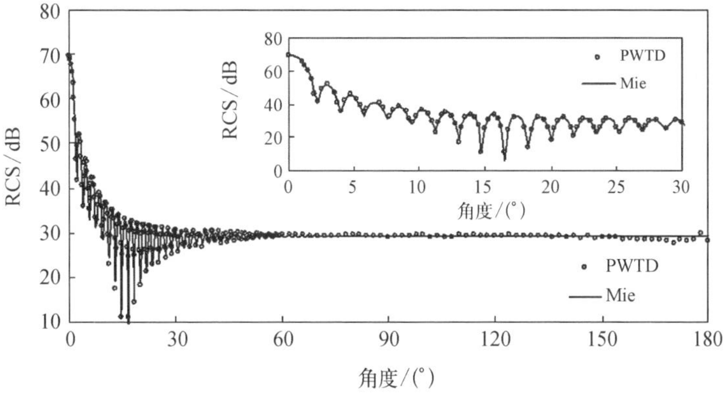

(b) 200 MHz

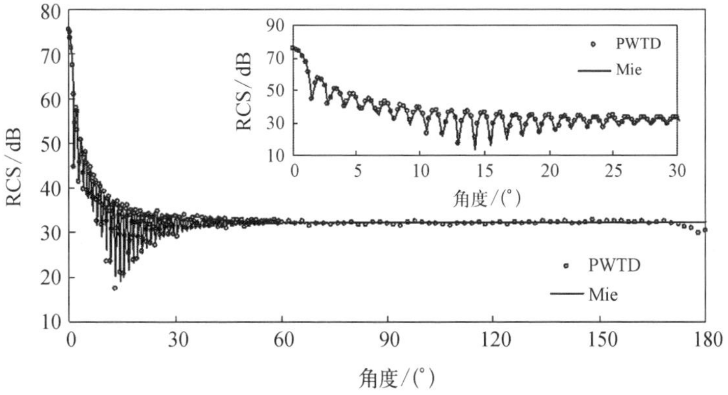

(c) 278 MHz

图 5.5.2　金属球不同频点处双站 RCS 对比

算例 3：B－2 轰炸机模型如图 5.3.4(a)所示，尺寸为 20.984 m × 52.376 m × 3.092 m，入射波为调制高斯脉冲波，中心频率为 300 MHz，带宽为 400 MHz，入射方向和极化方向分别为 $\hat{\boldsymbol{k}}^{\text{inc}}=\hat{\boldsymbol{x}}$，$\hat{\boldsymbol{p}}^{\text{inc}}=-\hat{\boldsymbol{z}}$，即从飞机头部水平入射。观察角为 $0°\leqslant\theta_s\leqslant 180°$，$\phi_s=0°$。采用平面三角形剖分，剖分尺度固定为 0.06 m，离散得到的未知量为 961 362。PWTD 算法使用的时间步长为 $\Delta t=0.2$ ns，计算 800 个时间步。图 5.5.3 给出了 PWTD 算法计算得到的不同频点处的双站 RCS 结果与频域多层快速多极子(MLFMM)的比较，两者的数据吻合得很好，由此验证了 PWTD 算法计算复杂目标的能力。本算例调用 80 个进程分析上述目标。消耗峰值内存为 988.2 GB，运行时间为 21.8 h。

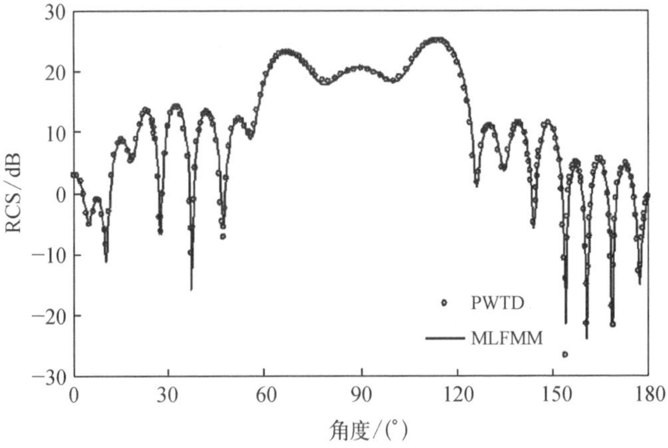

(a) 125 MHz

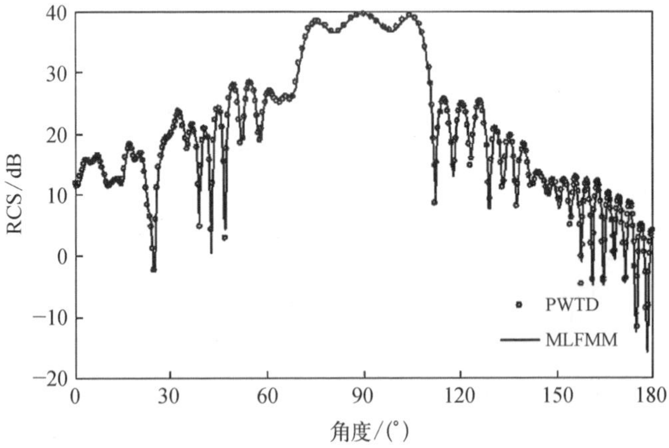

(b) 300 MHz

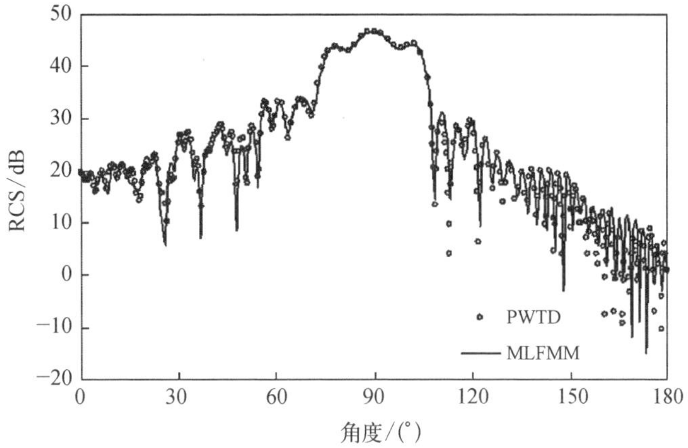

(c) 425 MHz

图5.5.3 B-2轰炸机在不同频点处双站RCS对比

参考文献

[1] Ergin A A, Shanker B, Michielssen E. Fast evaluation of three-dimensional transient wave field using diagonal translation operators[J]. Journal of Computational Physics, 1998, 146(1): 157-180.

[2] Ergin A, Shanker B, Michielssen E. The plane-wave time-domain algorithm for the fast analysis of transient wave phenomena[J]. IEEE Antennas and Propagation Magazine, 1999, 41(4): 39-52.

[3] Shanker B, Ergin A, Aygün K, et al. Analysis of transient electromagnetic scattering phenomena using a two-level plane wave time-domain algorithm[J]. IEEE Transactions on Antennas and Propagation, 2000, 48(4): 510-523.

[4] Shanker B, Ergin A A, Lu M, et al. Fast analysis of transient electromagnetic scattering phenomena using the multilevel plane wave time domain algorithm [J]. IEEE Transactions on Antennas and Propagation, 2003, 51(3): 628-641.

[5] Chew W C, Jin J M, Michielssen E, et al. Fast and efficient algorithms in computational electromagnetics [M]. MA: Artech House Publishers, 2001.

[6] Michielssen E, Chew W C, Jin J M, et al. Fast time domain integral equation solvers for large-scale electromagnetic analysis [R]. Champaign-Urbana: The Board of Trustees of the University of Illinois, 2004.

[7] Shanker B, Ergin A A, Michielssen E. Plane-wave-time-domain-enhanced marching-on-in-time scheme for analyzing scattering from homogeneous dielectric structures [J]. Journal of the Optical Society of America A, 2002, 19(4): 716-726.

[8] Kobidze G, Gao J, Shanker B, et al. A fast time domain integral equation based scheme for analyzing scattering from dispersive objects [J]. IEEE Transactions on Antennas and

Propagation, 2005, 53(3): 1215 – 1226.

[9] Aygün K, Shanker B, Ergin, et al. A two-level plane wave time-domain algorithm for fast analysis of EMC/EMI problems [J]. IEEE Transactions on Electromagnetic Compatibility, 2002, 44(1): 152 – 164.

[10] Aygün K, Fischer B C, Meng J, et al. A fast hybrid field-circuit simulator for transient analysis of microwave circuits [J]. IEEE Transactions on Microwave Theory and Techniques, 2004, 52(2): 573 – 583.

[11] Shanker B, Lu M, Ergin A A, et al. Plane-wave time domain accelerated radiation boundary kernels for FDTD analysis of 3-D electromagnetic phenomena [J]. IEEE Transactions on Antennas and Propagation, 2005, 53(11): 3704 – 3716.

[12] Liu Y, Yücel A C, Lomakin V, et al. Graphics processing unit implementation of multilevel plane-wave time-domain algorithm [J]. IEEE Antennas and Wireless Propagation Letters, 2014, 13: 1671 – 1675.

[13] Liu Y, Yücel A C, Bağci H, et al. A scalable parallel PWTD-accelerated SIE solver for analyzing transient scattering from electrically large objects [J]. IEEE Transactions on Antennas and Propagation, 2016, 64(2): 663 – 674.

[14] Liu Y, Al-Jarro A, Bağcı H, et al. Parallel PWTD-accelerated explicit solution of the time domain electric field volume integral equation [J]. IEEE Transactions on Antennas and Propagation, 2016, 64(6): 2378 – 2388.

[15] 周东明.时域积分方程快速算法及其应用研究[D].长沙: 国防科学技术大学,2006.

[16] 蔡明娟.时域积分方程在分析介质问题中的算法研究与应用[D].长沙: 国防科学技术大学,2006.

[17] 关鑫璞.目标时域 EM 散射特性数值计算方法与实验研究[D].长沙: 国防科学技术大学,2007.

[18] 李颖.时域积分方程快速算法研究[D].长沙: 国防科学技术大学,2009.

[19] 王文举.时域积分方程快速算法及并行计算的研究与应用[D].长沙: 国防科学技术大学,2009.

[20] 李金燕.时域积分方程时间步进算法及其快速算法研究[D].成都: 电子科技大学,2013.

[21] Song J M, Chew W C. Multilevel fast-multipole algorithm for solving combined field integral equations of electromagnetic scattering [J]. Microwave Optical Technology Letter, 1995, 10(1): 14 – 19.

[22] Song J M, Lu C C, Chew W C. MLFMA for electromagnetic scattering by large complex objects [J]. IEEE Transactions on Antennas and Propagation, 1997, 45(10): 1488 – 1493.

[23] Sheng X Q, Jin J M, Song J, et al. Solution of combined-field integral equation using multilevel fast multipole algorithm for scattering by homogeneous bodies [J]. IEEE Transactions on Antennas and Propagation, 1998, 46(11): 1718 – 1726.

[24] Song J M, Lu C C, Chew W C, et al. Fast illinois solver code (FISC) [J]. IEEE Antennas and Propagation Magazine, 1998, 40(3): 27 – 34.

[25] 胡俊.复杂目标矢量电磁散射的高效方法——快速多极子方法及其应用[D].成都：电子科技大学,2000.

[26] 樊振宏.电磁散射分析中的快速算法[D].南京：南京理工大学,2006.

[27] 陈明.复杂目标电磁散射特性的快速计算和软件实现[D].南京：南京理工大学,2011.

[28] Graglia R D, Wilton D R, Peterson A F. Higher order interpolatory vector bases for computational electromagnetics [J]. IEEE Transactions on Antennas and Propagation, 1997, 45(3): 329-342.

[29] Graglia R D, Peterson A F, Andriulli F P. Curl-conforming hierarchical vector bases for triangles and tetrahedral [J]. IEEE Transactions on Antennas and Propagation, 2011, 59(3): 950-959.

[30] Zha L P, Hu Y Q, Su T. Efficient surface integral equation using hierarchical vector bases for complex EM scattering problems [J]. IEEE Transactions on Antennas and Propagation, 2012, 60(2): 952-957.

[31] Valdes F, Andriulli F P, Bağci H, et al. Time-domain single-source integral equations for analyzing scattering from homogeneous penetrable objects [J]. IEEE Transactions on Antennas and Propagation, 2013, 61(3): 1239-1254.

[32] 任义.基于高阶叠层矢量基函数的快速算法研究[D].成都：电子科技大学,2009.

[33] 查丽萍.表面积分方程的高效求解算法研究[D].南京：南京理工大学,2015.

[34] Shanker B, Lu M, Yuan J, et al. Time domain integral equation analysis of scattering from composite bodies via exact evaluation of radiation fields [J]. IEEE Transactions on Antennas and Propagation, 2009, 57(5): 1506-1520.

[35] Velamparambil S, Chew W C. Analysis and performance of a distributed memory multilevel fast multipole algorithm [J]. IEEE Transactions on Antennas and Propagation, 2005, 53(8): 2719-2727.

[36] Ergul O, Gurel L. Efficient parallelization of the multilevel fast multipole algorithm for the solution of large-scale scattering problems [J]. IEEE Transactions on Antennas and Propagation, 2008, 56(8): 2335-2345.

[37] Ergul O, Gurel L. A hierarchical partitioning strategy for an efficient parallelization of the multilevel fast multipole algorithm [J]. IEEE Transactions on Antennas and Propagation, 2009, 57(6): 1740-1750.

[38] Pan X M, Pi W C, Yang M L, et al. Solving problems with over one billion unknowns by the MLFMA [J]. IEEE Transactions on Antennas and Propagation, 2012, 60(5): 2571-2574.

[39] Gurel L, Ergul O. Hierarchical parallelization of the multilevel fast multipole algorithm [J]. Proceedings of the IEEE, 2013, 101(2): 332-341.

[40] Taboada J M, Araujo M G, Basteiro F O, et al . MLFMA-FFT parallel algorithm for the solution of extremely large problems in electromagnetics [J]. Proceedings of the IEEE, 2013, 101(2): 350-363.

第6章 时域快速算法Ⅱ：基于泰勒级数展开的时域积分方程快速算法

MLPWTD 将经典的 MOT 的计算量降低到 $O(N_tN_s\log^2N_s)$ 量级。大大提高了 TDIE 方法分析电大尺寸目标电磁散射问题的能力。但是 MLPWTD 里包含大量的傅里叶变换和逆傅里叶变换操作、贝塞尔函数及勒让德函数的计算、空间谱积分，以及子父层之间的内插-连接和外推-截断操作，编程难度很大、程序实现十分复杂。最近，一种新的时域快速算法——时域快速偶极子方法（time domain fast dipole method, TD-FDM）被提出[1-3]，用来处理自由空间中任意形状三维理想导体目标的瞬态电磁散射问题，它是频域快速偶极子算法（fast dipole method, FDM）[4-7]在时域中的延伸和拓展。其基本原理是 RWG 基函数等效成等效偶极子模型[8-12]以及瞬态远场的泰勒级数展开。相比 PWTD，TD-FDM 的处理相对简单，程序更加容易实现。但是因为其是基于电偶极子等效的，因而限定了 TD-FDM 使用的空间基函数需是散度共形的基函数，如 RWG 基函数[13,14]或者 SWG 基函数[15]。传统的共形网格剖分在处理复杂的具有精细结构的物体或者多尺度目标时已经不再适用，因此阻碍了 TD-FDM 在许多含有缺陷网格的实际问题中的应用。

本章在 TD-FDM 的基础上提出了一种基于泰勒级数展开的时间步进快速（Taylor series expansion enhanced marching-on-in-time, TSE-MOT）算法[16]，其主要原理是矢量势和标量势的近似计算以及瞬态远场的泰勒级数展开。该方法的主要优点是对空间基函数的形式不做任何限制，既可用于共形剖分的 RWG 基函数，也可用于非共形剖分的基函数[17-22]。本章首先研究了基于泰勒级数展开的时域快速算法，用以加速基于 RWG 基函数的时域积分方程方法。在此基础之上，研究了将基于泰勒级数展开的时域快速算法，用以加速时域不连续伽辽金算法（TDIEDG）[18]，形成了基于泰勒级数展开的时域不连续伽辽金积分方程快速算法（TSE-TDIEDG）。该算法既可以发挥不连续伽辽金方法处理非共形网格的优势，也可以利用快速算法的高效特性，为分析复杂目标的电磁特性提供了一种行之有效的研究方法。

6.1 基于泰勒级数展开的时域积分方程快速算法

本节研究将泰勒级数展开的时域快速算法，用以加速基于 RWG 基函数的时域积分方程方法。主要内容包括：基于泰勒级数展开的快速算法的基本原理，TSE-MOT 算法的具体实现过程，TSE-MOT 算法的精度测试以及计算复杂度分析，为了进一步提高其分析大规模电磁问题的能力，开发了基于 MPI 策略的并行算法平台，实现了电大导体目标宽带电磁特性的快速精确仿真。

6.1.1　基于泰勒级数展开的时域积分方程快速算法的基本原理

通过 TSE-MOT 算法计算源点 $\boldsymbol{r}'$ 处的源信号 $\boldsymbol{J}_n(\boldsymbol{r}', t)$ 对场点 $\boldsymbol{r}$ 处的辐射贡献来描述 TSE-MOT 算法的基本原理。假设源点 $\boldsymbol{r}'$ 所在的空间基函数为 $\boldsymbol{f}_n(\boldsymbol{r}')$，因此 $\boldsymbol{r}'$ 处的源信号 $\boldsymbol{J}_n(\boldsymbol{r}', t)$ 可以展开如下：

$$g_{n,l}(t) = \sum_{j=(l-1)M_t}^{lM_t+1} I_n^j T_j(t) \tag{6.1.1}$$

其中，I_n^j 是第 n 个 RWG 基函数上第 j 个时间步上的系数；$T_j(t)$ 是时间基函数；N_t 是时间基函数的个数。

和 PWTD[23,24] 一样，为了满足因果性关系，TSE-MOT 要求所有的源信号必须是时间有限信号。我们可以将源信号 $\boldsymbol{J}_n(\boldsymbol{r}', t)$ 分解为 L 段连续的子信号 $\boldsymbol{J}_{n,l}(\boldsymbol{r}', t)$，每一段子信号的持续时间为 $T_s = (M_t + 1)\Delta t$，且 $LM_t = N_t$，该子信号占据的时间段为 $T_{l,\text{start}} \leqslant t \leqslant T_{l,\text{stop}}$，其中 $T_{l,\text{start}} = (l-1)M_t\Delta t$，$T_{l,\text{stop}} = lM_t\Delta t + \Delta t$，$l = 1, 2, \cdots, L$。源信号可以写成如下形式：

$$\boldsymbol{J}_n(\boldsymbol{r}', t) = \sum_{l=1}^{L} \boldsymbol{J}_{n,l}(\boldsymbol{r}', t) = \sum_{l=1}^{L} \boldsymbol{f}_n(\boldsymbol{r}') g_{n,l}(t) \tag{6.1.2}$$

其中，第 l 段时间子信号

$$g_{n,l}(t) = \sum_{j=(l-1)M_t}^{lM_t+1} I_n^j T_j(t) \tag{6.1.3}$$

由于源信号 $\boldsymbol{J}_n(\boldsymbol{r}', t)$ 产生的总散射场可以由 L 段连续子信号 $\boldsymbol{J}_{n,l}(\boldsymbol{r}', t)$ 产生的子散射场线性叠加获得，因此我们可以应用 TSE-MOT 算法分别求出每一段子信号产生的子散射场，再根据系统的线性关系将每一段子信号产生的子散射场进行叠加得到源信号总的散射场。现考虑第 l 段源子信号 $\boldsymbol{J}_{n,l}(\boldsymbol{r}', t)$ 产生的散射电磁场，其表达式为

$$\boldsymbol{E}_{n,l}^{\text{sca}}(\boldsymbol{r}, t) = \frac{\mu_0}{4\pi}\int_{S_n} \mathrm{d}S' \boldsymbol{f}_n(\boldsymbol{r}') \frac{\partial_\tau g_{n,l}(\tau)}{R} - \frac{\nabla}{4\pi\varepsilon_0}\int_{S_n} \mathrm{d}S' \int_{-\infty}^{\tau} \nabla' \cdot \boldsymbol{f}_n(\boldsymbol{r}') \frac{g_{n,l}(\tau)}{R}\mathrm{d}t' \tag{6.1.4}$$

$$\boldsymbol{H}_{n,l}^{\text{sca}}(\boldsymbol{r},t)=\frac{1}{4\pi}\left\{\int_{S_n}[\partial_\tau g_{n,l}(\tau)\boldsymbol{f}_n(\boldsymbol{r}')]\times\frac{\boldsymbol{R}}{cR^2}\mathrm{d}S'+\int_{S_n}[g_{n,l}(\tau)\boldsymbol{f}_n(\boldsymbol{r}')]\times\frac{\boldsymbol{R}}{R^3}\mathrm{d}S'\right\} \tag{6.1.5}$$

其中，$\tau=t-R/c$，表示波传播时间延迟。

在 MOT 求解过程中，需要用空间基函数$\boldsymbol{f}_m(\boldsymbol{r})$对散射场进行伽辽金测试，在时间上进行点测试，下面我们给出式(6.1.4)和式(6.1.5)在空间上测试的结果：

$$\begin{aligned}\langle\boldsymbol{f}_m(\boldsymbol{r}),\boldsymbol{E}_{n,l}^{\text{sca}}(\boldsymbol{r},t)\rangle=&\frac{\mu_0}{4\pi}\int_{S_m}\int_{S_n}\boldsymbol{f}_m(\boldsymbol{r})\cdot\boldsymbol{f}_n(\boldsymbol{r}')\frac{\partial_\tau g_{n,l}(\tau)}{R}\mathrm{d}S'\mathrm{d}S\\&+\frac{1}{4\pi\varepsilon_0}\int_{S_m}\int_{S_n}\nabla\cdot\boldsymbol{f}_m(\boldsymbol{r})\nabla'\cdot\boldsymbol{f}_n(\boldsymbol{r}')\frac{\partial_\tau^{-1}g_{n,l}(\tau)}{R}\mathrm{d}S'\mathrm{d}S\end{aligned} \tag{6.1.6}$$

$$\begin{aligned}&\langle\boldsymbol{f}_m(\boldsymbol{r}),\hat{\boldsymbol{n}}(\boldsymbol{r})\times\boldsymbol{H}_{n,l}^{\text{sca}}(\boldsymbol{r},t)\rangle\\&=\frac{1}{4\pi}\int_{S_m}\boldsymbol{f}_m(\boldsymbol{r})\cdot\hat{\boldsymbol{n}}(r)\times\left\{\int_{S_n}\mathrm{d}S'\left\{[\partial_\tau g_{n,l}(\tau)\boldsymbol{f}_n(\boldsymbol{r}')]\times\frac{\boldsymbol{R}}{cR^2}+[g_{n,l}(\tau)\boldsymbol{f}_n(\boldsymbol{r}')]\times\frac{\boldsymbol{R}}{R^3}\right\}\right\}\mathrm{d}S\end{aligned} \tag{6.1.7}$$

如前所述，如果观察基函数和源基函数之间的距离足够远，并且用以离散物体的三角形单元足够密集，则我们可以假设电流密度和散射场在源三角形和观察三角形内不发生急剧变化。然后我们可以做出以下近似：矢量势通过基函数所在边的中点进行计算[13]，标量势通过基函数所在三角形的质心进行计算。那么式(6.1.6)和式(6.1.7)所示的测试电场和磁场可以近似为

$$\begin{aligned}&\langle\boldsymbol{f}_m(\boldsymbol{r}),\boldsymbol{E}_{n,l}^{\text{sca}}(\boldsymbol{r},t)\rangle\\&\approx\frac{\mu_0}{4\pi}\int_{T_m^\pm}\boldsymbol{f}_m(\boldsymbol{r})\mathrm{d}S\cdot\int_{T_n^\pm}\boldsymbol{f}_n(\boldsymbol{r}')\mathrm{d}S'\frac{\partial_\tau g_{n,l}(\tau_1)}{R_{mn}}\\&\quad+\frac{1}{4\pi\varepsilon_0}\int_{T_m^\pm}\nabla\cdot\boldsymbol{f}_m(\boldsymbol{r})\mathrm{d}S\int_{T_n^\pm}\nabla'\cdot\boldsymbol{f}_n(\boldsymbol{r}')\mathrm{d}S'\frac{\partial_\tau^{-1}g_{n,l}(\tau_2)}{R_{mn}^{c\pm}}\\&=\frac{\mu_0}{4\pi}\boldsymbol{m}_m\cdot\boldsymbol{m}_n\frac{\partial_\tau g_{n,l}(\tau_1)}{R_{mn}}\pm\frac{l_m l_n}{4\pi\varepsilon_0}\frac{\partial_\tau^{-1}g_{n,l}(\tau_2)}{R_{mn}^{c\pm}}\end{aligned} \tag{6.1.8}$$

$$\begin{aligned}&\langle\boldsymbol{f}_m(\boldsymbol{r}),\hat{\boldsymbol{n}}(\boldsymbol{r})\times\boldsymbol{H}_{n,l}^{\text{sca}}(\boldsymbol{r},t)\rangle\\&\approx\left(\int_{T_m^\pm}\boldsymbol{f}_m(\boldsymbol{r})\mathrm{d}S\cdot\hat{\boldsymbol{n}}\times\int_{T_n^\pm}\boldsymbol{f}_n(\boldsymbol{r}')\mathrm{d}S'\times\boldsymbol{R}_{mn}\right)\left[\frac{\partial_\tau g_{n,l}(\tau_1)}{4\pi cR_{mn}^2}+\frac{g_{n,l}(\tau_1)}{4\pi R_{mn}^3}\right]\\&=\frac{1}{4\pi}(\boldsymbol{m}_m\cdot\hat{\boldsymbol{n}}\times\boldsymbol{m}_n\times\boldsymbol{R}_{mn})\left[\frac{\partial_\tau g_{n,l}(\tau_1)}{cR_{mn}^2}+\frac{g_{n,l}(\tau_1)}{R_{mn}^3}\right]\end{aligned} \tag{6.1.9}$$

其中，$\boldsymbol{r}_m^{c\pm}$ 和 $\boldsymbol{r}_n^{c\pm}$ 分别是三角形 $T_m^{\pm}$ 和 $T_n^{\pm}$ 的中心；$\boldsymbol{r}_m$ 和 $\boldsymbol{r}_n$ 分别是第 m 和 n 个基函数所在边的中点；$\boldsymbol{R}_{mn} = \boldsymbol{r}_m - \boldsymbol{r}_n$，$R_{mn} = |\boldsymbol{R}_{mn}|$；$R_{mn}^{c\pm} = |\boldsymbol{r}_m^{c\pm} - \boldsymbol{r}_n^{c\pm}|$；$\tau_1 = t - R_{mn}/c$；$\tau_2 = t - R_{mn}^{c\pm}/c$；$\boldsymbol{m}_m = \int_{T_m^{\pm}} \boldsymbol{f}_m(\boldsymbol{r})\,\mathrm{d}S \approx l_m(\boldsymbol{r}_m^{c-} - \boldsymbol{r}_m^{c+})$；$\boldsymbol{m}_n \approx l_n(\boldsymbol{r}_n^{c-} - \boldsymbol{r}_n^{c+})$。需要强调的是，$\boldsymbol{m}_m$ 表示基函数 $\boldsymbol{f}_m(\boldsymbol{r})$ 在其定义域上的空间积分，当我们使用一点高斯求积规则时，积分结果 $\boldsymbol{m}_m$ 和第 m 个 RWG 基函数对应的等效偶极子矩有相同的表达形式。

和 PWTD 算法类似，为了实现快速计算的目的，我们需要将基函数与基函数之间的相互作用转化为组与组之间的相互作用，为此必须实现场源基函数之间的分离。

考虑前文所述的源基函数 $\boldsymbol{f}_n(\boldsymbol{r}')$ 和测试基函数 $\boldsymbol{f}_m(\boldsymbol{r})$ 分别被包围在源组 G_j 和场组 G_i 中，其中 $\boldsymbol{r}_j$ 与 $\boldsymbol{r}_i$ 分别是源组 G_j 和场组 G_i 的中心，外接球半径都是 $\boldsymbol{R}_s$，$R_c = |\boldsymbol{R}_c| = |\boldsymbol{r}_i - \boldsymbol{r}_j| > 2R_s$ 为两个子立方体中心之间的距离。那么第 m 和 n 个基函数所在边的中点之间的矢量可以表示如下：

$$\boldsymbol{R}_{mn} = \boldsymbol{r}_m - \boldsymbol{r}_n = \boldsymbol{r}_{mi} + \boldsymbol{r}_{ij} - \boldsymbol{r}_{nj} = \boldsymbol{R}_m - \boldsymbol{R}_n \tag{6.1.10}$$

其中，$\boldsymbol{r}_{ij} = \boldsymbol{r}_i - \boldsymbol{r}_j$；$\boldsymbol{r}_{mi} = \boldsymbol{r}_m - \boldsymbol{r}_i$；$\boldsymbol{r}_{nj} = \boldsymbol{r}_n - \boldsymbol{r}_j$；$\boldsymbol{R}_m = \boldsymbol{r}_{mi} + \boldsymbol{r}_{ij}/2$；$\boldsymbol{R}_n = \boldsymbol{r}_{nj} - \boldsymbol{r}_{ij}/2$。

观察式(6.1.8)和式(6.1.9)，发现含有 $R_{mn}^{\alpha}(\alpha = 1, -1, -2, -3)$ 项，R_{mn}^{α} 可以用泰勒级数近似展开如下：

$$\begin{aligned}
R_{mn}^{\alpha} &= (\boldsymbol{R}_{mn} \cdot \boldsymbol{R}_{mn})^{\frac{\alpha}{2}} = [(\boldsymbol{r}_{mi} + \boldsymbol{r}_{ij} - \boldsymbol{r}_{nj}) \cdot (\boldsymbol{r}_{mi} + \boldsymbol{r}_{ij} - \boldsymbol{r}_{nj})]^{\frac{\alpha}{2}} \\
&= r_{ij}^{\alpha}\left[1 + \left(\frac{2\boldsymbol{r}_{mi} \cdot \hat{\boldsymbol{r}}_{ij}}{r_{ij}} + \frac{r_{mi}^2}{r_{ij}^2}\right) + \left(\frac{2\boldsymbol{r}_{nj} \cdot \hat{\boldsymbol{r}}_{ji}}{r_{ij}} + \frac{r_{nj}^2}{r_{ij}^2}\right) - \frac{2\boldsymbol{r}_{mi} \cdot \boldsymbol{r}_{nj}}{r_{ij}^2}\right]^{\frac{\alpha}{2}} \\
&\approx r_{ij}^{\alpha}\left[\frac{1}{2} + \alpha\left(\frac{\boldsymbol{r}_{mi} \cdot \hat{\boldsymbol{r}}_{ij}}{r_{ij}} + \frac{r_{mi}^2 + (\alpha - 2)(\boldsymbol{r}_{mi} \cdot \hat{\boldsymbol{r}}_{ij})^2}{2r_{ij}^2}\right)\right] \\
&\quad + r_{ij}^{\alpha}\left[\frac{1}{2} + \alpha\left(\frac{\boldsymbol{r}_{nj} \cdot \hat{\boldsymbol{r}}_{ji}}{r_{ij}} + \frac{r_{nj}^2 + (\alpha - 2)(\boldsymbol{r}_{nj} \cdot \hat{\boldsymbol{r}}_{ji})^2}{2r_{ij}^2}\right)\right] \\
&= r_{ij}^{\alpha}[R_m^{(\alpha)} + R_n^{(\alpha)}]
\end{aligned} \tag{6.1.11}$$

取 $\alpha = 1$，可得

$$\begin{aligned}
R_{mn} &= r_{ij} + r_{mi} + r_{nj} \\
&= r_{ij} + \left(\boldsymbol{r}_{mi} \cdot \hat{\boldsymbol{r}}_{ij} + \frac{r_{mi}^2 - (\boldsymbol{r}_{mi} \cdot \hat{\boldsymbol{r}}_{ij})^2}{2r_{ij}}\right) + \left(\boldsymbol{r}_{nj} \cdot \hat{\boldsymbol{r}}_{ji} + \frac{r_{nj}^2 - (\boldsymbol{r}_{nj} \cdot \hat{\boldsymbol{r}}_{ji})^2}{2r_{ij}}\right)
\end{aligned} \tag{6.1.12}$$

观察式(6.1.11)和式(6.1.12)发现，近似展开表达式中不含有 $\boldsymbol{r}_{mi} \cdot \boldsymbol{r}_{nj}$ 相关项，

也就是说通过泰勒级数近似展开，我们舍去了场源基函数之间的直接作用，实现了场源基函数之间的分离操作。

采用同样的方式，$R_{mn}^{c\pm}$和 $1/R_{mn}^{c\pm}$也可以采用泰勒级数近似展开为

$$R_{mn}^{c\pm} = r_{ij} + r_{m_c i} + r_{n_c j} \tag{6.1.13}$$

$$1/R_{mn}^{c\pm} = r_{ij}^{(-1)}\left[R_{m_c}^{(-1)} + R_{n_c}^{(-1)}\right] \tag{6.1.14}$$

其中，$r_{m_c i}$、$r_{n_c j}$、$R_{m_c}^{(-1)}$和 $R_{n_c}^{(-1)}$与 r_{mi}、r_{nj}、$R_m^{(-1)}$ 和 $R_n^{(-1)}$ 有相同的表达形式，只是把基函数所在边的中点 $\boldsymbol{r}_m$ 和 $\boldsymbol{r}_n$ 替换成基函数所在三角形的中心 $\boldsymbol{r}_m^{c\pm}$ 和 $\boldsymbol{r}_n^{c\pm}$，具体表达式参照式(6.1.10)~(6.1.12)。

将式(6.1.10)~(6.1.14)代入式(6.1.8)和式(6.1.9)得到：

$$\begin{aligned}
&\langle \boldsymbol{f}_m(\boldsymbol{r}),\ \boldsymbol{E}_{n,l}^{\mathrm{sca}}(\boldsymbol{r},\ t)\rangle \\
&= \frac{\mu_0}{4\pi}\boldsymbol{m}_m \cdot \boldsymbol{m}_n \frac{\partial_\tau g_{n,l}(\tau_1)}{R_{mn}} \pm \frac{l_m l_n}{4\pi\varepsilon_0}\frac{\partial_\tau^{-1} g_{n,l}(\tau_2)}{R_{mn}^{c\pm}} \\
&= \frac{\mu_0}{4\pi r_{ij}} R_m^{(-1)} \boldsymbol{m}_m \delta(\tau_{mi}) * \delta(\tau_{ij}) * \boldsymbol{m}_n \delta(\tau_{nj}) * \partial_\tau g_{n,l}(t) \\
&\quad + \frac{\mu_0}{4\pi r_{ij}} \boldsymbol{m}_m \delta(\tau_{mi}) * \delta(\tau_{ij}) * R_n^{(-1)} \boldsymbol{m}_n \delta(\tau_{nj}) * \partial_\tau g_{n,l}(t) \\
&\quad \pm \frac{l_m l_n}{4\pi\varepsilon_0 r_{ij}} R_{m_c}^{(-1)} \delta(\tau_{m_c i}) * \delta(\tau_{ij}) * \delta(\tau_{n_c j}) * \partial_\tau^{-1} g_{n,l}(t) \\
&\quad \pm \frac{l_m l_n}{4\pi\varepsilon_0 r_{ij}} \delta(\tau_{m_c i}) * \delta(\tau_{ij}) * R_{n_c}^{(-1)} \delta(\tau_{n_c j}) * \partial_\tau^{-1} g_{n,l}(t)
\end{aligned} \tag{6.1.15}$$

$$\begin{aligned}
&\langle \boldsymbol{f}_m(\boldsymbol{r}),\ \hat{\boldsymbol{n}} \times \boldsymbol{H}_{n,l}^{\mathrm{sca}}(\boldsymbol{r},\ t)\rangle \\
&= \frac{1}{4\pi}(\boldsymbol{m}_m \cdot \hat{\boldsymbol{n}} \times \boldsymbol{m}_n \times \boldsymbol{R}_{mn}) \left[\frac{\partial_\tau g_{n,l}(\tau_1)}{cR_{mn}^2} + \frac{g_{n,l}(\tau_1)}{R_{mn}^3}\right] \\
&= -\frac{1}{4\pi r_{ij}^3}\left[R_m^{(-3)}(\boldsymbol{m}_m' \times \boldsymbol{R}_m)\delta(\tau_{mi})\right] * \delta(\tau_{ij}) * \left[\boldsymbol{m}_n \delta(\tau_{nj})\right] * g_{n,l}(t) \\
&\quad - \frac{1}{4\pi r_{ij}^3}\left[(\boldsymbol{m}_m' \times \boldsymbol{R}_m)\delta(\tau_{mi})\right] * \delta(\tau_{ij}) * \left[R_n^{(-3)} \boldsymbol{m}_n \delta(\tau_{nj})\right] * g_{n,l}(t) \\
&\quad - \frac{1}{4\pi r_{ij}^3}\left[R_m^{(-3)} \boldsymbol{m}_m' \delta(\tau_{mi})\right] * \delta(\tau_{ij}) * \left[(\boldsymbol{m}_n \times \boldsymbol{R}_n)\delta(\tau_{nj})\right] * g_{n,l}(t) \\
&\quad - \frac{1}{4\pi r_{ij}^3}\left[\boldsymbol{m}_m' \delta(\tau_{mi})\right] * \delta(\tau_{ij}) * \left[R_n^{(-3)}(\boldsymbol{m}_n \times \boldsymbol{R}_n)\delta(\tau_{nj})\right] * g_{n,l}(t) \\
&\quad - \frac{1}{4\pi c r_{ij}^2}\left[R_m^{(-2)}(\boldsymbol{m}_m' \times \boldsymbol{R}_m)\delta(\tau_{mi})\right] * \delta(\tau_{ij}) * \left[\boldsymbol{m}_n \delta(\tau_{nj})\right] * \partial_t g_{n,l}(t)
\end{aligned}$$

$$
\begin{aligned}
&-\frac{1}{4\pi c r_{ij}^2}[(\boldsymbol{m}'_m\times\boldsymbol{R}_m)\delta(\tau_{mi})]*\delta(\tau_{ij})*[R_n^{(-2)}\boldsymbol{m}_n\delta(\tau_{nj})]*\partial_t g_{n,l}(t)\\
&-\frac{1}{4\pi c r_{ij}^2}[R_m^{(-2)}\boldsymbol{m}'_m\delta(\tau_{mi})]*\delta(\tau_{ij})*[(\boldsymbol{m}_n\times\boldsymbol{R}_n)\delta(\tau_{nj})]*\partial_t g_{n,l}(t)\\
&-\frac{1}{4\pi c r_{ij}^2}[\boldsymbol{m}'_m\delta(\tau_{mi})]*\delta(\tau_{ij})*[R_n^{(-2)}(\boldsymbol{m}_n\times\boldsymbol{R}_n)\delta(\tau_{nj})]*\partial_t g_{n,l}(t)
\end{aligned}
\tag{6.1.16}
$$

其中，$\boldsymbol{m}'_m=\boldsymbol{m}_m\times\hat{\boldsymbol{n}}$；$\tau_{mi}=t-r_{mi}/c$；$\tau_{ij}=t-r_{ij}/c$；$\tau_{nj}=t-r_{nj}/c$；$\tau_{m_ci}=t-r_{m_ci}/c$；$\tau_{n_cj}=t-r_{n_cj}/c$。

可以看出，方程(6.1.15)和(6.1.16)都是由若干项卷积求和运算组成，每项都含有 3 次卷积操作，分别对应 PWTD 中的聚合-转移-投射三个操作。和 PWTD 算法相比，TSE-MOT 算法原理相对简单，程序容易实现。聚合转移配置过程完全在时域里通过延时操作完成，不像 PWTD 需要做复杂的傅里叶变换与傅里叶逆变换操作。而且 TSE-MOT 算法不需要像 PWTD 一样在谱域进行展开，这样便减少了计算球面贝塞尔函数、勒让德多项式和球面积分，进一步降低 TSE-MOT 算法实现的困难程度。

6.1.2　算法精度测试

从 6.1.1 节可以看出，TSE-MOT 算法的误差主要来源于对幅度项和时延项 R_{mn}^{α} 采用了泰勒级数近似展开处理，另外矢量位和标量位的近似计算也存在一定的误差。我们可以推断 TSE-MOT 算法的准确度是和场源基函数的实际距离 R_{mn} 成反比的关系。因此，如果观测函数和源函数充分分离，可以得到比较合理的精度。

为了更加充分地验证算法精度，我们考察如图 6.1.1 所示的两个 RWG 基函数。图中源基函数 $\boldsymbol{f}_n(\boldsymbol{r}')$ 位于 $Z=0$ 平面，测试基函数 $\boldsymbol{f}_m(\boldsymbol{r})$ 位于 $X=0$ 平面。场源

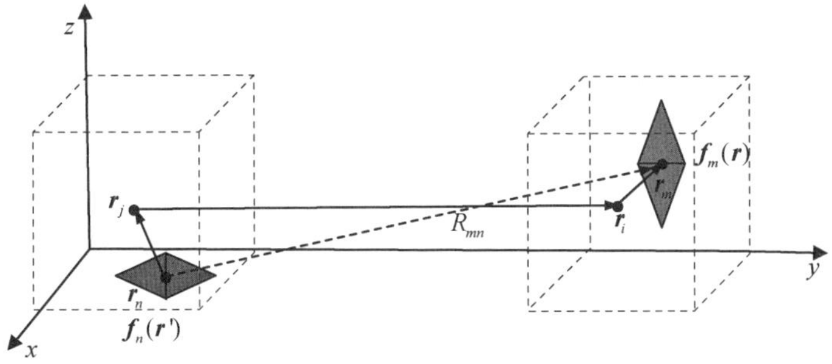

图 6.1.1　两个 RWG 基函数示意图

RWG 基函数分别位于两个不同的组中，$\boldsymbol{r}_i$，$\boldsymbol{r}_j$ 分别是场组和源组的中心。位于源点 $\boldsymbol{r}'$处的源基函数$\boldsymbol{f}_n(\boldsymbol{r}')$上加高斯调制平面波，激励源参数为 $\hat{\boldsymbol{k}}^{\text{inc}}=\hat{\boldsymbol{z}}$，$\hat{\boldsymbol{p}}^{\text{inc}}=\hat{\boldsymbol{x}}$，$f_0=150\ \text{MHz}$，$f_{\text{bw}}=300\ \text{MHz}$。分别用传统 MOT 算法和 TSE-MOT 算法计算场基函数 $\boldsymbol{f}_m(\boldsymbol{r})$上的测试场。这里采用混合场计算，CFIE 因子 $\alpha=0.5$。这里，我们解决的是辐射问题，而不是散射问题，最终目的是验证 TSE-MOT 算法能否准确地计算出一段源信号在场点处产生的测试场。

为了描述算法的精度，我们定义 TSE-MOT 算法和 MOT 算法计算得到的测试场的相对均方根（RRMS）误差如下：

$$\text{RRMS}=\sqrt{\sum_{i=1}^{N_t}\left|f^i_{\text{TSE-MOT}}-f^i_{\text{MOT}}\right|^2\Big/\sum_{i=1}^{N_t}\left|f^i_{\text{MOT}}\right|^2} \tag{6.1.17}$$

其中，$f^i_{\text{TSE-MOT}}$表示采用 TSE-MOT 近似方法求解的测试混合场；f^i_{MOT}表示采用 7 点高斯积分未对 R_{mn}作近似的 MOT 算法计算的测试混合场。

不断改变场源基函数之间的距离 R_{mn}，我们可以得到图 6.1.2 所示的测试场的相对均方根误差与 R_{mn}之间的关系图。从图中可以明显看出，当距离 $R_{mn}\leqslant1.2\lambda$ 时，RRMS 误差随着距离增大而急剧减小；当距离 $R_{mn}>1.2\lambda$ 时，RRMS 误差小于 5%，开始缓慢减小，并趋于稳定。图 6.1.3 分别给出了 $R_{mn}=0.6\lambda$ 和 $R_{mn}=1.5\lambda$ 时，TSE-MOT 算法计算得到的测试混合场与 MOT 计算的结果比较。可以看出，当 $R_{mn}=0.6\lambda$ 时，两种方法计算出来的结果存在明显的误差；而当 $R_{mn}=1.5\lambda$ 时，两种算法计算得到的测试场曲线吻合得很好。

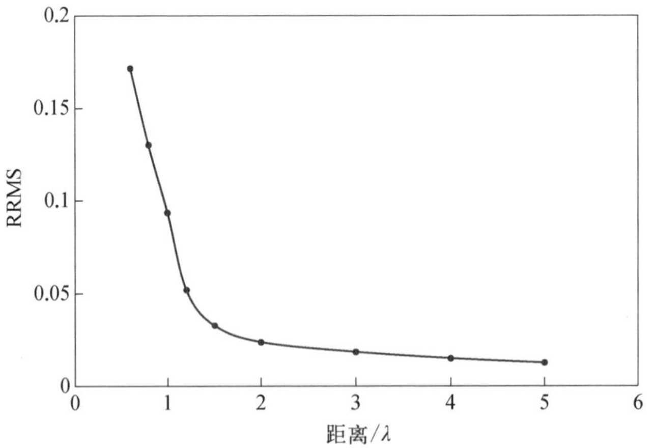

图 6.1.2　测试场的相对均方根误差与场源基函数中心距离 R_{mn}之间的关系

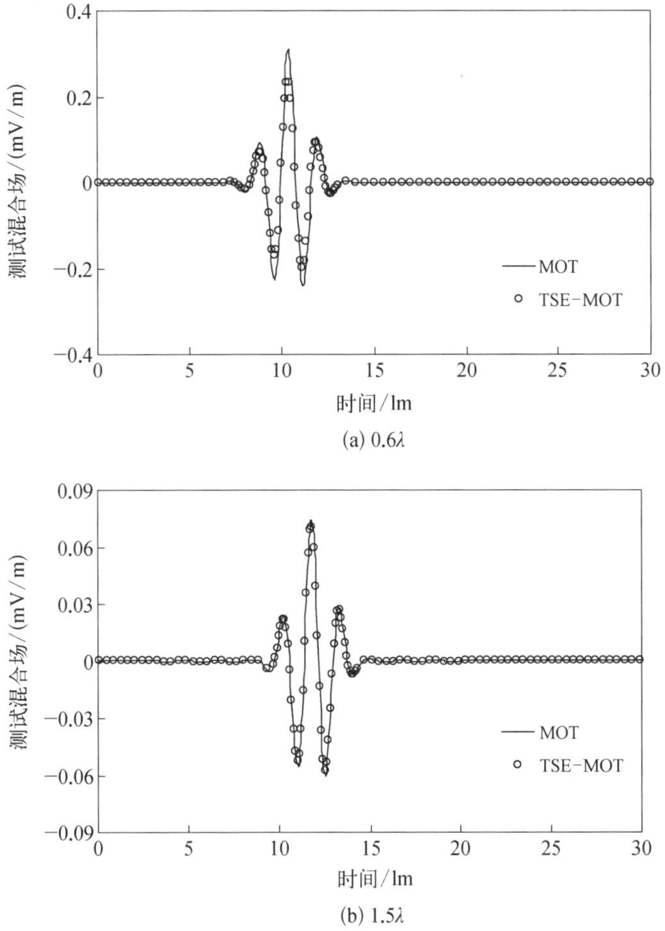

图 6.1.3　TSE-MOT 算法和 MOT 算法计算得到的测试场比较

综上所述,在利用 TSE-MOT 算法计算已知电流源产生的散射场时,可以通过选择合适的距离阈值,从而将误差控制在可接受的精确范围内。在 TSE-MOT 算法的实现过程中,一般将门限值设置在 1.2λ 左右,可以获得比较好的求解精度。

6.1.3　算法实施与复杂度分析

在 6.1.1 节中,详述了 TSE-MOT 算法的基本思想,它将 MOT 算法中计算单个基函数之间的相互作用转化为计算组与组之间的相互作用,从而减少式(3.1.14)右端的求和运算。本节讨论 TSE-MOT 算法实施过程中的具体操作。

在 5.3 节中已经详细描述了多层 PWTD 加速 MOT 算法的实施细节,类似于多层 PWTD 算法,本节我们讨论在多层级结构下 TSE-MOT 算法加速求解 TDIE 的具体过程。

与多层 PWTD 类似,TSE-MOT 算法需要对目标表面进行多层分组操作,每一层在空间上定义近场组和远场组,在时间上定义基本子信号,然后在每一层远场组对之间进行聚集、转移和投射三步计算,最后将所有层的输入射线叠加起来构成瞬态远场。所以多层 TSE-MOT 算法不可避免地增加了程序的复杂性,但同时也带来了存储量的降低和计算速度的提高。

空间基函数的多层分组如 5.3.1 节所述,这里不再赘述。同样地,多层 TSE-MOT 算法中每一层也需要定义远场组对,并且较远的场源基函数所在的组更倾向于形成高层的远场组对。$R_{c,\min}(i)=\beta R_s(i)$ 为第 i 层近远场对的距离门限,$4\leqslant\beta\leqslant 6$。具体原理和过程与多层 PWTD 算法类似,不再赘述。需要注意的为了满足 6.1.2 节中验证得到的阈值,$R_{c,\min}(1)\geqslant 1.2\lambda$。

由于 TSE-MOT 算法的聚合、转移、投射三步操作都是在时域上通过插值方法做延时操作完成的,不需要在频域做任何处理,所以不需要和 PWTD 算法一样要求信号的带宽有限。也就是说,在源信号分段表示时,不需要采用近似椭球基函数作为插值基函数以满足带宽有限的条件,也不需要采用过渡分割的方式。事实上,我们在实际程序实现中采用了三阶拉格朗日基函数作为插值基函数,对源信号的分割采取直接分割的方式。

这就导致了多层 TSE-MOT 中各层子信号长度的定义方式与 5.3.2 节所述略有区别。假设第 i 层的基本子信号持续时间为 $T_s(i)$,所占用的实际信号的采样点数为 $M_t(i)$。

定义第 1 层的基本子信号的持续时间如下:

$$T_s(1)=M_t(1)\cdot\Delta t \tag{6.1.18}$$

$$M_t(1)=\left\lfloor\frac{R_{c,\min}(1)-\sqrt{3}R_s(1)}{c\Delta t}\right\rfloor \tag{6.1.19}$$

则对于第 i 层的基本子信号有

$$T_s(i)=M_t(i)\cdot\Delta t \tag{6.1.20}$$

$$M_t(i)=2^{i-1}M_t(1) \tag{6.1.21}$$

各层基本子信号长度定义完后,对于第 i 层其他任意远场对(α,α'),其子信号的持续时间按下式确定:

$$T_{s,\alpha\alpha'}(i)=M_{t,\alpha\alpha'}(i)\cdot\Delta t \tag{6.1.22}$$

$$M_{t,\alpha\alpha'}(i)=M_t(i)\lfloor(R_{c,\alpha\alpha'}(i)-\sqrt{3}R_s(i))/M_t(i)\rfloor \tag{6.1.23}$$

空间分组操作，子信号参数定义完成后，和 PWTD 一样，TSE-MOT 算法将 MOT 方程式(3.1.14)右端的求和运算分解成近场互作用计算和远场互作用计算。近场互作用计算采用经典 MOT 算法实现，源与场之间通过阻抗矩阵建立联系；远场互作用计算采用 TSE-MOT 算法实现，源对场的贡献通过聚合、转移、投射三个步骤来完成。

1. 近场互作用计算

在多层框架下，近场组对只出现在最细层，最细层非空组数为 $O(N_s)$，每个非空组组内基函数数目为 $O(1)$，每个非空组的相邻近场组数目为 $O(1)$，每个时间步都需要执行近场互作用，一共需要 $O(N_t)$ 次。因此近场互作用的计算量为 $O(N_tN_s)$。同样的，每个非空组只和 $O(1)$ 个近场组有互作用，所以近场部分的内存需求为 $O(N_s)$。

2. 远场互作用计算

远场对之间的互作用是通过聚合、转移、投射三个步骤完成的，且三个操作都是在时域上通过插值方法做延时操作完成的。需要强调的是，聚合因子 τ_{nj}、转移因子 τ_{ij} 以及投射因子 τ_{mi} 都是和场源组对相关的，也就是说固定一个源组 j，其对应不同的场组有不同的聚合因子；同理，固定一个场组 i，其对应不同的源组有不同的投射因子。因此聚合因子 τ_{nj}、转移因子 τ_{ij} 以及投射因子 τ_{mi} 是不能共用的，在实际程序实现中我们采用了“on-the-fly”策略，即当需要计算第 l 层中第 j 个源组内基函数与第 i 个场组之间的互作用时，一旦第 j 个源组内所有基函数向源组中心 $\boldsymbol{r}_j$ 完成聚合操作形成了输出射线，则立即将输出射线通过转移操作从源组中心 $\boldsymbol{r}_j$ 转移到场组中心 $\boldsymbol{r}_i$，形成输入射线，并直接将输入射线投射到场组内的基函数上，完成一次互作用操作。由以上分析可知，多层 TSE-MOT 算法中源的信息无法通过内插和外推等操作在各层之间传递共用，层与层之间的操作是相互独立的。并且因为采用了动态计算的策略，无需保存输出射线和输入射线，远场作用部分的主要内存消耗只是开辟用以保存 TSE-MOT 算法计算得到的每个场基函数上的时域场分布，这部分的内存需求为 $O(N_tN_s)=O(N_s^{1.5})$。下面分别分析各步骤的实施过程以及计算复杂度。

(1) 聚合：根据前面的分析可知，在多层框架下，需要对每一层的每个非空组执行聚合操作，构建输出射线。对于第 i 层的源非空组 $\alpha'(i)$，其需要转移到场组 $\alpha(i)$ 的输出射线，每个 $\xi T_s(i)$，$\xi=\lfloor R_{\alpha\alpha'}/(cT_s(i))\rfloor$ 时刻需要执行聚合操作，总共需要执行 $O(N_t/\xi T_s(i))$ 次。因此在第 i 层中聚合操作的计算量为 $O(N_tN_s)$。因为总共需要在 $O(\log N_s)$ 层上执行上述操作，所以总的计算量为 $O(N_tN_s\log N_s)$。注意在 TSE-MOT 算法中，对于第二层以及更高层非空组的输出射线和最细层的非空组一样，是直接聚合组内的基函数获得的。

(2) 转移：一旦第 i 层的源非空组 $\alpha'(i)$ 完成了聚合操作，则立即将输出射线通过转移操作形成场组 $\alpha(i)$ 的输入射线。这部分的卷积计算是在时域通过插值操作完成的。对于第 i 层的每个非空组，需要转移的远场组数目为 $O(1)$，每个 $T_s(i)$ 时刻需要执行转移操作，总共需要执行 $O(N_t/T_s(i))$ 次，因为总共需要在 $O(\log N_s)$ 层上执行上述操作，所以总的计算量为 $O(N_tN_s\log N_s)$。

(3) 投射：与聚合部分类似，对于每层的非空组的输入射线直接投射到其内部相应的场基函数上。这部分操作与聚合部分刚好相反，用相同的复杂度预估方式可以得到投射操作的计算量也为 $O(N_tN_s\log N_s)$。

综上所述，多层 TSE-MOT 算法的计算复杂度由远场作用部分主导为 $O(N_tN_s\log N_s)$。近场和远场的内存需求分别为 $O(N_s)$ 和 $O(N_s^{1.5})$。

6.1.4　并行算法的设计和实现

和 PWTD 一样，对于大规模的电磁问题，即使采用 TSE-MOT 算法加速，需要的计算时间依然很长。为了进一步提高 TSE-MOT 算法分析大规模电磁问题的能力，开发了基于 MPI 策略的并行算法平台，实现了电大导体目标宽带电磁特性的快速精确仿真。这一节我们将详细给出并行 TSE-MOT 算法的具体实现方案。

和并行 PWTD 一样，在现有计算机硬件平台能承受的计算规模下，TSE-MOT 算法能调用到的层数有限，故本节中采用平分组的方式来并行。同样也采用了主从式并行方案，即程序调用一个主进程用于多进程间的通信，P 个从进程平均分配计算任务。并行 TSE-MOT 算法和并行 PWTD 的近场部分并行基本相同，这里不再赘述，主要的不同点在于远场并行处理技术。

由于 TSE-MOT 算法中输出射线是和场源组对相关的，程序实现中采用了动态计算的策略，无需保存输出射线和输入射线，所以并行 TSE-MOT 算法不需要像并行 PWTD 那样通过读写输出射线的方式高效完成转移部分的并行操作。事实上每次进行 TSE-MOT 的聚合-转移-投射操作时，只需要知道源基函数处先前时刻的电流系数即可，故只需要在每个时间步计算结束时，通过通信的方式使每个进程保存所有基函数先前若干时刻的电流系数即可。注意这里不需要保存所有时刻的电流值，根据时间步进的因果性，只需要保存的当前时刻之前的 $[D/(c\Delta t)]$ 个时刻的电流系数即可，其中 $[x]$ 表示大于或等于实数 x 的最小整数，D 是物体在空间上最大的长度。

6.1.5　数值算例与分析

基于上述 TSE-MOT 算法的实现过程，我们开发了用于分析三维电大导体目标时域电磁散射特性的多层 TSE-MOT 算法的串行和并行数值程序。下面通过分析一些电大尺寸导体目标的散射特性来验证程序的精确性和高效性。本节在默认的情况下所有的数值结果都是在服务器 Intel® Xeon® E7－4850(主频 2 GHz，内存

512 GB)上计算获得的,特殊情况将在算例中说明。本节所有数值算例的分析均采用广义最小余量法(GMRES)来求解矩阵方程,串行程序采用双精度,迭代收敛精度设为 10^{-9};并行程序采用单精度,迭代收敛精度设为 10^{-6}。对于下面几个算例,如果目标属于闭合结构,使用混合场积分方程来计算,α 选取为 0.5;开放结构使用电场积分方程,α 选取为 1.0。采用 TSE-MOT 算法主要参数的取值为: 分组尺寸设为 0.4λ,其中 λ 为入射波最高频对应的波长,近远场阈值设为 $\beta = 5$。

1. 计算复杂度验证

算例 1: 首先通过一组数值算例验证 6.1.3 节中理论证明的计算复杂度。分别用 TSE-MOT 算法计算半径为 1 m、1.5 m、2 m、2.5 m 和 3 m 的金属球的瞬态电磁散射问题。入射波为调制高斯脉冲波,中心频率为 200 MHz,带宽为 200 MHz,入射方向和极化方向分别为 $\hat{\boldsymbol{k}}^{\text{inc}} = \hat{\boldsymbol{z}}$, $\hat{\boldsymbol{p}}^{\text{inc}} = \hat{\boldsymbol{x}}$。观察角为 $0° \leqslant \theta_s \leqslant 180°$, $\phi_s = 0°$。采用平面三角形剖分,剖分尺度固定为 0.1 m,离散得到的未知量分别为 4 608、10 368、18 432、28 800 和 41 472。TSE-MOT 算法使用的时间步长为 $\Delta t = 0.333$ ns,分别计算 300 个时间步。表 6.1.1 给出了 TSE-MOT 算法所需峰值内存和计算时间的统计。同时给出了 TSE-MOT 算法计算得到的不同频点处金属球双站 RCS 的相对均方根(RRMS)误差。其中相对均方根误差的定义方式参照 5.3.5 节,f_r 为 Mie 级数解析解,f_c 是 MOT 算法或者 TSE-MOT 算法计算的结果,从表中可以看出,TSE-MOT 算法具有良好的数值精度。图 6.1.4 中给出了 TSE-MOT 算法的计算复杂度和内存需求,可以确认 TSE-MOT 的计算复杂度为 $O(N_t N_s^{1.17} \log^2 N_s)$,其内存复杂度为 $O(N_s)$(近场内存占优),均与理论预估值吻合较好,且进一步核实 TSE-MOT 算法能明显降低传统 MOT 算法的复杂度。比较表 6.1.1、表 5.3.1 和表 5.3.2 可以发现,TSE-MOT 算法与 PWTD 算法相比,计算时间以及内存消耗都有明显减少,但是计算精度略低于 PWTD 算法。

表 6.1.1　计算时间、内存消耗以及计算精度的统计

半径/m	N_s	计算时间 /s	内存/MB	误差/%		
				120 MHz	200 MHz	290 MHz
1	4 608	1 141	1 020.5	1.25	1.77	3.96
1.5	10 368	3 317	2 431.2	1.62	2.03	3.27
2	18 432	6 175	4 434.5	1.90	1.29	2.39
2.5	28 800	10 231	6 875.5	2.31	1.73	2.82
3	41 472	16 463	9 994.8	1.97	1.66	2.67

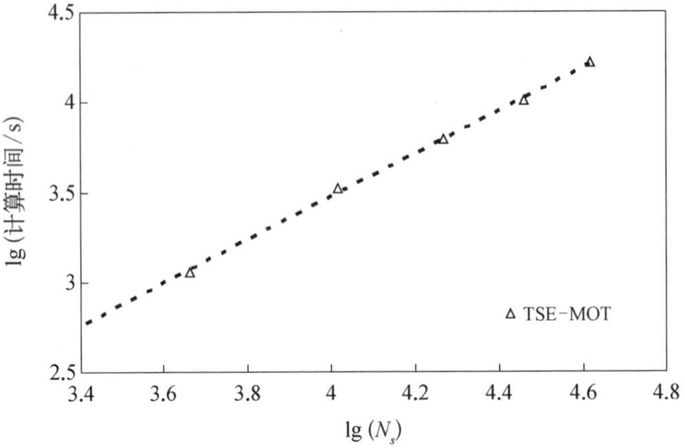

(a)

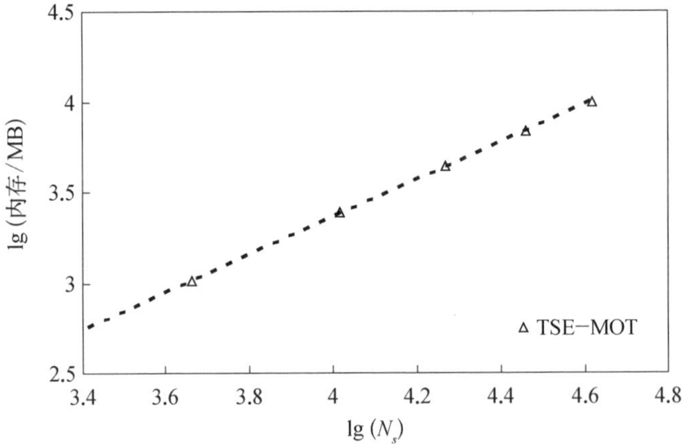

(b)

图 6.1.4　(a) TSE-MOT 算法计算复杂度统计,其中虚线的斜率为 1.19;
(b) TSE-MOT 算法内存复杂度统计,其中虚线的斜率为 1

2. 计算精度和稳定性验证

算例 2: 分析了一个半径为 3 m 的金属球的瞬态电磁散射问题。入射波为调制高斯脉冲波,中心频率为 200 MHz,带宽为 200 MHz,入射方向和极化方向分别为 $\hat{\boldsymbol{k}}^{\text{inc}}=\hat{\boldsymbol{z}}$, $\hat{\boldsymbol{p}}^{\text{inc}}=\hat{\boldsymbol{x}}$。观察角为 $0° \leqslant \theta_s \leqslant 180°$, $\phi_s = 0°$。采用平面三角形剖分,剖分尺度固定为 0.1 m,离散得到的未知量为 41 472。MOT 算法和 TSE-MOT 算法使用的时间步长为 Δt = 0.333 ns, 分别计算 300 个时间步。图 6.1.5(a)~(c)给出了 TSE-MOT 算法计算得到的不同频点处的双站 RCS 结果与 Mie 解析解的比较,两者的数据吻合得比较好。事实上 TSE-MOT 算法计算得到的频率为 120 MHz、

200 MHz、290 MHz 时的双站 RCS 的相对均方根（RRMS）误差分别为 1.97%、1.66% 和 2.67%。为了进一步验证程序的精度，我们给出后向散射场的分量 $E(\theta)$ 与 MOT 算法得到的后向散射场做比较，如图 6.1.5(d)所示。接着给出了两种方法计算得到的金属球表面一个 RWG 基函数的系数，这个 RWG 基函数的公共边的两个端点为(0.0 m, 0.0 m, 3.0 m)和(0.049 078 6 m, 0.085 006 7 m, 2.998 39 m)，如图6.1.5(e)所示。从图中可以看出，TSE-MOT 算法计算得到的瞬态后向散射场以及金属表面一点处的电流值均与传统 MOT 算法结果吻合得很好，由此验证了 TSE-MOT 算法的精确性。为了验证 TSE-MOT 算法的稳定性，使用 TSE-MOT 算法计算了 3 000 个时间步，图 6.1.5(f)给出了前面所述 RWG 基函数系数的对数形式，可以看出电流密度的幅值随时间的变化呈指数衰减，并收敛到 1.0×10^{-9}，证明了 TSE-MOT 算法的晚时稳定性。

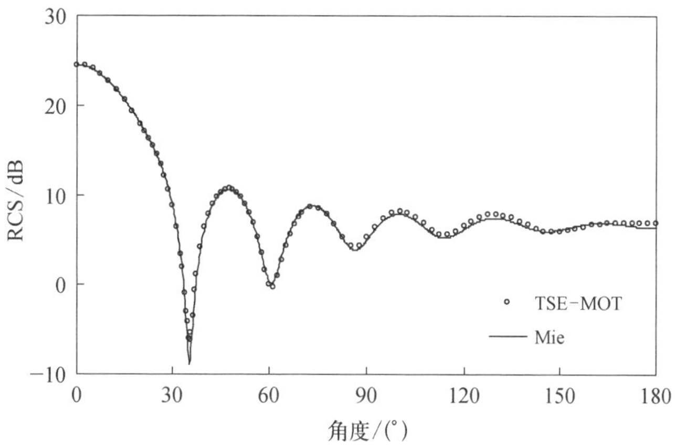

(a)

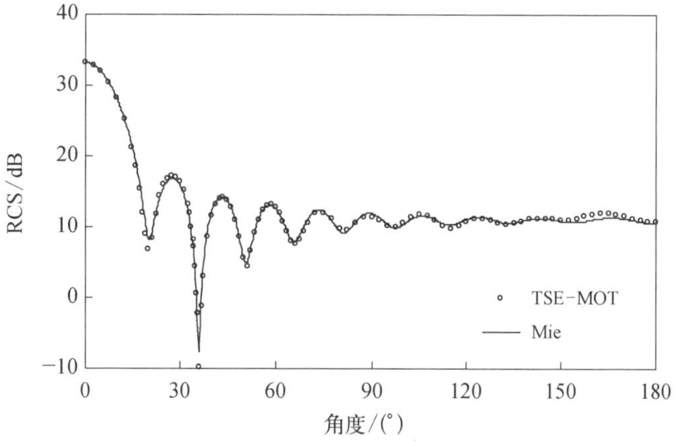

(b)

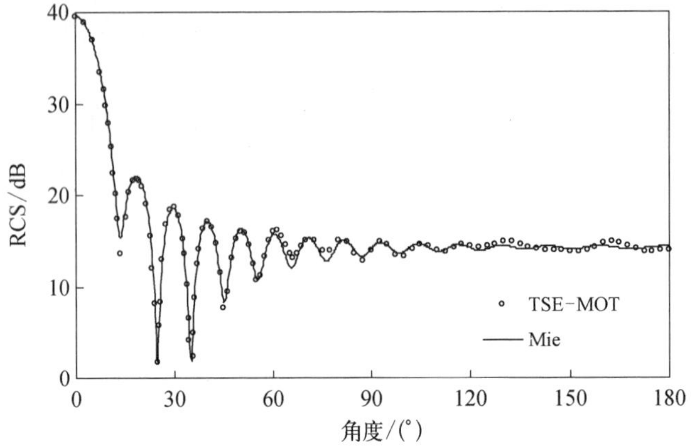

40
30
20
10
0
RCS/dB
0
30
60
90
120
150
180
角度/(°)
TSE-MOT
Mie

(c)

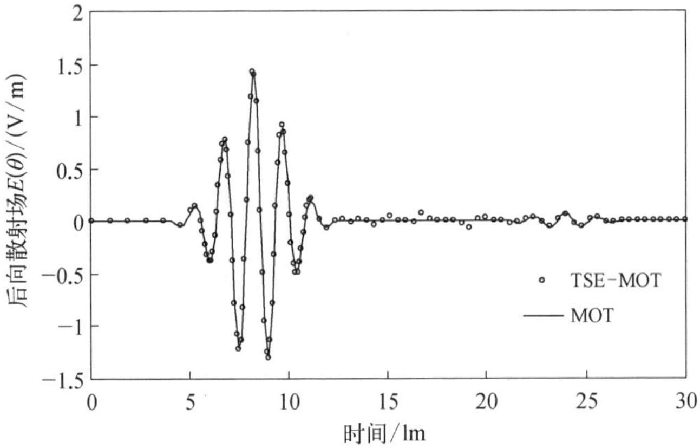

2
1.5
1
0.5
0
−0.5
−1
−1.5
后向散射场E(θ)/(V/m)
0
5
10
15
20
25
30
时间/lm
TSE-MOT
MOT

(d)

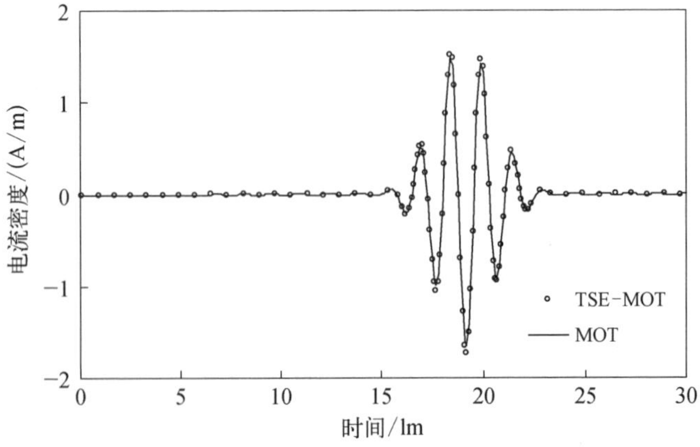

2
1
0
−1
−2
电流密度/(A/m)
0
5
10
15
20
25
30
时间/lm
TSE-MOT
MOT

(e)

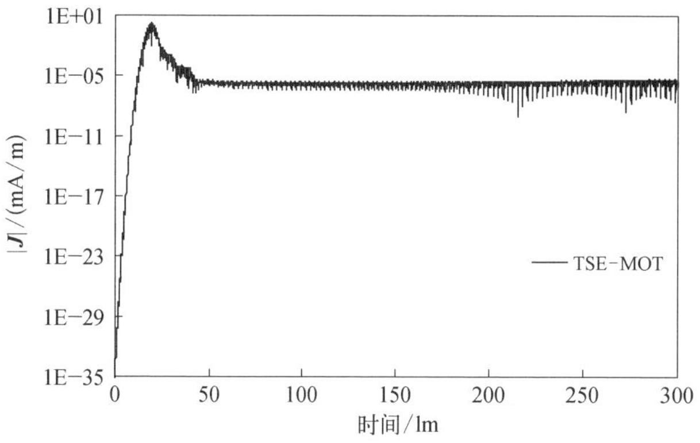

(f)

图 6.1.5　金属球不同频点处双站 RCS 对比：(a) 120 MHz；(b) 200 MHz；(c) 290 MHz；(d) 时域后向散射场对比；(e) 金属球表面一个 RWG 基函数系数的对比；(f) 晚时稳定性验证

3. 计算能力测试

前面只使用 TSE-MOT 算法计算了简单金属球的瞬态电磁散射问题，为了验证 TSE-MOT 算法的计算能力，下面使用 TSE-MOT 算法计算几个复杂模型的宽频带电磁散射问题。

算例 3： B−2 轰炸机 1∶2 缩比模型如图 6.1.6(a)所示，尺寸为 10.492 m × 26.188 m × 1.546 m，入射波为调制高斯脉冲波，中心频率为 200 MHz，带宽为 200 MHz，入射方向和极化方向分别为 $\hat{\boldsymbol{k}}^{\text{inc}} = \hat{\boldsymbol{x}}$，$\hat{\boldsymbol{p}}^{\text{inc}} = -\hat{\boldsymbol{z}}$，即从飞机头部水平入射。观察角为 $0° \leqslant \theta_s \leqslant 180°$，$\phi_s = 0°$。采用平面三角形剖分，剖分尺度固定为 0.1 m，离散得到的未知量为 85 326。TSE-MOT 算法使用的时间步长为 $\Delta t = 0.333$ ns，计算 500 个时间步。图 6.1.6(b)~(d)给出了 TSE-MOT 算法计算得到的不同频点处的双站 RCS 结果与频域多层快速多极子(MLFMM)的比较，两者的数据吻合得很好，由此验证了 TSE-MOT 算法计算复杂目标的能力。本算例 TSE-MOT 算法的内存需求是 27.8 GB，一共计算了 20.9 h。

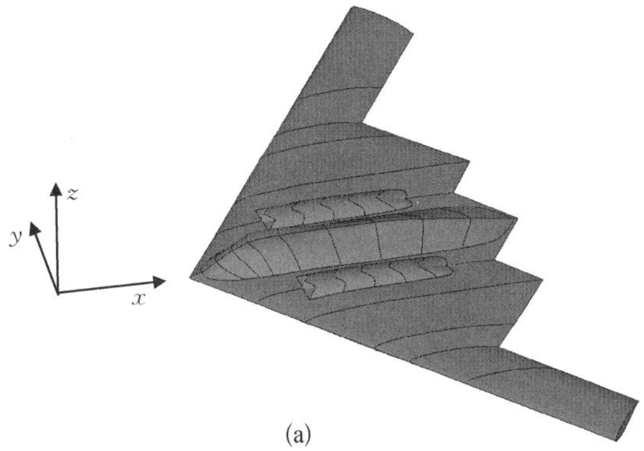

(a)

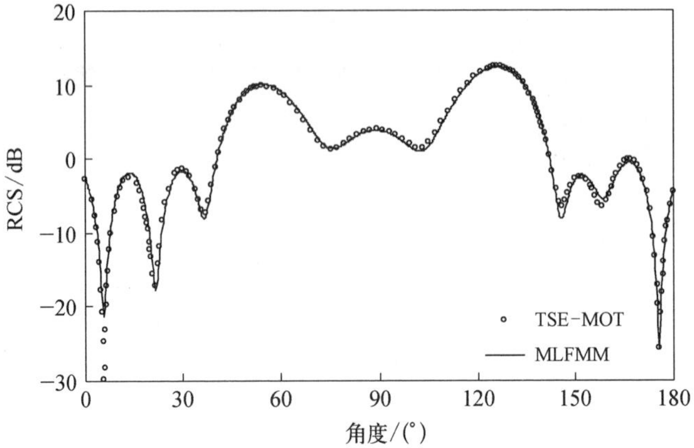

(b)

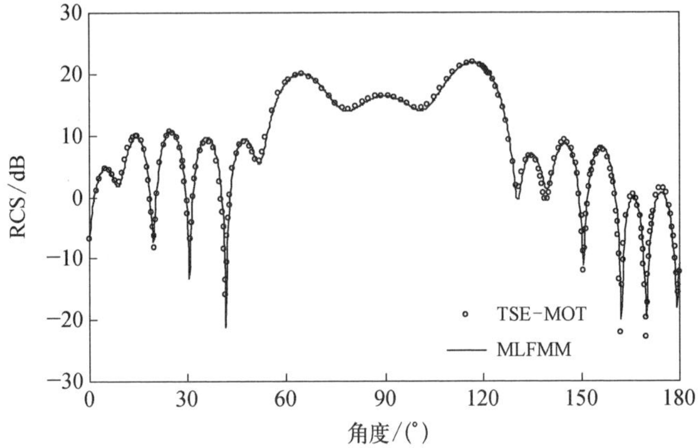

(c)

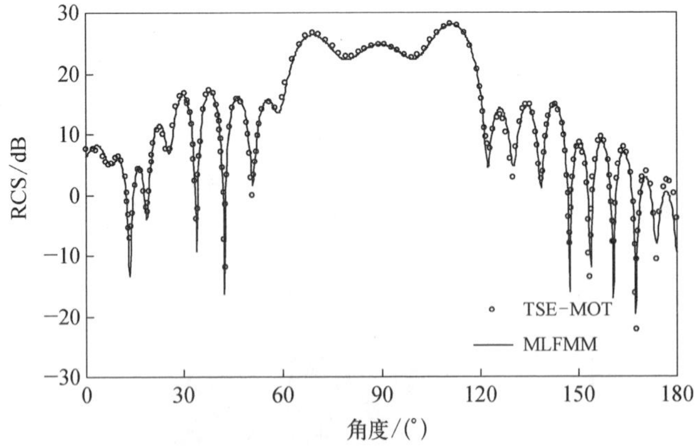

(d)

图 6.1.6　(a) B－2 轰炸机模型。B－2 轰炸机在不同频点处双站 RCS 对比：(b) 114 MHz；(c) 204 MHz；(d) 300 MHz

算例 4：F－22 战斗机 1∶2 缩比模型如图 6.1.7(a)，尺寸为 9.4615 m × 6.782 m × 2.0104 m，入射波为调制高斯脉冲波，中心频率为 300 MHz，带宽为 400 MHz，入射方向和极化方向分别为 $\hat{\boldsymbol{k}}^{\mathrm{inc}} = \hat{\boldsymbol{x}}$，$\hat{\boldsymbol{p}}^{\mathrm{inc}} = -\hat{\boldsymbol{z}}$，即从飞机头部水平入射。观察角为 $0° \leqslant \theta_s \leqslant 180°$，$\phi_s = 0°$。采用平面三角形剖分，剖分尺度固定为 0.06 m，离散得到

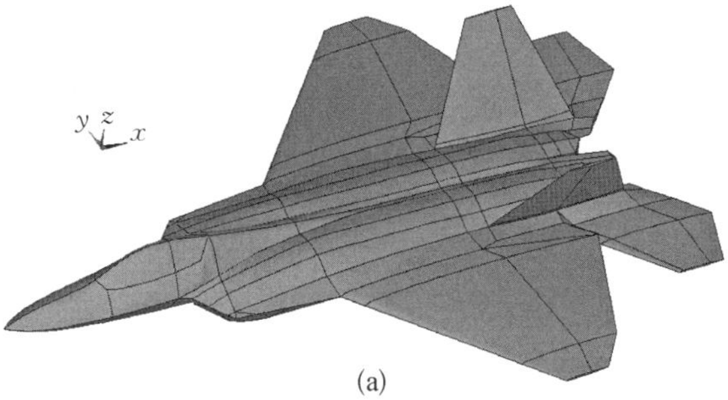

(a)

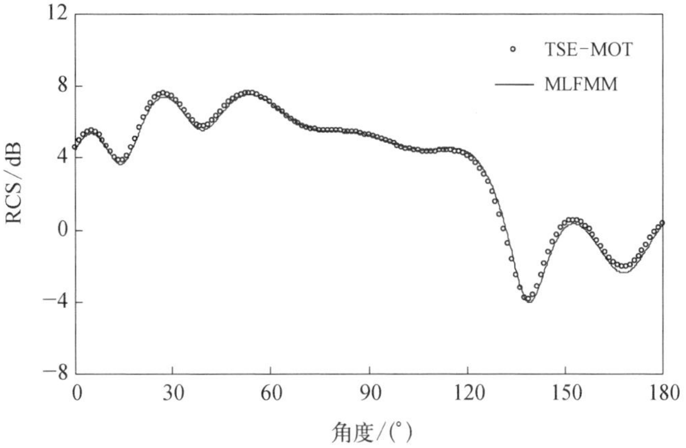

(b)

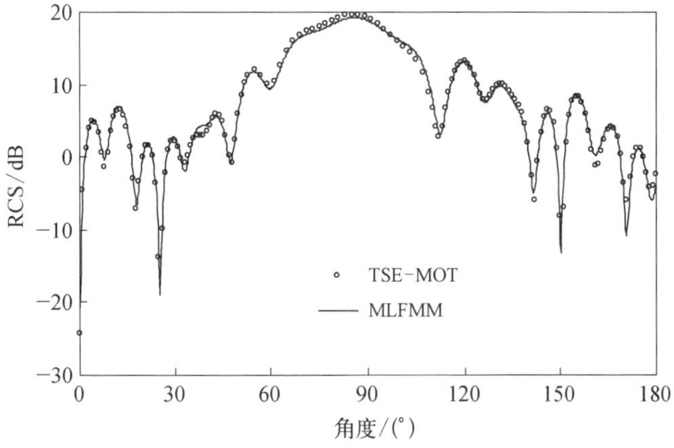

(c)

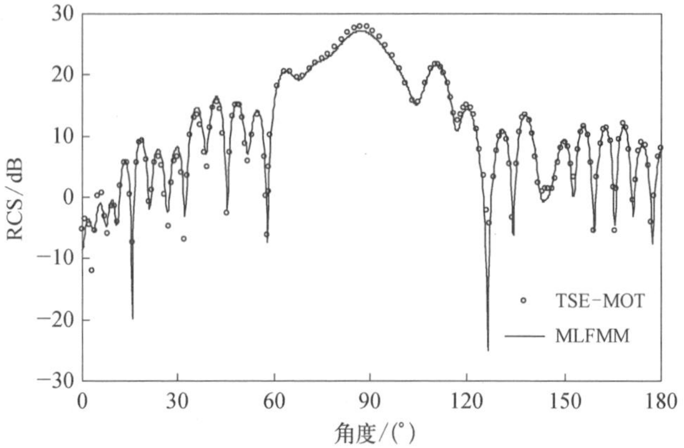

(d)

图 6.1.7　(a) F-22 战斗机模型。F-22 战斗机在不同频点处双站 RCS 对比：(b) 110 MHz；(c) 300 MHz；(d) 490 MHz

的未知量为 73 296。TSE-MOT 算法使用的时间步长为 Δt = 0.2 ns，计算 500 个时间步。图 6.1.7(b)～(d)给出了 TSE-MOT 算法计算得到的不同频点处的双站 RCS 结果与频域多层快速多极子(MLFMM)的比较，两者的数据吻合得很好，进一步验证了 TSE-MOT 算法计算复杂模型宽频带电磁散射的准确性。本算例 TSE-MOT 算法的内存需求是 29.9 GB，一共计算了 50.6 h。

4. 并行效率测试

算例 5： 本节通过一个金属球的算例来验证并行效率。分析了一个半径为 2 m 的金属球的瞬态电磁散射问题，入射波为调制高斯脉冲波，中心频率为 200 MHz，带宽为 200 MHz，入射方向和极化方向分别为 $\hat{\boldsymbol{k}}^{\text{inc}} = \hat{z}$，$\hat{\boldsymbol{p}}^{\text{inc}} = \hat{\boldsymbol{x}}$。观察角为 $0° \leqslant \theta_s \leqslant 180°$，$\phi_s = 0°$。采用平面三角形剖分，剖分尺度固定为 0.1 m，离散得到的未知量为 18 432。并行 TSE-MOT 算法使用的时间步长为 Δt = 0.333 ns，计算 300 个时间步。分别调用 1、2、4、8、16、32 个进程依次分析上述目标。图 6.1.8 给出了不同进程数时并行效率的变化，从图 6.1.8 中可以看出，当进程数达到 32 个时，并行效率仍然能够保证在 83%以上，说明了本章并行方案的高效性。

5. 并行计算能力测试

算例 6： 分析了一个半径为 25 m 的金属球的瞬态电磁散射问题。入射波为调制高斯脉冲波，中心频率为 200 MHz，带宽为 200 MHz，入射方向和极化方向分别为 $\hat{\boldsymbol{k}}^{\text{inc}} = \hat{z}$，$\hat{\boldsymbol{p}}^{\text{inc}} = \hat{\boldsymbol{x}}$。观察角为 $0° \leqslant \theta_s \leqslant 180°$，$\phi_s = 0°$。采用平面三角形剖分，剖分尺度固定为 0.1 m，离散得到的未知量为 2 880 000。TSE-MOT 算法使用的时间步长为 Δt = 0.333 ns，计算 800 个时间步。图 6.1.9 给出了 TSE-MOT 算法计算得到

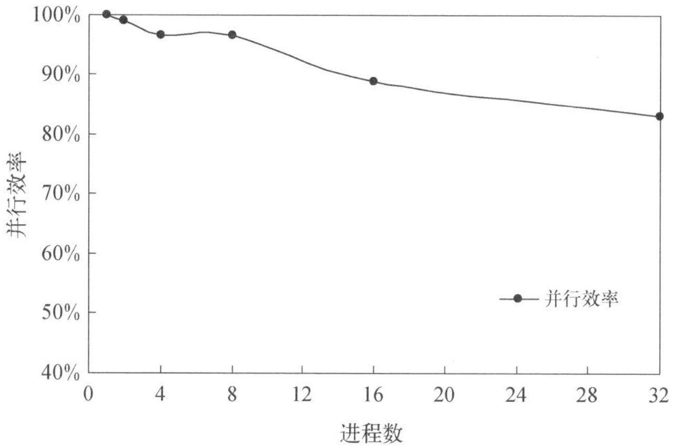

图 6.1.8　并行效率随进程数变化情况

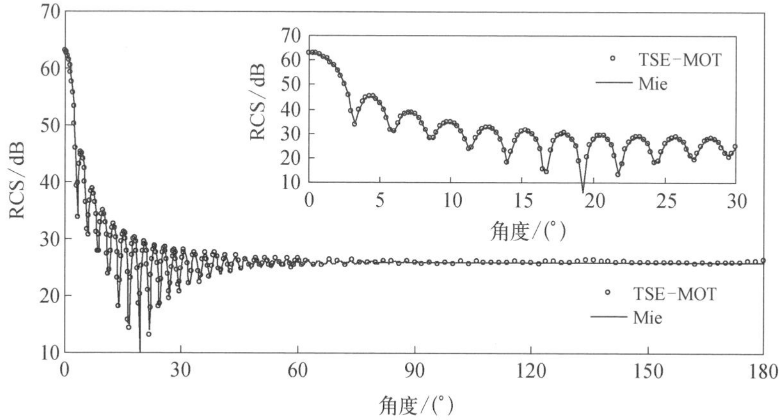

(a) 135 MHz

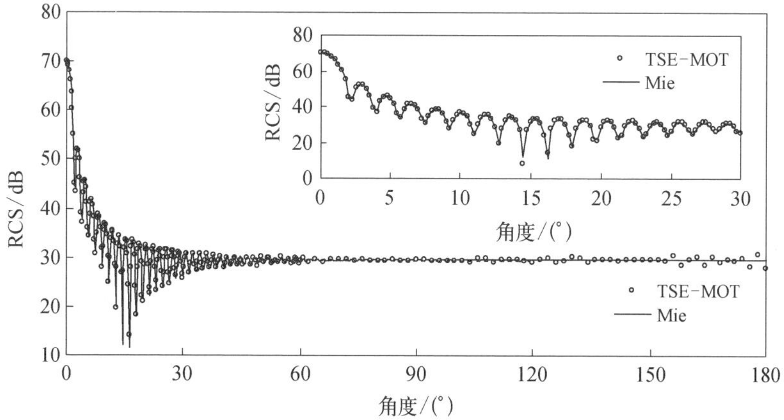

(b) 200 MHz

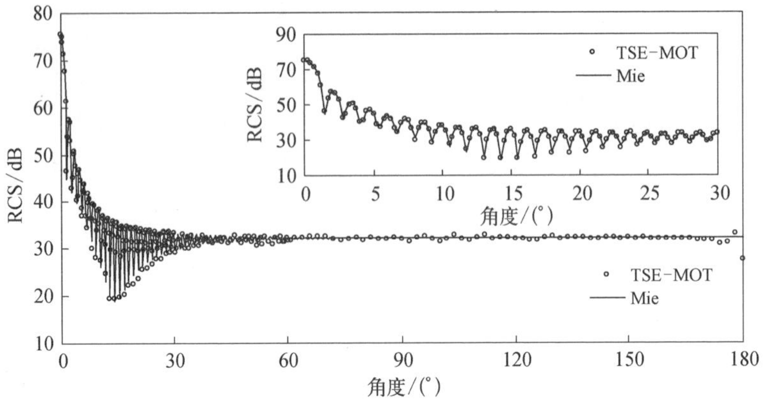

(c) 278 MHz

图 6.1.9　金属球不同频点处双站 RCS 对比

的不同频点处的双站 RCS 结果与 Mie 解析解的比较，两者的数据吻合得比较好。调用 80 个进程分析上述目标。消耗峰值内存为 1.17 T，运行时间为 53.8 h。

算例 7：B－2 轰炸机模型如图 6.1.6(a)所示，尺寸：20.984 m × 52.376 m × 3.092 m，入射波为调制高斯脉冲波，中心频率为 300 MHz，带宽为 400 MHz，入射方向和极化方向分别为 $\hat{\boldsymbol{k}}^{\mathrm{inc}}=\hat{\boldsymbol{x}}$，$\hat{\boldsymbol{p}}^{\mathrm{inc}}=-\hat{\boldsymbol{z}}$，即从飞机头部水平入射。观察角为 $0°\leqslant\theta_s\leqslant 180°$，$\phi_s=0°$。采用平面三角形剖分，剖分尺度固定为 0.06 m，离散得到的未知量为 961 362。TSE-MOT 算法使用的时间步长为 $\Delta t=0.2$ ns，计算 800 个时间步。图 6.1.10 给出了 TSE-MOT 算法计算得到的不同频点处的双站 RCS 结果与频域多层快速多极子(MLFMM)的比较，两者的数据吻合得很好，由此验证了 TSE-MOT 算法计算复杂目标的能力。本算例调用 80 个进程分析上述目标。消耗峰值内存为 502 GB，运行时间为 12.7 h。

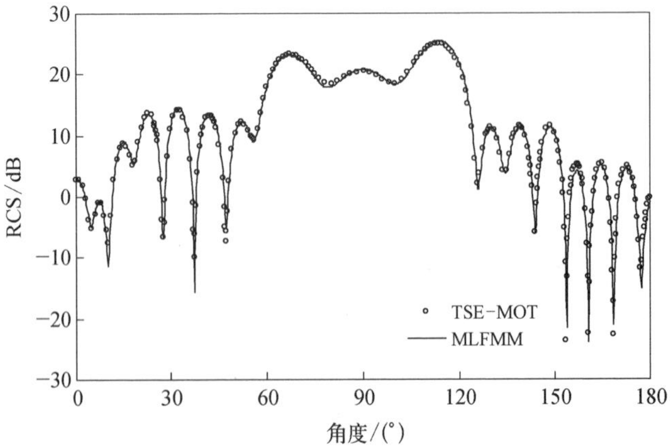

(a) 125 MHz

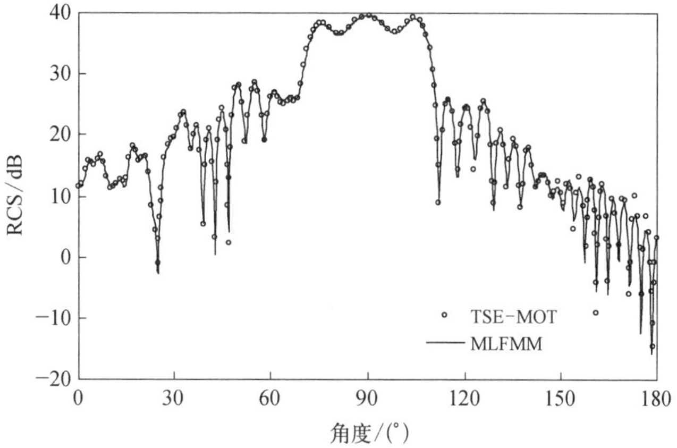

(b) 300 MHz

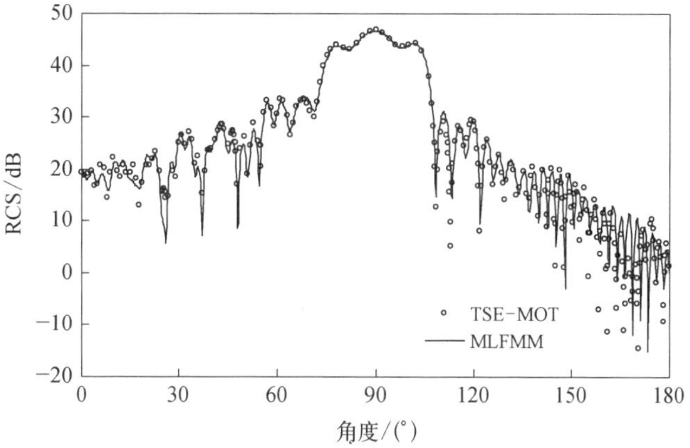

(c) 425 MHz

图 6.1.10　B－2 轰炸机在不同频点处双站 RCS 对比

6.2　基于泰勒级数展开的时域不连续伽辽金积分方程快速算法

前文所述的基于泰勒级数展开的时域积分方程快速算法，在求解物体瞬态电磁散射特性时首先需要对物体的表面进行网格剖分，在网格上定义基函数。为了加强相邻元素边界电流的法向连续性，通常要求基函数满足散度共形的条件，比如前文一直采用的 RWG 基函数。虽然商业软件可以自动生成任意三维的几何形状的网格，但是生成良好的网格仍然是一个繁琐的任务，特别是对于复杂的具有精细结构的物体或者多尺度目标。因此，传统的共形网格剖分在处理复杂、不均匀的模型时已经不再适用,阻碍了许多实际应用中有缺陷的网格的使用。

为了解决上述问题,本章将介绍基于泰勒级数展开的时域不连续伽辽金积分方程快速算法(TSE-TDIEDG),时域不连续伽辽金积分方程方法(time domain integral equation discontinuous galerkin, TDIEDG)允许采用非共形剖分,可以有效分析复杂形状散射体的电磁特性。然而该方法具有传统时间步进方法固有的计算效率低下的弊端。将基于泰勒级数展开的时域快速算法用以加速时域不连续伽辽金算法,既可以发挥不连续伽辽金方法处理非共形网格的优势,也可以利用快速算法的高效特性,为分析复杂目标的电磁特性提供了一种行之有效的研究方法。

6.2.1　基于泰勒级数展开的时域不连续伽辽金积分方程快速算法

基于泰勒级数展开的时域不连续伽辽金积分方程快速算法(TSE-TDIEDG)的基本原理和实现过程与6.1节中的TSE-MOT类似,TSE-TDIEDG也需要对目标表面进行多层分组操作,每一层在空间上定义近场组和远场组,在时间上定义基本子信号,然后TSE-TDIEDG将方程式(3.3.18)右端的求和运算分解成近场互作用计算和远场互作用计算。近场互作用计算采用经典MOT算法实现,源与场之间通过阻抗矩阵建立联系;远场互作用计算采用TSE-TDIEDG实现,源对场的贡献在每一层通过聚合、转移、投射三个步骤来完成,最后将所有层的输入射线叠加起来构成瞬态远场。空间分组操作、子信号参数定义等与TSE-MOT一致,不再赘述,现对TSE-TDIEDG加速远场计算作简要叙述。

如图6.2.1所示,源基函数$\boldsymbol{f}_n(\boldsymbol{r}')$和测试基函数$\boldsymbol{f}_m(\boldsymbol{r})$分别被包围在源组$G_j$和场组$G_i$中,其中$\boldsymbol{r}_j$与$\boldsymbol{r}_i$分别是源组$G_j$和场组$G_i$的中心,组的外接球半径都是$R_s$,$R_c = |\boldsymbol{R}_c| = |\boldsymbol{r}_i - \boldsymbol{r}_j| > 2R_s$为两个子立方体中心之间的距离。$\boldsymbol{r}_m$和$\boldsymbol{r}_n$分别表示基函数$\boldsymbol{f}_m(\boldsymbol{r})$和$\boldsymbol{f}_n(\boldsymbol{r}')$所在边的中点,$\boldsymbol{r}_m^c$和$\boldsymbol{r}_n^c$分别是测试基函数和源基函数所在三角形$T_m$和$T_n$的质心。

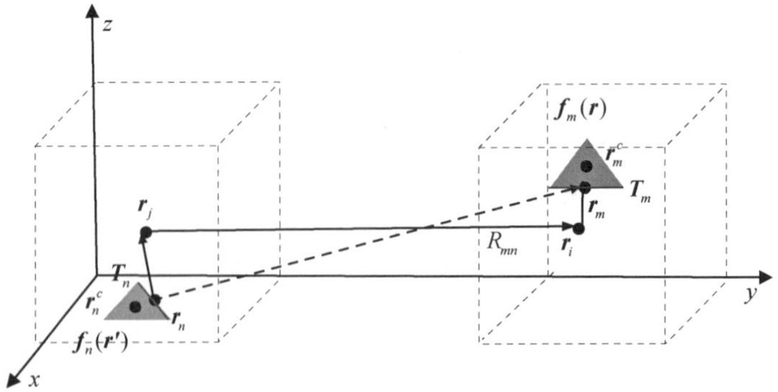

图6.2.1　位于远场组对(G_i, G_j)中的基函数$\boldsymbol{f}_m(\boldsymbol{r})$和$\boldsymbol{f}_n(\boldsymbol{r})'$示意图

6.1 节在讨论 TSE-MOT 算法时提到，为了满足因果性关系，TSE-MOT 要求所有的源信号必须是时间有限信号，即要将源电流信号进行分段处理，同样的，这里也需要将源电流时间信号写成：

$$\boldsymbol{J}_n(\boldsymbol{r}',\ t) = \sum_{i=1}^{L} \boldsymbol{J}_{n,\ i}(\boldsymbol{r}',\ t) = \sum_{i=1}^{L} \boldsymbol{f}_n(\boldsymbol{r}')\, g_{n,\ i}(t) \tag{6.2.1}$$

其中，第 l 段时间子信号：

$$g_{n,\ l}(t) = \sum_{j=(l-1)M_t}^{lM_t+1} I_n^j T_j(t) \tag{6.2.2}$$

上式表明将源电流信号$\boldsymbol{J}_n(\boldsymbol{r}',\ t)$分解为 L 段连续基本子信号$\boldsymbol{J}_{n,\ l}(\boldsymbol{r}',\ t)$，每个基本子信号持续的时间满足 $T_S = M_t \Delta t (LM_t = N_t)$。

现考虑第 n 号源基函数的第 l 段源子信号$\boldsymbol{J}_{n,\ l}(\boldsymbol{r}',\ t)$，产生的散射电场，其在第 m 号场基函数 $\boldsymbol{f}_m(\boldsymbol{r})$处产生的测试散射电场为

$$\begin{aligned}
\langle \boldsymbol{f}_m(\boldsymbol{r}),\ \boldsymbol{E}_{n,\ l}^{\text{sca}}(\boldsymbol{r},\ t) \rangle = & \frac{\mu_0}{4\pi}\int_{S_m}\int_{S_n} \boldsymbol{f}_m(\boldsymbol{r}) \cdot \boldsymbol{f}_n(\boldsymbol{r}') \frac{\partial_\tau g_{n,l}(\tau)}{R} \mathrm{d}S'\mathrm{d}S \\
& + \frac{1}{4\pi\varepsilon_0}\int_{S_m}\int_{S_n} \nabla \cdot \boldsymbol{f}_m(\boldsymbol{r})\, \nabla' \cdot \boldsymbol{f}_n(\boldsymbol{r}') \frac{\partial_\tau^{-1} g_{n,l}(\tau)}{R} \mathrm{d}S'\mathrm{d}S \\
& - \frac{1}{4\pi\varepsilon_0}\oint_{l_m} \hat{\boldsymbol{t}}_m \cdot \boldsymbol{f}_m(\boldsymbol{r}) \int_{S_n} \nabla' \cdot \boldsymbol{f}_n(\boldsymbol{r}') \frac{\partial_\tau^{-1} g_{n,\ l}(\tau)}{R} \mathrm{d}S'\mathrm{d}l \\
& - \frac{1}{4\pi\varepsilon_0}\int_{S_m} \nabla \cdot \boldsymbol{f}_m(\boldsymbol{r}) \oint_{l_m} \hat{\boldsymbol{t}}_n \cdot \boldsymbol{f}_n(\boldsymbol{r}') \frac{\partial_\tau^{-1} g_{n,\ l}(\tau)}{R} \mathrm{d}l'\mathrm{d}S
\end{aligned} \tag{6.2.3}$$

上式中缺少线线积分一项，这是因为线线积分项已经通过选取边界惩罚项系数 $\gamma = -\alpha$ 抵消了。此外电流连续性方程(3.3.14)只需在场源三角形相邻并且有公共边的情况下强加，便能保证在任意时刻任意边界电流的法向连续性，属于近场操作，所以远场不需要考虑。

如前所述，如果观察基函数和源基函数之间的距离足够远，并且用以离散物体的三角形单元足够密集，则我们可以假设电流密度和散射场在源三角形和观察三角形内不发生急剧变化。那么式(6.2.3)所示的测试电场可以近似为

$$\begin{aligned}
& \langle \boldsymbol{f}_m(\boldsymbol{r}),\ \boldsymbol{E}_{n,\ l}^{\text{sca}}(\boldsymbol{r}, t) \rangle \\
\approx & \frac{\mu_0}{4\pi}\int_{S_m} \boldsymbol{f}_m(\boldsymbol{r})\,\mathrm{d}S \cdot \int_{S_n} \boldsymbol{f}_n(\boldsymbol{r}')\,\mathrm{d}S' \frac{\partial_\tau g_{n,\ l}(\tau_1)}{R_{mn}} \\
& + \frac{1}{4\pi\varepsilon_0}\int_{S_m} \nabla \cdot \boldsymbol{f}_m(\boldsymbol{r})\,\mathrm{d}S \int_{S_n} \nabla' \cdot \boldsymbol{f}_n(\boldsymbol{r}')\,\mathrm{d}S' \frac{\partial_\tau^{-1} g_{n,\ l}(\tau_2)}{R_{m_c n_c}}
\end{aligned}$$

$$
\begin{aligned}
& -\frac{1}{4\pi\varepsilon_0}\oint_{l_m}\hat{\boldsymbol{t}}_m\cdot\boldsymbol{f}_m(\boldsymbol{r})\,\mathrm{d}l\int_{S_n}\nabla'\cdot\boldsymbol{f}_n(\boldsymbol{r}')\,\mathrm{d}S'\,\frac{\partial_\tau^{-1}g_{n,l}(\tau_3)}{R_{mn_c}} \\
& -\frac{1}{4\pi\varepsilon_0}\int_{S_m}\nabla\cdot\boldsymbol{f}_m(\boldsymbol{r})\,\mathrm{d}S\oint_{l_n}\hat{\boldsymbol{t}}_n\cdot\boldsymbol{f}_n(\boldsymbol{r}')\,\mathrm{d}l'\,\frac{\partial_\tau^{-1}g_{n,l}(\tau_4)}{R_{m_cn}} \\
= & \frac{\mu_0}{4\pi}\boldsymbol{m}_m\cdot\boldsymbol{m}_n\frac{\partial_\tau g_{n,l}(\tau_1)}{R_{mn}}+\frac{l_ml_n}{4\pi\varepsilon_0}\frac{\partial_\tau^{-1}g_{n,l}(\tau_2)}{R_{m_cn_c}} \\
& -\frac{l_ml_n}{4\pi\varepsilon_0}\frac{\partial_\tau^{-1}g_{n,l}(\tau_3)}{R_{mn_c}}-\frac{l_ml_n}{4\pi\varepsilon_0}\frac{\partial_\tau^{-1}g_{n,l}(\tau_4)}{R_{m_cn}}
\end{aligned}
\tag{6.2.4}
$$

这里用到了基函数的性质 $\oint_{l_m}\hat{\boldsymbol{t}}_m\cdot\boldsymbol{f}_m(\boldsymbol{r})\,\mathrm{d}l=l_m$。其中，$R_{mn}=|\boldsymbol{R}_{mn}|=|\boldsymbol{r}_m-\boldsymbol{r}_n|$ 表示基函数 m 和 n 所在边的中心点之间的距离；$R_{m_cn_c}=|\boldsymbol{r}_m^c-\boldsymbol{r}_n^c|$ 表示三角形 T_m 和 T_n 质心之间的距离；$R_{mn_c}=|\boldsymbol{r}_m-\boldsymbol{r}_n^c|$ 表示基函数 m 所在边的中心点与三角形 T_n 质心之间的距离；$R_{m_cn}=|\boldsymbol{r}_m^c-\boldsymbol{r}_n|$ 表示基函数 n 所在边的中心点与三角形 T_m 质心之间的距离；$\tau_1=t-R_{mn}/c$，$\tau_2=t-R_{m_cn_c}/c$，$\tau_3=t-R_{mn_c}/c$，$\tau_4=t-R_{m_cn}/c$；$\boldsymbol{m}_m=\int_{S_m}\boldsymbol{f}_m(\boldsymbol{r})\,\mathrm{d}S\approx l_m(\boldsymbol{r}_m-\boldsymbol{r}_m^c)$，$\boldsymbol{m}_n\approx l_n(\boldsymbol{r}_n-\boldsymbol{r}_n^c)$。

按照 6.1 节所述，当场源基函数充分分离时，式(6.2.5)中的幅度项和延时项可以采用泰勒级数近似展开：

$$
\begin{aligned}
& \langle\boldsymbol{f}_m(\boldsymbol{r}),\ \boldsymbol{E}_{n,l}^{\mathrm{sca}}(\boldsymbol{r},t)\rangle \\
\approx & \frac{\mu_0}{4\pi r_{ij}}\left\{\begin{aligned}&R_m^{(-1)}\,\boldsymbol{m}_m\delta(\tau_{mi})*\delta(\tau_{ij})*\boldsymbol{m}_n\delta(\tau_{nj})*\partial_\tau g_{n,l}(t)\\&+\boldsymbol{m}_m\delta(\tau_{mi})*\delta(\tau_{ij})*R_n^{(-1)}\,\boldsymbol{m}_n\delta(\tau_{nj})*\partial_\tau g_{n,l}(t)\end{aligned}\right\} \\
& +\frac{l_ml_n}{4\pi\varepsilon_0 r_{ij}}\left\{\begin{aligned}&R_{m_c}^{(-1)}\delta(\tau_{m_cj})*\delta(\tau_{ij})*\delta(\tau_{n_cj})*\partial_\tau^{-1}g_{n,l}(t)\\&+\delta(\tau_{m_ci})*\delta(\tau_{ij})*R_{n_c}^{(-1)}\delta(\tau_{n_cj})*\partial_\tau^{-1}g_{n,l}(t)\\&-R_m^{(-1)}\delta(\tau_{mi})*\delta(\tau_{ij})*\delta(\tau_{n_cj})*\partial_\tau^{-1}g_{n,l}(t)\\&-\delta(\tau_{mi})*\delta(\tau_{ij})*R_{n_c}^{(-1)}\delta(\tau_{n_cj})*\partial_\tau^{-1}g_{n,l}(t)\\&-R_{m_c}^{(-1)}\delta(\tau_{m_ci})*\delta(\tau_{ij})*\delta(\tau_{nj})*\partial_\tau^{-1}g_{n,l}(t)\\&-\delta(\tau_{m_ci})*\delta(\tau_{ij})*R_n^{(-1)}\delta(\tau_{nj})*\partial_\tau^{-1}g_{n,l}(t)\end{aligned}\right\}
\end{aligned}
\tag{6.2.5}
$$

其中，$\tau_{mi}=t-r_{mi}/c$，$\tau_{ij}=t-r_{ij}/c$，$\tau_{nj}=t-r_{nj}/c$，$\tau_{m_ci}=t-r_{m_ci}/c$，$\tau_{n_ci}=t-r_{n_ci}/c$，且 $R_m^{(-1)}$、$R_n^{(-1)}$、r_{mi}、r_{ni}的表达形式和式(6.1.10)~(6.1.12)相同，$R_{m_c}^{(-1)}$、$R_{n_c}^{(-1)}$、r_{m_ci}、r_{n_ci}也有类似的表达形式，只是把基函数所在边的中点 $\boldsymbol{r}_m$ 和 $\boldsymbol{r}_n$ 替换成基函数所在三角形的中心 $\boldsymbol{r}_m^c$ 和 $\boldsymbol{r}_n^c$。

方程(6.2.5)又写成了若干项卷积求和运算组成,每项都含有 3 次卷积操作,分别对应聚合-转移-投射三个操作。和 TSE-MOT 算法一样,TSE-TDIEDG 的聚合转移配置过程完全在时域里通过延时操作完成,降低了 TSE-TDIEDG 实现的困难程度。

这里我们只给出了电场部分的具体推导过程,磁场部分原理基本一致,不再给出详细推导过程。另外,TSE-TDIEDG 的计算复杂度和实施细节与 TSE-MOT 算法一致,可参照 6.1 节,不再展开说明。

6.2.2　数值算例与分析

基于上述 TSE-TDIEDG 的实现过程,我们开发了用于分析非共形剖分目标时域电磁散射特性的 TSE-TDIEDG 的串行数值程序。下面通过分析一些电大尺寸非共形剖分导体目标的散射特性来验证程序的精确性和高效性。本节在默认的情况下所有的数值结果都是在服务器 Xeon® E7－4850(主频 2 GHz,内存 512 GB)上计算获得的,特殊情况将在算例中说明。本节所有数值算例的分析均采用广义最小余量法(GMRES)来求解矩阵方程,双精度程序的迭代收敛精度设为 10^{-9}。对于下面几个算例,如果目标属于闭合结构,使用混合场积分方程来计算,α 选取为 0.5;如果目标属于开放结构,使用电场积分方程进行计算,α 选取为 1.0,内罚稳定系数 $\beta = 0.1$。TSE-TDIEDG 主要参数的取值为:分组尺寸设为 0.4λ,其中 λ 为入射波最高频对应的波长;近远场阈值设为 $k = 4$。

1. 计算精度验证

算例 1:分析了一个半径为 1.5 m 的金属球的瞬态电磁散射问题。入射波为调制高斯脉冲波,中心频率为 150 MHz,带宽为 300 MHz,入射方向和极化方向分别为 $\hat{\boldsymbol{k}}^{\text{inc}} = \hat{\boldsymbol{z}}$, $\hat{\boldsymbol{p}}^{\text{inc}} = \hat{\boldsymbol{x}}$。观察角为 $0° \leqslant \theta_s \leqslant 180°$, $\phi_s = 0°$。如图 6.2.2(a)所示,平面三角形剖分,采用非共形离散策略,其中上半球面部分的剖分尺寸为 0.1 m,下半球面的剖分尺寸为 0.07 m,离散得到 13 824 个三角形,未知量为 41 472。TDIEDG 和 TSE-TDIEDG 使用的时间步长为 $\Delta t = 0.333$ ns,分别计算 300 个时间步。图 6.2.2(b)~(d)给出了 TSE-TDIEDG 计算得到的不同频点处的双站 RCS 结果与 Mie 解析解比较,两者的数据吻合得比较好。事实上 TSE-TDIEDG 计算得到的频率为 50 MHz、150 MHz、300 MHz 时的双站 RCS 的相对均方根(RRMS)误差分别为 1.65%、1.09% 和 3.77%。为了进一步验证程序的精度,我们给出后向散射场的分量 $E(\theta)$ 与 TDIEDG 得到的后向散射场做比较,如图 6.2.2(e)所示。从图中可以看出,TSE-TDIEDG 计算得到的瞬态后向散射场与传统 TDIEDG 结果吻合得很好,由此验证了 TSE-TDIEDG 的精确性。

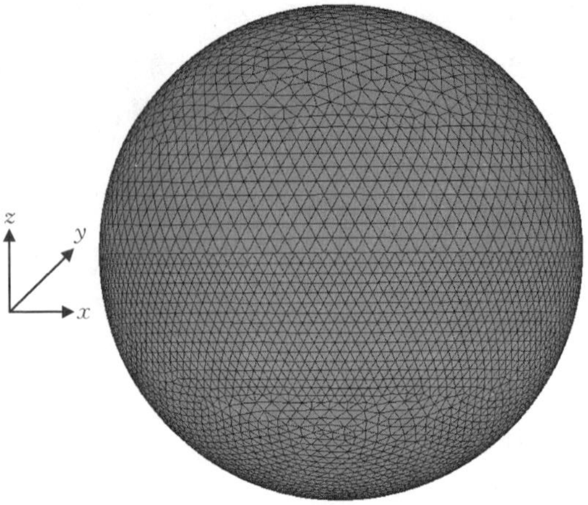

(a)

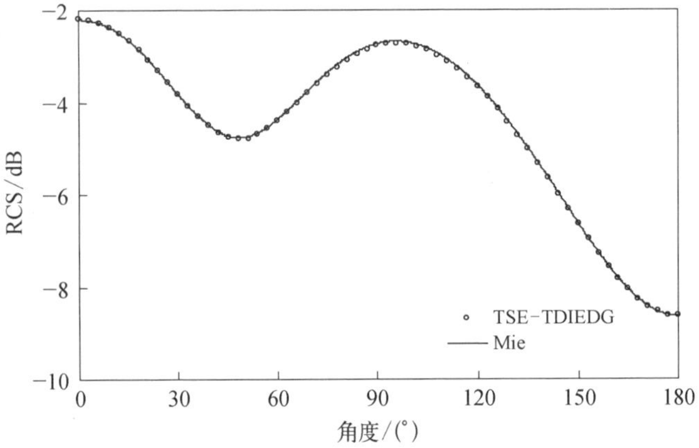

(b)

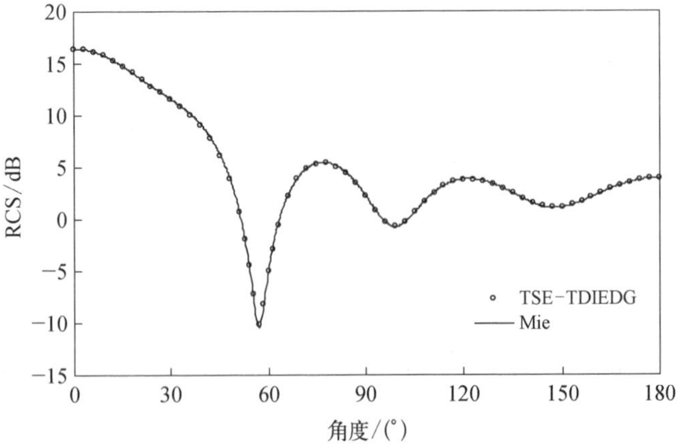

(c)

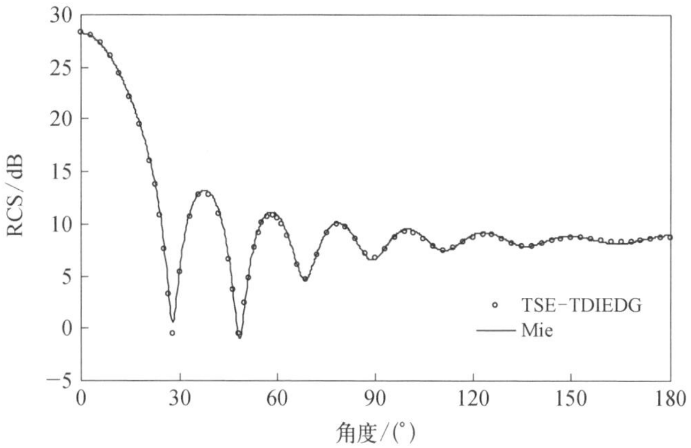

(d)

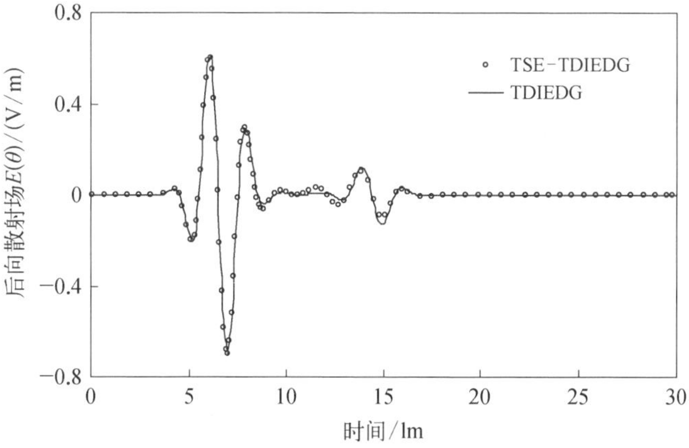

(e)

图 6.2.2　(a) 金属球的非共形剖分示意图;金属球 50 MHz(b)、150 MHz(c)、300 MHz(d)处双站 RCS 对比;(e) 时域后向散射场对比

2. 计算能力测试

前面只使用 TSE-TDIEDG 计算了简单金属球的瞬态电磁散射问题,为了验证 TSE-TDIEDG 的计算能力,下面使用 TSE-TDIEDG 计算几个复杂模型的宽频带电磁散射问题。

算例 2: 简易导弹模型如图 6.2.3(a)所示,几何信息: 尺寸为 11.2 m × 2.4 m × 2.4 m, 入射波为调制高斯脉冲波,中心频率为 150 MHz,带宽为 300 MHz,入射方向和极化方向分别为 $\hat{\boldsymbol{k}}^{\text{inc}} = -\hat{\boldsymbol{x}}$, $\hat{\boldsymbol{p}}^{\text{inc}} = \hat{\boldsymbol{z}}$, 即从导弹头部水平入射。观察角为 $0° \leqslant \theta_s \leqslant 180°$, $\phi_s = 0°$。 平面三角形剖分,采用非共形离散策略,其中弹体部分的剖分尺寸为 0.1 m,弹头和尾翼的剖分尺寸为 0.05 m,离散得到 15 324 个三角形,未知

量为 45 972。TSE-TDIEDG 使用的时间步长为 Δt = 0.333 ns，计算 500 个时间步。图 6.2.3(b)～(d)给出了 TSE-TDIEDG 计算得到的不同频点处的双站 RCS 结果与 TDIEDG 的比较，两者的数据吻合得很好，为了进一步验证程序的精度，我们给出后向散射场的分量 $E(\theta)$ 与 TDIEDG 得到的后向散射场做比较，如图 6.2.3(e) 所示。从图中可以看出，TSE-TDIEDG 计算得到的瞬态后向散射场与传统 TDIEDG 结果吻合得很好，由此验证了 TSE-TDIEDG 计算复杂模型宽频带电磁散射的能力。同时将 TDIEDG 和 TSE-TDIEDG 分析该问题所消耗的时间及内存作比较，如表 6.2.1 所示，TSE-TDIEDG 相比于 TDIEDG，内存和时间都得到了很大的节约，充分体现了 TSE-TDIEDG 的高效性。

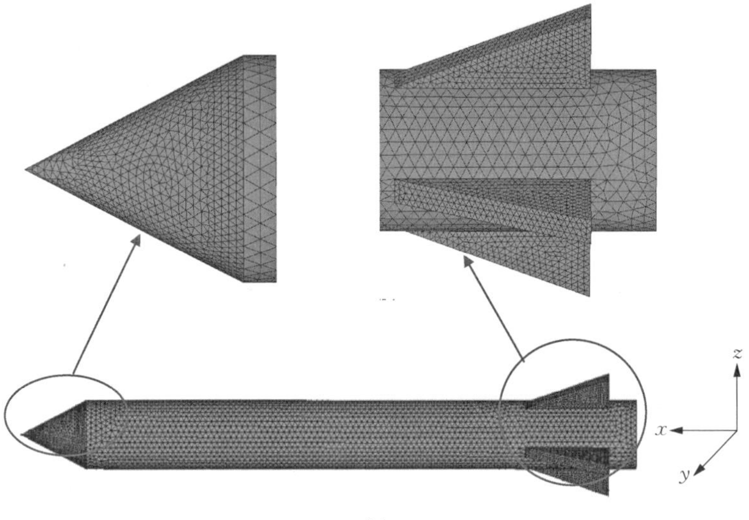

(a)

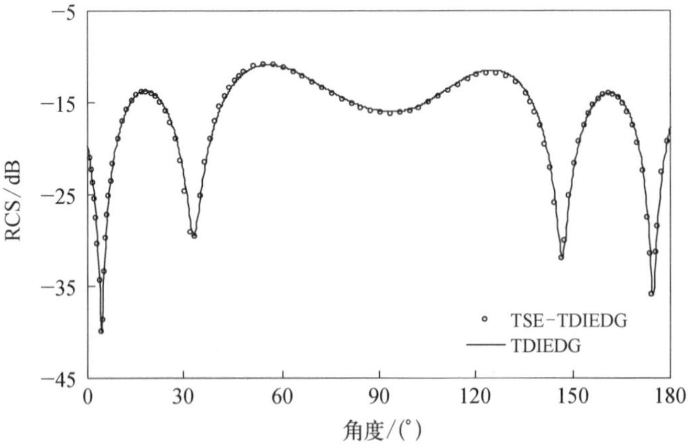

(b)

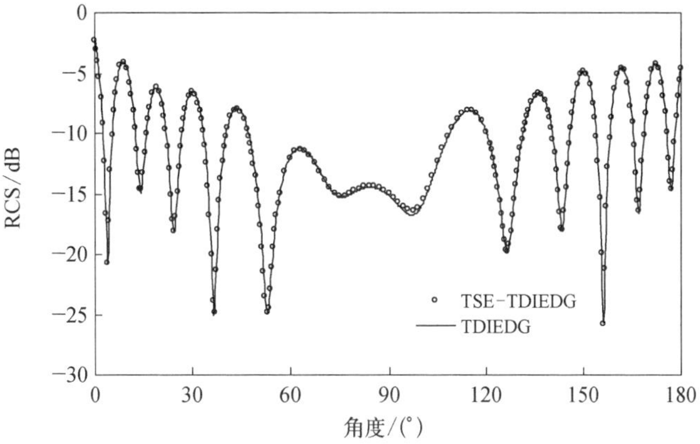

(c)

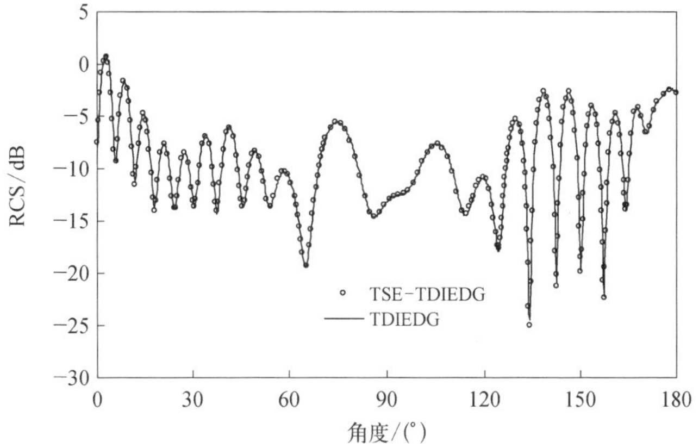

(d)

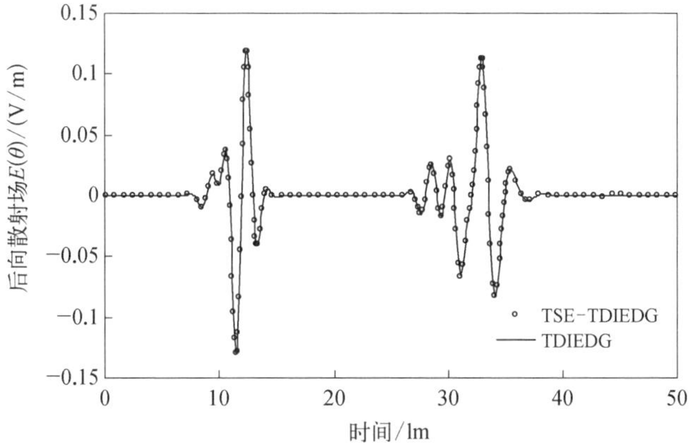

(e)

图 6.2.3　(a) 简易导弹模型的非共形剖分示意图；导弹模型 54 MHz(b)、156 MHz(c)和 288 MHz(d)处双 RCS 对比；(e) 时域后向散射场对比

表 6.2.1　TDIEDG 和 TSE-TDIEDG 计算时间内存对比

	峰值内存/GB	运行时间/h
TDIEDG	113.3	32.4
TSE-TDIEDG	42.2	12.2

算例 3:"捕食者"无人机模型如图 6.2.4(a)所示,几何信息:尺寸为 14.62 m × 2.53 m × 8.27 m, 入射波为调制高斯脉冲波,中心频率为 150 MHz,带宽为300 MHz,入射方向和极化方向分别为 $\hat{\boldsymbol{k}}^{\text{inc}} = -\hat{z}$, $\hat{\boldsymbol{p}}^{\text{inc}} = -\hat{x}$, 即从飞机头部水平入射。观察角为 $0° \leqslant \theta_s \leqslant 180°$, $\phi_s = 0°$。 平面三角形剖分,采用非共形离散策略,其中机身部分的剖分尺寸为 0.1 m,尾翼的剖分尺寸为 0.05 m,离散得到 13 486 个三角形,未知量为 40 458。TSE-TDIEDG 使用的时间步长为 $\Delta t = 0.333$ ns, 计算 300 个时间步。图 6.2.4(b)~(d)给出了 TSE-TDIEDG 计算得到的不同频点处的双站 RCS 结果与频域不连续伽辽金算法(IEDG)的比较,两者的数据吻合得很好,由此验证了 TSE-TDIEDG 计算复杂模型宽频带电磁散射的能力。本算例 TSE-TDIEDG 的内存需求是 23.4 GB,一共计算了 5 h。

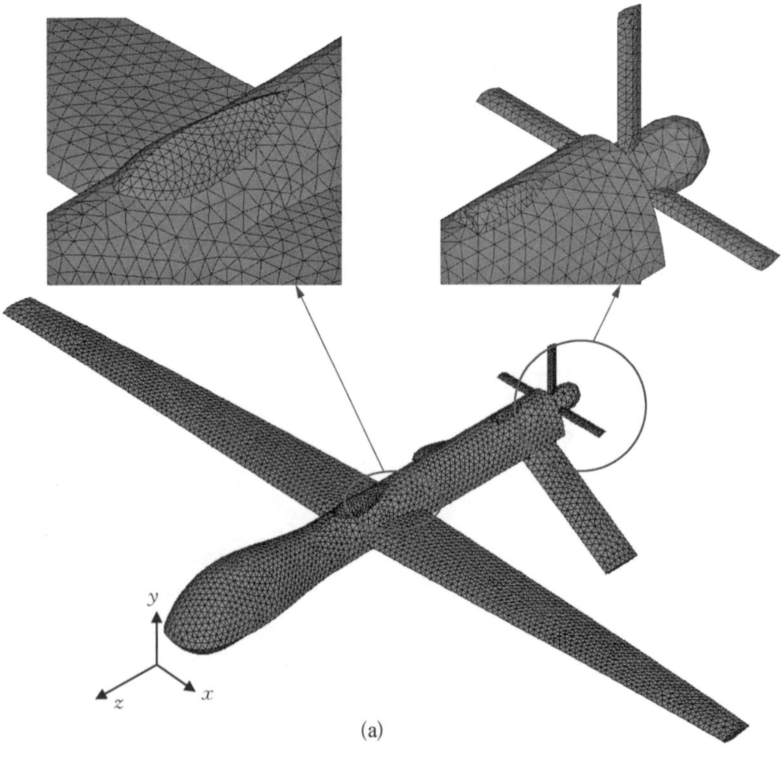

(a)

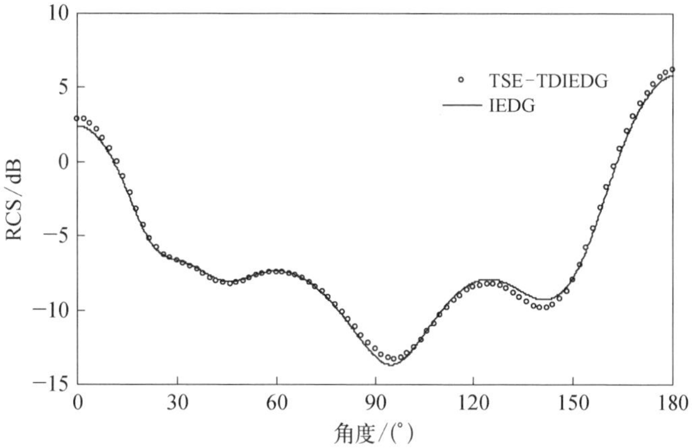

(b)

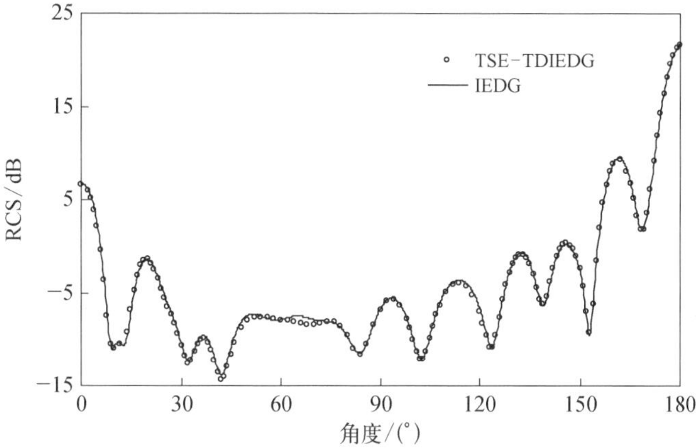

(c)

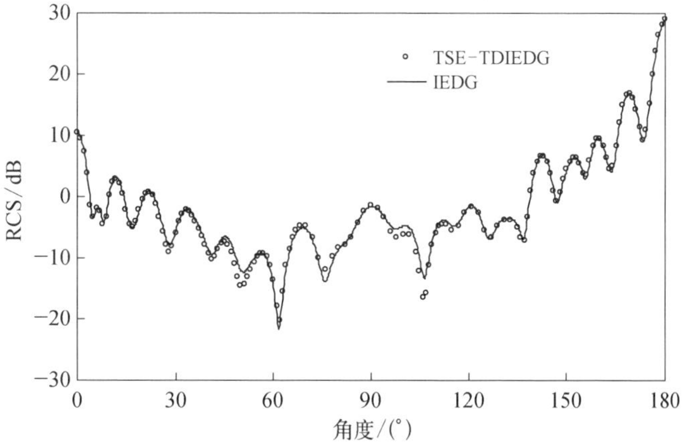

(d)

图 6.2.4　(a)“捕食者”无人机的非共形剖分示意图；无人机 50 MHz(b)、150 MHz(c)与 250 MHz(d)处双站 RCS 对比

参考文献

[1] Ding J, Gu C Q, Li Z, et al. Analysis of transient electromagnetic scattering using time domain fast dipole method [J]. Progress in Electromagnetics Research, 2013, 136(1): 543 - 559.

[2] Ding J, Yu L H, Xu W, et al. Analysis of transient electromagnetic scattering using time multilevel domain fast dipole method [J]. Progress in Electromagnetics Research, 2013, 140: 401 - 413.

[3] 丁吉.时域积分方程方法的研究及其在电磁兼容中的应用[D].南京：南京航天航空大学,2013.

[4] Chen X, Gu C Q, Niu Z Y, et al. Fast dipole method for electromagnetic scattering from perfect electric conducting targets [J]. IEEE Transactions on Antennas and Propagation, 2012, 60 (2): 1186 - 1191.

[5] Chen X, Gu C Q, Niu Z Y, et al. Reply to comments on "fast dipole method for electromagnetic scattering from perfect electric conducting targets" [J]. IEEE Transactions on Antennas and Propagation, 2012, 60 (12): 6063 - 6064.

[6] Chen X, Li Z, Niu Z Y, et al. Analysis of electromagnetic scattering from PEC targets using improved fast dipole method [J]. Journal of Electromagnetic Waves and Applications, 2012, 25 (16): 2254 - 2263.

[7] Chen X, Li Z, Niu Z Y, et al. Multilevel fast dipole method for electromagnetic scattering from perfect electric conducting targets [J]. IET Microwaves Antennas & Propagation, 2012, 6(3): 263 - 268.

[8] Yeo J, Koksoy Y A, Prakash V V S, et al. Efficient geneation of method of moments matrices using the characteristic function method [J]. IEEE Transactions on Antennas and Propagation, 2004, 52(12): 3405 - 3410.

[9] Yuan J D, Gu C Q, Han G D. Efficient generation of method of moments matrices using equivalent dipole-moment method [J]. IEEE Antennas and Wireless Propagation Letters, 2009, 8: 716 - 719.

[10] Lacik J. Acceleration of marching on in time method for TD-EFIE by equivalent dipole moment method and its analysis [J]. Radioengineering, 2011, 20(3): 569 - 574.

[11] Ding J, Gu C Q, Niu Z Y, et al. Application of the equivalent dipole moment method for transient electromagnetic scattering [C]. 2012 International Conference on Microwave and Millimeter Wave Technology, Shenzhen, 2012: 898 - 900.

[12] Ding J, Gu C Q, Li Z, et al. Analysis of transient electromagnetic scattering using time domain equivalent dipole moment method [J]. Journal of Electromagnetic Waves and Applications, 2013, 27(1): 39 - 47.

[13] Rao S M, Wilton D R. Transient scattering by conducting surfaces of arbitrary shape [J]. IEEE Transactions on Antennas and Propagation, 1991, 39(1): 56 - 61.

[14] Rao S M, Wilton D R, Glisson A W. Electromagnetic scattering by surfaces of arbitrary shape

[J]. IEEE Transactions on Antennas and Propagation, 1982, 30(3): 409 - 418.

[15] Schaubert D H, Wilton D R, Glisson A W. A tetrahedral modeling method for electromagnetic scattering by arbitrarily shaped inhomogeneous dielectric bodies [J]. IEEE Transactions on Antennas and Propagation, 1984, 32(1): 77 - 85.

[16] Cheng G S, Chen R S. Fast analysis of transient electromagnetic scattering using the Taylor series expansion enhanced time domain integral equation solver [J]. IEEE Transactions on Antennas and Propagation, 2016, 64(9): 3943 - 3952.

[17] Zhen P, Lim K H, Lee J F. A discontinuous Galerkin surface integral equation method for electromagnetic wave scattering from nonpenetrable targets [J]. IEEE Transactions on Antennas and Propagation, 2013, 61(7): 3617 - 3628.

[18] Zhao Y, Ding D Z, Chen R S. A discontinuous Galerkin time domain integral equation method for electromagnetic scattering from PEC objects [J]. IEEE Transactions on Antennas and Propagation, 2016, 64(6): 2410 - 2417.

[19] Ubeda E, Rius J M. Novel monopolar MoM-MFIE discretization for the scattering analysis of small objects [J]. IEEE Transactions on Antennas and Propagation, 2006, 54(1): 50 - 57.

[20] Ubeda E, Rius J M, Heldring A. Nonconforming discretization of the electric-field integral equation for closed perfectly conducting objects [J]. IEEE Transactions on Antennas and Propagation, 2014, 62(8): 4171 - 4186.

[21] Cao J, Chen R S, Hu Y L, et al. A higher order Nyström scheme for a marching-on-in-time solution of time-domain integral equation [J]. IEEE Transactions on Antennas and Propagation, 2015, 63(6): 2762 - 2767.

[22] Gedney S D. On deriving a locally corrected Nyström scheme from a quadrature sampled moment method [J]. IEEE Transactions on Antennas and Propagation, 2003, 51(9): 2402 - 2412.

[23] Shanker B, Ergin A, Aygün K, et al. Analysis of transient electromagnetic scattering phenomena using a two-level plane wave time-domain algorithm [J]. IEEE Transactions on Antennas and Propagation, 2000, 48(4): 510 - 523.

[24] Shanker B, Ergin A A, Lu M, et al. Fast analysis of transient electromagnetic scattering phenomena using the multilevel plane wave time domain algorithm [J]. IEEE Transactions on Antennas and Propagation, 2003, 51(3): 628 - 641.

第 7 章　介质目标的瞬态电磁散射特性分析

本章主要研究如何运用 TD-VIE 方法分析几种典型介质目标的瞬态电磁散射特性，具体包括理想介质、色散介质、磁化等离子体以及随机媒质。

7.1　理想介质的瞬态电磁散射特性分析

7.1.1　理想介质的基于 SWG 基函数的时域体积分方程方法

用 MOT 方法求解 TD-VIE[1-6]时，因为采用 SWG 基函数进行空间展开，要求待求未知量满足空间上法向连续性，所以这里选用电通量密度 $\boldsymbol{D}(\boldsymbol{r}, t)$ 作为待求未知量。$\boldsymbol{D}(\boldsymbol{r}, t)$ 与感应体电流满足关系式：$\partial_t(\kappa(\boldsymbol{r})\boldsymbol{D}(\boldsymbol{r}, t)) = \boldsymbol{J}_V(\boldsymbol{r}, t)$，$\kappa(\boldsymbol{r}) = (\varepsilon(\boldsymbol{r}) - \varepsilon_0)/\varepsilon(\boldsymbol{r})$。

SWG 基函数[7]是由 Schaubert、Wilton 和 Glisson 提出的，并以他们名字的首字母命名。SWG 基函数和 RWG 基函数的定义方式类似，但 SWG 基函数是定义在拥有公共面的一对四面体上，如图 7.1.1 所示。

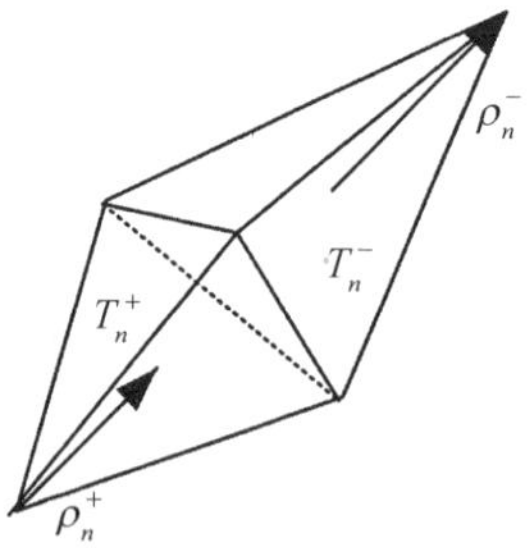

图 7.1.1　SWG 基函数示意图

对于一个 SWG 基函数，T_n^+ 和 T_n^- 分别代表公共面编号为 n 的上下四面体，V_n^+ 和 V_n^- 代表上下四面体体积，公共面的面积为 a_n，由此第 n 个 SWG 基函数定义为

$$\boldsymbol{f}_n^v(\boldsymbol{r}) = \begin{cases} a_n(\mathrm{r} - \boldsymbol{r}_n^+)/3V_n^+, & \boldsymbol{r} \in T_n^+ \\ a_n(\boldsymbol{r}_n^- - \boldsymbol{r})/3V_n^-, & \boldsymbol{r} \in T_n^- \\ 0, & \text{其他} \end{cases} \tag{7.1.1}$$

式中，$\boldsymbol{r}$ 代表 T_n^+ 和T_n^- 中任意一点，称为观察点；$\boldsymbol{r}_n^+$ 代表 T_n^+ 自由顶点；$\boldsymbol{r}_n^-$ 代表 T_n^-的自由顶点；$\boldsymbol{\rho}_n^+ = r - r_n^+$ 和$\boldsymbol{\rho}_n^- = r_n^- - r$ 称为基向量。

SWG 基函数常被用来离散介质的电通量密度，$\boldsymbol{f}_n^v(\boldsymbol{r})$具有如下几个特点：

(1) $\boldsymbol{f}_n^v(\boldsymbol{r})$只在 T_n^+ 和 T_n^- 的交接面 a_n 上有法向分量，在其他任何面上法向分量为 0。

(2) 对基函数取散度得

$$\nabla_v \cdot \boldsymbol{f}_n^v(\boldsymbol{r}) = \begin{cases} a_n/V_n^+, & \boldsymbol{r} \in T_n^+ \\ -a_n/V_n^-, & \boldsymbol{r} \in T_n^- \\ 0, & \text{其他} \end{cases} \tag{7.1.2}$$

分别在空间维和时间维上对 $\boldsymbol{D}(\boldsymbol{r}, t)$ 进行展开,由于在 TD-VIE 中存在高阶的时间导数项,所以这里选用四阶 Lagrange 插值时间基函数对待求未知量进行时间维展开,即:

$$\boldsymbol{D}(\boldsymbol{r}, t) = \sum_{n=1}^{N_v} \sum_{j=1}^{N_t} I_n^j \boldsymbol{f}_n^v(\boldsymbol{r}) T_j(t) \tag{7.1.3}$$

其中,I_n^j 表示第 n 个 SWG 基函数上第 j 个时间步上时间基函数的系数;N_t 表示求解时间步数;N_v 表示空间 SWG 基函数的个数。将式(7.1.3)和 $\partial_t(\kappa(\boldsymbol{r})\boldsymbol{D}(\boldsymbol{r}, t)) = \boldsymbol{J}_V(\boldsymbol{r}, t)$ 代入式(2.3.19)中得到离散型的积分方程,并在空间上进行伽辽金测试,在时间上进行点匹配,整理得到矩阵方程如下:

$$\boldsymbol{Z}^0 \boldsymbol{I}^i = \boldsymbol{V}^i - \sum_{j=1}^{i-1} \boldsymbol{Z}^{i-j} \boldsymbol{I}^j \tag{7.1.4}$$

其中,

$$\boldsymbol{V}_m^i = \int_{V_m} \boldsymbol{f}_m^v(\boldsymbol{r}) \cdot \partial_t \boldsymbol{E}^{\text{inc}}(\boldsymbol{r}, i\Delta t) \mathrm{d}V \tag{7.1.5}$$

$$\begin{aligned} \boldsymbol{Z}_{mn}^{i-j} = & \int_{V_m} \mathrm{d}V \boldsymbol{f}_m^v(\boldsymbol{r}) \frac{1}{\varepsilon(r)} \boldsymbol{f}_n^v(\boldsymbol{r}') \partial_t T_j(i\Delta t) \\ & + \frac{\mu_0}{4\pi} \int_{V_m} \mathrm{d}V_m \boldsymbol{f}_m^v(\boldsymbol{r}) \int_{V_n} \kappa(\boldsymbol{r}') \boldsymbol{f}_n^v(\boldsymbol{r}') \frac{\partial_t^2 T_j(i\Delta t - R/c)}{R} \mathrm{d}V_n' \\ & + \frac{1}{4\pi\varepsilon_0} \int_{V_m} \mathrm{d}V_m \nabla \cdot \boldsymbol{f}_m^v(\boldsymbol{r}) \int_{V_n} \kappa(\boldsymbol{r}') \frac{\nabla' \cdot \boldsymbol{f}_n^v(\boldsymbol{r}') \cdot \partial_t T_j(i\Delta t - R/c)}{R} \mathrm{d}V_n' \\ & - \frac{1}{4\pi\varepsilon_0} \int_{V_m} \mathrm{d}V_m \nabla \cdot \boldsymbol{f}_m^v(\boldsymbol{r}) \int_{\Omega_n'} \frac{\nabla \kappa(\boldsymbol{r}') \cdot \partial_t T_j(i\Delta t - R/c)}{R} \mathrm{d}\Omega_n' \\ & - \frac{1}{4\pi\varepsilon_0} \int_{\Omega_m} \mathrm{d}\Omega_m \int_{V_n} \kappa(\boldsymbol{r}') \frac{\nabla' \boldsymbol{f}_n^v(\boldsymbol{r}') \cdot \partial_t T_j(i\Delta t - R/c)}{R} \mathrm{d}V_n' \\ & + \frac{1}{4\pi\varepsilon_0} \int_{\Omega_m} \mathrm{d}\Omega_m \int_{\Omega_n'} \frac{\nabla \kappa(\boldsymbol{r}') \cdot \partial_t T_j(i\Delta t - R/c)}{R} \mathrm{d}\Omega_n' \end{aligned} \tag{7.1.6}$$

Ω 为某 SWG 基函数所包含的上下四面体组成的边界面。

7.1.2　理想介质的高阶 Nyström 时域体积分方程方法

如图 7.1.2 所示,令瞬态电磁波 $\boldsymbol{E}^{\mathrm{inc}}(\boldsymbol{r},\ t)$ 照射到介质目标上,在介质目标上产生感应体电流 $\boldsymbol{J}_V(\boldsymbol{r},\ t)$,并在空间中产生瞬态散射电场 $\boldsymbol{E}^{\mathrm{sca}}(\boldsymbol{r},\ t)$。根据介质目标的电场边界条件,即目标的总电场 $\boldsymbol{E}^{\mathrm{tot}}(\boldsymbol{r},\ t)$ 为入射电场与散射电场之和,得到分析介质目标电磁散射问题的 TD-VIE,即[8]:

$$\boldsymbol{E}^{\mathrm{inc}}(\boldsymbol{r},\ t) + \boldsymbol{E}^{\mathrm{sca}}(\boldsymbol{r},\ t) = \boldsymbol{E}^{\mathrm{tot}}(\boldsymbol{r},\ t) \tag{7.1.7}$$

式中,

$$\boldsymbol{E}^{\mathrm{sca}}(\boldsymbol{r},\ t) = \nabla\nabla\cdot\int_V \frac{\partial_t^{-1}\boldsymbol{J}_F(\boldsymbol{r}',\ t - R/c)}{4\pi\varepsilon_0 R}\mathrm{d}V' - \int_V \frac{\mu_0\partial_t\boldsymbol{J}_V(\boldsymbol{r}',\ t - R/c)}{4\pi R}\mathrm{d}V' \tag{7.1.8}$$

$$\boldsymbol{E}^{\mathrm{tot}}(\boldsymbol{r},\ t) = \frac{\partial_t^{-1}\boldsymbol{J}_V(\boldsymbol{r},\ t)}{\varepsilon(\boldsymbol{r}) - \varepsilon_0} \tag{7.1.9}$$

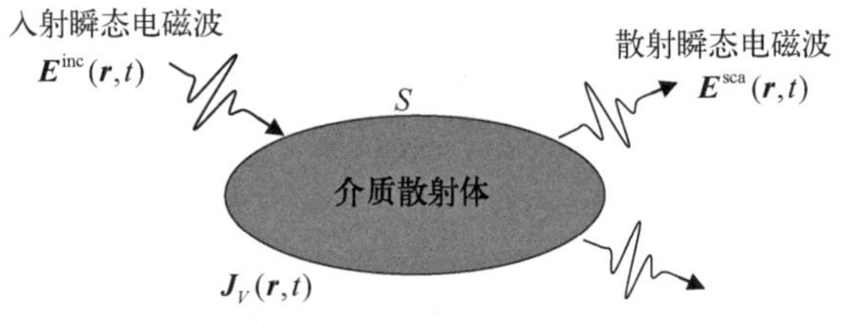

图 7.1.2　介质散射体受到瞬态电磁波的照射

其中,V 表示理想介质体区域;μ_0 和 ε_0 分别表示自由空间的磁导率和介电常数;$\boldsymbol{r}$ 和 $\boldsymbol{r}'$ 分别为场和源的位置坐标,$R = |\boldsymbol{r} - \boldsymbol{r}'|$;$c$ 表示真空中的光速;∂_t^{-1} 和 ∂_t 分别表示对时间的积分和对时间的求导。

介质散射体的瞬态感应体电流密度可离散表示如下:

$$\boldsymbol{J}_V(\boldsymbol{r},\ t) = \sum_{n=1}^{N_s}\sum_{p=1}^{N_s}\sum_{j=1}^{N_t} J_{(p,\ n)}^{\beta,\ j}\boldsymbol{f}_{(p,\ n)}^{\beta}(\boldsymbol{r})T_j(t) \tag{7.1.10}$$

其中,N_s、N_p、N_t 分别为曲四面体单元的数目、每个曲四面体单元内的插值点的数目以及每个插值点对应的时间步数;$J_{(p,\ n)}^{\beta,\ j}$ 为待求瞬态未知体电流密度系数;

$$T_j(t) = \begin{cases} 1 + t, & -1 \leqslant t < 0 \\ 1 - t, & 0 \leqslant t < 1 \\ 0, & \text{其他} \end{cases} \tag{7.1.11}$$

$$\boldsymbol{f}^{\beta}_{(p,\,n)}(\boldsymbol{r}) = L_{(p,\,n)}(u,\ v,\ w)\boldsymbol{\beta}_{(p,\,n)}\psi^{-1} \tag{7.1.12}$$

式(7.1.12)中，$\beta \in \{\hat{\boldsymbol{u}},\ \hat{\boldsymbol{v}},\ \hat{\boldsymbol{w}}\}$；$\psi$ 为雅克比因子；$L_{(p,\,n)}(u,\ v,\ w)$ 为第 n 个曲面四面体单元内的第 p 个插值点上的勒让德插值多项式。

将式(7.1.10)~(7.1.12)代入式(7.1.7)~(7.1.9)，并且在空间上和时间上采用点测试，可得

$$\boldsymbol{Z}_0\boldsymbol{I}_i = \boldsymbol{V}_i - \sum_{j=1}^{i-1}\boldsymbol{Z}_{i-j}\boldsymbol{I}_j \tag{7.1.13}$$

其中，$[\boldsymbol{I}_i]$ 和 $[\boldsymbol{V}_i]$ 分别存储待求解的未知系数和已知的右边向量。

$$\begin{aligned}[\boldsymbol{Z}^{i-j}_{\alpha\beta}]_{(q,\,m)(p,\,n)} = {} & \boldsymbol{\alpha}_{(q,\,m)} \cdot \boldsymbol{f}^{\beta}_{(p,\,n)}\partial_t^{-1}T_j(i\Delta t)\delta_m\delta_{qp}/(\varepsilon(\boldsymbol{r}) - \varepsilon_0) \\ & + \boldsymbol{\alpha}_{(q,\,m)} \cdot \int_{V_n}\frac{\mu_0\boldsymbol{f}^{\beta}_{(p,\,n)}}{4\pi R}\partial_t T_j(i\Delta t - R/c)\mathrm{d}V' \\ & - \boldsymbol{\alpha}_{(q,\,m)} \cdot \nabla\nabla \cdot \int_{V_n}\frac{\boldsymbol{f}^{\beta}_{(p,\,n)}}{4\pi\varepsilon_0 R}\partial_t^{-1}T_j(i\Delta t - R/c)\mathrm{d}V'\end{aligned} \tag{7.1.14}$$

式中，$\alpha \in \{\hat{\boldsymbol{u}},\ \hat{\boldsymbol{v}},\ \hat{\boldsymbol{w}}\}$；$V_n$ 表示第 n 个剖分单元；$(q,\ m)$ 表示第 m 个单元的第 q 个测试点。

当第 $(i-1)$ 个时间步之前的体电流密度已知，则第 i 个时间步的未知电流密度可以依据递归方程(7.1.13)获得。

当场四面体与源四面体重合时，即 $m = n$，式(7.1.14)中的第一项与第二项体积分分别有 $1/R$ 和 $1/R^3$ 的奇异性。对于第一项体积分的 $1/R$ 的奇异性，可以直接用 Duffy 变换的方法进行处理[9,10]。对于第二项体积分的高次奇异性，可以将该体积分进行如下变换：

$$\begin{aligned}& \nabla\nabla \cdot \int_{V_n}\frac{\boldsymbol{f}_{(p,\,n)}}{R}\partial_t^{-1}T\mathrm{d}V' \\ & = \int_{V_n}\nabla\frac{\partial_t^{-1}T}{R}\nabla' \cdot \boldsymbol{f}_{(p,\,n)}\mathrm{d}V' - \nabla\int_{V_n}\nabla' \cdot \left(\frac{\partial_t^{-1}T}{R}\boldsymbol{f}_{(p,\,n)}\right)\mathrm{d}V' \\ & = \int_{V_n}\nabla\frac{\partial_t^{-1}T}{R}\nabla' \cdot \boldsymbol{f}_{(p,\,n)}\mathrm{d}V' - \int_{\partial V_n}\nabla\frac{\partial_t^{-1}T}{R}\boldsymbol{f}_{(p,\,n)} \cdot \hat{\boldsymbol{n}}_s\mathrm{d}S'\end{aligned} \tag{7.1.15}$$

其中，∂V_n 为曲四面体单元 V_n 的包围面；$\hat{\boldsymbol{n}}_s$ 为包围面 ∂V_n 的单位外法向量。此外，

$$T = T_j(i\Delta t - R/c) \tag{7.1.16}$$

$$\nabla\frac{\partial_t^{-1}T}{R} = \frac{\boldsymbol{r} - \boldsymbol{r}'}{R^3}\left(\partial_t^{-1}T + \frac{R}{c}T\right) \tag{7.1.17}$$

在式(7.1.15)中，右边第一项体积分有 $1/R^2$ 的奇异性，这在体积分中可以用 Duffy 变

换直接处理[10]；右边第二项面积分是无奇异性的，可以用高斯数值积分直接计算。

在基于高阶 Nyström 的 TD-VIE 方法中，由于没有散度算子∇作用于未知体电流密度上，即无需使用散度共形的基函数来离散空间上的未知体电流密度[11-13]。因此，基函数无需强加法向连续性，且待求解的体电流密度精度可以得到保证。所以，该方法在空间上具有网格鲁棒性。

此外，对于传统的基于 SWG 的 TD-VIE 方法，其空间离散网格单元内的媒质需假定为均匀的。而本节的基于高阶 Nyström 的 TD-VIE 方法，媒质的电磁参数可以定义在其空间离散的曲四面体单元内的插值点上，且单元内任意点处的电磁参数可由已知的插值点处的电磁参数插值得到，即每个离散单元的电磁参数可以为非均匀的。这一优点极大地提高了 TD-VIE 方法分析非均匀媒质的效率。

7.1.3　数值算例与分析

算例 1： 为了验证本节的 TD-VIE 方法的准确性、稳定性以及有效性，分析了一个内外半径分别为 $a=0.2\,\mathrm{m}$ 和 $b=0.3\,\mathrm{m}$ 的非均匀介质球壳的电磁散射特性。其相对介电常数定义如下：

$$\varepsilon_r(r)=\begin{cases}1.5+3.5\times(r-a)^2/(b-a)^2, & a<r<b\\ 1, & \text{其他}\end{cases} \tag{7.1.18}$$

激励为 0~300 MHz 的调制高斯平面波。该介质球壳用 2 阶 Nyström 的 TD-VIE 方法进行分析，离散网格为 550 个曲四面体。三角时间基函数的时间步数为 300，时间步长为 0.1 lm。计算出来的双站 RCS 曲线与 Mie 级数进行了对比，如图 7.1.3 所示。可以看出，结果与 Mie 级数吻合得较好。图 7.1.4 给出了介质球壳内某一点 (0.206 m, −0.023 m, 0.136 m) 处的电流密度的时域波形，可以看出时域电流的晚时稳定性。

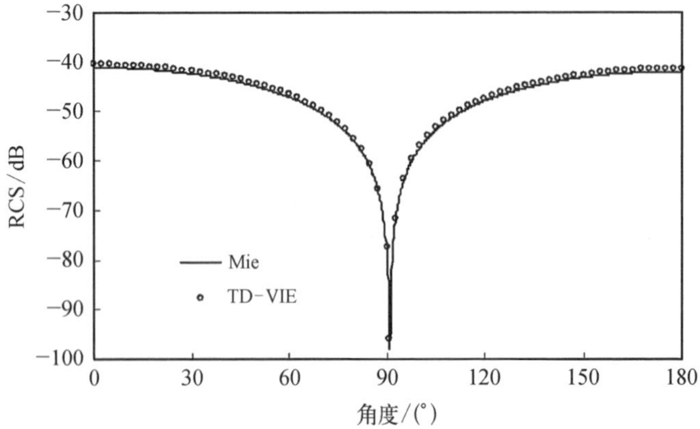

(a) 60 MHz

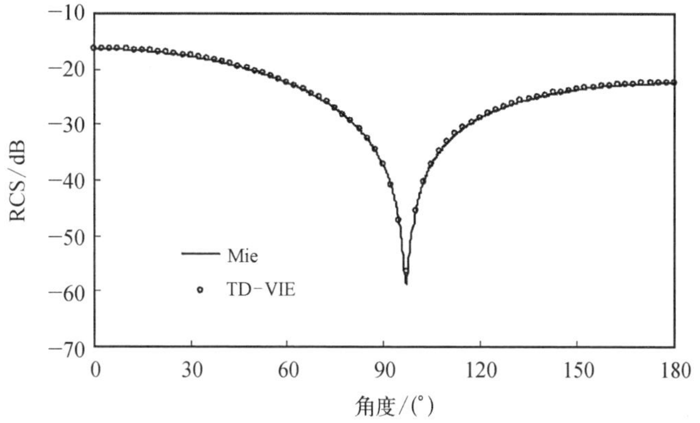

(b) 150 MHz

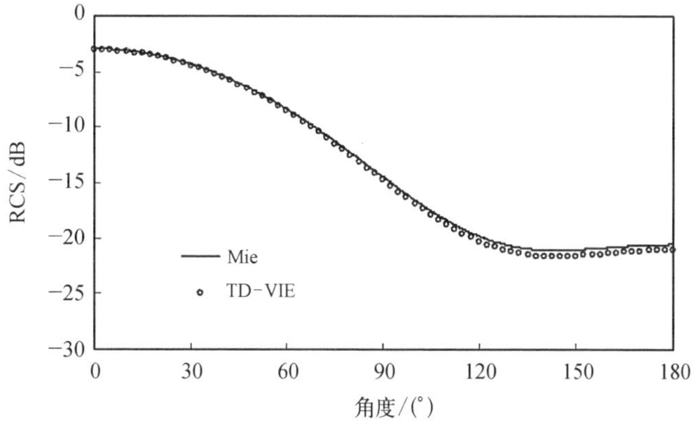

(c) 240 MHz

图 7.1.3　非均匀介质球壳的双站 RCS

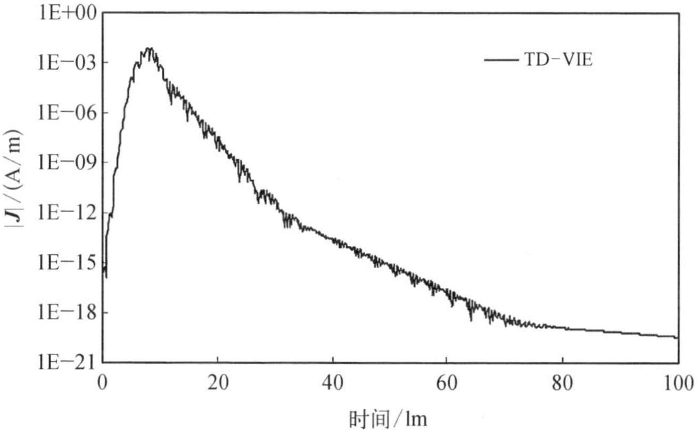

图 7.1.4　非均匀介质球壳内某一点(0.206 m, −0.023 m, 0.136 m)处的时域电流密度晚时稳定性

算例 2：为了验证本节的 TD-VIE 方法的准确性、稳定性以及有效性，分析了一个非均匀介质圆柱壳的瞬态电磁散射特性，如图 7.1.5 所示。其内外半径分别为 $a = 0.3$ m 和 $b = 0.4$ m，高度为 0.2 m，相对介电常数定义如下：

$$\varepsilon_r(r) = \begin{cases} 2 + 7 \times (r - a)^2/(b - a)^2, & a < r < b \\ 1, & \text{其他} \end{cases} \tag{7.1.19}$$

激励 0～300 MHz 的调制高斯平面波。该介质圆柱壳分别用 2 阶 Nyström 方法和基于 SWG 基函数的 TD-VIE 方法进行分析，离散网格分别为 324 个曲四面体和 10 452 个四面体。三角时间基函数的时间步数为 300，时间步长为 0.1 lm。计算出来的双站 RCS 曲线与基于 SWG 基函数的 TD-VIE 方法进行了对比，如图 7.1.6 所示。可以看出，计算结果与基于 SWG 基函数的 TD-VIE 方法吻合得较好。图 7.1.7 给出了介质圆柱壳内某一点(0.304 m，−0.172 m，0.150 m)处的电流密度的时域波形，与频域方法的离散傅里叶逆变换(IDFT)结果进行了对比，可以看出两种方法的结果曲线吻合得较好。

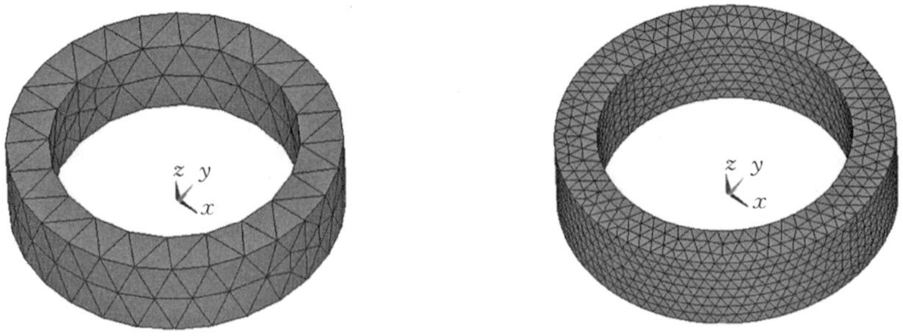

(a) 高阶Nyström离散网格　　(b) SWG离散网格

图 7.1.5　介质圆柱壳模型示意图

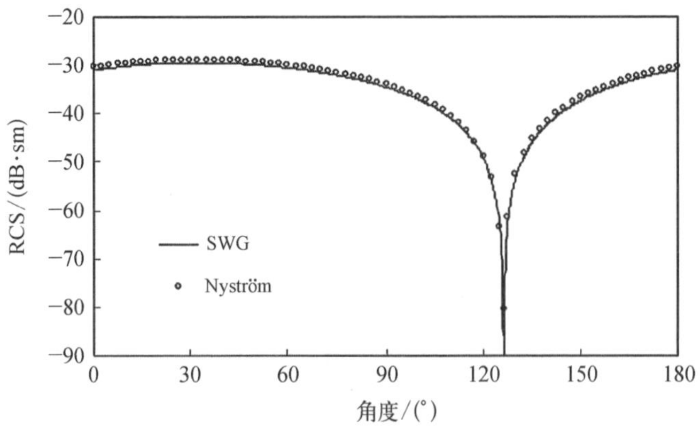

(a) 60 MHz

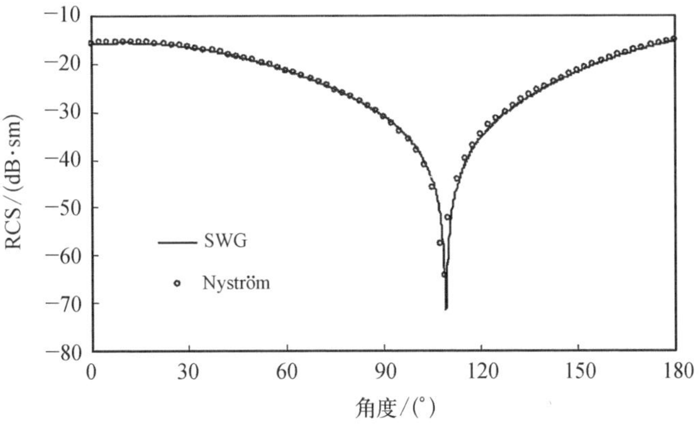

(b) 150 MHz

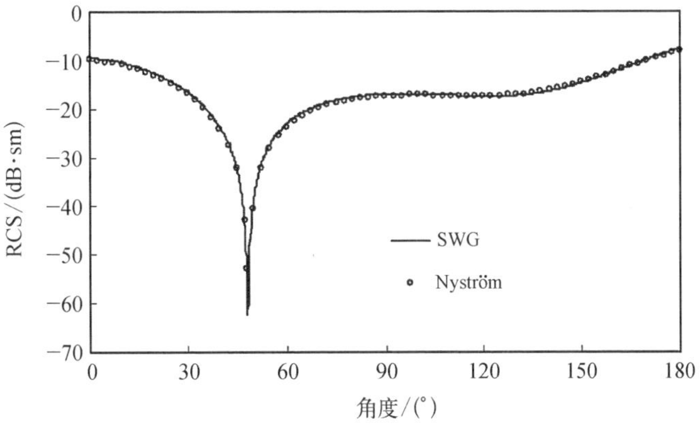

(c) 240 MHz

图 7.1.6　非均匀介质圆柱壳的双站 RCS

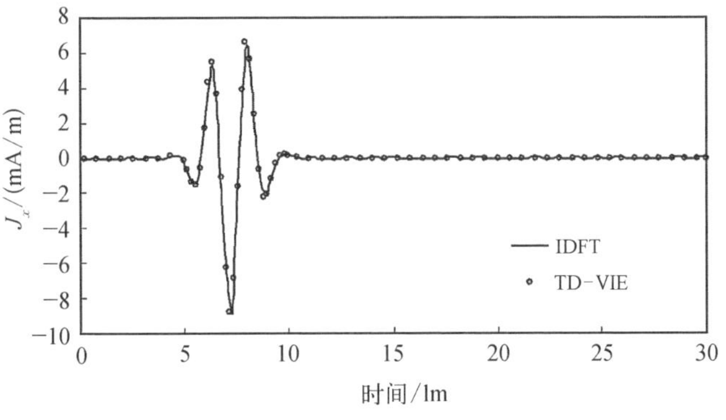

图 7.1.7　非均匀介质圆柱壳内某一点(0.304 m, -0.172 m, 0.150 m)处的时域电流密度波形

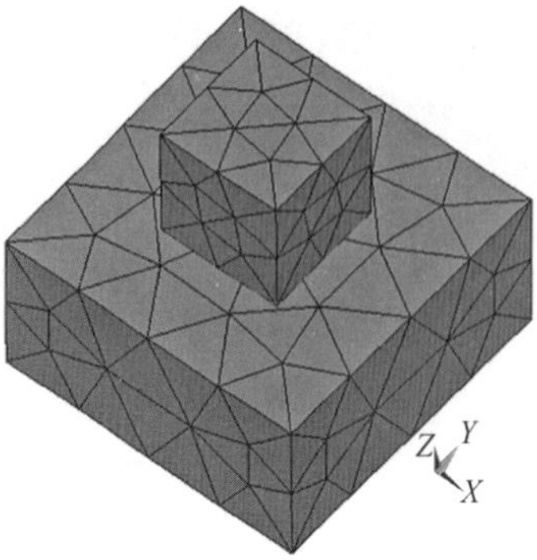

图 7.1.8　介质组合模型离散网格示意图

算例 3：为了验证本节的 TD-VIE 方法具有离散网格鲁棒性的优点，分析了一个介质长方体组合模型的瞬态电磁散射特性，如图 7.1.8 所示。上立方体边长为 0.2 m，介质的相对介电常数为 4；下长方体尺寸为 0.5 m × 0.5 m × 0.25 m，介质的相对介电常数为 2。该介质组合模型用 2 阶 Nyström 的 TD-VIE 方法进行分析，离散网格为 336 个曲四面体。三角时间基函数的时间步数为 300，时间步长为 0.1 lm。计算出来的双站 RCS 曲线与商业软件 FEKO 的矩量法进行了对比，如图 7.1.9 所示。可以看出，该方法计算的结果与商业软件 FEKO 吻合得较好。图 7.1.10 给出了介质结构内某一点(−0.042 m，−0.017 m，0.288 m)处的电流密度的时域波形，同样地，该结果与频域方法的 IDFT 结果进行了对比，两种方法结果的曲线较一致。

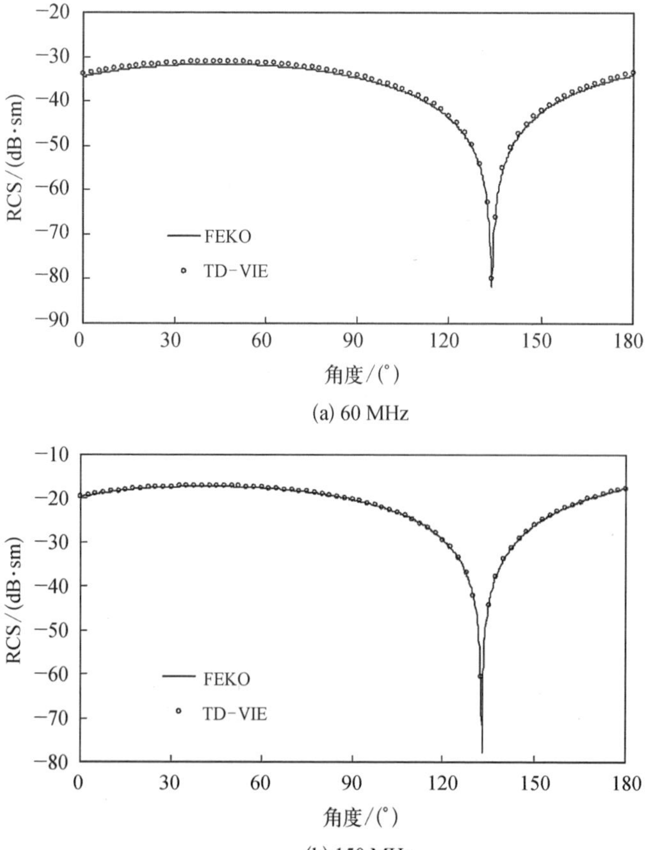

(a) 60 MHz

(b) 150 MHz

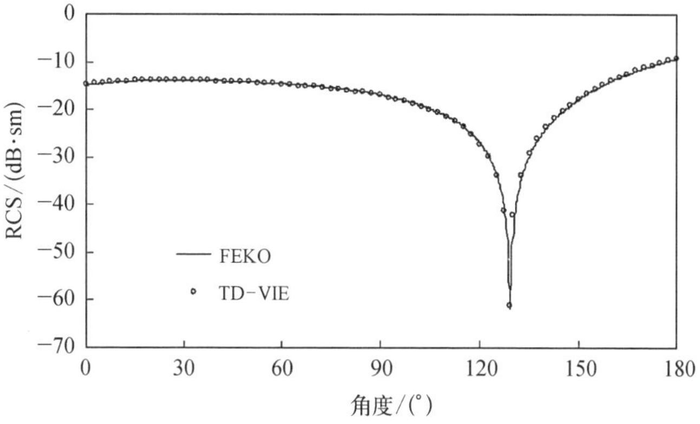

(c) 240 MHz

图 7.1.9　介质组合模型的双站 RCS

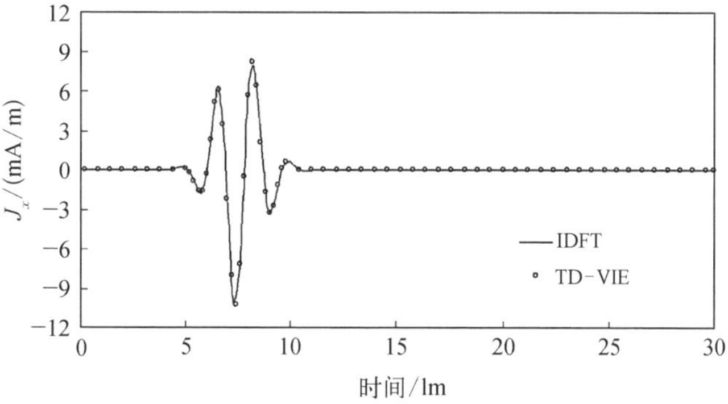

图 7.1.10　介质组合模型内某一点(−0.042 m，−0.017 m，0.288 m)处的时域电流密度波形

7.2　色散媒质的瞬态电磁散射特性分析

色散媒质的瞬态电磁特性分析相对比较复杂和困难。自然界中的绝大多数媒质均为色散媒质。色散媒质的瞬态电磁特性在微波遥感、目标隐身与反隐身、雷达技术、天线设计等领域有着重要的应用[14-17]。因此,研究色散媒质的瞬态电磁散射特性具有重要意义。本节研究了两种基于 MOT 算法的 TD-VIE 方法,分别分析了常见的德拜(Debye)、洛伦兹(Lorentz)和德鲁德(Drude)色散媒质的瞬态电磁散射特性。

7.2.1　色散媒质及其三种常用理想模型

介电常数或其本构关系随着频率变化而变化的介质称为色散媒质,本节所研

究的是介电常数 ε 与频率有关的媒质，而介质的磁导率是与频率无关的。色散介质常用的频域模型有三种，即 Debye 模型、Lorentz 模型以及 Drude 模型[18]。

Debye 模型，主要用于描述土壤、水、人体组织等介质的色散特性，其表达式为

$$\varepsilon(\boldsymbol{r},\ \omega)=\varepsilon_{\infty}+\frac{\varepsilon_{s}-\varepsilon_{\infty}}{1+\mathrm{j}\omega/\nu_{c}}=\varepsilon_{\infty}+\frac{\varepsilon_{s}-\varepsilon_{\infty}}{1+\mathrm{j}\omega t_{0}} \tag{7.2.1}$$

Lorentz 模型，主要用于描述生物组织、光学材料、人工介质等介质的色散特性，其表达式为

$$\varepsilon(\boldsymbol{r},\ \omega)=\varepsilon_{\infty}+\frac{(\varepsilon_{s}-\varepsilon_{m})\omega_{P}^{2}}{\omega_{P}^{2}+\mathrm{j}\omega\nu_{c}-\omega^{2}}=\varepsilon_{\infty}+\frac{(\varepsilon_{s}-\varepsilon_{m})\omega_{P}^{2}}{\omega_{p}^{2}+2\mathrm{j}\omega\delta_{P}-\omega^{2}} \tag{7.2.2}$$

Drude 模型，主要用于描述等离子体、金属等介质的色散特性，其表达式为

$$\varepsilon(\boldsymbol{r},\ \omega)=\varepsilon_{\infty}+\frac{\varepsilon_{0}\omega_{P}^{2}}{\mathrm{j}\omega\nu_{c}-\omega^{2}}=\varepsilon_{\infty}+\frac{\varepsilon_{0}\omega_{P}^{2}}{2\mathrm{j}\omega\delta_{P}-\omega^{2}} \tag{7.2.3}$$

在式(7.2.1)~(7.2.3)中，ε_{∞} 为无穷大频率的介电常数；ε_{s} 为静态或零频介电常数；ω_{P} 为谐振频率；δ_{P} 为阻尼系数；ν_{c} 为碰撞频率，$\nu_{c}=2\delta_{p}$；$t_{0}=1/\nu_{c}$ 为弛豫时间。

实际中的介质的介电常数需要通过实验测试获得，再用上述模型拟合。如果所关心的频带比较宽，可以采用上述三种色散模型的组合方式进行描述。

7.2.2　色散媒质的基于 SWG 基函数的时域体积分方程方法

现在考虑一个色散、各向同性且非磁化的介质目标 V，其介电常数可以表示为 $\tilde{\varepsilon}(\boldsymbol{r},\ \omega)$，在时域中可表示为 $\varepsilon(\boldsymbol{r},\ t)$。对于色散的介质体，当入射平面波照射到目标后，目标产生的感应体电流可以表示为 $\boldsymbol{J}_{V}(\boldsymbol{r},\ t)=\partial_{t}\boldsymbol{D}(\boldsymbol{r},\ t)-\varepsilon_{0}\partial_{t}\boldsymbol{E}(\boldsymbol{r},\ t)$，其中，电通量密度 $\boldsymbol{D}(\boldsymbol{r},\ t)=\varepsilon(\boldsymbol{r},\ t)\otimes\boldsymbol{E}(\boldsymbol{r},\ t)$，$\boldsymbol{E}(\boldsymbol{r},\ t)$ 是总电场，$\otimes$表示时间卷积。本章中用上标“~”表示随频率相关的函数，对应的无上标“~”则表示是随时间变化（例如，$\tilde{\varepsilon}$ 表示随频率相关的介电常数，ε 表示随时间相关的介电常数）。如何处理好介电常数与电场之间的时域卷积是时域体积分方程分析色散媒质目标电磁特性的关键。

分析色散媒质的时域体积分方程表达式如下：

$$\begin{aligned}\boldsymbol{E}(\boldsymbol{r},\ t)&=\boldsymbol{E}^{\mathrm{inc}}(\boldsymbol{r},\ t)+\boldsymbol{E}^{\mathrm{sca}}(\boldsymbol{r},\ t)\\&=\boldsymbol{E}^{\mathrm{inc}}(\boldsymbol{r},\ t)-\frac{\mu_{0}}{4\pi}\int_{V}(\partial_{t}^{2}\bar{\boldsymbol{I}}-c^{2}\nabla\nabla)\cdot\frac{[\boldsymbol{D}(\boldsymbol{r}',\ \tau)-\varepsilon_{0}\boldsymbol{E}(\boldsymbol{r}',\ \tau)]}{R}\mathrm{d}V'\\&=\boldsymbol{E}^{\mathrm{inc}}(\boldsymbol{r},\ t)-L\{\boldsymbol{D}\}(\boldsymbol{r},\ t)+\varepsilon_{0}L\{\boldsymbol{E}\}(\boldsymbol{r},\ t)\end{aligned} \tag{7.2.4}$$

其中，

$$L\{\boldsymbol{X}(\boldsymbol{r},\ t)\} = \int_V (\partial_t^2 \bar{\boldsymbol{I}} - c^2 \nabla\nabla) \cdot \frac{\boldsymbol{X}(\boldsymbol{r}',\ t - R/c)}{R} \mathrm{d}V' \tag{7.2.5}$$

在式(7.2.4)及 L 算子表达式(7.2.5)中，$\tau = t - R/c$，c 表示光速，$R = |\boldsymbol{R}| = |\boldsymbol{r} - \boldsymbol{r}'|$，表示场点 $\boldsymbol{r}$ 与源点 $\boldsymbol{r}'$ 之间的距离，$\bar{\boldsymbol{I}}$ 表示单位并矢，∂_t^2 表示对时间维的二阶导数。为了把方程(7.2.4)中 $\boldsymbol{E}(\boldsymbol{r},\ t)$ 转化为只关于 $\boldsymbol{D}(\boldsymbol{r},\ t)$ 的时域体积分方程，将进行如下一系列变换操作。

这里设变量 $\gamma(\boldsymbol{r},\ t)$，满足 $\gamma(\boldsymbol{r},\ t) = \mathrm{F}^{-1}\{\tilde{\gamma}(\boldsymbol{r},\ \omega) = 1/\tilde{\varepsilon}(\boldsymbol{r},\ \omega)\}$。此外，$\varepsilon(\boldsymbol{r},\ t) = \varepsilon_0\varepsilon_r(\boldsymbol{r},\ t)$、$\gamma(\boldsymbol{r},\ t) = \gamma_0\gamma_r(\boldsymbol{r},\ t)$，其中，$\gamma_0 = 1/\varepsilon_0$。将变量 $\varepsilon_r(\boldsymbol{r},\ t)$ 与 $\gamma_r(\boldsymbol{r},\ t)$ 进一步分解为 $\varepsilon_r(\boldsymbol{r},\ t) = \varepsilon_{r,\infty}(\boldsymbol{r})\delta(t) + \bar{\varepsilon}_r(\boldsymbol{r},\ t)$，$\gamma_r(\boldsymbol{r},\ t) = \gamma_{r,\infty}(\boldsymbol{r})\delta(t) + \bar{\gamma}_r(\boldsymbol{r},\ t)$。其中，$\varepsilon_{r,\infty}(\boldsymbol{r}) = \lim_{\omega\to\infty}\tilde{\varepsilon}_r(\boldsymbol{r},\ \omega)$，$\gamma_{r,\infty}(\boldsymbol{r}) = \lim_{\omega\to\infty}\tilde{\gamma}_r(\boldsymbol{r},\ \omega)$，并且 $\gamma_{r,\infty}(\boldsymbol{r}) = 1/\varepsilon_{r,\infty}(\boldsymbol{r})$。这样则有 $\varepsilon(\boldsymbol{r},\ t) = \varepsilon_0\varepsilon_{r,\infty}(\boldsymbol{r})\delta(t) + \varepsilon_0\bar{\varepsilon}_r(\boldsymbol{r},\ t)$，$\gamma(\boldsymbol{r},\ t) = \gamma_0\gamma_{r,\infty}(\boldsymbol{r})\delta(t) + \gamma_0\bar{\gamma}_r(\boldsymbol{r},\ t)$。在频域中 $\bar{\gamma}$ 可表示为[19]

$$\tilde{\bar{\gamma}}_r(\boldsymbol{r},\ \omega) = -\frac{\tilde{\bar{\varepsilon}}_r(\boldsymbol{r},\ \omega)}{\varepsilon_{r,\infty}(\boldsymbol{r})[\varepsilon_{r,\infty}(\boldsymbol{r}) + \tilde{\bar{\varepsilon}}_r(\boldsymbol{r},\ \omega)]} \tag{7.2.6}$$

通常对于色散媒质特性表达式，只要 $\tilde{\bar{\varepsilon}}_r(\boldsymbol{r},\ \omega)$ 与 $\varepsilon_{r,\infty}(\boldsymbol{r})$ 的值确定，那么 $\bar{\gamma}(\boldsymbol{r},\ t)$ 就可以通过将式(7.2.6)进行逆傅里叶变换得到，从而 $\gamma(\boldsymbol{r},\ t)$ 也就确定了。对于不同的色散媒质模型，$\gamma(\boldsymbol{r},\ t)$ 具有不同的表达形式，处理的方式也不尽相同，本章将主要针对 Debye、Lorentz 和 Drude 三种媒质进行分析。

首先，考虑弛豫时间为 $t_0(\boldsymbol{r})$，静态相对介电常数为 $\varepsilon_{r,s}(\boldsymbol{r})$，无限大频率相对介电常数为 $\varepsilon_{r,\infty}(\boldsymbol{r})$ 的 Debye 媒质模型[20]：

$$\tilde{\varepsilon}_r(\boldsymbol{r},\ \omega) = \varepsilon_{r,\infty} + \frac{\Delta\varepsilon_r(\boldsymbol{r})}{1 + \mathrm{j}\omega t_0(\boldsymbol{r})} \tag{7.2.7}$$

由式(7.2.6)经过逆傅里叶变换后可得

$$\bar{\gamma}_r(\boldsymbol{r},\ t) = -\frac{\Delta\varepsilon_r(\boldsymbol{r})}{t_0(\boldsymbol{r})\varepsilon_{r,\infty}^2(\boldsymbol{r})} \mathrm{e}^{\frac{t\varepsilon_{r,s}(\boldsymbol{r})}{t_0(\boldsymbol{r})\varepsilon_{r,s}(\boldsymbol{r})}} U(t) \tag{7.2.8}$$

其中，$\Delta\varepsilon_r(\boldsymbol{r}) = \varepsilon_{r,\infty}(\boldsymbol{r}) - \varepsilon_{r,s}(\boldsymbol{r})$；$U(t)$ 是单位阶跃函数。

对于碰撞频率为 $\delta_P(\boldsymbol{r})$、谐振频率为 $\omega_P(\boldsymbol{r})$、静态相对介电常数为 $\varepsilon_{r,s}(\boldsymbol{r})$、无限大频率相对介电常数为 $\varepsilon_{r,\infty}(\boldsymbol{r})$ 的 Lorentz 媒质模型[20]：

$$\tilde{\varepsilon}_r(\boldsymbol{r},\ \omega) = \varepsilon_{r,\infty} + \frac{\Delta\varepsilon_r(\boldsymbol{r})\omega_P^2(\boldsymbol{r})}{\omega_P^2(\boldsymbol{r}) + 2\mathrm{j}\omega(\boldsymbol{r})\delta_P(\boldsymbol{r}) - \omega^2(\boldsymbol{r})} \tag{7.2.9}$$

由式(7.2.6)经过逆傅里叶变换后可得

$$\bar{\gamma}_r(\boldsymbol{r},\ t)=\mathbf{Re}\left\{\mathrm{j}\frac{\Delta\varepsilon_r(\boldsymbol{r})\omega_P^2(\boldsymbol{r})\mathrm{e}^{-\tilde{\delta}_P(\boldsymbol{r})t}}{\varepsilon_{r,\infty}^2(\boldsymbol{r})\tilde{\omega}_P(\boldsymbol{r})}\right\}U(t) \tag{7.2.10}$$

其中，$\tilde{\omega}_P(\boldsymbol{r})=\sqrt{\dfrac{\varepsilon_{r,s}(\boldsymbol{r})}{\varepsilon_{r,\infty}(\boldsymbol{r})}\cdot\omega_P^2(\boldsymbol{r})-\delta_P^2(\boldsymbol{r})}$，$\tilde{\delta}_P(\boldsymbol{r})=\delta_P(\boldsymbol{r})-\mathrm{j}\tilde{\omega}_P(\boldsymbol{r})$。

对于碰撞频率为 $\delta_P(\boldsymbol{r})$、Drude 频率为 $\omega_P(\boldsymbol{r})$、无限大频率相对介电常数为 $\varepsilon_{r,\infty}(\boldsymbol{r})$ 的 Drude 媒质模型[20]：

$$\tilde{\varepsilon}_r(\boldsymbol{r},\ \omega)=\varepsilon_{r,\infty}+\frac{\omega_P^2(\boldsymbol{r})}{2\mathrm{j}\omega\delta_P(\boldsymbol{r})-\omega^2(\boldsymbol{r})} \tag{7.2.11}$$

由式(7.2.6)经过逆傅里叶变换后可得

$$\bar{\gamma}_r(\boldsymbol{r},\ t)=\mathbf{Re}\left\{\mathrm{j}\frac{\omega_P^2(\boldsymbol{r})\mathrm{e}^{-\tilde{\delta}_P(\boldsymbol{r})t}}{\varepsilon_{r,\infty}^2(\boldsymbol{r})\tilde{\omega}_P(\boldsymbol{r})}\right\}U(t) \tag{7.2.12}$$

其中，$\tilde{\omega}_P(\boldsymbol{r})=\sqrt{\dfrac{1}{\varepsilon_{r,\infty}(\boldsymbol{r})}\cdot\omega_P^2(\boldsymbol{r})-\delta_P^2(\boldsymbol{r})}$，$\tilde{\delta}_P(\boldsymbol{r})=\delta_P(\boldsymbol{r})-\mathrm{j}\tilde{\omega}_P(\boldsymbol{r})$。

由上述定义的介质磁化率，等式(7.2.4)可以改写为

$$\gamma(\boldsymbol{r},\ t)\otimes\boldsymbol{D}(\boldsymbol{r},\ t)=\boldsymbol{E}^{\mathrm{inc}}(\boldsymbol{r},\ t)-L\{\boldsymbol{D}(\boldsymbol{r},\ t)\}+\varepsilon_0L\{\gamma(\boldsymbol{r},\ t)\otimes\boldsymbol{D}(\boldsymbol{r},\ t)\} \tag{7.2.13}$$

其中，

$$\begin{aligned}\boldsymbol{E}(\boldsymbol{r},\ t)&=\gamma(\boldsymbol{r},\ t)\otimes\boldsymbol{D}(\boldsymbol{r},\ t)\\&=\gamma_0\gamma_{r,\infty}(\boldsymbol{r})\delta(t)\otimes\boldsymbol{D}(\boldsymbol{r},\ t)+\gamma_0\bar{\gamma}_\tau(\boldsymbol{r},\ t)\otimes\boldsymbol{D}(\boldsymbol{r},\ t)\\&=\gamma_0\gamma_{r,\infty}(\boldsymbol{r})\boldsymbol{D}(\boldsymbol{r},\ t)+\gamma_0\int_0^t\bar{\gamma}_r(\boldsymbol{r},\ \tau)\cdot\boldsymbol{D}(\boldsymbol{r},\ t-\tau)\mathrm{d}\tau\end{aligned} \tag{7.2.14}$$

接下来对方程(7.2.13)用时间步进方法进行求解。

首先，将待求未知量电通量密度 $\boldsymbol{D}(\boldsymbol{r},\ t)$ 用一系列空间、时间基函数进行展开：

$$\boldsymbol{D}(\boldsymbol{r},\ t)=\sum_{n=1}^{N_v}\sum_{j=1}^{N_t}D_{j,n}T_j(t)\boldsymbol{f}_n^v(\boldsymbol{r})=\sum_{n=1}^{N_v}\tilde{D}_n(t)\boldsymbol{f}_n^v(\boldsymbol{r}) \tag{7.2.15}$$

其中，空间基函数 $\boldsymbol{f}_n^v(\boldsymbol{r})$ 选用 SWG 基函数；N_v 表示未知量的个数；时间基函数 $T_j(t)$ 采用四阶 Lagrange 插值时间基函数；N_t 表示总的计算时间步数。

其次，将对电场 $\boldsymbol{E}(\boldsymbol{r},\ t)$ 进行空间、时间维上的展开。电场的展开类似于电通量密度，但对于非均匀的介质材料，由于电场在离散四面体交界面上的法向分量不连续，所以这里空间基函数采用半个 SWG(half-SWG)基函数 $\boldsymbol{f}^{v\pm}(\boldsymbol{r})$，其具体定义可参考式(8.4.1)。

$$\begin{aligned}\boldsymbol{E}(\boldsymbol{r}, t) &= \sum_{n=1}^{N_v} \sum_{j=1}^{N_t} T_j(t) \left[E_{j,n}^{+} \boldsymbol{f}_n^{v+}(\boldsymbol{r}) + E_{j,n}^{-} \boldsymbol{f}_n^{v-}(\boldsymbol{r}) \right] \\ &= \sum_{n=1}^{N_v} \left[\tilde{E}_n^{+}(t) \boldsymbol{f}_n^{v+}(\boldsymbol{r}) + \tilde{E}_n^{-}(t) \boldsymbol{f}_n^{v-}(\boldsymbol{r}) \right]\end{aligned} \tag{7.2.16}$$

通过递归卷积方法对式(7.2.14)中的卷积运算进行处理,可以建立当前时刻的电场值与之前时刻电场以及电通量密度之间的关系,详细推导过程见附录 D。

对于 Debye 媒质有如下表达式:

$$E_{j,n}^{\pm} = \frac{1}{\varepsilon_0 \varepsilon_{r,\infty,n}^{\pm}} D_{j,n} + \left(\sum_{k=0}^{K} \beta_{k,n}^{d\pm} D_{j-k,n} + \beta_n^{e\pm} E_{j-1,n}^{\pm} \right) \tag{7.2.17}$$

对于 Drude 和 Lorentz 媒质有如下表达式:

$$E_{j,n}^{\pm} = \frac{1}{\varepsilon_0 \varepsilon_{r,\infty,n}^{\pm}} D_{j,n} + \left(\mathbf{Re}\left\{ \sum_{k=0}^{K} \hat{\beta}_{k,n}^{d\pm} D_{j-k,n} \right\} + \mathbf{Re}\{ \hat{\beta}_n^{e\pm} E_{j-1,n}^{\pm} \} \right) \tag{7.2.18}$$

为了简化描述,对于式(7.2.17)与式(7.2.18)还可通过以下新变量来定义。对于 Debye 媒质,令

$$\bar{\beta}_{k,n}^{d\pm} = \beta_{k,n}^{d\pm} + \frac{1}{\varepsilon_0 \varepsilon_{r,\infty,n}^{\pm}} \delta_{k0} \tag{7.2.19}$$

$$\breve{E}_{j,n}^{\pm} = \beta_n^{e\pm} E_{j,n}^{\pm} \tag{7.2.20}$$

对于 Drude 和 Lorentz 媒质,令

$$\bar{\beta}_{k,n}^{d\pm} = \mathbf{Re}\{ \hat{\beta}_{k,n}^{d\pm} \} + \frac{1}{\varepsilon_0 \varepsilon_{r,\infty,n}^{\pm}} \delta_{k0} \tag{7.2.21}$$

$$\breve{E}_{j,n}^{\pm} = \mathbf{Re}\{ \hat{\beta}_n^{e\pm} \} E_{j,n}^{\pm} \tag{7.2.22}$$

其中,δ_{k0}为只有 $k = 0$ 时才有值,且值为 1。则式(7.2.17)和(7.2.18)可统一表示为

$$E_{j,n}^{\pm} = \sum_{k=0}^{K} \bar{\beta}_{k,n}^{d\pm} D_{j-k,n} + \breve{E}_{j-1,n}^{\pm} \tag{7.2.23}$$

以上公式中 $\bar{\beta}_{k,n}^{d\pm}$和 $\beta_n^{e\pm}$的值在附录 D 中有详细推导。

现在建立基于 MOT 求解的时域体积分方程的矩阵方程表达式,将式(7.2.14)、式(7.2.15)与式(7.2.23)代入式(7.2.13)中,并且对离散后的方程进行空间上的伽辽金测试与时间点 t_i 上的点匹配,可得到最终的 MOT 时域矩阵方程:

$$\tilde{\boldsymbol{Z}}^0 \boldsymbol{I}_d^i = \boldsymbol{V}^i - \sum_{j=1}^{i-1} \tilde{\boldsymbol{Z}}^{i-j} \boldsymbol{I}_d^j + \varepsilon_0 \sum_{j=1}^{i-1} \boldsymbol{Z}_{e+}^{i-j} \boldsymbol{I}_{e+}^j + \varepsilon_0 \sum_{j=1}^{i-1} \boldsymbol{Z}_{e-}^{i-j} \boldsymbol{I}_{e-}^j + \breve{\boldsymbol{Z}}_+ \breve{\boldsymbol{I}}_+^{i-1} + \breve{\boldsymbol{Z}}_- \breve{\boldsymbol{I}}_-^{i-1} \tag{7.2.24}$$

其中，

$$\boldsymbol{I}_d^j = [D_{j,1}, \cdots, D_{j,N_v}] \tag{7.2.25}$$

$$\boldsymbol{I}_{e+}^j = [E_{j,1}^{\pm}, \cdots, E_{j,N_v}^{\pm}] \tag{7.2.26}$$

$$\boldsymbol{V}_{i,m} = \langle \boldsymbol{f}_m^v(\boldsymbol{r}), \boldsymbol{E}^{\text{inc}}(\boldsymbol{r}, t)\rangle|_{t=t_i} \tag{7.2.27}$$

$$\boldsymbol{Z}_{e\pm,mn} = \langle \boldsymbol{f}_m^v(\boldsymbol{r}), \boldsymbol{f}_n^{v\pm}(\boldsymbol{r})\rangle \tag{7.2.28}$$

$$\boldsymbol{Z}_{mn}^{i-j} = \langle \boldsymbol{f}_m^v(\boldsymbol{r}), L\{\boldsymbol{f}_n^v(\boldsymbol{r})T_{i-j}(t)\}\rangle \tag{7.2.29}$$

$$\boldsymbol{Z}_{e\pm,mn}^{i-j} = \langle \boldsymbol{f}_m^v(\boldsymbol{r}), L\{\boldsymbol{f}_n^{v\pm}(\boldsymbol{r})T_{i-j}(t)\}\rangle \tag{7.2.30}$$

$$\breve{\boldsymbol{I}}_{\pm}^{i-1} = [\breve{\boldsymbol{E}}_{i-1,1}^{\pm}, \cdots, \breve{\boldsymbol{E}}_{i-1,N_v}^{\pm}] \tag{7.2.31}$$

$$\tilde{\boldsymbol{Z}}_{mn}^{i-j} = \begin{cases} \boldsymbol{Z}_{mn}^{i-j} + (\boldsymbol{Z}_{e+,mn} - \varepsilon_0 \boldsymbol{Z}_{e+,mn}^0)\bar{\beta}_{i-j,n}^{d+} + (\boldsymbol{Z}_{e-,mn} - \varepsilon_0 \boldsymbol{Z}_{e-,mn}^0)\bar{\beta}_{i-j,n}^{d-}, & 0 \leqslant i-j \leqslant K \\ \boldsymbol{Z}_{mn}^{i-j}, & i-j > K \end{cases} \tag{7.2.32}$$

$$\tilde{\boldsymbol{Z}}_{mn}^{\pm} = \varepsilon_0 \boldsymbol{Z}_{e\pm,mn}^0 - \boldsymbol{Z}_{e\pm,mn} \tag{7.2.33}$$

此处，$m, n = 1, 2, 3, \cdots, N_v$；$i, j = 1, 2, 3, \cdots, N_t$；$i \geqslant j$。

7.2.3　色散媒质的高阶 Nyström 时域体积分方程方法

对于色散媒质，体电流密度与总电场有如下时域卷积关系：

$$\boldsymbol{E}^{\text{tot}}(\boldsymbol{r}, t) = \gamma(\boldsymbol{r}, t) \otimes \partial_t^{-1}\boldsymbol{J}(\boldsymbol{r}, t) \tag{7.2.34}$$

式中，$\otimes$表示卷积，$\gamma(\boldsymbol{r}, t)$表达式为

$$\gamma(\boldsymbol{r}, t) = \mathrm{F}^{-1}\left[\frac{1}{\varepsilon(\boldsymbol{r}, \omega) - \varepsilon_0}\right] \tag{7.2.35}$$

式中，F^{-1}表示傅里叶逆变换。

对于色散媒质，其相对介电常数可以表示为

$$\varepsilon(\boldsymbol{r}, \omega) = \varepsilon_{\infty}(\boldsymbol{r}) + \bar{\varepsilon}(\boldsymbol{r}, \omega) \tag{7.2.36}$$

式中，$\bar{\varepsilon}$可以表示为一个有理多项式的形式。例如三种常用色散媒质模型，$\bar{\varepsilon}$的表达式可参考式(7.2.1)~(7.2.3)。相应的 $\gamma(\boldsymbol{r}, t)$ 表达式可参考附录 E 中的式(E.1)~(E.3)。

当 $\varepsilon_{\infty}(\boldsymbol{r}) \neq \varepsilon_0$ 时，$\gamma(\boldsymbol{r}, t)$可写成通式

$$\gamma(\boldsymbol{r}, t) = \gamma_1(\boldsymbol{r})\delta(t) + \gamma_2(\boldsymbol{r}, t) \tag{7.2.37}$$

式中，$\gamma_1(\boldsymbol{r}) = (\varepsilon_\infty - \varepsilon_0)^{-1}$，$\gamma_2(\boldsymbol{r}, t) = \mathrm{F}^{-1}[\bar{\varepsilon}^{-1}(\boldsymbol{r}, \omega)]$。

假定：

$$\boldsymbol{E}^{\text{tot}}(\boldsymbol{r}, t) = \partial_t^{-1}\boldsymbol{P}(\boldsymbol{r}, t) \tag{7.2.38}$$

$$\boldsymbol{P}(\boldsymbol{r}, t) = \gamma(\boldsymbol{r}, t) \otimes \boldsymbol{J}(\boldsymbol{r}, t) \tag{7.2.39}$$

则：

$$\begin{aligned}\boldsymbol{P}(\boldsymbol{r}, t) &= \gamma_1(\boldsymbol{r})\boldsymbol{J}(\boldsymbol{r}, t) + \gamma_2(\boldsymbol{r}, t) \otimes \boldsymbol{J}(\boldsymbol{r}, t)\\ &= \gamma_0\bar{\gamma}_1(\boldsymbol{r})\boldsymbol{J}(\boldsymbol{r}, t) + \gamma_0\int_0^t \bar{\gamma}_2(\boldsymbol{r}, \tau)\boldsymbol{J}(\boldsymbol{r}, t-\tau)\mathrm{d}\tau\end{aligned} \tag{7.2.40}$$

式中，$\boldsymbol{J}$ 和 $\boldsymbol{P}$ 可以表示为

$$\boldsymbol{J}(\boldsymbol{r}, t) = \sum_{n=1}^{N_s}\sum_{p=1}^{N_p}\sum_{j=1}^{N_t} J_{(p,n)}^{\beta,j} T_j(t)\boldsymbol{f}_{(p,n)} = \sum_{n=1}^{N_s}\sum_{p=1}^{N_p} \tilde{J}_{(p,n)}^{\beta}\boldsymbol{f}_{(p,n)} \tag{7.2.41}$$

$$\boldsymbol{P}(\boldsymbol{r}, t) = \sum_{n=1}^{N_s}\sum_{p=1}^{N_p}\sum_{j=1}^{N_t} P_{(p,n)}^{\beta,j} T_j(t)\boldsymbol{f}_{(p,n)} = \sum_{n=1}^{N_s}\sum_{p=1}^{N_p} \tilde{P}_{(p,n)}^{\beta}\boldsymbol{f}_{(p,n)} \tag{7.2.42}$$

式(7.2.41)和式(7.2.42)中，$\boldsymbol{f}_{(p,n)} = L_{(p,n)}(u, v, w)\beta_{(p,n)}\psi^{-1}$，$\beta \in \{\hat{\boldsymbol{u}}, \hat{\boldsymbol{v}}, \hat{\boldsymbol{w}}\}$。

将式(7.2.41)和式(7.2.42)代入式(7.2.40)中，并且令 $t = t_j$，可得

$$P_{(p,n)}^{\beta,j} = \gamma_0\bar{\gamma}_{1,(p,n)}J_{(p,n)}^{\beta,j} + \gamma_0\int_0^{j\Delta t}\bar{\gamma}_{2,(p,n)}(\tau)\tilde{J}_{(p,n)}^{\beta}(j\Delta t - \tau)\mathrm{d}\tau \tag{7.2.43}$$

式中，

$$\tilde{J}_{(p,n)}^{\beta}(t) = \sum_{k=0}^{K}\sum_{i=0}^{K}\alpha_{k,i}\cdot(j - t/\Delta t)^i J_{(p,n)}^{\beta,j-k} \tag{7.2.44}$$

最终可得

$$P_{(p,n)}^{\beta,j} = \gamma_0\bar{\gamma}_{1,\{p,n\}}J_{(p,n)}^{\beta,j} + \gamma_0\Delta t\sum_{v=0}^{j-1}\sum_{k=0}^{K}J_{(p,n)}^{\beta,j-k-v}\sum_{i=0}^{K}\alpha_{k,i}\int_0^1\bar{\tau}^i\bar{\gamma}_{2,(p,n)}((\nu+\bar{\tau})\Delta t)\mathrm{d}\bar{\tau} \tag{7.2.45}$$

待求未知系数 $P_{(p,n)}^{\beta,j}$ 表达式以时间卷积展开的形式给出，如何求解是本方法关键的一步。

$P_{(p,n)}^{\beta,j}$ 通式可表示为

$$P_{(p,n)}^{\beta,j} = \sum_{k=0}^{K}\mathbf{Re}(\beta_{k,(p,n)}^{J})J_{(p,n)}^{\beta,j-k} + \mathbf{Re}(\beta_{(p,n)}^{P}\hat{P}_{(p,n)}^{\beta,j-1}) \tag{7.2.46}$$

式中，

$$\hat{P}^{\beta,j}_{(p,n)} = \sum_{k=0}^{K} \beta^{J}_{k,(p,n)} J^{\beta,j-k}_{(p,n)} + \beta^{P}_{(p,n)} \hat{P}^{\beta,j-1}_{(p,n)} \tag{7.2.47}$$

$\beta^{J}_{k,(p,n)}$和$\beta^{P}_{(p,n)}$的表达式可参考附录 E 中的式(E.8)与(E.9)。

将式(7.2.38)、(7.2.39)、(7.2.41)、(7.2.42)代入式(7.1.7)和(7.1.8)中,并在空间上和时间上均采用点匹配,可得

$$\begin{aligned}
&\alpha_{(q,m)} \cdot \sum_{n=1}^{N_s} \sum_{p=1}^{N_p} \sum_{j=1}^{i} P^{\beta,j}_{(p,n)} \boldsymbol{f}_{(p,n)} \partial_t^{-1} T_j(i\Delta t) \delta_{mn} \delta_{qp} \\
&+ \alpha_{(q,m)} \cdot \sum_{n=1}^{N_s} \sum_{p=1}^{N_p} \sum_{j=1}^{i} \int_V J^{\beta,j}_{(p,n)} \frac{\mu_0 \boldsymbol{f}_{(p,n)}}{4\pi R} \partial_t T_j(i\Delta t - R/c) \mathrm{d}V' \\
&- \alpha_{(q,m)} \cdot \sum_{n=1}^{N_s} \sum_{p=1}^{N_p} \sum_{j=1}^{i} \nabla\nabla \cdot \int_V J^{\beta,j}_{(p,n)} \frac{\boldsymbol{f}_{(p,n)}}{4\pi \varepsilon_0 R} \partial_t^{-1} T_j(i\Delta t - R/c) \mathrm{d}V' \\
= {}& \alpha_{(q,m)} \cdot \boldsymbol{E}^{inc}(\boldsymbol{r}, i\Delta t)
\end{aligned} \tag{7.2.48}$$

将式(7.2.48)写成矩阵方程形式:

$$(\boldsymbol{Z}_0^J + \boldsymbol{Z}_0)\boldsymbol{I}_i = \boldsymbol{V}_i - \sum_{j=1}^{i-1} \boldsymbol{Z}_{i-j}\boldsymbol{I}_j - \sum_{k=1}^{K} \boldsymbol{Z}_k^J \boldsymbol{I}_{i-k} - \sum_{j=1}^{i-1} \boldsymbol{Z}_{i-j}^P \boldsymbol{I}_j^P - \boldsymbol{Z}^P \bar{\boldsymbol{I}}_{i-1}^P \tag{7.2.49}$$

式中,$[\boldsymbol{I}_i] = [J^{\beta,i}_{(p,n)}]$,$[\bar{\boldsymbol{I}}_i^P] = [\mathbf{Re}(\beta^P_{(p,n)} \hat{P}^{\beta,i}_{(p,n)})]$,$[\boldsymbol{I}_i^P] = [P^{\beta,i}_{(p,n)}]$,此外,

$$\begin{aligned}
[\boldsymbol{Z}_{i-j}]_{(q,m)(p,n)} = {}& \alpha_{(q,m)} \cdot \int_{V_n} \frac{\mu_0 \boldsymbol{f}_{(p,n)}}{4\pi R} \partial_t T_j(i\Delta t - R/c) \mathrm{d}V' \\
& - \alpha_{(q,m)} \cdot \nabla\nabla \cdot \int_{V_n} \frac{\boldsymbol{f}_{(p,n)}}{4\pi\varepsilon_0 R} \partial_t^{-1} T_j(i\Delta t - R/c) \mathrm{d}V'
\end{aligned} \tag{7.2.50}$$

$$[\boldsymbol{Z}_{i-j}^P]_{(q,m)(p,n)} = \alpha_{(q,m)} \cdot \boldsymbol{f}_{(p,n)} \partial_t^{-1} T_j(i\Delta t) \delta_{mn} \delta_{qp} \tag{7.2.51}$$

$$[\boldsymbol{Z}_k^J]_{(q,m)(p,n)} = \mathbf{Re}(\beta^J_{k,(p,n)}) \cdot [\boldsymbol{Z}_0^P]_{(q,m)(p,n)} \tag{7.2.52}$$

$$[\boldsymbol{Z}^P]_{(q,m)(p,n)} = [\boldsymbol{Z}_0^P]_{(q,m)(p,n)} \tag{7.2.53}$$

当第 $(i-1)$ 个时间步之前的体电流密度已知,则第 i 个时间步的未知电流密度可以依据递归方程(7.2.49)获得。此外可以看出,与式(7.2.50)相比较,式(7.2.51)~(7.2.53)的计算资源可以忽略不计。

考虑一种特殊情况,当 $\varepsilon_\infty(\boldsymbol{r}) = \varepsilon_0$ 时,$\gamma(\boldsymbol{r}, t)$ 可写成通式:

$$\gamma(\boldsymbol{r}, t) = a_0(\boldsymbol{r})\delta(t) + a_1(\boldsymbol{r})\delta'(t) + a_2(\boldsymbol{r})\delta''(t) \tag{7.2.54}$$

式中,a_0、a_1 以及 a_2 为常数,且由媒质的介电常数决定,$\delta(t)$、$\delta'(t)$以及$\delta''(t)$分别表示冲激函数及其一阶导数和二阶导数。

将式(7.2.54)代入式(7.2.34),可得相应的总场表达式:

$$\boldsymbol{E}^{\text{tot}}(\boldsymbol{r},\ t)=a_0(\boldsymbol{r})\partial_t^{-1}\boldsymbol{J}(\boldsymbol{r},\ t)+a_1(\boldsymbol{r})\boldsymbol{J}(\boldsymbol{r},\ t)+a_2(\boldsymbol{r})\partial_t\boldsymbol{J}(\boldsymbol{r},\ t) \tag{7.2.55}$$

将体电流密度离散表示为

$$\boldsymbol{J}(\boldsymbol{r},\ t)=\sum_{n=1}^{N_s}\sum_{p=1}^{N_p}\sum_{j=1}^{N_t}J_{(p,\ n)}^{\beta,\ j}T_j(t)\boldsymbol{f}_{(p,\ n)} \tag{7.2.56}$$

将式(7.2.55)和式(7.2.56)代入式(7.2.35)和式(7.2.36)中,并在空间上和时间上均采用点匹配,可得相应的时域阻抗矩阵方程。由于该方程类似于分析非色散媒质时的时域阻抗矩阵方程,此处就不详细给出相应表达式了。

7.2.4 数值算例与分析

算例 1: 分析一个双层介质圆柱体模型的电磁散射特性。双层圆柱的上部、下部的圆半径均为 0.2 m,高度均为 0.1 m。上层为 $\omega_P=1.5\times10^8\ \text{s}^{-1}$、$\delta_P=1.0\times10^8\ \text{s}^{-1}$、$\varepsilon_{r,s}=2.8$、$\varepsilon_{r,\infty}=1.0$ 的 Lorentz 媒质。下层为 $\omega_P=5.0\times10^8\ \text{s}^{-1}$、$\delta_P=1.6\times10^8\ \text{s}^{-1}$、$\varepsilon_{r,\infty}=2.5$ 的 Drude 媒质。入射波为调制高斯平面波,入射波中心频率为 150 MHz,带宽为 300 MHz,入射方向和极化方向分别为 $\boldsymbol{k}^{\text{inc}}=(-0.707,\ 0,\ -0.707)$,$\boldsymbol{p}^{\text{inc}}=(-0.707,\ 0,\ 0.707)$。图 7.2.1 给出了在不同频率点下的相对介电常数实部虚部的变化图,可以看出在计算频带范围内,各频点的相对介电常数变化明显。散射观察角:$0°\leqslant\theta\leqslant180°$,$\phi=180°$。未知量为 3 818。求解时间步长 $\Delta t=1/15$ lm,时间步数为 1 200 步。图 7.2.2 表示计算频率为 22.5 MHz、153.75 MHz、270 MHz 时,本节方法与商业软件 FEKO 计算得到的双站 RCS 结果对比图,从图中可以看出,本节方法分析不同色散模型混合的介质目标电磁散射特性的计算准确性。图 7.2.3 给出了在(−0.124 m, 0.038 m, 0.038 m)处介质的电通量密度幅值的时域波形,从图中可以看出本节方法具有较好的晚时稳定特性。

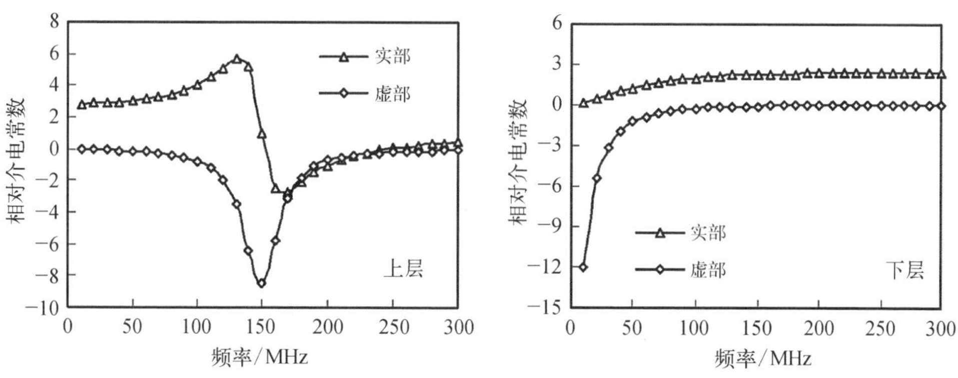

图 7.2.1　双层圆柱材料的相对介电常数随频率变化曲线

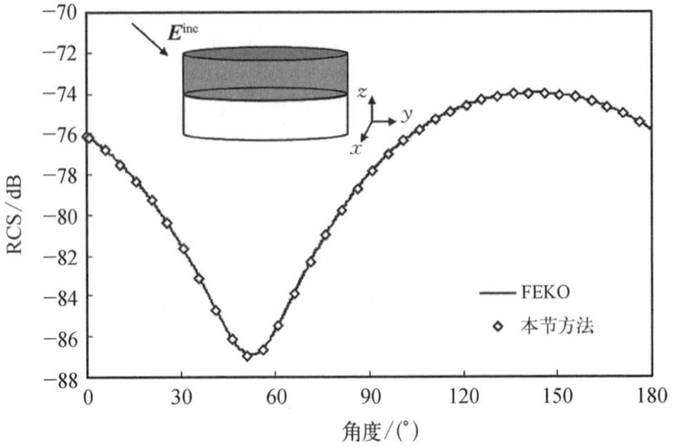

(a) 双层圆柱在22.5 MHz频率处的双站RCS结果对比图

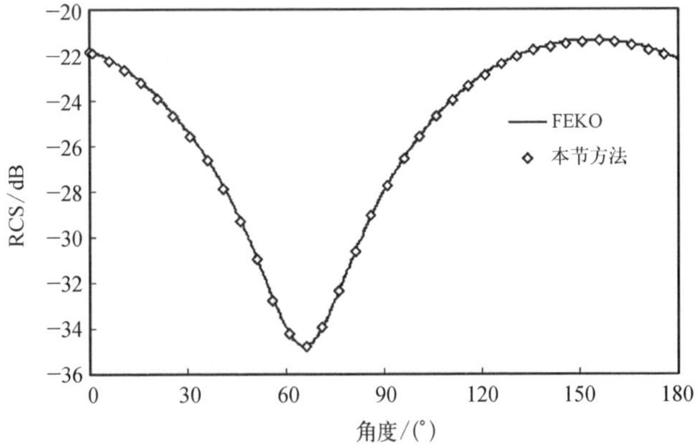

(b) 双层圆柱在153.75 MHz频率处的双站RCS结果对比图

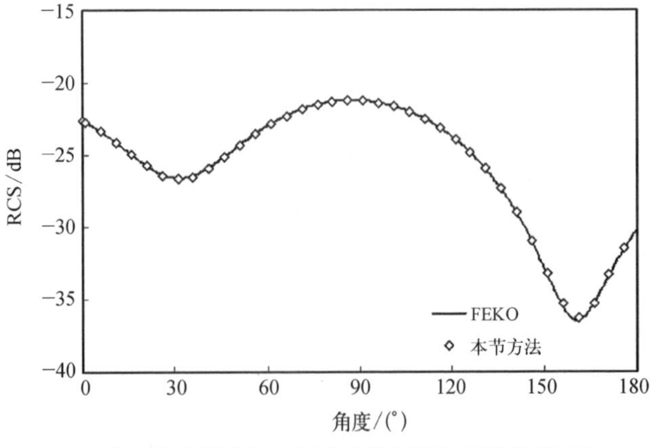

(c) 双层圆柱在270 MHz频率处的双站RCS结果对比图

图 7.2.2　计算频率为 22.5 MHz(a)、153.75 MHz(b)、270 MHz(c)时本节方法与商业软件 FEKO 计算得到的双站 RCS 结果对比图

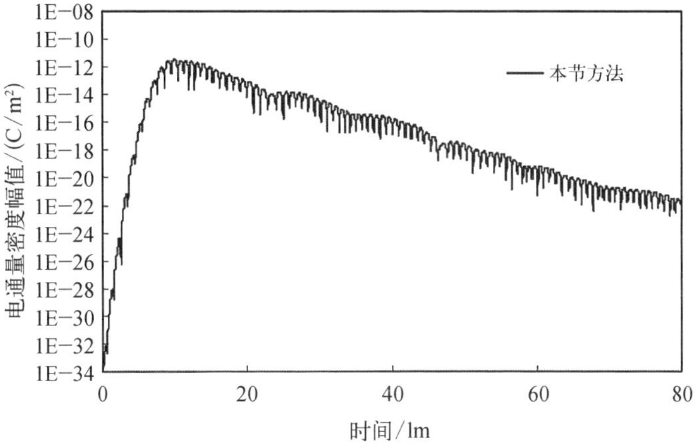

图 7.2.3　双层圆柱在(−0.124 m, 0.038 m, 0.038 m)处
电通量密度幅值的时域波形

算例 2: 分析一个半径为 0.35 m 的色散介质球的瞬态电磁散射特性。其色散模型为 Debye 媒质,相应的色散媒质参数分别为 $\varepsilon_\infty=\varepsilon_0$、$\varepsilon_s=3.5\varepsilon_0$ 和 $t_0=5\times10^{-9}$ s。入射波为调制高斯平面波,其极化方向和传播方向分别为 $\hat{\boldsymbol{p}}^{\text{inc}}=(1,\ 0,\ 0)$ 和 $\hat{\boldsymbol{k}}^{\text{inc}}=(0,\ 0,\ 1)$ 中心频率 150 MHz,频带 300 MHz。图 7.2.4 给出了该 Debye 媒质的相对介电常数(实部与虚部)随频率的变化曲线。对比运用本节方法计算出的在不同频点处的 Debye 介质球的双站 RCS 及 Mie 级数的结果,结果吻合得较好,如图 7.2.5 所示。图 7.2.6 给出了 Debye 介质球中心点处的时域电流密度晚时稳定性。表 7.2.1 给出了本节方法与基于 SWG 基函数的 TD-VIE 方法的计算效率对比,可

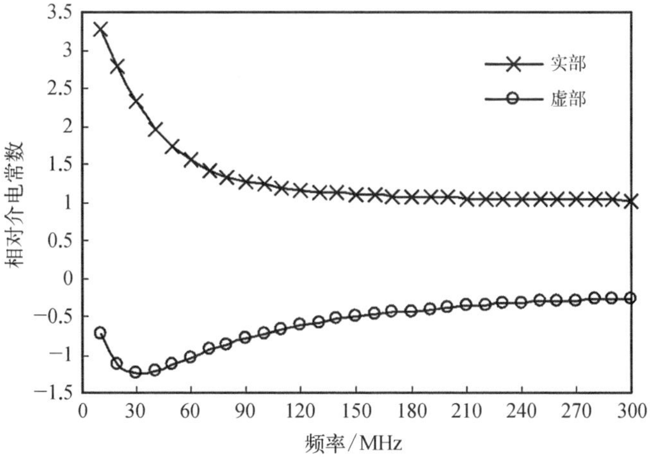

图 7.2.4　Debye 介质球的相对介电常数(实部与虚部)随频率的变化

以看出本节方法在计算内存和时间方面的优势。本算例是在计算平台 Intel® Xeon® CPU E7－4850(主频 2.00GHz,内存 512GB)上进行计算的。

表 7.2.1　Debye 介质球的计算效率对比

方　　法	SWG	0 阶 Nyström	2 阶 Nyström
空间未知量	3 606	5 112	3 498
RRMS/%	0.86	0.69	0.09
求解时间/min	18.0	17.1	10.5
总时间/min	87.3	21.1	20.2
总内存/GB	4.80	1.94	1.05

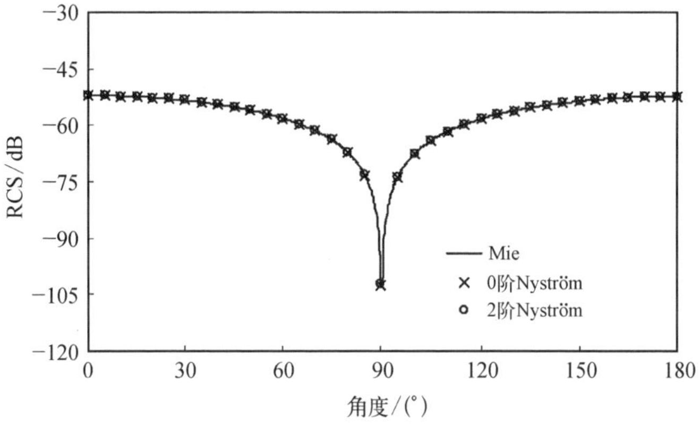

(a) 30 MHz

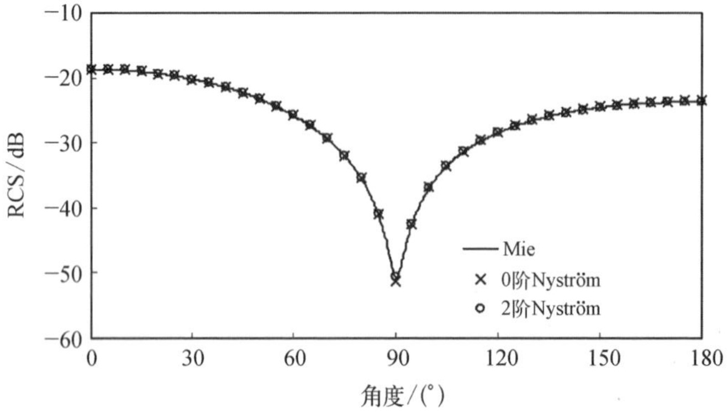

(b) 150 MHz

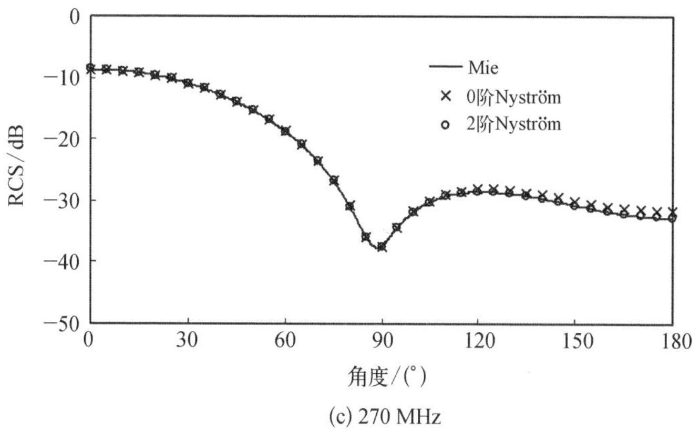

(c) 270 MHz

图 7.2.5　Debye 介质球的双站 RCS

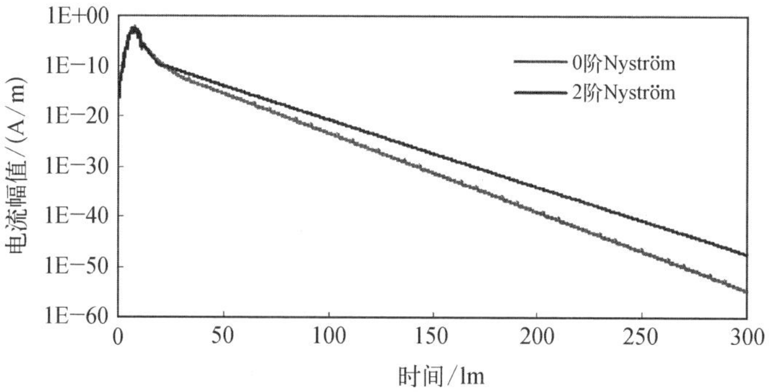

图 7.2.6　Debye 介质球的时域电流密度晚时稳定性

算例 3： 分析一个由三种 Drude 媒质的立方体组合目标的瞬态电磁散射特性，每个立方体边长均为 0.6 m，如图 7.2.7 所示。沿着 x 方向排列的三种媒质参数 ω_p 依次为 2.2×10^8 rad/s、3.0×10^8 rad/s 和 3.8×10^8 rad/s，三种媒质的 ε_∞ 和 ν_c 均为 ε_0 和 2.0×10^8 rad/s。入射波为调制高斯平面波，频率范围为 0~300 MHz，其极化方向 $\hat{\boldsymbol{p}}^{\text{inc}}=(-0.707,\ 0,\ 0.707)$，传播方向 $\hat{\boldsymbol{k}}^{\text{inc}}=(-0.707,\ 0,\ -0.707)$。运用本节方法计算出的在不同频点处的 Drude 媒质的立方体组合目标的双站 RCS 与商业软件 FEKO（基于面等效原理的 MoM）的结果进行了对比，结果吻合得较好，如图 7.2.8 所示。图 7.2.9 给出了 Drude 媒质的立方体组合目标中心点处的时域电流密度波形，可以看出，本节方法计算的结果与频域离

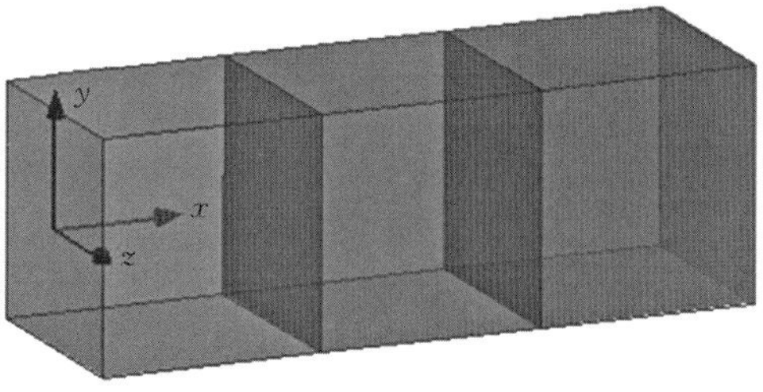

图 7.2.7　Drude 介质组合目标的示意图

散傅里叶逆变换(IDFT)的结果吻合得较好。表 7.2.2 给出了本节方法与基于 SWG 基函数的 TD-VIE 方法的计算效率对比,可以看出本节方法在计算内存和时间消耗方面的优势。本算例是在计算平台 Intel® Xeon® CPU E7－4850(主频 2.00GHz,内存 512GB)上进行计算的。

表 7.2.2 Drude 介质组合目标的计算效率对比

方　　法	SWG	0 阶 Nyström	2 阶 Nyström
空间未知量	10 272	14 505	10 857
RRMS/%	0.91	1.01	0.88
求解时间/min	98.9	124.8	55.8
总时间/min	585.5	140.9	138.1
总内存/GB	38.97	15.52	9.06

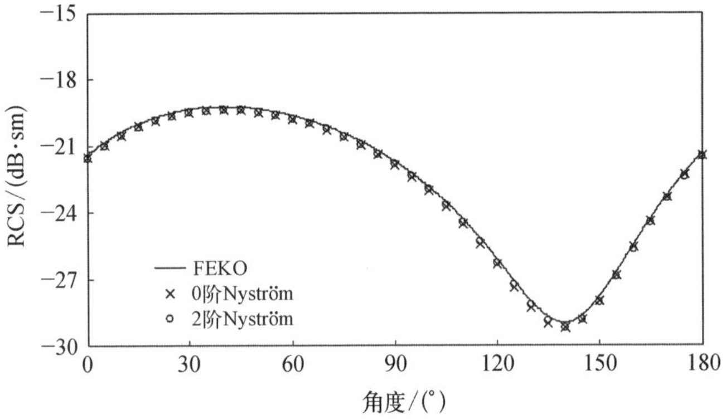

(a) 30 MHz

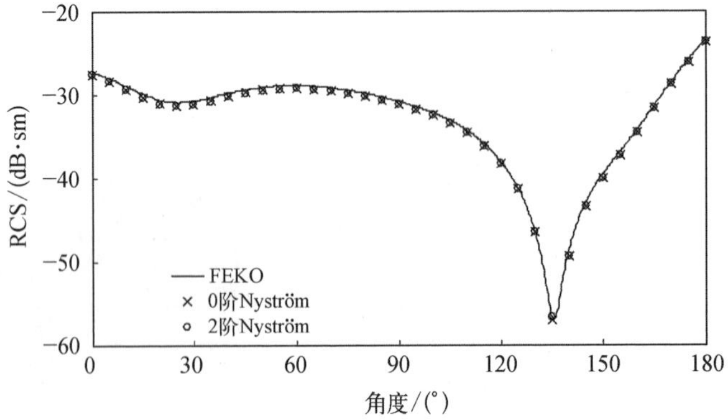

(b) 150 MHz

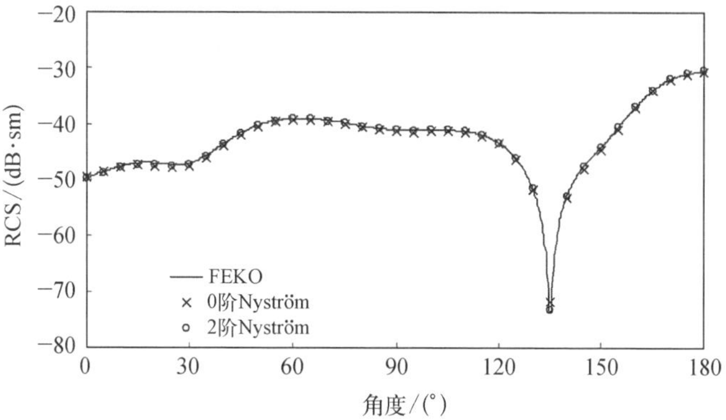

(c) 270 MHz

图 7.2.8　Drude 介质组合目标的双站 RCS

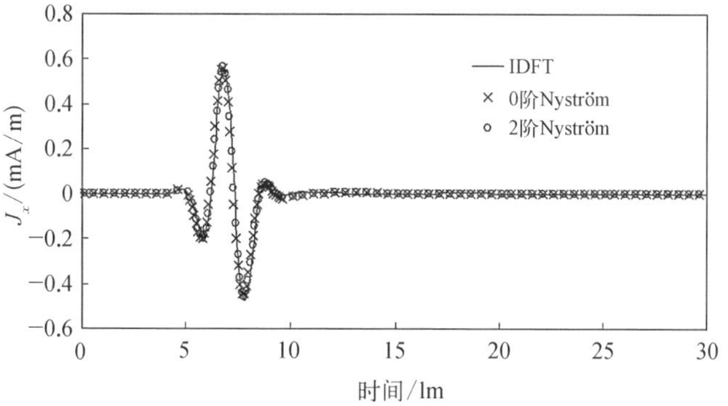

图 7.2.9　Drude 介质组合目标的时域电流密度波形

7.3　磁化媒质的瞬态电磁散射特性分析

磁化等离子体是等离子体受外加偏置磁场作用而形成的，与等离子体的介电常数相比，其介电常数是一个张量，这导致了分析磁化等离子体与等离子体目标散射特性之间的差异性[21-27]。目前，分析磁化等离子体的瞬态电磁散射特性主要是用时域有限差分方法。本节提出了一种分析磁化等离子体散射特性的高阶 Nyström 的 TD-VIE 方法。该方法在分析磁化等离子体时，由于体电流密度作为时域矩阵方程待求解的未知量，磁化等离子体的介电常数的色散时域卷积关系仅体现在体积分方程中的总电场部分，这将极大地简化程序的实现并减少计算资源的消耗。

7.3.1　磁化等离子体媒质时域色散表达式

磁化等离子体，即等离子体受外加偏置静态磁场的作用，其介电常数为一个张量$\bar{\bar{\varepsilon}}(\boldsymbol{r},\ \omega)$。

当外加偏置磁场方向为 z 轴正方向时，其介电常数可表示为

$$\bar{\bar{\varepsilon}}_z(\boldsymbol{r},\ \omega) = \begin{bmatrix} \varepsilon_{xx} & \varepsilon_{xy} & 0 \\ \varepsilon_{yx} & \varepsilon_{yy} & 0 \\ 0 & 0 & \varepsilon_{zz} \end{bmatrix} \varepsilon_0 = \begin{bmatrix} \varepsilon_r & \varepsilon_{rg} & 0 \\ -\varepsilon_{rg} & \varepsilon_r & 0 \\ 0 & 0 & \varepsilon_{rr} \end{bmatrix} \varepsilon_0 \tag{7.3.1}$$

式中，$\boldsymbol{r}$ 为观察点坐标；ω 为角频率。

$$\varepsilon_{xx} = \varepsilon_{yy} = \varepsilon_r = 1 - \frac{\mathrm{j}\omega_P^2(\mathrm{j}\omega + \nu_c)}{\omega[(\mathrm{j}\omega + \nu_c)^2 + \omega_b^2]} \tag{7.3.2}$$

$$\varepsilon_{xy} = -\varepsilon_{yx} = \varepsilon_{rg} = \frac{\mathrm{j}\omega_P^2\omega_b}{\omega[(\mathrm{j}\omega + \nu_c)^2 + \omega_b^2]} \tag{7.3.3}$$

$$\varepsilon_{rr} = 1 - \frac{\mathrm{j}\omega_P^2}{\omega(\mathrm{j}\omega + \nu_c)} \tag{7.3.4}$$

式(7.3.2)~(7.3.4)中，ω_P、ν_c 和 ω_b 分别表示等离子体的体频率、碰撞频率以及磁化等离子体的回旋频率。

当外加偏置磁场方向为任意方向时，其介电常数可表示为

$$\bar{\bar{\varepsilon}}(\boldsymbol{r},\ \omega) = \boldsymbol{U}^{\mathrm{T}} \cdot \bar{\bar{\varepsilon}}_z(\boldsymbol{r},\ \omega) \cdot \boldsymbol{U} \tag{7.3.5}$$

其中，T 表示矩阵的转置，变换矩阵 $\boldsymbol{U}$ 可表示为

$$\boldsymbol{U} = \begin{bmatrix} \sin\varphi & -\cos\varphi & 0 \\ \cos\theta\cos\varphi & \cos\theta\sin\varphi & -\sin\theta \\ \sin\theta\cos\varphi & \sin\theta\sin\varphi & \cos\theta \end{bmatrix} \tag{7.3.6}$$

式(7.3.6)中，$(\theta,\ \varphi)$为外加偏置磁场在笛卡儿坐标系中的方向角。

对于磁化等离子体目标，其瞬态体电流密度$\boldsymbol{J}(\boldsymbol{r},\ t)$与瞬态总电场$\boldsymbol{E}^{\mathrm{tot}}(\boldsymbol{r},\ t)$之间存在如下关系式：

$$\boldsymbol{E}^{\mathrm{tot}}(\boldsymbol{r},\ t) = \bar{\bar{\gamma}}(\boldsymbol{r},\ t) \otimes \partial_t^{-1}\boldsymbol{J}(\boldsymbol{r},\ t) \tag{7.3.7}$$

其中，∂_t^{-1} 为时间维上求积分；$\otimes$表示时间卷积。

$$\begin{aligned} \bar{\bar{\gamma}}(\boldsymbol{r},\ t) &= \mathrm{F}^{-1}[(\bar{\bar{\varepsilon}} - \varepsilon_0\bar{\bar{\boldsymbol{I}}})^{-1}] \\ &= \mathrm{F}^{-1}[(\boldsymbol{U}^{\mathrm{T}} \cdot \bar{\bar{\varepsilon}}_x \cdot \boldsymbol{U} - \varepsilon_0\bar{\bar{\boldsymbol{I}}})^{-1}] \end{aligned}$$

$$
\begin{aligned}
&= \boldsymbol{U}^{\mathrm{T}} \cdot \mathrm{F}^{-1}\left[\left(\bar{\bar{\varepsilon}}_z - \varepsilon_0 \bar{\bar{\boldsymbol{I}}}\right)^{-1}\right] \cdot \boldsymbol{U} \\
&= \boldsymbol{U}^{\mathrm{T}} \cdot \begin{bmatrix} \gamma_r & \gamma_{rg} & 0 \\ -\gamma_{rg} & \gamma_r & 0 \\ 0 & 0 & \gamma_r \end{bmatrix} \cdot \boldsymbol{U} \\
&= \begin{bmatrix} \gamma_r & \gamma_{rg}\cos\theta & -\gamma_{rg}\sin\theta\sin\varphi \\ -\gamma_{rg}\cos\theta & \gamma_r & \gamma_{rg}\sin\theta\cos\varphi \\ \gamma_{rg}\sin\theta\sin\varphi & -\gamma_{rg}\sin\theta\cos\varphi & \gamma_r \end{bmatrix}
\end{aligned} \tag{7.3.8}
$$

式(7.3.8)中，F^{-1}表示傅里叶逆变换，$\bar{\bar{\boldsymbol{I}}}$ 表示单位并失，此外，

$$
\gamma_r = \frac{1}{\varepsilon_0 \omega_P^2}\delta''(t) + \frac{\nu_c}{\varepsilon_0 \omega_P^2}\delta'(t) \tag{7.3.9}
$$

$$
\gamma_{rg} = \frac{\omega_b}{\varepsilon_0 \omega_P^2}\delta'(t) \tag{7.3.10}
$$

$\delta'(t)$和$\delta''(t)$分别为单位冲激函数的一阶导数与二阶导数。

因此，可得瞬态体电流密度与瞬态总电场之间的时域关系式：

$$
\begin{aligned}
\boldsymbol{E}^{\mathrm{tot}}(\boldsymbol{r}, t) = {}& \frac{1}{\varepsilon_0 \omega_P^2}\partial_t \boldsymbol{J}(\boldsymbol{r}, t) + \frac{V_c}{\varepsilon_0 \omega_P^2}\boldsymbol{J}(\boldsymbol{r}, t) \\
&+ \frac{\omega_b}{\varepsilon_0 \omega_P^2}\begin{bmatrix} J_y(\boldsymbol{r}, t)\cos\theta - J_z(\boldsymbol{r}, t)\sin\theta\sin\varphi \\ -J_x(\boldsymbol{r}, t)\cos\theta + J_z(\boldsymbol{r}, t)\sin\theta\cos\varphi \\ J_x(\boldsymbol{r}, t)\sin\theta\sin\varphi - J_y(\boldsymbol{r}, t)\sin\theta\cos\varphi \end{bmatrix}
\end{aligned} \tag{7.3.11}
$$

式(7.3.11)中，J_x、J_y 和 J_z 分别表示瞬态体电流密度的 x 方向、y 方向和 z 方向的分量。

7.3.2　时域矩阵方程的建立及阻抗矩阵元素的计算

目标的瞬态感应体电流密度可离散表示如下：

$$
\boldsymbol{J}(\boldsymbol{r}, t) = \boldsymbol{f}(\boldsymbol{r})T(t) = \sum_{n=1}^{N_s}\sum_{p=1}^{N_p}\sum_{j=1}^{N_t} J_{(p,n)}^{\beta, j}\boldsymbol{f}_{(p,n)}^{\beta}(\boldsymbol{r})T_j(t) \tag{7.3.12}
$$

其中，N_s、N_p、N_t 分别为曲四面体单元的数目、每个曲四面体单元内的插值点的数目以及每个插值点对应的时间步数；$J_{(p,n)}^{\beta, j}$ 为待求瞬态未知体电流密度系数；

$$
T_j(t) = \begin{cases} 1 + t, & -1 \leqslant t < 0 \\ 1 - t, & 0 \leqslant t < 1 \\ 0, & \text{其他} \end{cases} \tag{7.3.13}
$$

$$\boldsymbol{f}^{\beta}_{(p,\,n)}(\boldsymbol{r}) = L_{(p,\,n)}(u,\,v,\,w)\boldsymbol{\beta}_{(p,\,n)}\psi^{-1} \tag{7.3.14}$$

式(7.3.14)中，$\beta \in \{\hat{\boldsymbol{u}},\,\hat{\boldsymbol{v}},\,\hat{\boldsymbol{w}}\}$；$\psi$ 为雅克比因子，$L_{(p,\,n)}(u,\,v,\,w)$ 为第 n 个曲面四面体单元内的第 p 个插值点上的勒让德插值多项式。

将式(7.3.11)~(7.3.14)代入式(7.1.7)和式(7.1.8)中，且空间上和时间上均采用点测试，可得分析磁化等离子体的高阶 Nyström 的 TD-VIE 方法的时域阻抗矩阵方程形式：

$$\boldsymbol{Z}_0\boldsymbol{I}_i = \boldsymbol{V}_i - \sum_{j=1}^{i-1}\boldsymbol{Z}_{i-j}\boldsymbol{I}_j \tag{7.3.15}$$

其中，$[\boldsymbol{I}_i]$ 和 $[\boldsymbol{V}_i]$ 分别存储待求解的未知系数和已知的右边向量。

$$\begin{aligned}
[\boldsymbol{Z}_{i-j}]_{(q,\,m)(p,\,n)} &= \boldsymbol{\alpha}_{(g,\,m)} \cdot \boldsymbol{H}(\boldsymbol{r},\,i\Delta t)\delta_{mn}\delta_{qp} \\
&\quad + \boldsymbol{\alpha}_{(q,\,m)} \cdot \int_{V_n} \frac{\mu_0 \boldsymbol{f}^{\beta}_{(p,\,n)}}{4\pi R}\partial_t T_j(i\Delta t - R/c)\,\mathrm{d}V' \\
&\quad - \boldsymbol{\alpha}_{(q,\,m)} \cdot \nabla\nabla \cdot \int_{V_n} \frac{\boldsymbol{f}^{\beta}_{(p,\,n)}}{4\pi\varepsilon_0 R}\partial_t^{-1} T_j(i\Delta t - R/c)\,\mathrm{d}V'
\end{aligned} \tag{7.3.16}$$

式中，$\alpha \in \{\hat{\boldsymbol{u}},\,\hat{\boldsymbol{v}},\,\hat{\boldsymbol{w}}\}$；$V_n$ 表示第 n 个剖分单元；$(q,\,m)$ 表示第 m 个单元的第 q 个测试点；$\boldsymbol{H}(\boldsymbol{r},\,i\Delta t)$ 的表达式为

$$\begin{aligned}
\boldsymbol{H}(\boldsymbol{r},\,i\Delta t) &= \frac{1}{\varepsilon_0\omega_P^2}\boldsymbol{f}^{\beta}_{(p,\,n)}\partial_t T_j(i\Delta t) + \frac{\nu_c}{\varepsilon_0\omega_p^2}\boldsymbol{f}^{\beta}_{(p,\,n)}T_j(i\Delta t) \\
&\quad + \frac{\omega_b}{\varepsilon_0\omega_P^2}\begin{bmatrix} \boldsymbol{f}^{\beta}_{(p,\,n),\,y}\cos\theta - \boldsymbol{f}^{\beta}_{(p,\,n),\,z}\sin\theta\sin\varphi \\ -\boldsymbol{f}^{\beta}_{(p,\,n),\,x}\cos\theta + \boldsymbol{f}^{\beta}_{(p,\,n),\,z}\sin\theta\cos\varphi \\ \boldsymbol{f}^{\beta}_{(p,\,n),\,x}\sin\theta\sin\varphi - \boldsymbol{f}^{\beta}_{(p,\,n),\,y}\sin\theta\cos\varphi \end{bmatrix} T_j(i\Delta t)
\end{aligned} \tag{7.3.17}$$

式(7.3.17)中，$\boldsymbol{f}^{\beta}_{(p,\,n),\,x}$、$\boldsymbol{f}^{\beta}_{(p,\,n),\,y}$ 和 $\boldsymbol{f}^{\beta}_{(p,\,n),\,z}$ 分别表示 $\boldsymbol{f}^{\beta}_{(p,\,n)}$ 的 x、y 以及 z 方向分量。

7.3.3　数值算例与分析

算例 1：分析一个半径为 0.4 m 的磁化等离子体球的瞬态电磁散射特性。分别外加偏置磁场的方向为 $(\theta = 0,\,\varphi = 0)$ 和 $(\theta = \pi/2,\,\varphi = \pi/4)$。两种外加偏置磁场方向的情况下，磁化等离子体参数均分别为 $\omega_P = 3.0 \times 10^8$ rad/s、$\nu_c = 2.0 \times 10^8$ rad/s 和 $\omega_b = 2.8 \times 10^8$ rad/s。入射波为调制高斯平面波，其极化方向 $\hat{\boldsymbol{p}}^{\mathrm{inc}} = (1,\,0,\,0)$，

传播方向 $\hat{\boldsymbol{k}}^{\mathrm{inc}}=(0,0,1)$，频带为 30~300 MHz。离散的曲面四面体数目和总的空间未知量数目分别为 343 和 11 319。三角时间基函数的时间步数为 300，时间步长为 0.1 lm。运用本节方法计算出在不同频点处的双站 RCS 结果，分别与基于 SWG 基函数的频域体积分(FD-VIE-SWG)方法计算出的结果进行对比，结果如图 7.3.1 所示，可以看出 RCS 结果吻合得较好，验证了本节方法的准确性。并且，给出了运用本节方法计算的该磁化等离子体球中心点处的时域电流密度波形图，并与 FD-VIE-SWG 方法所计算出的电流密度的扫频结果的 IDFT 结果进行对比，如图 7.3.2 所示。可以看出，在其他参数相同的情况下，外加偏置磁场的方向不同时，时域电流密度差异较大，导致磁化等离子体目标的双站 RCS 的结果也不同。

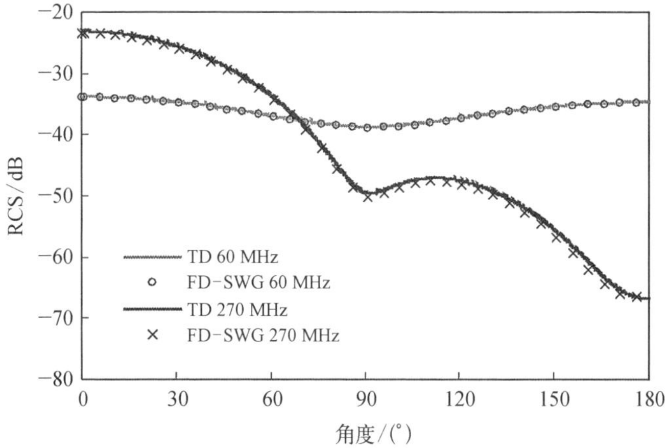

(a) 偏差磁场方向($\theta=0,\ \varphi=0$)

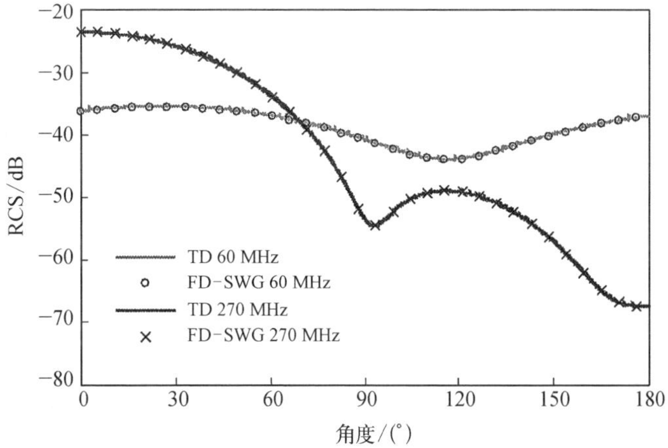

(b) 偏差磁场方向($\theta=\pi/2,\ \varphi=\pi/4$)

图 7.3.1　磁化等离子体球在不同偏置磁场方向下的双站 RCS

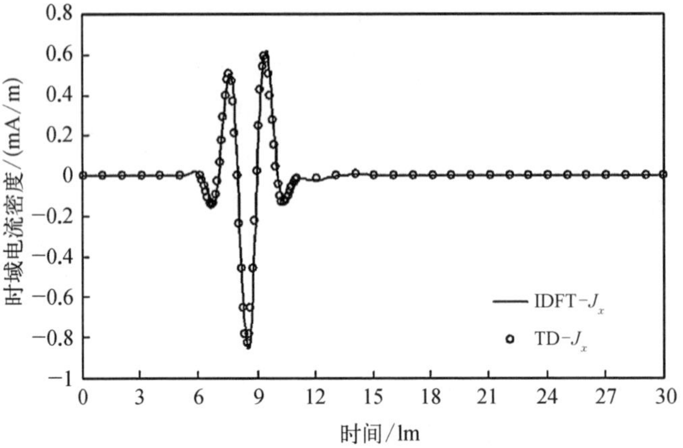

(a) 偏差磁场方向($\theta = 0$, $\varphi = 0$), J_x分量

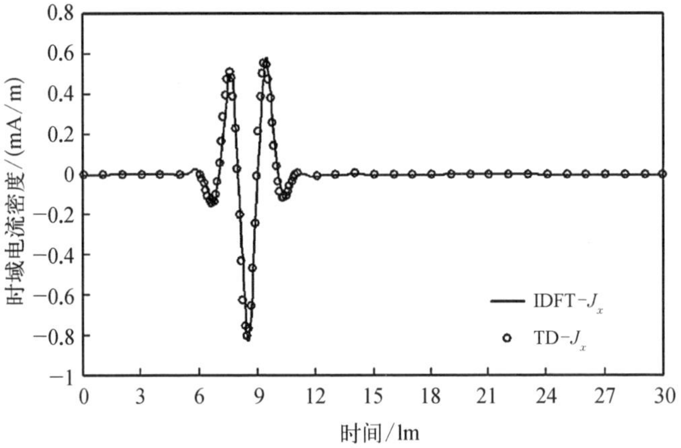

(b) 偏差磁场方向($\theta = \pi/2$, $\varphi = \pi/4$), J_x分量

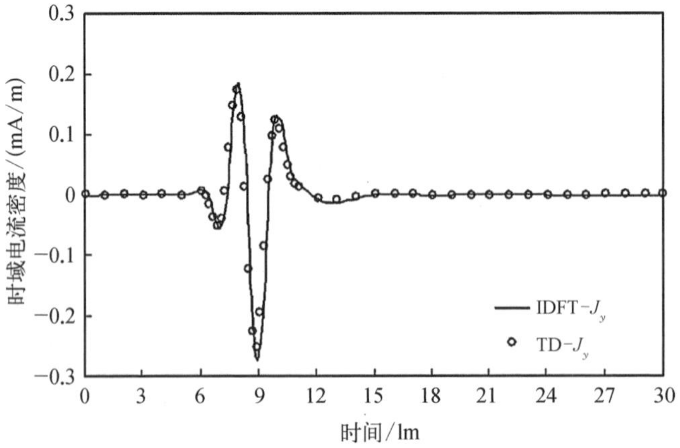

(c) 偏差磁场方向($\theta = 0$, $\varphi = 0$), J_y分量

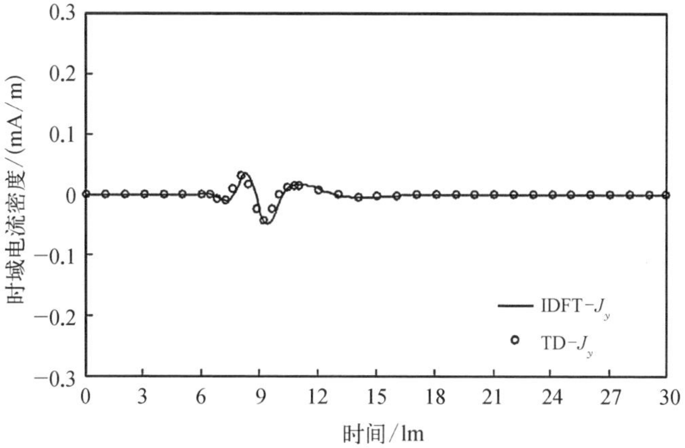

(d) 偏差磁场方向($\theta = \pi/2$, $\varphi = \pi/4$)，J_y分量

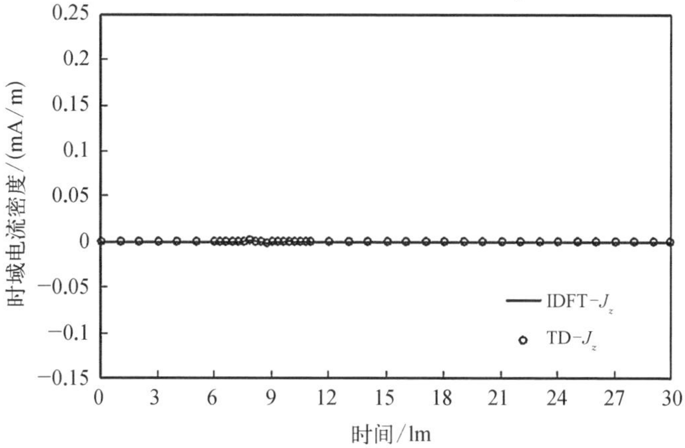

(e) 偏差磁场方向($\theta = 0$, $\varphi = 0$)，J_z分量

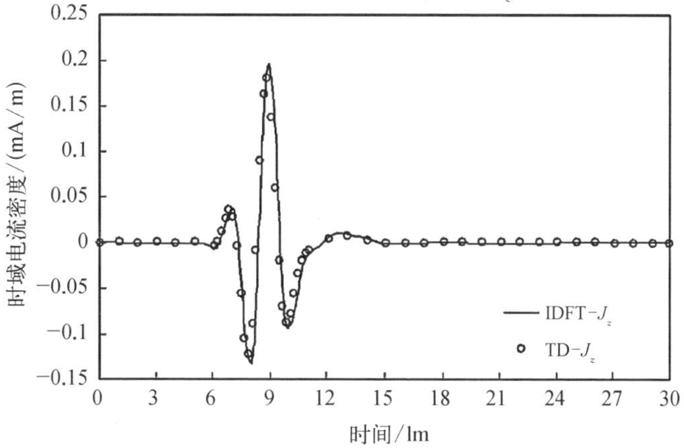

(f) 偏差磁场方向($\theta = \pi/2$, $\varphi = \pi/4$)，J_z分量

图 7.3.2　磁化等离子体球在球中心点处的时域电流密度波形

7.4 随机媒质的瞬态电磁散射特性分析

在自然界存在着一种物质,其电磁特性的变化规律是随机的,即其电磁参数是随机变量,这类物质在电磁学中称为随机媒质。随机媒质的电磁散射特性是电磁散射研究的一个重要方面,它在微波成像、探地雷达、遥感等方面都有应用。由于随机媒质由其统计特性来表征,因此,电磁波在随机媒质中的传播,场的特性也应由其统计特征来描述。本节中,我们仅考虑媒质的介电参数为随机变量。当入射波照射到该随机介质目标上,产生随机的感应源,进而产生随机的电磁场。随机媒质的介电参数用概率分布函数来描述,如正态(高斯)分布、均匀分布等。本节提出一种基于 MOT 法的高阶 Nyström 方法的 TD-VIE 与随机伽辽金(stochastic Galerkin, SG)法相结合的混合方法,用以分析随机媒质的瞬态电磁散射特性。

7.4.1 随机伽辽金的时域体积分方程方法

考虑瞬态电磁波 $\boldsymbol{E}^{\text{inc}}(\boldsymbol{r},\ t)$ 照射到位于自由空间中的介质目标上,其介电参数是随机值 $\varepsilon(\xi)$,ξ 服从某一概率分布。此时,介质目标上产生随机瞬态感应体电流 $\boldsymbol{J}(\boldsymbol{r},\ t,\ \xi)$,并在空间中产生随机瞬态散射电场 $\boldsymbol{E}^{\text{sca}}(\boldsymbol{r},\ t,\ \xi)$。根据介质目标的电场边界条件,即目标的总电场 $\boldsymbol{E}^{\text{tot}}(\boldsymbol{r},\ t,\ \xi)$ 为入射电场与散射电场之和,得到分析随机介质目标的 TD-VIE,即:

$$\boldsymbol{E}^{\text{inc}}(\boldsymbol{r},\ t)+\boldsymbol{E}^{\text{sca}}(\boldsymbol{r},\ t,\ \xi)=\boldsymbol{E}^{\text{tot}}(\boldsymbol{r},\ t,\ \xi) \tag{7.4.1}$$

式中,随机瞬态散射电场 $\boldsymbol{E}^{\text{sca}}(\boldsymbol{r},\ t,\ \xi)$ 的表达式为

$$\boldsymbol{E}^{\text{sca}}(\boldsymbol{r},\ t,\ \xi)=\nabla\nabla\cdot\int_V\frac{\partial_t^{-1}\boldsymbol{J}(\boldsymbol{r}',\ t-R/c,\ \xi)}{4\pi\varepsilon_0 R}\mathrm{d}V'-\int_V\frac{\mu_0\partial_t\boldsymbol{J}(\boldsymbol{r}',\ t-R/c,\ \xi)}{4\pi R}\mathrm{d}V' \tag{7.4.2}$$

其中,V 表示介质体区域;μ_0 和 ε_0 分别表示自由空间的磁导率和介电常数;$\boldsymbol{r}$ 和 $\boldsymbol{r}'$ 分别为场和源的位置坐标,$R=|\boldsymbol{r}-\boldsymbol{r}'|$;$c$ 表示真空中的光速;∂_t^{-1} 和 ∂_t 分别表示对时间的积分和对时间的求导。

介质目标的体电流与总电场有如下关系:

$$\boldsymbol{E}^{\text{tot}}(\boldsymbol{r},\ t,\ \xi)=\frac{\partial_t^{-1}\boldsymbol{J}(\boldsymbol{r},\ t,\ \xi)}{\varepsilon(\xi)-\varepsilon_0} \tag{7.4.3}$$

对于瞬态电磁波照射到随机介质上，从而产生的随机瞬态体电流，可以用一系列空间基函数 $\boldsymbol{f}_{(p,n)}$、时间基函数 T_j 以及特定的多项式 W_s 对其进行离散展开，如下所示：

$$\boldsymbol{J}(\boldsymbol{r}, t, \xi) = \sum_{n=1}^{N_s} \sum_{p=1}^{N_p} \sum_{j=1}^{N_t} \sum_{s=0}^{N_\xi} J_{(p,n)}^{\beta, j, s} \boldsymbol{f}_{(p,n)}^{\beta}(\boldsymbol{r}) T_j(t) W_s(\xi) \tag{7.4.4}$$

式中，N_s、N_p、N_t 分别为曲四面体单元的数目、每个曲四面体单元内的插值点的数目以及每个插值点对应的时间步数；$N_\xi + 1$ 是该特定多项式的项数；$J_{(p,n)}^{\beta, j, s}$ 是未知待求系数。

在时间上，三角基函数作为时间基函数。在空间上，目标被离散为若干曲四面体单元，空间基函数表达式为

$$\boldsymbol{f}_{(p,n)}^{\beta}(\boldsymbol{r}) = L_{(p,n)}(u, v, w) \boldsymbol{\beta}_{(p,n)} \psi^{-1} \tag{7.4.5}$$

式中，$\beta \in \{\hat{\boldsymbol{u}}, \hat{\boldsymbol{v}}, \hat{\boldsymbol{w}}\}$ 为参量空间 (u, v, w) 中的基矢量；ψ 为雅克比因子；$L_{(p,n)}(u, v, w)$ 为第 n 个曲面四面体单元内的第 p 个插值点上的勒让德插值多项式。

此外，为了公式处理方便，方程(7.4.1)可以写成：

$$[\varepsilon(\xi) - \varepsilon_0] \boldsymbol{E}^{\mathrm{tot}}(\boldsymbol{r}, t, \xi) - [\varepsilon(\xi) - \varepsilon_0] \boldsymbol{E}^{\mathrm{sca}}(\boldsymbol{r}, t, \xi) = [\varepsilon(\xi) - \varepsilon_0] \boldsymbol{E}^{\mathrm{inc}}(\boldsymbol{r}, t) \tag{7.4.6}$$

对于方程(7.4.6)，在空间上和时间上均采用点测试，在随机维上采用伽辽金(Galerkin)测试，最终可得随机伽辽金法的时域体积分矩阵方程(SG-TD-VIE)，如下所示：

$$\sum_{k=0}^{N_\xi} \sum_{s=0}^{N_\xi} \boldsymbol{Z}_0^{k,s} \boldsymbol{I}_i^s = \sum_{k=0}^{N_\xi} \boldsymbol{V}_i^k - \sum_{k=0}^{N_\xi} \sum_{s=0}^{N_\xi} \sum_{j=1}^{i-1} \boldsymbol{Z}_{i-j}^{k,s} \boldsymbol{I}_j^s \tag{7.4.7}$$

当待求解的系数 $J_{(p,n)}^{\beta, j, s}$ 已知，随机输出参数可快速计算得到。

7.4.2　服从正态分布的随机媒质的分析

考虑瞬态电磁波 $\boldsymbol{E}^{\mathrm{inc}}(\boldsymbol{r}, t)$ 照射到位于自由空间中的介质目标上，其介电参数是服从正态分布的随机值，即：

$$\varepsilon(\xi) = \mu_\varepsilon + \sigma_\varepsilon \xi \tag{7.4.8}$$

式中，μ_ε 介电参数的期望值；σ_ε 是介电参数的标准差(standard deviation, SD)；ξ 服从标准正态分布。

对于介电参数服从高斯分布的随机媒质，其随机瞬态感应体电流可用一系列

空间基函数$\boldsymbol{f}_{(p,n)}$、时间基函数 T_j 以及埃尔米特(Hermite)多项式 H_s 对其进行离散展开,如下所示:

$$\boldsymbol{J}(\boldsymbol{r},t,\xi)=\sum_{n=1}^{N_s}\sum_{p=1}^{N_p}\sum_{j=1}^{N_t}\sum_{s=0}^{N_\xi}J_{(p,n)}^{\beta,j,s}\boldsymbol{f}_{(p,n)}^{\beta}(\boldsymbol{r})T_j(t)H_s(\boldsymbol{\xi}) \tag{7.4.9}$$

式中,N_s、N_p、N_t 分别为曲四面体单元的数目、每个曲四面体单元内的插值点的数目以及每个插值点对应的时间步数; $N_\xi+1$ 是埃尔米特多项式的项数;$J_{(p,n)}^{\beta,j,s}$ 是未知待求系数。

s 阶的埃尔米特多项式定义为

$$H_s(\xi)=(-1)^s e^{\xi^2/2}\frac{d^s}{d\xi^s}(e^{-\xi^2/2}) \tag{7.4.10}$$

埃尔米特多项式具有如下正交性和递归关系:

$$\int_{-\infty}^{+\infty}H_k(\xi)H_s(\xi)e^{-\xi^2/2}d\xi=\sqrt{2\pi}s!\delta_{k,s} \tag{7.4.11}$$

$$H_{s+1}(\xi)=\xi H_s(\xi)-sH_{s-1}(\xi) \tag{7.4.12}$$

其中,“!”表示阶乘。联立式(7.4.11)和式(7.4.12),可得如下积分:

$$\begin{aligned}\int_{-\infty}^{+\infty}\xi H_k(\xi)H_s(\xi)e^{-\xi^2/2}d\xi&=\int_{-\infty}^{+\infty}H_k(\xi)[H_{s+1}(\xi)+sH_{s-1}(\xi)]e^{-\xi^2/2}d\xi\\&=\sqrt{2\pi}(s+1)!\delta_{k,s+1}+\sqrt{2\pi}s!\delta_{k,s-1}\end{aligned} \tag{7.4.13}$$

在方程(7.4.7)中,$[I_i^s]_{(p,n)}^{\beta}=J_{(p,n)}^{\beta,i,s}$,此外,

$$\begin{aligned}[Z_{i-j}^{k,s}]_{(q,m)(p,n)}^{\alpha\beta}&=G_{(q,m)(p,n)}^{A,\alpha\beta,i-j}\int_{-\infty}^{+\infty}H_k(\xi)H_s(\xi)e^{-\xi^2/2}d\xi\\&\quad+G_{(q,m)(p,n)}^{B,\alpha\beta,i-j}\int_{-\infty}^{+\infty}(\mu_\varepsilon+\sigma_\varepsilon\xi-\varepsilon_0)H_k(\xi)H_s(\xi)e^{-\xi^2/2}d\xi\\&=\sqrt{2\pi}s!\delta_{k,s}G_{(q,m)(p,n)}^{A,\alpha\beta,i-j}+[(\mu_\varepsilon-\varepsilon_0)\sqrt{2\pi}s!\delta_{k,s}\\&\quad+\sigma_\varepsilon\sqrt{2\pi}(s+1)!\delta_{k,s+1}+\sigma_\varepsilon\sqrt{2\pi}s!\delta_{k,s-1}]G_{(q,m)(p,n)}^{B,\alpha\beta,i-j}\end{aligned} \tag{7.4.14}$$

$$\begin{aligned}[V_i^k]_{(q,m)(p,n)}^{\alpha}&=G_{(q,m)(p,n)}^{C,\alpha,i-j}\int_{-\infty}^{+\infty}H_k(\xi)H_0(\xi)(\mu_\varepsilon+\sigma_\varepsilon\xi-\varepsilon_0)e^{-\xi^2/2}d\xi\\&=[(\mu_\varepsilon-\varepsilon_0)\sqrt{2\pi}\delta_{k,0}+\sigma_\varepsilon\sqrt{2\pi}\delta_{k,1}]G_{(q,m)(p,n)}^{C,\alpha,i-j}\end{aligned} \tag{7.4.15}$$

式(7.4.14)和式(7.4.15)中,

$$G^{A,\,\alpha\beta,\,i-j}_{(q,\,m)(p,\,n)} = \boldsymbol{\alpha}_{(q,\,m)} \cdot \boldsymbol{f}^{\beta}_{(p,\,n)} \partial_t^{-1} T_j(i\Delta t)\delta_{m,\,n}\delta_{q,\,p} \tag{7.4.16}$$

$$\begin{aligned} G^{B,\,\alpha\beta,\,i-j}_{(q,\,m)(p,\,n)} = {} & \boldsymbol{\alpha}_{(q,\,m)} \cdot \int_{V_n} \frac{\mu_0 \boldsymbol{f}^{\beta}_{(p,\,n)}}{4\pi R} \partial_t T_j(i\Delta t - R/c)\,\mathrm{d}V' \\ & - \boldsymbol{\alpha}_{(q,\,m)} \cdot \nabla\nabla \cdot \int_{V_n} \frac{\boldsymbol{f}^{\beta}_{(p,\,n)}}{4\pi\varepsilon_0 R} \partial_t^{-1} T_j(i\Delta t - R/c)\,\mathrm{d}V' \end{aligned} \tag{7.4.17}$$

$$G^{C,\,\alpha,\,i-j}_{(q,\,m)(p,\,n)} = \boldsymbol{\alpha}_{(q,\,m)} \cdot \boldsymbol{E}^{\mathrm{inc}}(\boldsymbol{r},\, i\Delta t) \tag{7.4.18}$$

式(7.4.16)~(7.4.18)中，$\alpha \in \{\hat{\boldsymbol{u}},\, \hat{\boldsymbol{v}},\, \hat{\boldsymbol{w}}\}$；$\Delta t$ 为时间步长，一般取值范围为 $0.05/f_{\max} \sim 0.01/f_{\max}$，$f_{\max}$ 为观察频带的最高频率。

当待求解的系数 $J^{\beta,\,i,\,s}_{(p,\,n)}$ 已知，随机输出参数可快速计算得到。例如，体电流的期望和方差可按照下式计算：

$$\mu[\boldsymbol{J}^{\beta,\,j}_{(p,\,n)}(\boldsymbol{r},\, t,\, \xi)] = J^{\beta,\,j,\,0}_{(p,\,n)} \boldsymbol{f}^{\beta}_{(p,\,n)}(\boldsymbol{r}) T_j(t) \tag{7.4.19}$$

$$\sigma^2[\boldsymbol{J}^{\beta,\,j}_{(p,\,n)}(\boldsymbol{r},\, t,\, \xi)] = \sum_{s=1}^{N_\xi} [J^{\beta,\,j,\,s}_{(p,\,n)} \boldsymbol{f}^{\beta}_{(p,\,n)}(\boldsymbol{r}) T_j(t)]^2 s! \tag{7.4.20}$$

式(7.4.19)和式(7.4.20)的详细推导过程可参考附录 F 中的式(F.1)~(F.5)。此外，相应的 RCS 结果也可得到。

7.4.3　服从均匀分布的随机媒质的分析

考虑瞬态电磁波 $\boldsymbol{E}^{\mathrm{inc}}(\boldsymbol{r},\, t)$ 照射到位于自由空间中的介质目标上，其相对介电参数是服从$[a,\, b]$的均匀分布的随机值，即：

$$\varepsilon(\xi) = \left(\frac{b-a}{2}\xi + \frac{a+b}{2}\right)\varepsilon_0 \tag{7.4.21}$$

式中，ξ 服从$[-1,\, 1]$均匀分布。

对于介电参数服从均匀分布的随机媒质，其随机瞬态体电流可用一系列空间基函数$\boldsymbol{f}_{(p,\,n)}$、时间基函数 T_j 以勒让德(Legendre)多项式 P_s 对其进行离散展开，如下所示：

$$\boldsymbol{J}(\boldsymbol{r},\, t,\, \xi) = \sum_{n=1}^{N_s}\sum_{p=1}^{N_p}\sum_{j=1}^{N_t}\sum_{s=0}^{N_\xi} J^{\beta,\,j,\,s}_{(p,\,n)} \boldsymbol{f}^{\beta}_{(p,\,n)}(\boldsymbol{r}) T_j(t) P_s(\xi) \tag{7.4.22}$$

式中，N_s、N_p、N_t 分别为曲四面体单元的数目、每个曲四面体单元内的插值点的数目以及每个插值点对应的时间步数；$N_\xi + 1$ 是勒让德多项式的项数；$J^{\beta,\,j,\,s}_{(p,\,n)}$ 是未知待求系数。

s 阶的勒让德多项式定义为

$$P_s(\xi) = \frac{1}{2^s s!}\frac{\mathrm{d}^s}{\mathrm{d}\xi^s}[(\xi^2 - 1)^s] \tag{7.4.23}$$

勒让德多项式具有如下正交性和递归关系：

$$\int_{-1}^{1} P_k(\xi)P_s(\xi)\mathrm{d}\xi = \frac{2}{2s+1}\delta_{k,s} \tag{7.4.24}$$

$$(s+1)P_{s+1}(\xi) = (2s+1)\xi P_s(\xi) - sP_{s-1}(\xi) \tag{7.4.25}$$

联立式(7.4.24)和式(7.4.25)，可得如下积分：

$$\begin{aligned}
&\int_{-1}^{1} \xi P_k(\xi)P_s(\xi)\mathrm{d}\xi \\
&= \int_{-1}^{1} P_k(\xi)\left[\frac{s+1}{2s+1}P_{s+1}(\xi) + \frac{s}{2s+1}P_{s-1}(\xi)\right]\mathrm{d}\xi \\
&= \frac{2(s+1)}{(2s+1)(2s+3)}\delta_{k,s+1} + \frac{2s}{(2s+1)(2s-1)}\delta_{k,s-1}
\end{aligned} \tag{7.4.26}$$

在方程(7.4.7)中，$[I_i^s]_{(p,n)}^{\beta} = J_{(p,n)}^{\beta,i,s}$，此外，

$$\begin{aligned}
[Z_{i-j}^{k,s}]_{(q,m)(p,n)}^{\alpha\beta} = {} & G_{(q,m)(p,n)}^{A,\alpha\beta,i-j}\int_{-1}^{1} P_k(\xi)P_s(\xi)\mathrm{d}\xi \\
& + G_{(q,m)(p,n)}^{B,\alpha\beta,i-j}\int_{-1}^{1} \varepsilon_0\left(\frac{b-a}{2}\xi + \frac{a+b}{2} - 1\right)P_k(\xi)P_s(\xi)\mathrm{d}\xi
\end{aligned} \tag{7.4.27}$$

$$[V_i^k]_{(q,m)(p,n)}^{\alpha} = G_{(q,m)(p,n)}^{C,\alpha,i-j}\int_{-1}^{1} \varepsilon_0\left(\frac{b-a}{2}\xi + \frac{a+b}{2} - 1\right)P_k(\xi)P_0(\xi)\mathrm{d}\xi \tag{7.4.28}$$

式(7.4.27)和式(7.4.28)中，$G_{(q,m)(p,n)}^{A,\alpha\beta,i-j}$、$G_{(q,m)(p,n)}^{B,\alpha\beta,i-j}$ 以及 $G_{(q,m)(p,n)}^{C,\alpha,i-j}$ 如式(7.4.16)～(7.4.18)所示。

当待求解的系数 $J_{(p,n)}^{\beta,j,s}$ 已知，随机输出参数可快速计算得到。此时，体电流的期望和方差可按照下式计算：

$$\mu[\boldsymbol{J}_{(p,n)}^{\beta,j}(\boldsymbol{r},t,\xi)] = J_{(p,n)}^{\beta,j,0}\boldsymbol{f}_{(p,n)}^{\beta}(\boldsymbol{r})T_j(t) \tag{7.4.29}$$

$$\sigma^2[\boldsymbol{J}_{(p,n)}^{\beta,j}(\boldsymbol{r},t,\xi)] = \sum_{s=1}^{N_\xi}\frac{1}{2s+1}[J_{(p,n)}^{\beta,j,s}\boldsymbol{f}_{(p,n)}^{\beta}(\boldsymbol{r})T_j(t)]^2 \tag{7.4.30}$$

式(7.4.29)和式(7.4.30)的详细推导过程可参考附录 F 中的式(F.6)～(F.9)。此外，相应的 RCS 结果也可得到。

7.4.4　数值算例与分析

算例 1：分析一个介电参数服从正态分布的随机均匀介质立方体的瞬态电磁散射特性。其边长为 0.3 m，介电参数期望(mean)μ_ε 为 $2.2\varepsilon_0$，变化系数(coefficient of variation, CV)为 20%，其中 CV = $\sigma_\varepsilon/\mu_\varepsilon \times 100\%$。激励为 0~300 MHz 的调制高斯平面波。该介质立方体采用 2 阶 Nyström 方法的 SG-TD-VIE 方法进行分析，离散网格为 100 个曲四面体。总的空间未知量数目为 3 300。图 7.4.1 给出了该随机介质立方体一点(0.273 m, 0.05 m, 0.166 m)处的时域电流的统计量，即期望和标准差。图 7.4.2 给出了该随机介质立方体在不同频点处的双站 RCS 的期望和标准差。从图 7.4.1 和图 7.4.2 可以看出，1 阶和 2 阶埃尔米特多项式作为 SG-TD-VIE 方法中瞬态电流随机维的基函数计算出的结果，均与蒙特卡洛(MC)方法计算出的结果吻合较好，此处 MC 方法用了 400 次。此外，表 7.4.1 给出了两种方法的计算时间的比较。

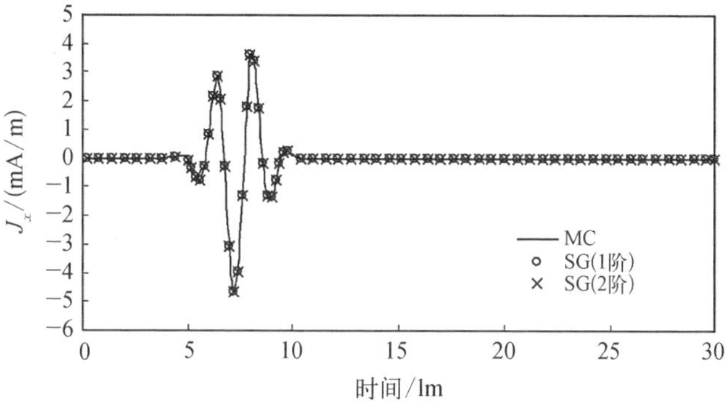

(a) 期望

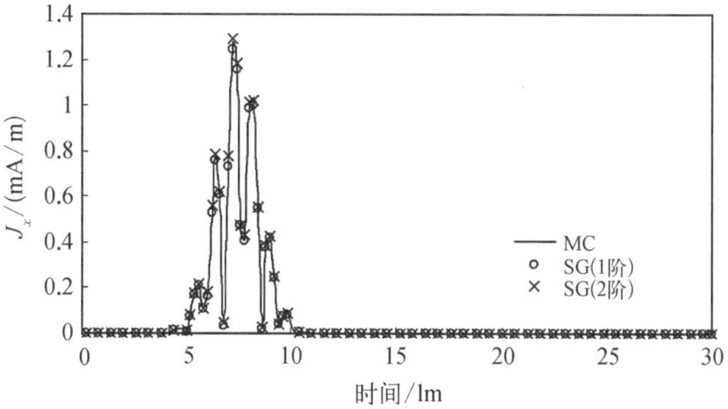

(b) 标准差

图 7.4.1　服从正态分布的随机均匀介质立方体内某一点(0.273 m, 0.05 m, 0.166 m)处的时域电流的期望(a)和标准差(b)

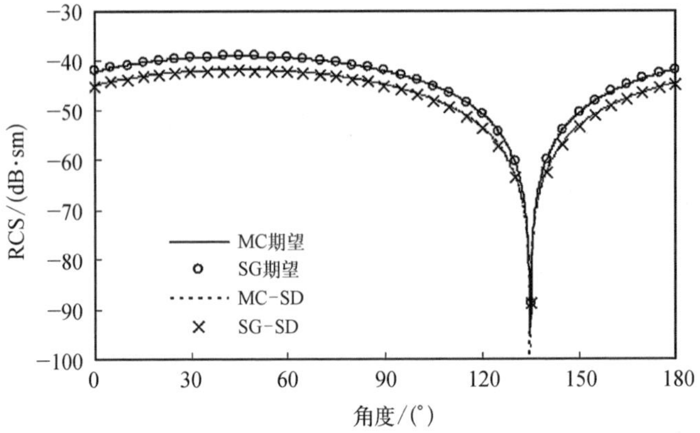

(a) 60 MHz

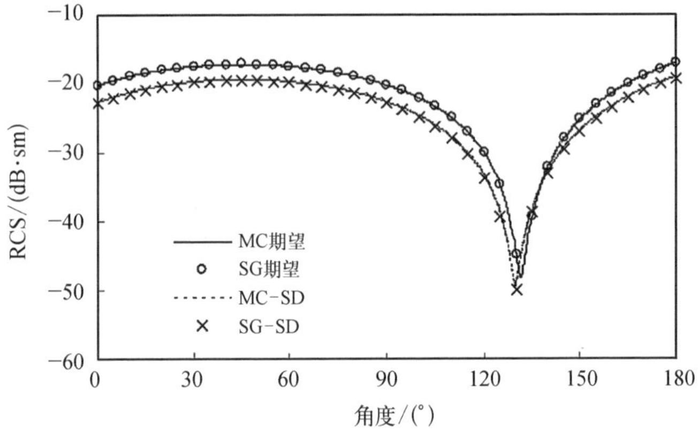

(b) 240 MHz

图 7.4.2　服从正态分布的随机均匀介质立方体的双站 RCS 的期望和标准差

表 7.4.1　两种方法的计算时间对比

方　法	蒙特卡洛(MC)法 400 次	随机伽辽金(SG)法 2 阶埃尔米特
时间/h	12.6	0.5

算例 2：分析一个介电参数服从均匀分布的随机均匀介质立方体的瞬态电磁散射特性。其边长为 0.3 m，相对介电参数为[2, 4]。激励为 0~300 MHz 的调制高斯平面波。该介质立方体采用 2 阶 Nyström 方法的 SG-TD-VIE 方法进行分析，离散网格为 100 个曲四面体。总的空间未知量数目为 3 300。图 7.4.3 给出了该随机介质立方体一点(0.273 m, 0.05 m, 0.166 m)处的时域电流的统计量，即期望和标准差。图 7.4.4 给出了该随机介质立方体在不同频点处的双站 RCS 的期望和标准差。从图 7.4.3 和图 7.4.4 可以看出，1 阶和 2 阶勒让德多项式作为 SG-TD-VIE 方法中瞬态电流随机维的基函数计

算出的结果,均与 600 次的 MC 方法计算出的结果吻合较好。表 7.4.2 给出了两种方法的计算时间的比较,同样,可以看出,SG-TD-VIE 方法在计算时间方面明显优于 MC 方法。

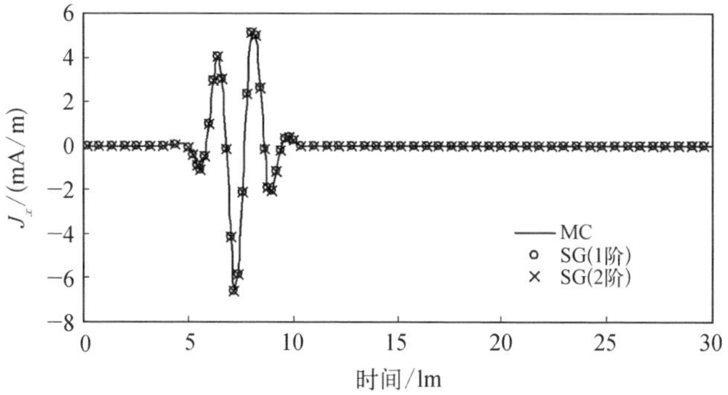

(a) 期望

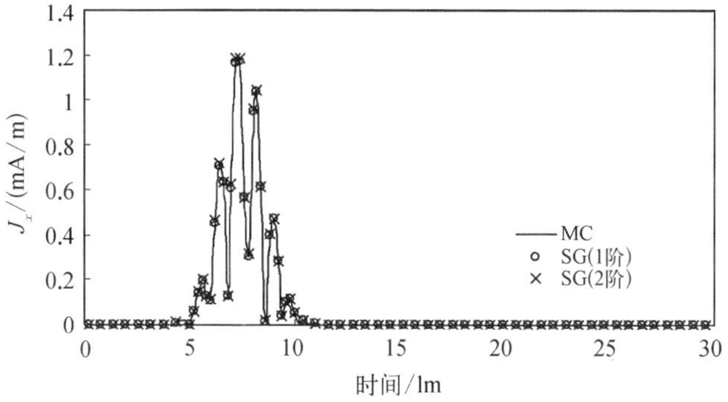

(b) 标准差

图 7.4.3　服从均匀分布的随机均匀介质立方体内某一点(0.273 m, 0.05 m, 0.166 m)处的时域电流的期望(a)和标准差(b)

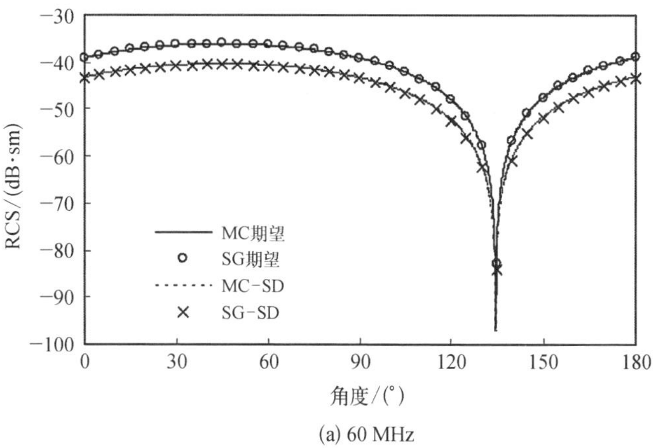

(a) 60 MHz

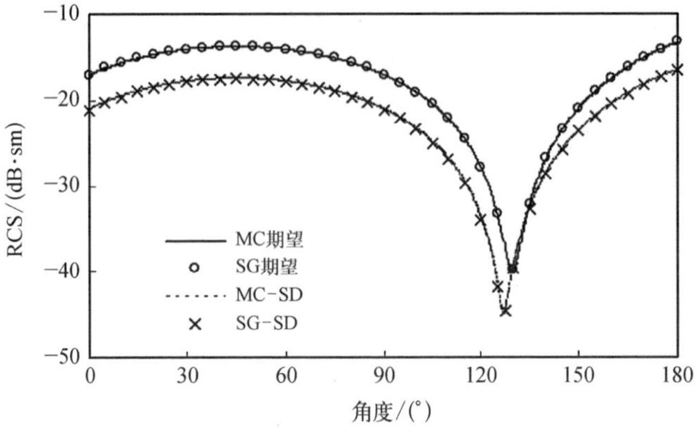

(b) 240 MHz

图 7.4.4　服从均匀分布的随机均匀介质立方体的双站 RCS 的期望和标准差

表 7.4.2　两种方法的计算时间对比

方　法	蒙特卡洛(MC)法 600 次	随机伽辽金(SG)法 2 阶埃尔米特
时间/h	19.3	0.6

参 考 文 献

[1] Schlemmer E, Rucker W M, Richter K R. A marching-on-in-time method for 2-D transient electromagnetic scattering from homogeneous, lossy dielectric cylinders using boundary elements [J]. IEEE Transactions on Magnetics, 1991, 27(5): 3856－3859.

[2] Vechinski D A, Rao S M. Transient scattering from two-dimensional dielectric cylinders of arbitrary shape [J]. IEEE Transactions on Antennas and Propagation, 1992, 40(9): 1054－1060.

[3] Rao S M, Sarkar T K. Implicit solution of time-domain integral equations for arbitrarily shaped dielectric bodies [J]. Microwave and Optical Technology Letters, 1999, 21(3): 201－205.

[4] Gres N T, Ergin A A, Michielssen E, et al. Volume integral equation based analysis of transient electromagnetic scattering from three-dimensional inhomogeneous dielectric objects [J]. Radio Science, 2001, 36(3): 379－386.

[5] Shanker B, Aygün K, Gres N T, et al. Fast integral equation based analysis of transient electromagnetic scattering from three-dimensional inhomogeneous lossy dielectric objects [C]. IEEE Antennas and Propagation Society International Symposium, 2001, 4: 532－535.

[6] Kobidze G, Gao J, Shanker B, et al. A fast time domain integral equation based scheme for analyzing scattering from dispersive objects [J]. IEEE Transactions on Antennas and Propagation, 2005, 53(3): 1215－1226.

[7] Schaubert D H, Wilton D R, Glisson A W. A tetrahedral modeling method for electromagnetic scattering by arbitrarily shaped inhomogeneous dielectric bodies [J]. IEEE Transactions on Antennas and Propagation, 1984, 32: 77 - 85.

[8] Gres N T, Ergin A A, Michielssen E, et al. Volume-integral-equation-based analysis of transient electromagnetic scattering from three-dimensional inhomogeneous dielectric objects [J]. Radio Science, 2001, 36(3): 379 - 386.

[9] Duffy M G. Quadrature over a pyramid or cube of integrands with a singularity at a vertex [J]. Society for Industrial and Applied Mathematics, 1982, 19(6): 1260 - 1262.

[10] Sun L E, Chew W C. A novel formulation of the volume integral equation for electromagnetic scattering [J]. Waves Random Complex Media, 2009, 19(1): 162 - 180.

[11] Ozdemir N A, Lee J F. A nonconformal volume integral equation for electromagnetic scattering from penetrable objects [J]. IEEE Transactions on Magnetics, 2007, 43(4): 1369 - 1372.

[12] Markkanen J, Ylä-Oijala P, Sihvla A. Discretization of volume integral equation formulations for extremely anisotropic materials [J]. IEEE Transactions on Antennas and Propagation, 2012, 60(11): 5195 - 5202.

[13] Ylä-Oijala P, Markkanen J, Järvenpää S, et al. Surface and volume integral equation methods for time-harmonic solutions of Maxwell's equations [J]. Progress in Electromagnetics Research, 2014, 149: 15 - 44.

[14] Siushansian R, Lovetri J. A comparison of numerical techniques for modeling electromagnetic dispersive media [J]. IEEE Microwave and Guided Wave Letters, 1995, 5(12): 426 - 428.

[15] Kelley D F, Luebbers R J. Piecewise linear recursive convolution for dispersive media using FDTD [J]. IEEE Transactions on Antennas and Propagation, 1996, 44(6): 792 - 797.

[16] Nickisch L J, Franke P M. Finite-difference time-domain solution of Maxwell's equations for the dispersive ionosphere [J]. IEEE Transactions on Antennas and Propagation Magazine, 1992, 34(5): 33 - 39.

[17] Gandhi O P, Gao B Q, Chen T Y. A frequency-dependent finite-difference time-domain formulation for general dispersive media [J]. IEEE Transactions on Microwave Theory and Techniques, 1993, 41(4): 658 - 665.

[18] 葛德彪,闫玉波.电磁波时域有限差分方法[M].3 版.西安: 西安电子科技大学出版社,2011.

[19] Kobidze G, Gao J, Shanker B, et al. A fast time domain integral equation based scheme for analyzing scattering from dispersive objects [J]. IEEE Transactions on Antennas and Propagation, 2005, 53(3): 1215 - 1226.

[20] Taflove A, Hagness S C. Computational electrodynamics: The finitie-difference time-domain method [M]. Boston: Artech House, 2005.

[21] Liu S B, Mo J J, Yuan N C. A JEC-FDTD implementation for anisotropic magnetized plasmas [J]. Acta Physica Sinica, 2004, 53(3): 783 - 787.

[22] Liu S B, Mo J J, Yuan N C. An auxiliary differential equation FDTD method for anisotropic

magnetized plasmas [J]. Acta Physica Sinica, 2004, 53(7): 2233 – 2236.

[23] Hunsberger F, Luebbers R J, Kunz K S. Finite difference time domain analysis of gyrotropic media—I: Magnetized plasma [J]. IEEE Transactions on Antennas and Propagation, 1992, 40 (12): 1489 – 1495.

[24] Lee J H, Kalluri D K. Three-dimensional FDTD simulation of EM wave transformation in a dynamic inhomogeneous magnetized plasma [J]. IEEE Transactions on Antennas and Propagation, 1999, 47(7): 1146 – 1151.

[25] Yu Y, Simpson J J. An E-J collocated 3-D FDTD model of electromagnetic wave propagation in magnetized cold plasma [J]. IEEE Transactions on Antennas and Propagation, 2010, 58(2): 469 – 478.

[26] Nguyen B T, Furse C, Simpson J J. A 3-D stochastic FDTD model of electromagnetic wave propagation in magnetized ionosphere plasma [J]. IEEE Transactions on Antennas and Propagation, 2015, 63(1): 304 – 313.

[27] Li P, Jiang L J. Simulation of electromagnetic wave propagation in magnetized cold plasma by a DGFETD method [J]. IEEE Antennas Wireless Propagation Letters, 2013, 12: 1244 – 1247.

第 8 章　金属介质混合目标的瞬态电磁散射特性分析

本章提出了时域体面积分方程(TD-VSIE)[1-4]方法,用来分析金属介质混合目标的电磁散射特性。首先介绍传统的时域体面积分方程的数值离散过程以及矩阵方程的建立;接下来将 TD-VSIE 方法进行拓展,分析含有色散介质的混合目标的电磁散射特性;然后针对含有色散薄涂覆结构的混合目标,提出了利用时域薄介质层(TD-TDS)[5]方法高效分析;最后将不连续伽辽金技术引入 TD-VSIE 方法中,分析含有多尺度结构或是多种介质材料的混合目标的电磁散射特性。

8.1　时域体面积分方程方法

8.1.1　时域体面积分方程的数值离散

针对金属介质混合目标的电磁散射特性,可以利用第 2 章中提到的 TD-VSIE 进行分析。用 MOT 方法求解 TD-VSIE 时,在空间上分别利用 SWG 基函数和 RWG 基函数对介质电通量密度和金属表面感应面电流进行展开,将未知量展开后代入式(2.4.3)和式(2.4.4),并进行空间上伽辽金测试,在时间上进行点匹配,可得

$$\boldsymbol{Z}^0\boldsymbol{I}^i = \boldsymbol{V}^i - \sum_{j=1}^{i-1}\boldsymbol{Z}^{i-j}\boldsymbol{I}^j \tag{8.1.1}$$

其中,

$$\boldsymbol{Z} = \begin{bmatrix} \boldsymbol{Z}_{VV} & \boldsymbol{Z}_{VS} \\ \boldsymbol{Z}_{SV} & \boldsymbol{Z}_{SS} \end{bmatrix} \tag{8.1.2}$$

$$\boldsymbol{V} = \begin{bmatrix} \boldsymbol{V}_V \\ \boldsymbol{V}_S \end{bmatrix} \tag{8.1.3}$$

可以参照 TD-EFIE 和 TD-VIE 得到金属间的自作用矩阵 $\boldsymbol{Z}_{SS}$[即式(3.1.19)]

的时间维求导形式和实现介质间的自作用矩阵 $\boldsymbol{Z}_{VV}$[即式(7.1.6)],这里不再赘述。对于另外两个矩阵,有如下的表达形式:

$$\begin{aligned}\boldsymbol{Z}_{SV,\,mn}^{i-j} = &\frac{\mu_0}{4\pi}\int_{V_m}\mathrm{d}V_m\boldsymbol{f}_m^v(\boldsymbol{r})\int_{S_n'}\boldsymbol{f}_n^s(\boldsymbol{r}')\,\frac{\partial_t^2 T_j(i\Delta t - R/c)}{R}\mathrm{d}S_n' \\ &- \frac{1}{4\pi\varepsilon_0}\int_{\Omega_m}\mathrm{d}\Omega_m\int_{S_n'}\nabla'\boldsymbol{f}_n^s(\boldsymbol{r}')\,\cdot\,\frac{T_j(i\Delta t - R/c)}{R}\mathrm{d}S_n' \\ &+ \frac{1}{4\pi\varepsilon_0}\int_{V_m}\mathrm{d}V_m\,\nabla\cdot\boldsymbol{f}_m^v(\boldsymbol{r})\int_{S_n'}\nabla'\cdot\boldsymbol{f}_n^s(\boldsymbol{r}')\,\frac{T_j(i\Delta t - R/c)}{R}\mathrm{d}S_n'\end{aligned} \tag{8.1.4}$$

$$\begin{aligned}\boldsymbol{Z}_{VS,\,mn}^{i-j} = &\frac{\mu_0}{4\pi}\int_{S_m}\mathrm{d}S_m\boldsymbol{f}_m^s(\boldsymbol{r})\int_{V_n}\kappa(\boldsymbol{r}')\,\cdot\boldsymbol{f}_n^v(\boldsymbol{r}')\,\frac{\partial_t^2 T_j(i\Delta t - R/c)}{R}\mathrm{d}V_n' \\ &- \frac{1}{4\pi\varepsilon_0}\int_{S_m}\mathrm{d}S_m\,\nabla\cdot\boldsymbol{f}_m^s(\boldsymbol{r})\int_{\Omega_n'}\nabla\kappa(\boldsymbol{r}')\,\frac{\partial_t T_j(i\Delta t - R/c)}{R}\mathrm{d}\Omega_n' \\ &+ \frac{1}{4\pi\varepsilon_0}\int_{S_m}\mathrm{d}S_m\,\nabla\cdot\boldsymbol{f}_m^s(\boldsymbol{r})\int_{V_n'}\kappa(\boldsymbol{r}')\,\nabla'\cdot\boldsymbol{f}_n^v(\boldsymbol{r}')\,\frac{\partial_t T_j(i\Delta t - R/c)}{R}\mathrm{d}V_n'\end{aligned} \tag{8.1.5}$$

对于式(8.1.3)表示的激励源中,$\boldsymbol{V}_V$ 即为式(7.1.5),$\boldsymbol{V}_S$ 即为式(3.1.17)的时间维求导形式。

算例 1:分析一个包覆不均匀介质材料的介质涂覆金属球的电磁散射特性。金属球半径为 0.2 m,介质涂层厚度为 0.2 m,涂覆球中心位于坐标原点处,介质部分的相对介电常数满足渐变规律:$\varepsilon_r(r) = 1.1 + 1.5 \times (r - 0.2)^2/(0.4 - 0.2)^2$。模型采用 0.05 m 网格进行离散,未知量为 29 385,其中介质部分未知量为 28 656,金属部分未知量为 729。入射波为调制高斯平面波,中心频率为 150 MHz,带宽为 300 MHz,入射方向和极化方向分别为 $\boldsymbol{k}^{\text{inc}} = \boldsymbol{z}$,$\boldsymbol{p}^{\text{inc}} = \boldsymbol{x}$。散射观察角:$0° \leqslant \theta \leqslant 180°$,$\phi = 0°$。时间步长 $\Delta t = 1/15\,\text{lm}$,时间步数是 1 200 步。图 8.1.1 给出了在(−0.070 5 m, 0.172 6 m, −0.073 5m)处介质的电通量密度幅值的时域波形对数表示曲线,从图中可以看出,本方法在分析含有不均匀介质材料的电磁特性时具有更好的晚时稳定性。图 8.1.2 给出了在 30 MHz、150 MHz 和 270 MHz 频率点处的双站 RCS 结果与 Mie 级数的结果对比图,从图中可以看出本节方法的高计算精度,图 8.1.3 给出了瞬态后向散射场 θ 分量的时域波形,并与频域方法扫频计算并经过离散傅里叶逆变换(IDFT)后的结果对比,为了准确显示,这里只给出了前 20 lm 的时域波形,验证了后向散射场的计算准确性。

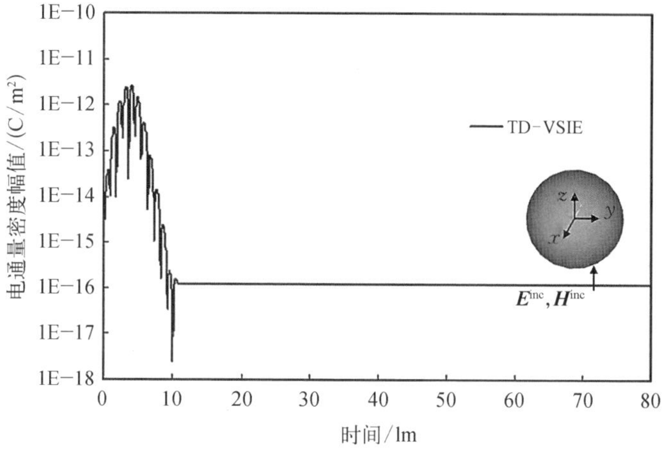

图 8.1.1　涂覆球位于(−0.070 5 m, 0.172 6 m, −0.073 5 m)处介质的电通量密度幅值的时域波形

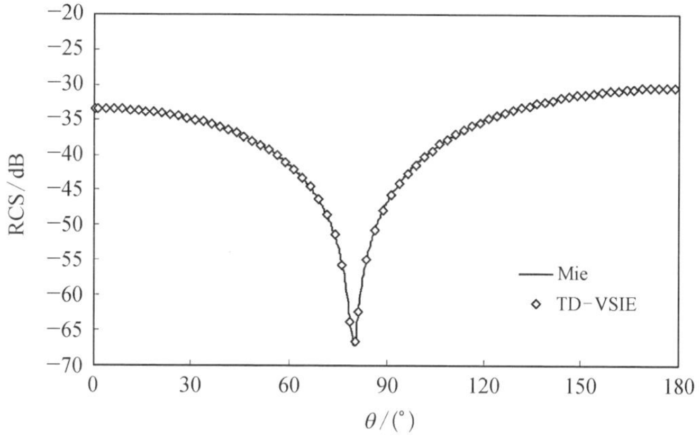

(a) 30 MHz

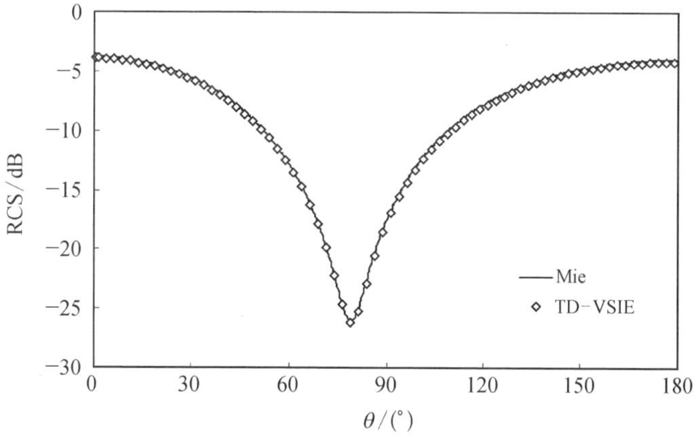

(b) 150 MHz

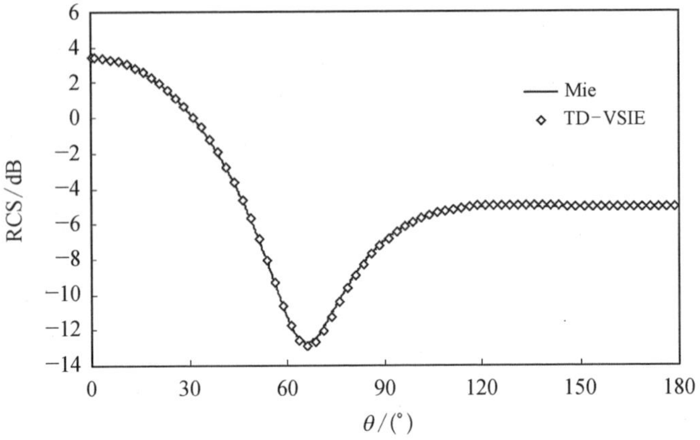

(c) 270 MHz

图 8.1.2 涂覆球在(a) 30 MHz、(b) 150 MHz、(c) 270 MHz 频率处的双站 RCS 结果对比图

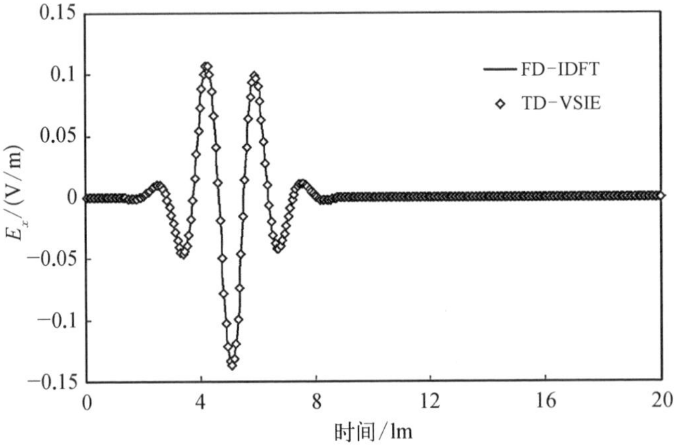

图 8.1.3 瞬态后向散射场 θ 分量的时域波形与频域 IDFT 的结果对比

8.1.2 分析含色散媒质混合目标的时域体面积分方程方法

针对金属与色散介质混合目标的电磁散射特性分析,本节将上一章中分析色散媒质电磁散射特性的 TD-VIE 方法推广到 TD-VSIE 方法[6],这里仍然采用递归卷积[7]方式处理方程中的卷积运算。

考虑一个在自由空间中的金属介质混合目标,这里考虑材料是色散、非磁化、各项同性的电介质。在外加电场 $\boldsymbol{E}^{\text{inc}}(\boldsymbol{r},\ t)$ 的照射下,介质体内产生感应体电流 $\boldsymbol{J}_V(\boldsymbol{r},\ t)$,同时在金属表面产生感应面电流 $\boldsymbol{J}_S(\boldsymbol{r},\ t)$,感应电流在空间中将产生散射场 $\boldsymbol{E}^{\text{sca}}(\boldsymbol{r},\ t)$。在上节中提到,色散媒质中的体电流 $\boldsymbol{J}_V(\boldsymbol{r},\ t) = \partial_t \boldsymbol{D}(\boldsymbol{r},\ t)\ -$

$\varepsilon_0 \boldsymbol{E}(\boldsymbol{r}, t)$，电通量密度 $\boldsymbol{D}(\boldsymbol{r}, t) = \varepsilon(\boldsymbol{r}, t) \otimes \boldsymbol{E}(\boldsymbol{r}, t)$，$\varepsilon(\boldsymbol{r}, t)$ 为色散媒质的时域介电常数。总电场和磁场可以表示为

$$\boldsymbol{E}(\boldsymbol{r}, t) = \boldsymbol{E}^{\text{inc}}(\boldsymbol{r}, t) + \boldsymbol{E}^{\text{sca}}(\boldsymbol{r}, t, \boldsymbol{J}_S) + \boldsymbol{E}^{\text{sca}}(\boldsymbol{r}, t, \boldsymbol{J}_V) \tag{8.1.6}$$

这里，$\boldsymbol{E}^{\text{sca}}(\boldsymbol{r}, t, \boldsymbol{J}_S)$ 和 $\boldsymbol{E}^{\text{sca}}(\boldsymbol{r}, t, \boldsymbol{J}_V)$ 分别表示面电流和体电流所产生的散射电场。根据金属表面总电场切向分量为零，以及介质部分总电场为入射电场与散射电场之和，时域体面积分方程可以表示为如下形式：

$$\partial_t \boldsymbol{E}(\boldsymbol{r}, t) = \partial_t \boldsymbol{E}^{\text{inc}}(\boldsymbol{r}, t) + \partial_t \boldsymbol{E}^{\text{sca}}(\boldsymbol{r}, t, \boldsymbol{J}_S) + \partial_t \boldsymbol{E}^{\text{sca}}(\boldsymbol{r}, t, \boldsymbol{J}_V), \ \boldsymbol{r} \in V \tag{8.1.7}$$

$$\hat{\boldsymbol{n}} \times \partial_t \boldsymbol{H}(\boldsymbol{r}, t) = \partial_t \boldsymbol{J}_S(\boldsymbol{r}, t), \ \boldsymbol{r} \in S \tag{8.1.8}$$

这里为了表述简洁，用算子形式去描述上述方程可得

$$\partial_t \boldsymbol{E}^{\text{sca}}(\boldsymbol{r}, t, \boldsymbol{J}_V) = -\partial_t^2 L\{\boldsymbol{D}(\boldsymbol{r}, t)\} + \varepsilon_0 \partial_t^2 L\{\boldsymbol{E}(\boldsymbol{r}, t)\} \tag{8.1.9}$$

$$\partial_t \boldsymbol{E}^{\text{sca}}(\boldsymbol{r}, t, \boldsymbol{J}_S) = -\partial_t L\{\boldsymbol{J}_S(\boldsymbol{r}, t)\} \tag{8.1.10}$$

$$L\{\boldsymbol{X}(\boldsymbol{r}, t)\} = \frac{\mu_0}{4\pi} \int_0^t \mathrm{d}t' \int_\xi \mathrm{d}\xi (\partial_t^2 \bar{\boldsymbol{I}} - c^2 \nabla\nabla) \cdot \frac{\boldsymbol{X}(\boldsymbol{r}', t' - R/c)}{R} \tag{8.1.11}$$

其中，$\hat{\boldsymbol{n}}$ 是金属面的单位外法向量；ξ 为金属或介质的积分区域；$\bar{\boldsymbol{I}}$ 是单位并矢；$R = |\boldsymbol{r} - \boldsymbol{r}'|$ 是场源点之间的距离。

类似于上一节对体积分方程的处理，这里将待求未知量电通量密度 $\boldsymbol{D}(\boldsymbol{r}, t)$、$\boldsymbol{E}(\boldsymbol{r}, t)$、$\boldsymbol{J}_S(\boldsymbol{r}, t)$ 用一系列空间、时间基函数进行展开：

$$\boldsymbol{D}(\boldsymbol{r}, t) = \sum_{n=1}^{N_v} \sum_{j=1}^{N_t} D_{j,n} \boldsymbol{f}_n^v(\boldsymbol{r}) T_j(t) \tag{8.1.12}$$

$$\boldsymbol{E}(\boldsymbol{r}, t) = \sum_{n=1}^{N_v} \sum_{j=1}^{N_t} (E_{j,n}^+ \boldsymbol{f}_n^{v+}(\boldsymbol{r}) + E_{j,n}^- \boldsymbol{f}_n^{v-}(\boldsymbol{r})) T_j(t) \tag{8.1.13}$$

$$\boldsymbol{J}_S(\boldsymbol{r}, t) = \sum_{n=1}^{N_s} \sum_{j=1}^{N_t} \boldsymbol{I}_{j,n} \boldsymbol{f}_n^s(\boldsymbol{r}) T_j(t) \tag{8.1.14}$$

这里，空间基函数选用 RWG 基函数对金属表面感应电流进行展开，选用 SWG 基函数对介质的电通量密度进行展开，在上一章中提到，对于电场的空间维展开，选用半个 SWG 基函数。时间基函数仍选用四阶 Lagrange 插值时间基函数。

利用上一章中提到的电通量密度与电场之间的递推关系式，并将式(8.1.12) ~ (8.1.14)代入式(8.1.3) ~ (8.1.5)中，在空间上进行伽辽金测试，在时间上进行点匹配，可得到最终的 MOT 时域矩阵方程为

$$\tilde{\boldsymbol{Z}}^0\boldsymbol{I}_{vd}^i=\boldsymbol{F}_v^i-\sum_{j=1}^{i-1}\tilde{\boldsymbol{Z}}^{i-j}\boldsymbol{I}_{vd}^j+\varepsilon_0\sum_{j=1}^{i-1}\boldsymbol{Z}_{e+}^{i-j}\boldsymbol{I}_{ve+}^j+\varepsilon_0\sum_{j=1}^{i-1}\boldsymbol{Z}_{e-}^{i-j}\boldsymbol{I}_{ve-}^j$$
$$+\sum_{j=1}^{i-1}\boldsymbol{Z}_{1e+}^{i-j,\,vv}\boldsymbol{I}_{ve+}^j+\sum_{j=1}^{i-1}\boldsymbol{Z}_{1e-}^{i-j,\,vv}\boldsymbol{I}_{ve-}^j+\breve{\boldsymbol{Z}}_+\breve{\boldsymbol{I}}_+^{i-1}+\breve{\boldsymbol{Z}}_-\breve{\boldsymbol{I}}_-^{i-1},\ \boldsymbol{r}'\text{ 和 }\boldsymbol{r}\in V \tag{8.1.15}$$

$$\tilde{\boldsymbol{Z}}^0\boldsymbol{I}_{vd}^i=\boldsymbol{F}_v^i-\sum_{j=1}^{i-1}\tilde{\boldsymbol{Z}}^{i-j}\boldsymbol{I}_{vd}^j+\varepsilon_0\sum_{j=1}^{i-1}\boldsymbol{Z}_{e+}^{i-j}\boldsymbol{I}_{ve+}^j+\varepsilon_0\sum_{j=1}^{i-1}\boldsymbol{Z}_{e-}^{i-j}\boldsymbol{I}_{ve-}^j$$
$$+\breve{\boldsymbol{Z}}_+\breve{\boldsymbol{I}}_+^{i-1}+\breve{\boldsymbol{Z}}_-\breve{\boldsymbol{I}}_-^{i-1},\ \boldsymbol{r}'\in V\text{ 和 }\boldsymbol{r}\in S \tag{8.1.16}$$

$$\tilde{\boldsymbol{Z}}^0\boldsymbol{I}_s^i=\boldsymbol{F}_s^i-\sum_{j=1}^{i-1}\tilde{\boldsymbol{Z}}^{i-j}\boldsymbol{I}_s^j,\ \boldsymbol{r}'\in S \tag{8.1.17}$$

上式中，$j=1,\ 2,\ 3,\ \cdots,\ N_t$。具体的阻抗矩阵及各项系数的表达式如下：

$$\tilde{\boldsymbol{Z}}^{i-j}=\begin{bmatrix}\tilde{\boldsymbol{Z}}^{i-j,\,vv} & \tilde{\boldsymbol{Z}}^{i-j,\,vs}\\ \tilde{\boldsymbol{Z}}^{i-j,\,sv} & \tilde{\boldsymbol{Z}}^{i-j,\,ss}\end{bmatrix}\quad \boldsymbol{Z}_{e\pm}^{i-j}=\begin{bmatrix}\boldsymbol{Z}_{e\pm}^{i-j,\,vv}\\ \boldsymbol{Z}_{e\pm}^{i-j,\,sv}\end{bmatrix}\quad \breve{\boldsymbol{Z}}_\pm=\begin{bmatrix}\breve{\boldsymbol{Z}}_\pm^{vv}\\ \breve{\boldsymbol{Z}}_\pm^{sv}\end{bmatrix}$$
(8.1.18a) ~ (8.1.18c)

$$\boldsymbol{I}_{vd}^j=[D_{j,1},\ D_{j,2},\ \cdots,\ D_{j,N_v}]\quad \boldsymbol{I}_{ve\pm}^j=[E_{j,1}^\pm,\ E_{j,2}^\pm,\ \cdots,\ E_{j,N_v}^\pm]$$
(8.1.18d) ~ (8.1.18e)

$$\boldsymbol{I}_s^j=[I_{j,1},\ I_{j,2},\ \cdots,\ I_{j,N_s}]\quad \boldsymbol{F}_{v,m}^i=\langle \boldsymbol{f}_m^v(\boldsymbol{r}),\ \partial_t\boldsymbol{E}^i(\boldsymbol{r},\ t)\rangle\big|_{t=t_i}$$
(8.1.18f) ~ (8.1.18g)

$$\boldsymbol{F}_{s,m}^i=\langle \boldsymbol{f}_m^s(\boldsymbol{r}),\ \partial_t\boldsymbol{E}^{\mathrm{inc}}(\boldsymbol{r},\ t)\rangle\big|_{t=t_i} \tag{8.1.18h}$$

$$\boldsymbol{Z}_{1e\pm,\,mn}^{i-j,\,vv}=\langle \boldsymbol{f}_m^v(\boldsymbol{r}),\ \{\boldsymbol{f}_n^{v\pm}(\boldsymbol{r})\partial_t T_{i-j}(t)\}\rangle \tag{8.1.18i}$$

$$\tilde{\boldsymbol{Z}}_{mn}^{i-j,\,vv}=\begin{cases}\boldsymbol{Z}_{mn}^{i-j,\,vv}+(\boldsymbol{Z}_{1e+,\,mn}^{0,\,vv}-\varepsilon_0\boldsymbol{Z}_{e+,\,mn}^{0,\,vv})\beta_{i-j,\,n}^{d+}\\ +(\boldsymbol{Z}_{1e-,\,mn}^{0,\,vv}-\varepsilon_0\boldsymbol{Z}_{e-,\,mn}^{0,\,vv})\beta_{i-j,\,n}^{d-}, & 0\leqslant i-j\leqslant K\\ \boldsymbol{Z}_{mn}^{i-j,\,vv}, & i-j>K\end{cases} \tag{8.1.18j}$$

$$\tilde{\boldsymbol{Z}}_{mn}^{i-j,\,sv}=\begin{cases}Z_{mn}^{i-j,\,sv}-\varepsilon_0\boldsymbol{Z}_{e+,\,mn}^{0,\,sv}\beta_{i-j,\,n}^{d+}-\varepsilon_0\boldsymbol{Z}_{e+,\,mn}^{0,\,sv}\beta_{i-j,\,n}^{d-}, & 0\leqslant i-j\leqslant K\\ \boldsymbol{Z}_{mn}^{i-j,\,sv}, & i-j>K\end{cases}$$
(8.1.18k)

$$\tilde{\boldsymbol{Z}}_{mn}^{i-j,\,vs}=\langle \boldsymbol{f}_m^v(\boldsymbol{r}),\ \partial_t L\{\boldsymbol{f}_n^s(\boldsymbol{r})T_{i-j}(t)\}\rangle \tag{8.1.18l}$$

$$\tilde{\boldsymbol{Z}}_{mn}^{i-j,\,ss}=\langle \boldsymbol{f}_m^s(\boldsymbol{r}),\ \alpha\partial_t L\{\boldsymbol{f}_n^s(\boldsymbol{r})T_{i-j}(t)\}\rangle \tag{8.1.18m}$$

$$\breve{\boldsymbol{Z}}_{\pm,\,mn}^{vv}=\varepsilon_0\boldsymbol{Z}_{e\pm,\,mn}^{0,\,vv}-\boldsymbol{Z}_{e\pm,\,mn}^{vv} \tag{8.1.18n}$$

$$\breve{\boldsymbol{Z}}^{sv}_{\pm,\ mn} = \varepsilon_0 \boldsymbol{Z}^{0,\ sv}_{e\pm,\ mn} - \boldsymbol{Z}^{sv}_{e\pm,\ mn} \tag{8.1.18o}$$

$$\boldsymbol{Z}^{i-j,\ v}_{mn} = \langle \boldsymbol{f}^{v}_{m}(\boldsymbol{r}),\ \partial_t^2 L\{\boldsymbol{f}^{v}_{n}(\boldsymbol{r})T_{i-j}(t)\}\rangle \tag{8.1.18p}$$

$$\boldsymbol{Z}^{i-j,\ sv}_{mn} = \langle \boldsymbol{f}^{s}_{m}(\boldsymbol{r}),\ \partial_t^2 L\{\boldsymbol{f}^{v}_{n}(\boldsymbol{r})T_{i-j}(t)\}\rangle \tag{8.1.18q}$$

$$\boldsymbol{Z}^{i-j,\ vv}_{e\pm,\ mn} = \langle \boldsymbol{f}^{v}_{m}(\boldsymbol{r}),\ \partial_t^2 L\{\boldsymbol{f}^{v\pm}_{n}(\boldsymbol{r})T_{i-j}(t)\}\rangle \tag{8.1.18r}$$

$$\boldsymbol{Z}^{i-j,\ sv}_{e\pm,\ mn} = \langle \boldsymbol{f}^{s}_{m}(\boldsymbol{r}),\ \varepsilon_0\partial_t^2 L\{\boldsymbol{f}^{v\pm}_{n}(\boldsymbol{r})T_{i-j}(t)\}\rangle \tag{8.1.18s}$$

以上各式中,η_0 为自由空间的波阻抗,$\beta^{d\pm}$ 为色散媒质的特性参数,在上一章中已经根据不同模型给出了具体的推导,这里不再赘述。通过以上的公式推导,并结合在上一章中推导出的电场 $\boldsymbol{E}^{\pm}_{j,\ n}$ 与电通量密度 $\boldsymbol{D}_{j,\ n}$ 之间的关系,分析含色散媒质的混合目标的时域体面积分方程就可以解出,得到待求电场、电通量密度的基函数展开系数,以及金属表面待求感应电流密度的基函数展开系数,即可求得目标的电磁散射特性。

算例 2: 分析一个涂覆 Drude 媒质的金属圆锥模型的电磁散射特性。圆锥的底面半径为 0.02 m,高为 0.06 m,涂覆厚度为 0.004 m。Drude 模型的参数为 $\varepsilon_{r,\ \infty}=1$, $\delta_p = 8.0\times10^9\,\mathrm{s}^{-1}$, $\omega_P = 8.0\times10^9\,\mathrm{s}^{-1}$。入射波为调制高斯平面波,入射波中心频率为 5.5 GHz,带宽为 5 GHz,入射方向和极化方向分别为 $\boldsymbol{k}^{\mathrm{inc}}=\boldsymbol{z}$, $\boldsymbol{p}^{\mathrm{inc}}=\boldsymbol{x}$。图 8.1.4 给出了在不同频率点下的相对介电常数实部虚部的变化图,可以看出在计算频带范围内,各频点的相对介电常数变化明显。计算未知量为 15 806。其中, N_v = 13 430, N_s = 2 376。散射观察角: $0°\leqslant\theta\leqslant180°$, $\phi=0°$。求解时间步长 Δt = 0.002 5 lm, 时间步数为 600 步。图 8.1.5 为该结构在 3.8 GHz、5.6 GHz、7.2 GHz 时与 FEKO 计算得到的双站 RCS 结果对比图。图 8.1.6 给出了在固定 $\phi = 0°$,

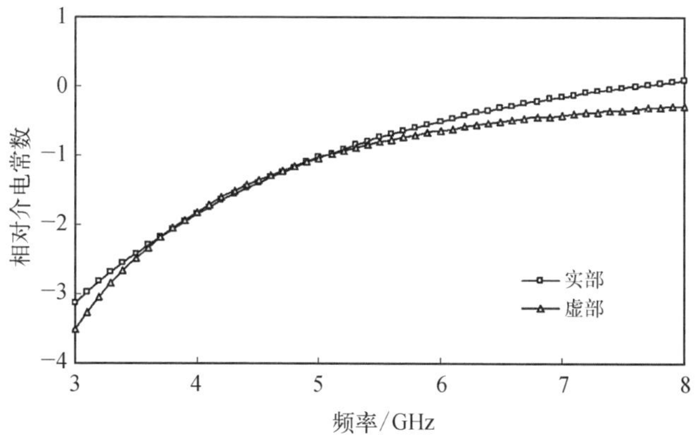

图 8.1.4　涂覆 Drude 材料的相对介电常数随频率变化曲线

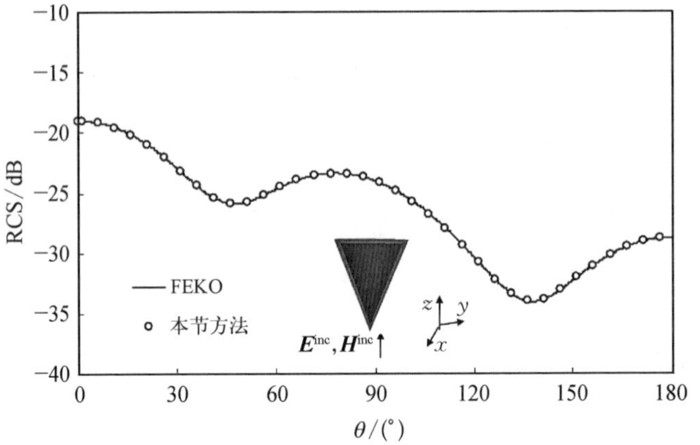

(a) 3.8 GHz

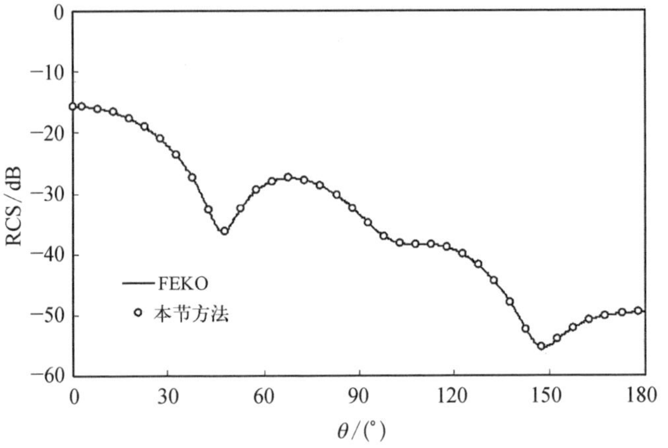

(b) 5.6 GHz

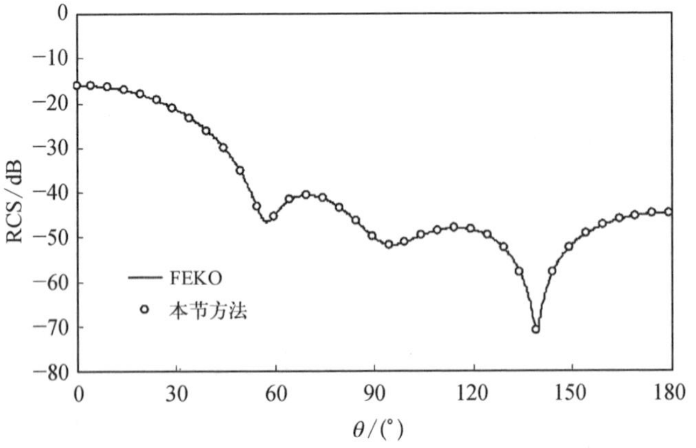

(c) 7.2 GHz

图 8.1.5　Drude 涂覆圆锥在 3.8 GHz(a)、5.6 GHz(b)、7.2 GHz(c)频率处的 RCS 对比图

$\theta = 0°$、$30°$、$60°$、$90°$的入射角度时，各频点处涂覆目标与金属本体的后向 RCS 的对比结果，可以看出，在大部分入射角度下涂覆结构具有比金属本体更低的 RCS 值，具有一定的隐身效果。

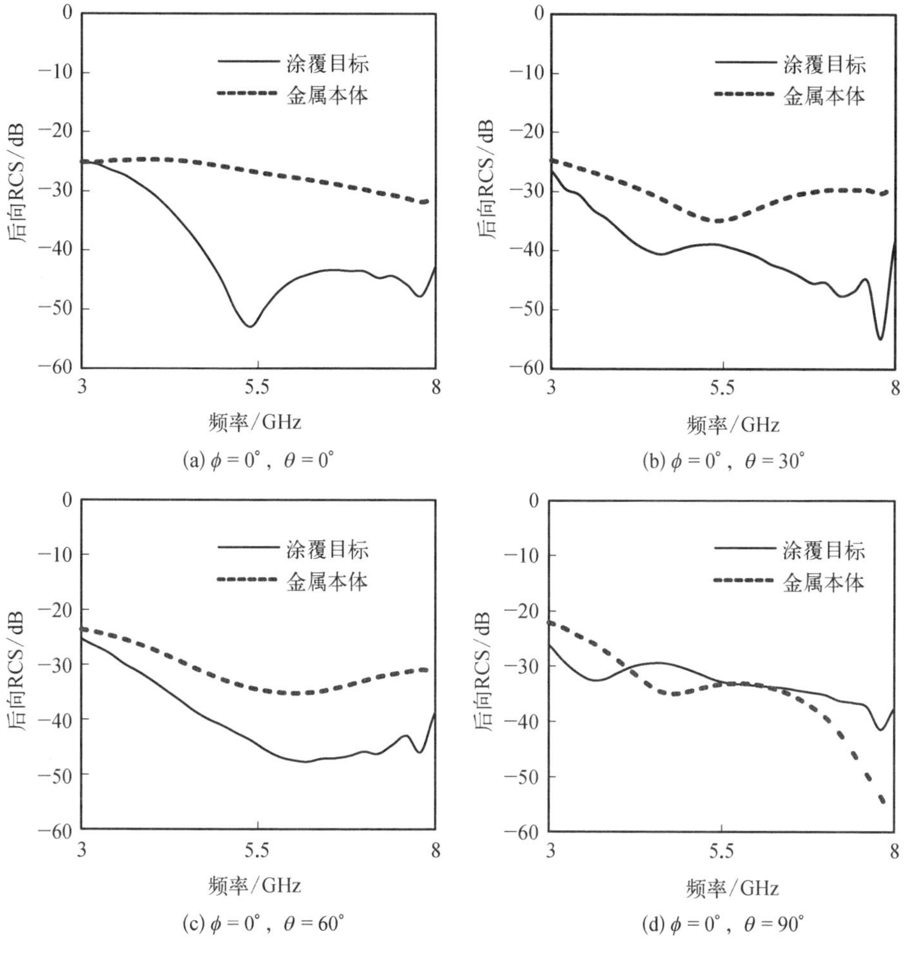

(a) $\phi = 0°$，$\theta = 0°$　(b) $\phi = 0°$，$\theta = 30°$

(c) $\phi = 0°$，$\theta = 60°$　(d) $\phi = 0°$，$\theta = 90°$

图 8.1.6　不同入射角度下各频点处涂覆目标与金属本体的后向 RCS 对比

8.2　色散薄涂覆目标电磁散射特性分析

涂覆隐身材料是在军事应用上实现目标隐身的重要手段之一。当目标外形确定，为了降低待观测目标在某些区域的散射特性，隐身材料的出现发挥了重要的作用。在目标表面区域喷涂隐身涂料，能够有效地降低目标 RCS，实现隐身效果，提高自身生存率，获得较好的军事效益。通常情况下，飞行器表面喷涂的材料厚度为毫米量级,对于雷达侦测常用频段来说,该厚度相对于波长是非常薄的,这时如果采用体面积分方程方法分析涂覆目标的电磁特性,由于介质部分未知量的存在,会导致计算未知量较大,消耗过多的计算资源,严重制约对目标进行高效分析。

针对金属涂覆薄色散介质的混合目标的电磁散射特性分析,本节提出一种快速、高效的 TD-TDS[7] 方法。当激励源对闭合金属薄涂覆目标产生激励后,在涂覆目标的金属表面将产生感应面电流、面电荷,而在介质内部会产生极化体电流、极化体磁流(本节只考虑了均匀电介质,所以本项不予考虑)以及极化电荷。因为对于薄涂覆介质目标,介质的厚度对于入射波的波长来说较小,因此可以做一些近似的处理,近似认为薄介质体内的电场法向分量沿厚度方向保持不变,电场的切向分量为零。结合电场边界条件以及电流连续性方程,可以将体极化电流、极化电荷、面电荷等变量用金属表面的感应面电流表示,这样就不需要再像体面积分那样离散介质目标,只需要对金属部分建模离散,操作简单,相比体面积分方程方法可以实现未知量的减少,降低计算机内存的消耗和求解时间。此外,考虑涂覆色散媒质的情况,也进一步扩展了本方法的应用范围。

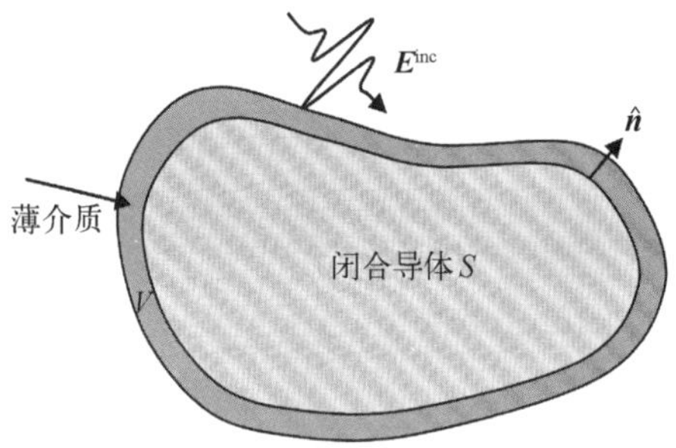

图 8.2.1　金属薄色散涂覆目标示意图

如图 8.2.1 所示,当涂覆薄色散介质的闭合金属目标受到外加电场 $\boldsymbol{E}^{\rm inc}(\boldsymbol{r}, t)$ 的激励时,薄涂覆介质体(用 V 表示)内会产生体极化电流 $\boldsymbol{J}_{\rm pol}(\boldsymbol{r}, t)$ 以及体极化电荷 $\rho_{s,\,\rm pol}(\boldsymbol{r}, t)$,闭合金属表面(用 S 表示)会产生感应面电流 $\boldsymbol{J}_S(\boldsymbol{r}, t)$,感应面电荷 $\rho_s(\boldsymbol{r}, t)$,$\hat{\boldsymbol{n}}$ 表示目标的单位外法向分量,用 S^{Δ} 表示介质的上表面。另外,对于介质与金属交界面处的体极化电荷采用 $\rho_{s,\,\rm down}(\boldsymbol{r}, t)$ 表示,介质与空气的交界面采用 $\rho_{s,\,\rm up}(\boldsymbol{r}, t)$ 表示。

首先根据理想导体的电场边界条件,即金属表面切向电场为零,可得:

$$[\boldsymbol{E}^{\rm sca}(\boldsymbol{r}, t) + \boldsymbol{E}^{\rm inc}(\boldsymbol{r}, t)]_{\rm tan} = 0,\ \boldsymbol{r} \in S \tag{8.2.1}$$

其中,下标 tan 指切向分量。由于散射总场等于金属和薄介质产生的散射场之和,可表示如下:

$$\begin{aligned}
\boldsymbol{E}^{\rm sca}(\boldsymbol{r}, t) &= \boldsymbol{E}^{\rm sca}_{\rm pec}(\boldsymbol{r}, t) + \boldsymbol{E}^{\rm sca}_{\rm die}(\boldsymbol{r}, t)\\
&= -\partial_t \boldsymbol{A}_{\rm pec}(\boldsymbol{r}, t) - \nabla \boldsymbol{\Phi}_{\rm pec}(\boldsymbol{r}, t) - \partial_t \boldsymbol{A}_{\rm die}(\boldsymbol{r}, t) - \nabla \boldsymbol{\Phi}_{\rm die}(\boldsymbol{r}, t)\\
&= -\frac{\mu_0}{4\pi}\partial_t \int_S \frac{\boldsymbol{J}_S(\boldsymbol{r}', t - R/c)}{R} \mathrm{d}S' - \frac{\mu_0}{4\pi}\partial_t \int_V \frac{\boldsymbol{J}_{\rm pol}(\boldsymbol{r}', t - R/c)}{R} \mathrm{d}V'
\end{aligned}$$

$$
-\nabla\cdot\left(\frac{1}{4\pi\varepsilon_0}\int_S\frac{\rho_s(\boldsymbol{r}',\ t-R/c)}{R}\mathrm{d}S'+\frac{1}{4\pi\varepsilon_0}\int_S\frac{\rho_{s,\ \mathrm{down}}(\boldsymbol{r}',\ t-R/c)}{R}\mathrm{d}S'\right.
$$
$$
\left.+\frac{1}{4\pi\varepsilon_0}\int_{S\Delta}\frac{\rho_{s,\ \mathrm{up}}(\boldsymbol{r}',\ t-R/c)}{R}\mathrm{d}S^{\Delta'}\right) \tag{8.2.2}
$$

由上式可知,该散射场表达式中包含多个未知量,因此,要将其他未知量用金属表面的感应面电流表示,具体转换过程下面进行讨论。

根据电流连续性方程,可以将金属表面的面电荷用感应面电流表示如下:

$$
\rho_s(\boldsymbol{r},\ t)=-\int_{-\infty}^{t}\nabla\cdot\boldsymbol{J}_s(\boldsymbol{r},\ t)\,\mathrm{d}t \tag{8.2.3}
$$

下面讨论介质部分的源与金属表面感应面电流的转化。

现考虑如图 8.2.2 所示两种不同媒质分界面,其中Ⅰ部分表示色散介质,Ⅱ部分表示金属。通过极化电流在边界处的法向分量的不连续性,可以得到如下关系:

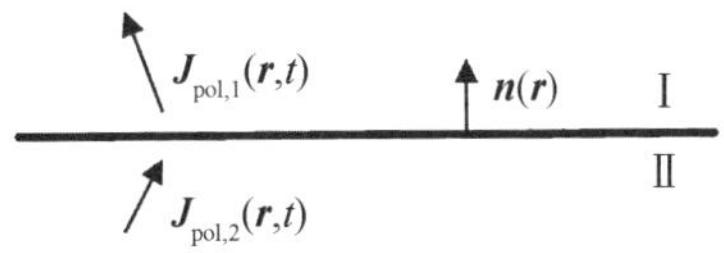

图 8.2.2　分界面变量示意图

$$
(J_{\mathrm{pol},\ 1}(\boldsymbol{r},\ t)-\boldsymbol{J}_{\mathrm{pol},\ 2}(\boldsymbol{r},\ t))\cdot\hat{\boldsymbol{n}}=-\partial_t\rho_{s,\ \mathrm{pol}}(\boldsymbol{r},\ t) \tag{8.2.4}
$$

由于金属内部的电场为零,即金属内部不存在任何源,则由式(8.2.4)可得

$$
J_{\mathrm{pol}}(\boldsymbol{r},\ t)\cdot\hat{\boldsymbol{n}}=-\partial_t\rho_{s,\ \mathrm{down}}(\boldsymbol{r},\ t) \tag{8.2.5}
$$

接下来考虑另外一种情况,即自由空间与色散介质的分界面,此时Ⅰ部分为自由空间,Ⅱ部分为色散介质体,由于自由空间中也没有源的存在,则由式(8.2.4)可以进一步得到:

$$
J_{\mathrm{pol}}(\boldsymbol{r},\ t)\cdot\hat{\boldsymbol{n}}=\partial_t\rho_{s,\ \mathrm{up}}(\boldsymbol{r},\ t) \tag{8.2.6}
$$

对于薄色散涂覆层的内部电场强度与体极化电流,满足如下等式:

$$
\begin{aligned}
J_{\mathrm{pol}}(\boldsymbol{r},\ t)&=\partial_t\boldsymbol{D}(\boldsymbol{r},\ t)-\varepsilon_0\partial_t\boldsymbol{E}(\boldsymbol{r},\ t)\\
&=\partial_t\boldsymbol{D}(\boldsymbol{r},\ t)-\varepsilon_0\partial_t[\gamma(t)\otimes\boldsymbol{D}(\boldsymbol{r},\ t)]
\end{aligned} \tag{8.2.7}
$$

其中,$\gamma(t)$ 的定义已在 7.2.2 节中给出。

通过媒质的本构关系以及边界条件,可推导出如下等式:

$$
\boldsymbol{E}(\boldsymbol{r},\ t)=\boldsymbol{D}(\boldsymbol{r},\ t)\otimes\gamma(t)=(\rho_s(\boldsymbol{r},\ t)\otimes\gamma(t))\cdot\hat{\boldsymbol{n}} \tag{8.2.8}
$$

把式(8.2.8)代入式(8.2.7),再结合电流连续性条件,可以得到体极化电流与金属表面感应电流的关系如下:

$$\boldsymbol{J}_{\mathrm{pol}}(\boldsymbol{r},\ t) = -\left[\nabla\cdot\boldsymbol{J}_S(\boldsymbol{r},\ t)\right]\cdot\boldsymbol{n}(\boldsymbol{r}) + \varepsilon_0\{\gamma(t)\otimes\left[\nabla\cdot\boldsymbol{J}_S(\boldsymbol{r},\ t)\right]\}\cdot\boldsymbol{n}(\boldsymbol{r}) \tag{8.2.9}$$

将式(8.2.9)代入式(8.2.5)以及式(8.2.6)可以得到,薄涂覆介质上表面的极化体电荷与金属表面感应电流之间关系式:

$$\rho_{s,\ \mathrm{up}}(\boldsymbol{r},\ t) = -\int_{-\infty}^{t}\left[\nabla\cdot\boldsymbol{J}_S(\boldsymbol{r},\ t)\right]\mathrm{d}t + \varepsilon_0\left\{\gamma(t)\otimes\left[\int_{-\infty}^{t}\nabla\cdot\boldsymbol{J}_S(\boldsymbol{r},\ t)\,\mathrm{d}t\right]\right\} \tag{8.2.10}$$

薄涂覆介质上表面的极化体电荷与金属表面感应电流之间关系式:

$$\rho_{s,\ \mathrm{down}}(\boldsymbol{r},\ t) = \int_{-\infty}^{t}\left[\nabla\cdot\boldsymbol{J}_S(\boldsymbol{r},\ t)\right]\mathrm{d}t - \varepsilon_0\left\{\gamma(t)\otimes\left[\int_{-\infty}^{t}\nabla\cdot\boldsymbol{J}_S(\boldsymbol{r},\ t)\,\mathrm{d}t\right]\right\} \tag{8.2.11}$$

把式(8.2.2)、(8.2.3)、(8.2.9)、(8.2.10)和(8.2.11)代入式(8.2.1),可以得到分析闭合金属薄色散涂覆目标电磁特性的时域电场积分方程:

$$\left\{\begin{aligned}&\frac{\mu_0}{4\pi}\int_S\frac{\partial_t\boldsymbol{J}_s(\boldsymbol{r},\ t-R/c)}{R}\mathrm{d}S - \frac{1}{4\pi\varepsilon_0}\nabla\int_S\int_{-\infty}^{t-R/c}\frac{\nabla\cdot\boldsymbol{J}_S(\boldsymbol{r},\ t')}{R}\mathrm{d}t'\mathrm{d}S\\&+\frac{\mu_0}{4\pi}\int_v\left\{\frac{-\partial_t\left[\nabla\cdot\boldsymbol{J}_S(\boldsymbol{r},\ t-R/c)\right]}{R}+\frac{\varepsilon_0\partial_t\{\gamma(t)\otimes\left[\nabla\cdot\boldsymbol{J}_S(\boldsymbol{r},\ t-R/c)\right]\}}{R}\right\}\cdot\boldsymbol{n}(\boldsymbol{r})\mathrm{d}V\\&-\frac{1}{4\pi\varepsilon_0}\nabla\int_S\int_{-\infty}^{t-R/c}\frac{\nabla\cdot\boldsymbol{J}_S(\boldsymbol{r},\ t')}{R}\mathrm{d}t'\mathrm{d}S-\frac{1}{4\pi}\nabla\int_S\frac{\left\{\gamma(t)\otimes\left[\int_{-\infty}^{t-R/c}\nabla\cdot\boldsymbol{J}_S(\boldsymbol{r},\ t')\mathrm{d}t'\right]\right\}}{R}\mathrm{d}S\\&-\frac{1}{4\pi\varepsilon_0}\nabla\int_{S^\Delta}\int_{-\infty}^{t-R/c}\frac{\nabla\cdot\boldsymbol{J}_S(\boldsymbol{r},\ t')}{R}\mathrm{d}t'\mathrm{d}S^\Delta+\frac{1}{4\pi}\nabla\int_{S^\Delta}\frac{\left\{\gamma(t)\otimes\left[\int_{-\infty}^{t-R/c}\nabla\cdot\boldsymbol{J}_S(\boldsymbol{r},\ t')\mathrm{d}t'\right]\right\}}{R}\mathrm{d}S^\Delta\end{aligned}\right\}_{\tan}$$

$$= \boldsymbol{E}_{\tan}^{\mathrm{inc}}(\boldsymbol{r},\ t) \tag{8.2.12}$$

为了利用7.2.2节提到的递归卷积方法处理上式中的卷积计算,这里定义一个新变量 $\boldsymbol{P}(\boldsymbol{r},\ t)$,使得 $\boldsymbol{P}(\boldsymbol{r},\ t)=\gamma(t)\otimes\boldsymbol{J}_S(\boldsymbol{r},\ t)$。这样 $\boldsymbol{P}(\boldsymbol{r},\ t)$ 与 $\boldsymbol{J}_S(\boldsymbol{r},\ t)$ 就类似于7.2.2节中 $\boldsymbol{E}(\boldsymbol{r},\ t)$ 与 $\boldsymbol{D}(\boldsymbol{r},\ t)$ 展开系数之间的递推卷积关系。

现将 $\boldsymbol{P}(\boldsymbol{r},\ t)$ 与 $\boldsymbol{J}_S(\boldsymbol{r},\ t)$ 分别在时间上和空间上进行基函数展开,这里空间上采用RWG基函数,时间上采用四阶Lagrange插值时间基函数。展开如下:

$$\boldsymbol{P}(\boldsymbol{r},\ t) = \sum_{n=1}^{N_s}\sum_{j=1}^{N_t}P_{j,\ n}T_j(t)\boldsymbol{f}_n^s(\boldsymbol{r}) = \sum_{n=1}^{N_s}\tilde{P}_n(t)\boldsymbol{f}_n^s(\boldsymbol{r}) \tag{8.2.13}$$

$$\boldsymbol{J}_S(\boldsymbol{r},\ t) = \sum_{n=1}^{N_s}\sum_{j=1}^{N_t} J_{j,\ n}T_j(t)\boldsymbol{f}_n^s(\boldsymbol{r}) = \sum_{n=1}^{N_s}\tilde{J}_n(t)\boldsymbol{f}_n^s(\boldsymbol{r}) \tag{8.2.14}$$

其中，$P_{i,\ n}$、$J_{i,\ n}$表示在时间刻 t_i 时第 n 个空间基函数上的展开系数，为了方便下文使用，$\tilde{P}_n(t)$和$\tilde{J}_n(t)$的定义类似于第 3 章中定义的$\tilde{E}_n^{\pm}(t)$与$\tilde{D}_n(t)$。

本节中 Debye、Lorentz、Drude 三种色散介质的 $P_{i,\ n}$与 $J_{i,\ n}$之间的递推关系式可以利用 7.2.2 节中的 $E_{i,\ n}^{\pm}$与 $D_{i,\ n}$之间的关系，只是此时 $E_{i,\ n}^{\pm}$变成 $P_{i,\ n}$，$D_{i,\ n}$变成 $J_{i,\ n}$，所以这里不再重复推导 $P_{i,\ n}$与 $J_{i,\ n}$之间的关系式以及 β^d 与 β^e 的表达式。但需要注意的是，在上一章中主要是针对非均匀媒质来讨论，这样 $\boldsymbol{E}(\boldsymbol{r},\ t)$在相邻的四面体单元之间的法向分量是不连续的，所以使用半个 SWG 基函数进行展开，存在 $E_{i,\ n}^{+}$与 $E_{i,\ n}^{-}$；而在本节中只分析均匀介质材料的薄涂覆目标，所以只利用 $P_{i,\ n}$ 即可。

类似于式(7.2.23)，可得

$$P_{j,\ n} = \sum_{k=0}^{K}\beta_{k,\ n}^{d}J_{j-k,\ n} + \beta_n^e P_{j-1,\ n} \tag{8.2.15}$$

将式(8.2.12)进行时间维上的求导，并将被基函数展开后的未知量代入式(8.2.12)，在空间上进行伽辽金测试和时间上进行点匹配，可得到最终的 MOT 时域矩阵方程：

$$\tilde{\boldsymbol{Z}}^0\boldsymbol{I}_d^i = \boldsymbol{V}^i - \sum_{j=1}^{i-1}\tilde{\boldsymbol{Z}}^{i-j}\boldsymbol{I}_d^j + \sum_{j=1}^{i-1}\boldsymbol{Z}_p^{i-j}\boldsymbol{I}_p^j + \breve{\boldsymbol{Z}}\breve{\boldsymbol{I}}^{i-1} \tag{8.2.16}$$

其中，$\boldsymbol{I}_d^i = [J_{i,\ 1},\ \cdots,\ J_{i,\ N_s}]$，$\boldsymbol{I}_p^i = [P_{i,\ 1},\ \cdots,\ P_{i,\ N_s}]$，$\breve{\boldsymbol{I}}^{i-1} = [\breve{P}_{i-1,\ 1},\ \cdots,\ \breve{P}_{i-1,\ N_s}]$。

$$\tilde{\boldsymbol{Z}}_{mn}^j = \begin{cases}\boldsymbol{Z}_{d,\ mn}^j - \boldsymbol{Z}_{p,\ mn}^0\bar{\beta}_{j,\ n}^d, & 0 \leqslant j \leqslant K \\ \boldsymbol{Z}_{d,\ mn}^j, & j > K\end{cases} \tag{8.2.17}$$

$$\begin{aligned}\boldsymbol{Z}_{d,\ mn}^{i-j} = &\frac{\mu_0}{4\pi}\int_{S_m}\boldsymbol{f}_m^s(\boldsymbol{r}) \cdot \left\{\int_{S_n}\frac{\sum\limits_{n=1}^{N_s}\boldsymbol{f}_n^s(\boldsymbol{r}')\partial_i^2 T_j(i\Delta t - R/c)}{R}\mathrm{d}S_n'\right\}\mathrm{d}S_m \\ &- \frac{\mu_0}{4\pi}\int_{S_m}\boldsymbol{f}_m^s(\boldsymbol{r}) \cdot \left\{\int_{V_n}\frac{\sum\limits_{n=1}^{N_s}[\nabla' \cdot \boldsymbol{f}_n^s(\boldsymbol{r}')]\partial_i^2 T_j(i\Delta t - R/c)}{R} \cdot \boldsymbol{n}(\boldsymbol{r}')\mathrm{d}V_n'\right\}\mathrm{d}S_m \\ &- \frac{1}{4\pi\varepsilon_0}\int_{S_m}\boldsymbol{f}_m^s(\boldsymbol{r}) \cdot \left\{\nabla\int_{S\Delta}\frac{\sum\limits_{n=1}^{N_s}[\nabla' \cdot \boldsymbol{f}_n^s(\boldsymbol{r}')]T_j(i\Delta t - R/c)}{R}\mathrm{d}S^{\Delta'}\right\}\mathrm{d}S_m\end{aligned} \tag{8.2.18}$$

$$
\begin{aligned}
\boldsymbol{Z}_{p,\,mn}^{i-j} = {} & \varepsilon_0 \frac{1}{4\pi\varepsilon_0}\int_{S_m} \boldsymbol{f}_m^s(\boldsymbol{r}) \cdot \left\{ \nabla \int_{S_n} \frac{\sum_{n=1}^{N_s} [\nabla' \cdot \boldsymbol{f}_n^s(\boldsymbol{r}')] T_j(i\Delta t - R/c)}{R} \mathrm{d}S'_n \right\} \mathrm{d}S'_m \\
& - \varepsilon_0 \frac{\mu_0}{4\pi}\int_{S_m} \boldsymbol{f}_m^s(\boldsymbol{r}) \cdot \left\{ \int_{V_n} \frac{\sum_{n=1}^{N_s} [\nabla' \cdot \boldsymbol{f}_n^s(\boldsymbol{r}')] \partial_t^2 T_j(i\Delta t - R/c)}{R} \cdot \boldsymbol{n}(\boldsymbol{r}') \mathrm{d}V'_n \right\} \mathrm{d}S_m \\
& - \varepsilon_0 \frac{1}{4\pi\varepsilon_0}\int_{S_m} \boldsymbol{f}_m^s(\boldsymbol{r}) \cdot \left\{ \nabla \int_{S\Delta} \frac{\sum_{n=1}^{N_s} [\nabla' \cdot \boldsymbol{f}_n^s(\boldsymbol{r}')] T_j(i\Delta t - R/c)}{R} \mathrm{d}S^{\Delta'} \right\} \mathrm{d}S_m
\end{aligned} \tag{8.2.19}
$$

$$
\boldsymbol{V}_m^i = \int_{S_m} \boldsymbol{f}_m^s(\boldsymbol{r}) \cdot \partial_t \boldsymbol{E}^{\mathrm{inc}}(\boldsymbol{r},\, i\Delta t) \mathrm{d}S_m \tag{8.2.20}
$$

$$
\tilde{\boldsymbol{Z}}_{mn} = \boldsymbol{Z}_{p,\,mn}^0 \tag{8.2.21}
$$

通过求解方程(8.2.16)并结合 $P_{i,\,n}$ 与 $J_{i,\,n}$ 之间的关系即可求出目标的感应面电流,进而分析其电磁散射特性。

算例 1: 为了验证本节方法的正确性以及薄介质层厚度的适用范围,这里首先验证金属薄涂覆球的电磁散射特性,并随着薄介质涂层厚度的增加,通过分析其对计算结果的误差来讨论涂覆厚度对计算精度的影响。考虑一个金属球涂覆薄 Debye 媒质,金属球半径为 0.8 m,涂覆厚度从 0.05 m 变化到 0.09 m。涂覆的 Debye 媒质的参数为 $t_0 = 5 \times 10^{-9}$ s、$\varepsilon_{r,\,s} = 4.2$、$\varepsilon_{r,\,\infty} = 2$。入射波为调制高斯平面波,入射波中心频率为 165 MHz,带宽为 270 MHz,入射方向和极化方向分别为 $\boldsymbol{k}^{\mathrm{inc}} = \boldsymbol{z}$,$\boldsymbol{p}^{\mathrm{inc}} = \boldsymbol{x}$。图 8.2.3 给出了在不同频率点下的相对介电常数实部虚部的变化图,可以看出在计算频带范围内,各频点的相对介电常数变化明显。散射观察角:$0° \leqslant \theta \leqslant 180°$, $\phi = 0°$。未知量为 3 834,求解时间步长 $\Delta t = 1/15$ lm, 总步数为 900 步。对于本算例,若采用时域体面积分方法计算,由于需要对介质部分进行离散,未知量将达到24 460。图 8.2.4 给出了涂覆厚度分别从 0.05 m、0.07 m 和 0.09 m 计算得到的各频率点的 RCS 计算结果与 Mie 级数结果比较相对均方根误差值(RRMS)。从图中可以看出,在涂覆厚度不大于 0.09 个最高频率对应的波长时,本节提出的 TDS 方法在较宽的频带内都可以实现较高的计算精度,体现出本节方法计算薄涂覆目标电磁散射特性的优势。图 8.2.5 为在涂覆厚度为 0.07 m 时,目标在 30 MHz、150 MHz、270 MHz 与 Mie 级数的双站 RCS 结果对比图,验证了本节方法的计算精度。图 8.2.6 为 Debye 涂覆球涂覆厚度为 0.07 m 时,位于(0.001 9 m、−0.797 5 m、−0.062 6 m)处电流密度幅值的时域波形,可以看出本节方法的良好晚时稳定性。

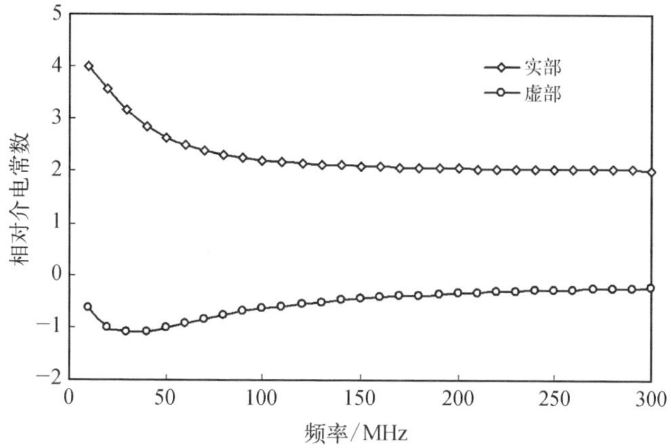

图 8.2.3　涂覆球模型的相对介电常数随频率变化曲线

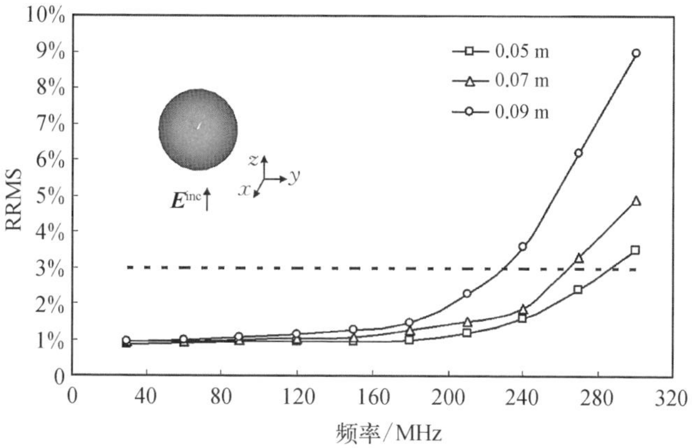

图 8.2.4　Debye 涂覆球在不同涂覆厚度下的各频点处 RRMS 对比图

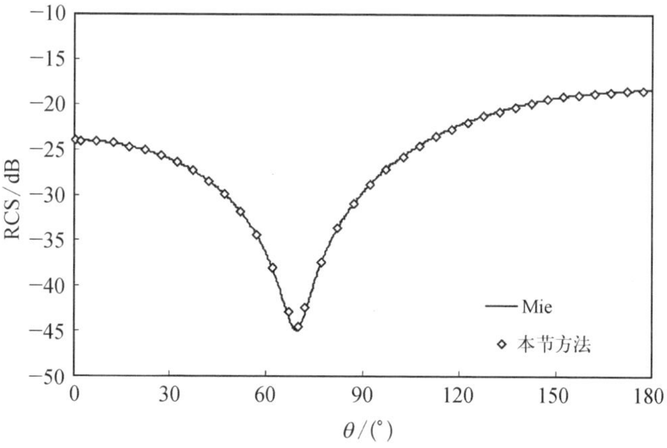

(a) 30 MHz

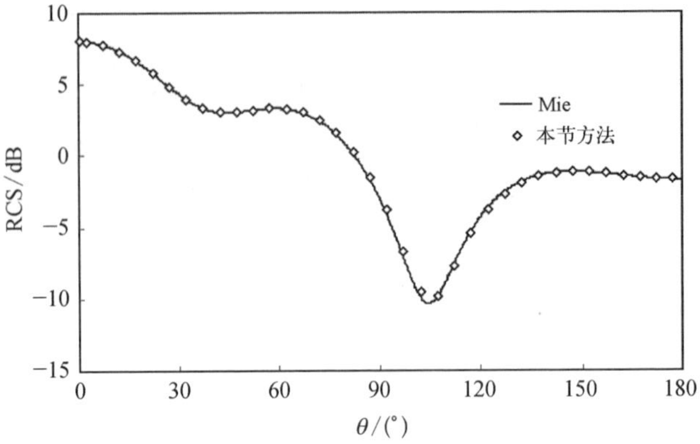

(b) 150 MHz

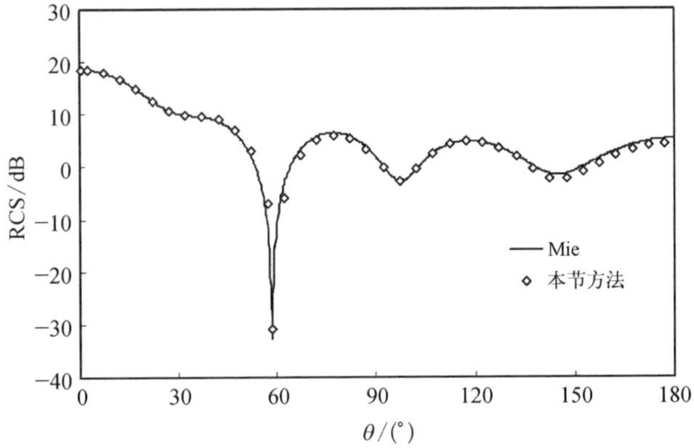

(c) 270 MHz

图 8.2.5　Debye 涂覆球在 30 MHz(a)、150 MHz(b)、270 MHz(c) 频率处的双站 RCS 结果对比图

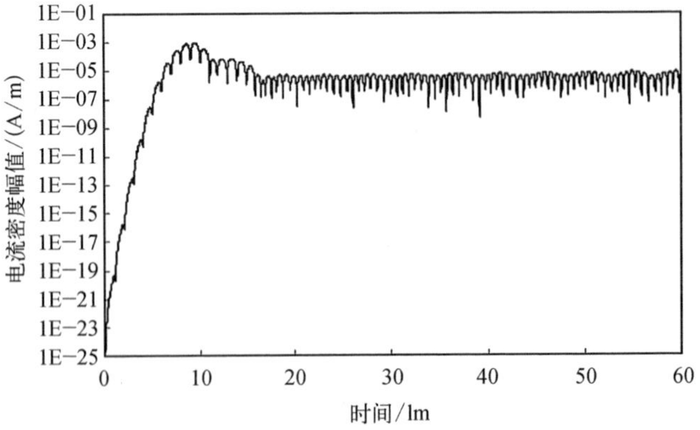

图 8.2.6　Debye 涂覆球(0.001 9 m，−0.797 5 m，−0.062 6 m)处电流密度幅值的对数时域波形

算例 2：分析了一个涂覆 Drude 媒质的圆锥模型的电磁散射特性。圆锥的底面半径为 0.02 m，高为 0.06 m，涂覆厚度分别为 0.001 m、0.002 m 和 0.003 m。Drude 模型的参数为 $\varepsilon_{r,\infty=1}$，$\delta_P = 8.0\times10^9\text{s}^{-1}$，$\omega_P = 8.0\times10^9\text{s}^{-1}$。入射波为调制高斯平面波，入射波中心频率为 5.5 GHz，带宽为 5 GHz，入射方向和极化方向分别为 $\boldsymbol{k}^{\text{inc}}=\boldsymbol{z}$，$\boldsymbol{p}^{\text{inc}}=\boldsymbol{x}$。散射观察角：$0°\leqslant\theta\leqslant180°$，$\phi=0°$。未知量为 2 376。求解时间步长 $\Delta t=0.025$ lm，时间步数为 500 步。图 8.2.7 为涂覆厚度为 0.002 m，该结构在3.74 GHz、5.04 GHz、7.17 GHz 时与频域的 TDS 方法[7,8]计算得到的双站 RCS 结果对比图，图 8.2.8 给出了不同厚度情况下各频点处涂覆目标与金属本体的后向 RCS 的对比结果，这里为了保证算法的准确性，只给出了 3.0~7.2 GHz 频带范围内的计算结果，可以看出在厚度增加的情况下，涂覆材料对目标的 RCS 降低效果更明显。相较于 8.1.2 节中的算例，本算例不需要考虑介质层的未知量，使得未知量从利用体面积分方程方法所需要的 15 806 降低到 2 376。表 8.2.1 给出了两种方

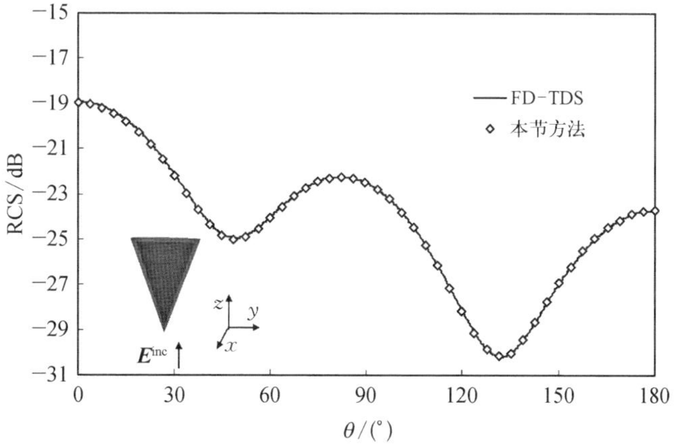

(a) 3.74 GHz

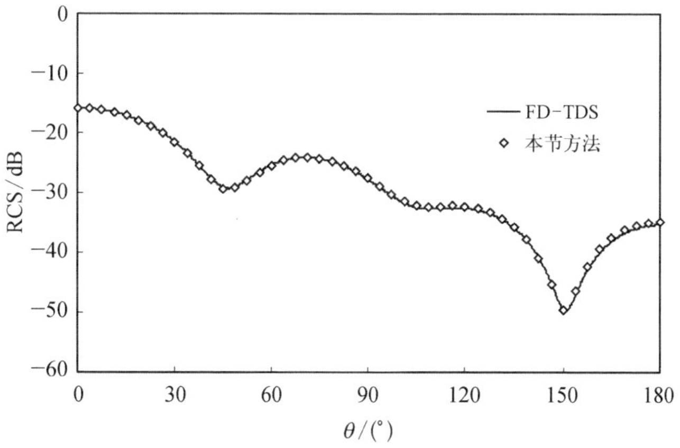

(b) 5.04 GHz

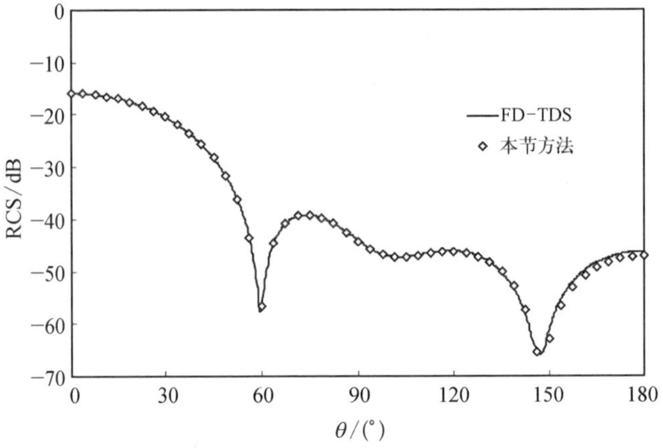

(c) 7.17 GHz

图 8.2.7　Drude 涂覆圆锥在 3.74 GHz(a)、5.04 GHz(b)和 7.17 GHz(c)频率处的双站 RCS 结果对比图

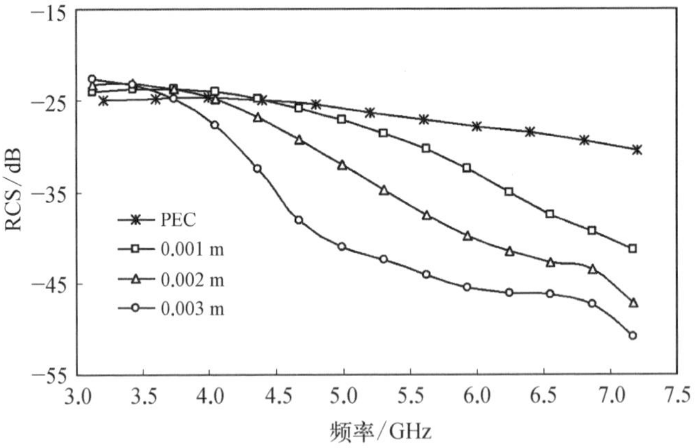

图 8.2.8　Drude 涂覆圆锥在不同涂覆厚度下的各频点后向 RCS 对比图

法效率的对比结果,可以看出由于在计算未知量上具有较大的节省,本节方法在计算内存和计算时间的消耗方面都具有较大的优势(该效率对比所用的运行计算平台为戴尔 Intel® Xeon® E7－4850, 主频 2.0 GHz,内存为 512 GB)。

表 8.2.1　TD-TDS 与 TD-VSIE 方法在计算机内存消耗及计算时间上的对比

方　法	计算未知量	内存消耗/GB	时间消耗/h
TD-TDS	2 376	0.9	1.1
TD-VSIE	15 806	47	21.9

8.3　基于高阶阻抗边界条件的涂覆目标电磁散射分析

正如本书前面章节所述,基于表面积分方程方法(如 PMCHW 或 JMCFIE)分析涂覆目标电磁散射问题,需要对目标的介质外表面及内部金属表面进行网格离散,并建立一组关于未知电流、磁流的方程组进行求解;基于体面积分方程(VSIE)的方法需要对涂覆目标介质进行体离散并对金属面离散。这两种方法对于电大尺寸目标的分析都面临未知量大的问题。另外,在实际应用中,涂覆的雷达吸波材料往往很薄,给 SIE、VIE 的几何建模及网格离散带来很大挑战。针对这种情况,应用阻抗边界条件(IBC)成为一个很好的选择。

阻抗边界条件最早由 Leontovich 提出,因此又被称为 Leontovich 阻抗边界条件(LIBC)。它通过利用目标外表面电磁场间的关系,通过简单推导,将未知表面磁流用表面电流来表示,从而减少了未知量。另外,由于使用 IBC 时,只需要对目标外表面进行网格离散,避免了薄涂覆建模的难题,因而得到了广泛应用。但是,LIBC 只对涂覆介质材料的折射率较大的情况下有效,对折射率较小的情况,必须引入高阶阻抗边界条件(HOIBC)来提高其精度。因此 LIBC 也被称为零阶阻抗边界条件(IBC0)。

LIBC 的形式如下:

$$\hat{\boldsymbol{n}} \times (\hat{\boldsymbol{n}} \times \boldsymbol{E}) = -\eta_0 a_0 (\hat{\boldsymbol{n}} \times \boldsymbol{H}) = -\boldsymbol{E}_{\tan} \tag{8.3.1}$$

其中,η_0 为自由空间波阻抗;a_0 表示目标的相对表面阻抗。

为了形式统一,LIBC 也可以写成下面另一种表示形式:

$$\boldsymbol{E}_{\tan} = -\hat{\boldsymbol{n}} \times (\hat{\boldsymbol{n}} \times \boldsymbol{E}) = \eta_0 a_0 \boldsymbol{J} \tag{8.3.2}$$

高阶阻抗边界条件形式如下:

$$\boldsymbol{E}_{\tan} = \eta_0 a_0 \boldsymbol{J} + \frac{\eta_0 a_1}{k^2} L_H(\boldsymbol{J}) \tag{8.3.3}$$

其中,算子 L_H 称为 Hodges 算子,其定义为

$$\begin{cases} L_H = L_D - L_R \\ L_D(\boldsymbol{J}) = \nabla\nabla \cdot \boldsymbol{J} \\ L_R(\boldsymbol{J}) = \nabla \times \{\hat{\boldsymbol{n}}[\hat{\boldsymbol{n}} \cdot (\nabla \times \boldsymbol{J})]\} \end{cases} \tag{8.3.4}$$

a_0、a_1 均为与表面阻抗相关的参数,其值为

$$a_0 = \sqrt{\frac{\mu_r}{\varepsilon_r}}\tan(\sqrt{\mu_r\varepsilon_r}kd) \tag{8.3.5}$$

$$a_1 = \frac{kd}{2\varepsilon_r} + \frac{\tan(\sqrt{\mu_r\varepsilon_r}kd)}{2\sqrt{\mu_r\varepsilon_r}\varepsilon_r} + \frac{kd\tan^2(\sqrt{\mu_r\varepsilon_r}kd)}{2\varepsilon_r} \tag{8.3.6}$$

从式(8.3.3)中可以看出,将 a_1 置为零时,HOIBC 就退化为 LIBC。

由等效原理可知,涂覆目标在空间产生的散射场由目标表面等效电磁流共同产生:

$$\begin{aligned}\boldsymbol{E}^{\mathrm{sca}}(\boldsymbol{r},\ t) = &\nabla\nabla\cdot\int_S \frac{\partial_t^{-1}\boldsymbol{J}(\boldsymbol{r}',\ t-R/c)}{4\pi\varepsilon_0 R}\mathrm{d}S - \int_S \frac{\mu_0\partial_t\boldsymbol{J}(\boldsymbol{r}',\ t-R/c)}{4\pi R}\mathrm{d}S \\ &-\int_S \nabla\times\frac{\boldsymbol{M}(\boldsymbol{r}',\ t-R/c)}{4\pi R}\mathrm{d}S\end{aligned} \tag{8.3.7}$$

根据目标表面总场等于入射场与散射场之和得到

$$\begin{aligned}&\frac{1}{2}\boldsymbol{E}_{\tan}(\boldsymbol{r},\ t) - \left[\begin{aligned}&\nabla\nabla\cdot\iint_S \frac{\partial_t^{-1}\boldsymbol{J}(\boldsymbol{r}',\ t-R/c)}{4\pi\varepsilon_0 R}\mathrm{d}S' - \iint_S \frac{\mu_0\partial_t\boldsymbol{J}(\boldsymbol{r}',\ t-R/c)}{4\pi R}\mathrm{d}S' \\ &-\iint_S \nabla\times\frac{\boldsymbol{M}(\boldsymbol{r}',\ t-R/c)}{4\pi R}\mathrm{d}S'\end{aligned}\right]_{\tan} \\ &= \boldsymbol{E}_{\tan}^{\mathrm{inc}}(\boldsymbol{r},\ t)\end{aligned} \tag{8.3.8}$$

利用阻抗边界条件中 $\boldsymbol{E}_{\tan}$ 与 $\boldsymbol{J}$ 的关系以及 $\boldsymbol{M} = \boldsymbol{E}\times\hat{\boldsymbol{n}}$,可以将上式转化为只含有未知表面电流的方程,这样便减小了未知量。

首先对目标表面建立的时域积分方程中的 $\boldsymbol{E}_{\tan}$、$\boldsymbol{J}$ 和 $\boldsymbol{M}$ 在空间、时间上用基函数展开:

$$\boldsymbol{J}(\boldsymbol{r},\ t) = \sum_{n=1}^{N_s}\sum_{j=1}^{N_t} I_{j,\,n}\boldsymbol{f}_n(\boldsymbol{r})T_j(t) \tag{8.3.9}$$

$$\boldsymbol{M}(\boldsymbol{r},\ t) = \sum_{n=1}^{N_s}\sum_{j=1}^{N_t} m_{j,\,n}\boldsymbol{f}_n(\boldsymbol{r})T_j(t) \tag{8.3.10}$$

$$\boldsymbol{E}_{\tan}(\boldsymbol{r},\ t) = \sum_{n=1}^{N_s}\sum_{j=1}^{N_t} e_{j,\,n}\boldsymbol{f}_n(\boldsymbol{r})T_j(t) \tag{8.3.11}$$

其中,N_t 是时间基函数的个数;$I_{j,\,n}$、$m_{j,\,n}$ 以及 $e_{j,\,n}$ 是第 n 个 RWG 基函数上第 j 个时间步上时间基函数的系数。

对离散后的方程进行空间上的伽辽金测试与时间点 t_j 上的点匹配,可得 N_s 个方程,在时刻 $i\Delta t$ 上的第 m 个方程为

$$\int_{S_m} \boldsymbol{f}_m(\boldsymbol{r}) \cdot \left[\frac{1}{2}\sum_{n=1}^{N_s}\sum_{j=1}^{N_t} e_{j,n}\boldsymbol{f}_n(\boldsymbol{r}')T_j(i\Delta t)\right]\mathrm{d}S$$

$$-\int_{S_m} \boldsymbol{f}_m(\boldsymbol{r}) \cdot \left[\begin{array}{l} \dfrac{\mu_0}{4\pi}\displaystyle\int_{S_n} \dfrac{\sum_{n=1}^{N_s}\sum_{j=1}^{N_t} I_{j,n}\boldsymbol{f}_n(\boldsymbol{r}')\partial_\tau T_j(i\Delta t - R/c)}{R} \\ -\dfrac{\nabla\nabla\cdot}{4\pi\varepsilon_0}\displaystyle\int_{S_n}\mathrm{d}S' \dfrac{\sum_{n=1}^{N_s}\sum_{j=1}^{N_t} I_{j,n}\boldsymbol{f}_n(\boldsymbol{r}')\partial_\tau^{-1} T_j(i\Delta t - R/c)}{R} \\ -\dfrac{1}{4\pi}\displaystyle\int_{S_n}\mathrm{d}S' \dfrac{\sum_{n=1}^{N_s}\sum_{j=1}^{N_t} m_{j,n}[\nabla\times\boldsymbol{f}_n(\boldsymbol{r}')]T_j(i\Delta t - R/c)}{R} \end{array}\right]\mathrm{d}S$$

$$=\int_{S_m} \boldsymbol{f}_m(\boldsymbol{r}) \cdot \boldsymbol{E}^{\text{inc}}(\boldsymbol{r}, i\Delta t)\,\mathrm{d}S \tag{8.3.12}$$

将其写成时间步进矩阵方程形式：

$$\frac{1}{2}\boldsymbol{G}_0 e_i + \boldsymbol{S}_0\boldsymbol{I}_i + \tilde{\boldsymbol{S}}_0\boldsymbol{m}_i = \boldsymbol{V}_i^E - \sum_{j=1}^{i-1}\boldsymbol{S}_{i-j}\boldsymbol{I}_j - \sum_{j=1}^{i-1}\tilde{\boldsymbol{S}}_{i-j}\boldsymbol{m}_j \tag{8.3.13}$$

其中，各矩阵表达式为

$$[G_{i-j}]_{mm} = \int_{S_m} \boldsymbol{f}_m(\boldsymbol{r}) \cdot \boldsymbol{f}_n(\boldsymbol{r}) T_j(i\Delta t)\,\mathrm{d}S \tag{8.3.14}$$

$$\begin{aligned}[\boldsymbol{S}_{i-j}]_{nm} = {} & \frac{\mu_0}{4\pi}\int_{S_m} \boldsymbol{f}_m(\boldsymbol{r}) \cdot \int_{S_n} \frac{\boldsymbol{f}_n(\boldsymbol{r}')\partial_t T_j(i\Delta t - R/c)}{R}\mathrm{d}S'\mathrm{d}S \\ & - \frac{1}{4\pi\varepsilon_0}\int_{S_m} \nabla\cdot\boldsymbol{f}_m(\boldsymbol{r})\int_{S_n} \frac{\nabla'\cdot\boldsymbol{f}_n(r')\partial_\tau^{-1}T_j(i\Delta t - R/c)}{R}\mathrm{d}S'\mathrm{d}S\end{aligned} \tag{8.3.15}$$

$$[\tilde{\boldsymbol{S}}_{i-j}]_{mn} = \frac{1}{4\pi}\int_{S_n} \boldsymbol{f}_m(\boldsymbol{r}) \cdot \int_{S_n} \frac{[\nabla\times\boldsymbol{f}_n(\boldsymbol{r}')]T_j(i\Delta t - R/c)}{R}\mathrm{d}S'\mathrm{d}S \tag{8.3.16}$$

$$[\boldsymbol{V}_i^E]_m = \int_{S_m} \boldsymbol{f}_m(\boldsymbol{r}) \cdot \boldsymbol{E}^{\text{inc}}(\boldsymbol{r}, i\Delta t)\,\mathrm{d}S \tag{8.3.17}$$

下面我们利用阻抗边界条件消去两组未知量。式(8.3.3)在时域中的表达式为

$$\begin{aligned}\boldsymbol{E}_t(\boldsymbol{r}, t) = {} & a_0(t)\otimes\boldsymbol{J}(\boldsymbol{r}, t) + a_1'(t)\otimes\boldsymbol{L}_H[\boldsymbol{J}(\boldsymbol{r}, t)] \\ & a_0(t)\otimes\boldsymbol{J}(\boldsymbol{r}, t) - a_1'(t)\otimes L_D[\boldsymbol{J}(\boldsymbol{r}, t)] \\ & - a_1'(t)\otimes L_R p[\boldsymbol{J}(\boldsymbol{r}, t)]\end{aligned} \tag{8.3.18}$$

其中，$a_1' = \dfrac{a_1}{k^2}$，符号⊗表示卷积。

从式(8.3.5)和式(8.3.6)中可以看出，a_0、a_1' 都是和频率相关的量(k 与频率相关)，并且其表达式比较复杂，不能直接通过逆傅里叶变换得到其时域表达式。我们采用矢量匹配法在一定频段内用有理多项式对其进行拟合，然后再进行拉普拉斯逆变换得到其时域表达式。以 a_0 为例，矢量匹配后的拟合形式如下：

$$a_0(s) = C_0 + \frac{A_{01}}{s + B_{01}} + \frac{A_{02}}{s + B_{02}} + \frac{A_{03}}{s + B_{03}} + \cdots \tag{8.3.19}$$

其中，$s = \mathrm{j}\omega$，C_0、A_{01}、$B_{01}\cdots$为拟合系数。显然，其时域表达式为

$$a_0(t) = C_0\delta(t) + A_{01}\mathrm{e}^{-B_{01}t} + A_{02}\mathrm{e}^{-B_{02}t} + A_{03}\mathrm{e}^{-B_{03}t} + \cdots \tag{8.3.20}$$

当拟合项数取得越多时，上述拟合式越逼近精确表达式。

对式(8.3.18)用式(8.3.11)和式(8.3.13)离散，并在空间上伽辽金测试与时间上点匹配，得到

$$\begin{aligned}
&\int_{S_n} \boldsymbol{f}_m(\boldsymbol{r}) \cdot \left[\sum_{n=1}^{N_s}\sum_{j=1}^{N_j} e_{j,n}\boldsymbol{f}_n(\boldsymbol{r})T_j(i\Delta t)\right]\mathrm{d}S \\
=& \int_{S_n} \boldsymbol{f}_m(\boldsymbol{r}) \cdot \left[\sum_{n=1}^{N_s}\sum_{j=1}^{N_i} I_{j,n}a_0(t) \otimes \boldsymbol{f}_n(\boldsymbol{r})T_j(i\Delta t)\right] \\
&- \int_{S_m} \nabla\cdot\boldsymbol{f}_m(\boldsymbol{r}) \cdot \left[\sum_{n=1}^{N_s}\sum_{j=1}^{N_t} I_{j,n}a_1'(t) \otimes [\nabla\cdot\boldsymbol{f}_n(\boldsymbol{r})]T_j(i\Delta t)\right] \\
&- \int_{S_m} \hat{\boldsymbol{n}}\cdot\nabla\times\boldsymbol{f}_m(\boldsymbol{r}) \cdot \left[\sum_{n=1}^{N_s}\sum_{j=1}^{N_t} I_{j,n}a_1'(t) \otimes [\hat{\boldsymbol{n}}\cdot\nabla\times\boldsymbol{f}_n(\boldsymbol{r})]T_j(i\Delta t)\right]
\end{aligned} \tag{8.3.21}$$

对上式中的几项卷积，它们的处理方式一致，下面以第一个卷积为例，利用8.2节中提到的处理方法，定义新的变量：

$$\boldsymbol{P}(\boldsymbol{r}, t) = a_0(t) \otimes \boldsymbol{J}(\boldsymbol{r}, t) \tag{8.3.22}$$

为推导方便，我们取一项多项式拟合

$$a_0(t) = C_0\delta(t) + A_{01}\mathrm{e}^{-B_{01}t} \tag{8.3.23}$$

对表面电流进行空间、时间上基函数展开：

$$\boldsymbol{J}(\boldsymbol{r}, t) = \sum_{n=1}^{N_s}\sum_{j=1}^{N_t} J_{j,n}T_j(t)\boldsymbol{f}_n(\boldsymbol{r}) = \sum_{n=1}^{N_s}\tilde{J}_n(t)\boldsymbol{f}_n(\boldsymbol{r}) \tag{8.3.24}$$

新定义变量 $\boldsymbol{P}(\boldsymbol{r}, t)$，同样进行空间、时间上基函数展开：

$$\boldsymbol{P}(\boldsymbol{r},t)=\sum_{n=1}^{N_s}\sum_{j=1}^{N_t}P_{j,n}T_j(t)\boldsymbol{f}_n(\boldsymbol{r})=\sum_{n=1}^{N_s}\tilde{P}_n(t)\boldsymbol{f}_n(\boldsymbol{r}) \tag{8.3.25}$$

$\tilde{P}_n(t)$与$\tilde{J}_n(t)$可通过下式相联系：

$$\begin{aligned}\tilde{P}_n(t)&=a_0(t)\otimes\tilde{J}_n(t)=c_0\delta(t)\otimes\tilde{J}_n(t)+A_{01}\mathrm{e}^{-B_{01}t}\otimes\tilde{J}_n(t)\\&=c_0\tilde{J}_n(t)+A_{01}\int_0^t\tilde{J}_n(t-\tau)\mathrm{e}^{-B_{01}\tau}\mathrm{d}\tau\end{aligned} \tag{8.3.26}$$

通过设定时间 $t=t_j$，由上式可得

$$P_{j,n}=c_0J_{j,n}+A_{01}\int_0^{j\Delta t}\tilde{J}_n(j\Delta t-\tau)\mathrm{e}^{-B_{01}\tau}\mathrm{d}\boldsymbol{\tau}^n \tag{8.3.27}$$

它也遵循在时间间隔$[(j-1)\Delta t,j\Delta t]$上的时间基函数的定义，$\tilde{J}_n(t)$与$\tilde{P}_n(t)$能以形式 $\tilde{J}_n(t)=\sum_{k=0}^{K}\left(\xi_k\left(j-\dfrac{t}{\Delta t}\right)J_{j-k,n}\right)$ $\left[\text{其中},\xi_k(\bar{t})=\sum_{i=0}^{K}(\alpha_{k,i}\cdot\bar{t}^i)\right]$，即以 $\tilde{J}_n(t)=\sum_{k=0}^{K}\left(\left(\sum_{k=0}^{K}\left(\alpha_{k,i}\cdot\left(j-\dfrac{t}{\Delta t}\right)^i\right)\right)J_{j-k,n}\right)$ 的多项式表示。

利用上述这些式子可以将等式(8.3.27)进一步展开得

$$P_{j,n}=c_0J_{j,n}+A_{01}\Delta t\sum_{\nu=0}^{j-1}\sum_{k=0}^{K}J_{j-k-\nu,n}\sum_{i=0}^{K}\alpha_{k,i}\int_0^1\bar{\tau}^i\mathrm{e}^{-B_{01}(\nu+\bar{\tau})\Delta t}\mathrm{d}\bar{\tau} \tag{8.3.28}$$

其中,k 是时间基函数的阶数,此处选用三角时间基函数(一阶 Lagrange 时间基函数)，

$$T(t)=\begin{cases}1+t, & -1\leqslant t<0\\1-t, & 0\leqslant t<1\\0, & \text{其他}\end{cases} \tag{8.3.29}$$

接下来要得到 $P_{j,n}$与 $J_{j,n}$之间的递推方程。式(8.3.28)中 $\int_0^1\bar{\tau}^i\mathrm{e}^{-B_{01}(\nu+\bar{\tau})\Delta t}\mathrm{d}\bar{\tau}$ 可以用以下表达式表示：

$$\int_0^1\bar{\tau}^i\mathrm{e}^{-B_{01}(\nu+\bar{\tau})\Delta t}\mathrm{d}\bar{\tau}=-\frac{k_0}{\Delta t}\mathrm{e}^{-\zeta\nu}\frac{i!}{\zeta^i}\left(1-\mathrm{e}^{-\zeta}\sum_{l=0}^{i}\frac{\zeta^l}{l!}\right) \tag{8.3.30}$$

其中，$k_0=\dfrac{A_{01}}{B_{01}}$；$\zeta=B_{01}\Delta t$。

把式(8.3.30)代入式(8.3.28)中可得

$$P_{j,n}=c_0J_{j,n}-\frac{k_0}{\Delta t}\Delta t\sum_{\nu=0}^{j-1}\sum_{k=0}^{K}J_{j-k-\nu,n}\sum_{i=0}^{K}\alpha_{k,i}\mathrm{e}^{-\zeta\nu}\frac{i!}{\zeta^i}\left(1-\mathrm{e}^{-\zeta}\sum_{l=0}^{i}\frac{\zeta^l}{l!}\right) \tag{8.3.31}$$

将上式记为

$$P_{j,\,n} = (c_0 - k_0 d_0) J_{j,\,n} - S_j - C_j \tag{8.3.32}$$

其中，d_k、S_j、C_j 可表达如下[4,5]：

$$d_k = \sum_{i=0}^{K} \alpha_{k,\,i} \frac{i!}{\zeta^i}\left(1 - \mathrm{e}^{-\zeta} \sum_{l=0}^{i} \frac{\zeta^l}{l!}\right) \tag{8.3.33}$$

$$S_j = k_0 \sum_{k=1}^{K} D_{j-k,\,n} d_k \tag{8.3.34}$$

$$C_j = k_0 \sum_{v=1}^{j-1} \mathrm{e}^{-\zeta v} \sum_{k=0}^{K} D_{j-k-v,\,n} d_k \tag{8.3.35}$$

通过归纳整理，则可将 P 写成和 J 递推的关系：

$$P_{j,\,n} = (c_0 - k_0 d_0) J_{j,\,n} - S_j + \mathrm{e}^{-\zeta}(P_{j-1,\,n} - J_{j-1,\,n}) \tag{8.3.36}$$

这里处理卷积的过程与上一章处理色散媒质散射问题中的卷积过程类似，$P_{j,\,n}$与 $J_{j,\,n}$之间的递推关系式相当于 7.2.2 节中的 $E^{\pm}_{j,\,n}$与 $D_{j,\,n}$之间的关系：

$$P_{j,\,n} = \sum_{k=0}^{K} \beta^J_{k,\,n} J_{j-k,\,n} + \breve{P}_{j-1,\,n} \tag{8.3.37}$$

其中，$P_{j,\,n} = \sum_{k=0}^{K} \beta^J_{k,\,n} J_{j-k,\,n} + \beta^P_n P_{j-1,\,n}$（此时的 $\beta^J_{k,\,n}$与 β^P_n 为实数），$\beta^J_{k,\,n}$与 β^P_n 的推导过程可参照附录 D，此处不再给出，对于三角时间基函数

$$\beta^J_{0,\,n} = \frac{c_0 - k_0 d_0}{a_0(b_0 - 1)} \tag{8.3.38}$$

$$\beta^J_{1,\,n} = \frac{-k_0 d_1 - \mathrm{e}^{-\zeta}}{a_0(b_0 - 1)} - c_0 \mathrm{e}^{-\zeta} \tag{8.3.39}$$

且 $\beta^P_n = \mathrm{e}^{-\zeta}$。

仍只考虑式(8.3.21)中的第一项卷积：

$$\begin{aligned}
&\int_{S_m} \boldsymbol{f}_m(\boldsymbol{r}) \cdot \left[\sum_{n=1}^{N_s} \sum_{j=1}^{N_t} e_{j,\,n} \boldsymbol{f}_n(\boldsymbol{r}) T_j(i\Delta t) \right] \mathrm{d}S \\
&= \int_{S_m} \boldsymbol{f}_m(\boldsymbol{r}) \cdot \left[\sum_{n=1}^{N_s} \sum_{j=1}^{N_t} P_{j,n} \boldsymbol{f}_n(\boldsymbol{r}) T_j(i\Delta t) \right] \mathrm{d}S
\end{aligned} \tag{8.3.40}$$

将 P 和 I 的递推关系代入式(8.3.40)得

$$\begin{aligned}
&\int_{S_m} \boldsymbol{f}_m(\boldsymbol{r}) \cdot \left[\sum_{n=1}^{N_s} \sum_{j=1}^{N_t} e_{j,\,n} \boldsymbol{f}_n(\boldsymbol{r}) T_j(i\Delta t) \right] \mathrm{d}S \\
&= \int_{S_m} \boldsymbol{f}_m(\boldsymbol{r}) \cdot \left[\sum_{n=1}^{N_s} \sum_{j=1}^{N_t} \left[\sum_{k=0}^{K} \beta^I_{k,\,n} J_{j-k,n} + \breve{P}_{j-1,\,n} \right] \boldsymbol{f}_n(\boldsymbol{r}) T_j(i\Delta t) \right] \mathrm{d}S
\end{aligned} \tag{8.3.41}$$

把式(8.3.41)的电流密度当前时刻值与非当前时刻值分开得

$$
\begin{aligned}
&\int_{S_m} \boldsymbol{f}_m(\boldsymbol{r}) \cdot \left[\sum_{n=1}^{N_s}\sum_{j=1}^{N_t} e_{j,n}\boldsymbol{f}_n(\boldsymbol{r})T_j(i\Delta t)\right]\mathrm{d}S \\
&= \int_{S_m} \boldsymbol{f}_m(\boldsymbol{r}) \cdot \left[\sum_{n=1}^{N_s}\sum_{j=1}^{N_t} \beta_{0,n}^{I} I_{j,n}\boldsymbol{f}_n(\boldsymbol{r})T_j(i\Delta t)\right]\mathrm{d}S \\
&\quad + \int_{S_m} \boldsymbol{f}_m(\boldsymbol{r}) \cdot \left[\sum_{n=1}^{N_s}\sum_{j=1}^{N_t}\sum_{k=1}^{K} \beta_{k,n}^{I} I_{j-k,n}\boldsymbol{f}_n(\boldsymbol{r})T_j(i\Delta t)\right]\mathrm{d}S \\
&\quad + \int_{S_m} \boldsymbol{f}_m(\boldsymbol{r}) \cdot \left[\sum_{n=1}^{N_s}\sum_{j=1}^{N_t} \tilde{P}_{j-1,n}\boldsymbol{f}_n(\boldsymbol{r})T_j(i\Delta t)\right]\mathrm{d}S
\end{aligned}
\tag{8.3.42}
$$

根据式(3.3.26),在时域里可得

$$
\begin{aligned}
&\int_{S_m} \boldsymbol{f}_m(\boldsymbol{r}) \cdot \left[\sum_{n=1}^{N_s}\sum_{j=1}^{N_t} m_{j,n}\boldsymbol{f}_n(\boldsymbol{r})T_j(i\Delta t)\right]\mathrm{d}S \\
&= -3\int_{S_m} \boldsymbol{q}_m(\boldsymbol{r}) \cdot \left[\sum_{n=1}^{N_s}\sum_{j=1}^{N_t} e_{j,n}\boldsymbol{f}_n(\boldsymbol{r})T_j(i\Delta t)\right]\mathrm{d}S
\end{aligned}
\tag{8.3.43}
$$

结合式(4.3.59)和式(4.3.60),再代入式(4.3.48),可以写成如下形式:

$$
\begin{aligned}
&\boldsymbol{S}_0\boldsymbol{I}_i + \frac{1}{2}\beta_0^I G_0\boldsymbol{Z}_0\boldsymbol{I}_i + \beta_0^I\tilde{\boldsymbol{S}}_0\tilde{\boldsymbol{P}}_0\boldsymbol{Z}_0\boldsymbol{I}_i \\
&= \boldsymbol{V}_i^E - \sum_{j=1}^{i-1}\boldsymbol{S}_j\boldsymbol{I}_{i-j} - \sum_{j=1}^{i-1}\tilde{\boldsymbol{S}}_j\tilde{\boldsymbol{P}}_0\boldsymbol{Z}_0\boldsymbol{I}_{i-j}^P - \frac{1}{2}\boldsymbol{G}_0\boldsymbol{Z}_0\left(\sum_{k=1}^{K}\beta_k^I\boldsymbol{I}_{i-k} + \beta^P\boldsymbol{I}_{i-1}^P\right) \\
&\quad - \tilde{\boldsymbol{S}}_0\tilde{\boldsymbol{P}}_0\boldsymbol{Z}_0\left(\sum_{k=1}^{K}\beta_k^I\boldsymbol{I}_{i-k} + \beta^P\boldsymbol{I}_{i-1}^P\right) \\
&= \boldsymbol{V}_i^E - \sum_{j=1}^{i-1}\boldsymbol{S}_j\boldsymbol{I}_{i-j} - \sum_{k=1}^{K}\beta_k^I\boldsymbol{I}_{i-k}\left(\frac{1}{2}\boldsymbol{G}_0\boldsymbol{Z}_0 + \tilde{\boldsymbol{S}}_0\tilde{\boldsymbol{P}}_0\boldsymbol{Z}_0\right) \\
&\quad - \sum_{j=1}^{i-1}\tilde{\boldsymbol{S}}_j\tilde{\boldsymbol{P}}_0\boldsymbol{Z}_0\boldsymbol{I}_{i-j}^P - \beta^P\left(\frac{1}{2}\boldsymbol{G}_0\boldsymbol{Z}_0 + \tilde{\boldsymbol{S}}_0\tilde{\boldsymbol{P}}_0\boldsymbol{Z}_0\right)\boldsymbol{I}_{i-1}^P \\
&= \boldsymbol{V}_i^E - \sum_{j=1}^{i-1}\boldsymbol{S}_j\boldsymbol{I}_{i-j} - \frac{1}{2}\left(\sum_{k=1}^{K}\beta_k^I\boldsymbol{I}_{i-k} + \beta^P\boldsymbol{I}_{i-1}^P\right)\boldsymbol{G}_0\boldsymbol{Z}_0 \\
&\quad - \sum_{j=1}^{i-1}\tilde{\boldsymbol{S}}_j\tilde{\boldsymbol{P}}_0\boldsymbol{Z}_0\boldsymbol{I}_{i-j}^P - \left(\sum_{k=1}^{K}\beta_k^I\boldsymbol{I}_{i-k} + \beta^P\boldsymbol{V}_{i-1}^P\right)\tilde{\boldsymbol{S}}_0\tilde{\boldsymbol{P}}_0\boldsymbol{Z}_0
\end{aligned}
\tag{8.3.44}
$$

其中,

$$
[\boldsymbol{G}_0]_{mn} = \iint_{S_m}\boldsymbol{f}_m(\boldsymbol{r})\boldsymbol{f}_n(\boldsymbol{r})T_i(i\Delta t)\mathrm{d}S \tag{8.3.45}
$$

$$
[\tilde{\boldsymbol{P}}_0]_{mn} = -3\iint_{S_m}\boldsymbol{q}_m(\boldsymbol{r}) \cdot \boldsymbol{f}_n(\boldsymbol{r})T_i(i\Delta t)\mathrm{d}S \tag{8.3.46}
$$

$$\boldsymbol{I}_i = [I_{i,1}, \cdots, I_{i,N_s}] \tag{8.3.47}$$

$$\boldsymbol{I}_i^p = [P_{i,1}, \cdots, P_{i,N_s}] \tag{8.3.48}$$

下面给出几个算例验证本节方法的准确性。将结果与 Mie 级数或商业电磁仿真软件 FEKO 结果对比。在本节的数值算例中，若无特别说明，入射波皆为调制高斯脉冲波。

算例 1：分析一个金属涂覆球的电磁散射特性。金属球半径为 0.8 m，其表面涂有厚度为 0.05 m 的涂敷材料，相对介电常数为 2 − j，相对磁导率为 1，入射波中心频率为 150 MHz，带宽为 300 MHz，入射方向和极化方向分别为 $\boldsymbol{k}^{\mathrm{inc}} = \boldsymbol{z}$，$\boldsymbol{p}^{\mathrm{inc}} = \boldsymbol{x}$。散射观察角：$0° \leqslant \theta_s \leqslant 180°$，$\phi_s = 180°$；程序迭代收敛精度为 1.0×10^{-13}，$\Delta t = 1/(1 \times 10) = 0.1$，时间总步数为 300 步；运行平台为个人计算机，主频 2.83 GHz，内存 7.86 GB，对比的 RCS 结果如图 8.3.1 所示。

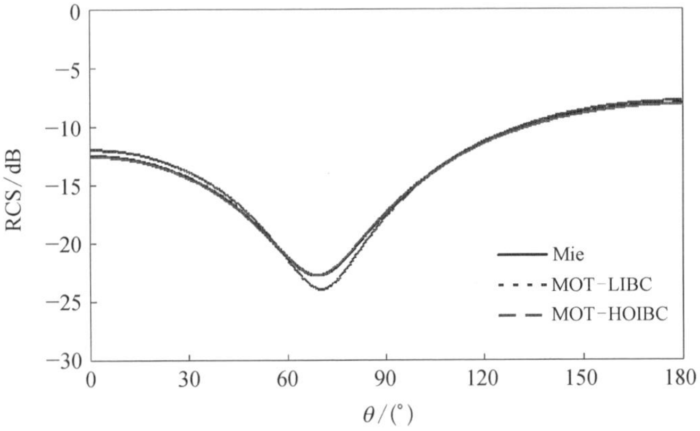

(a) 涂覆球在50 MHz频率处的双站RCS结果对比图

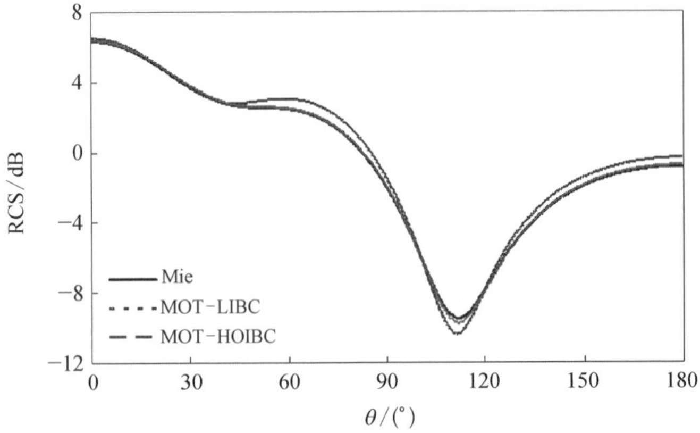

(b) 涂覆球在150 MHz频率处的双站RCS结果对比图

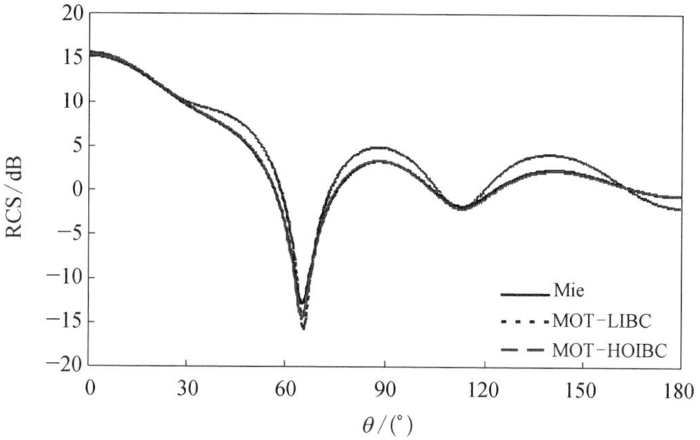

(c) 涂覆球在250 MHz频率处的双站RCS结果对比图

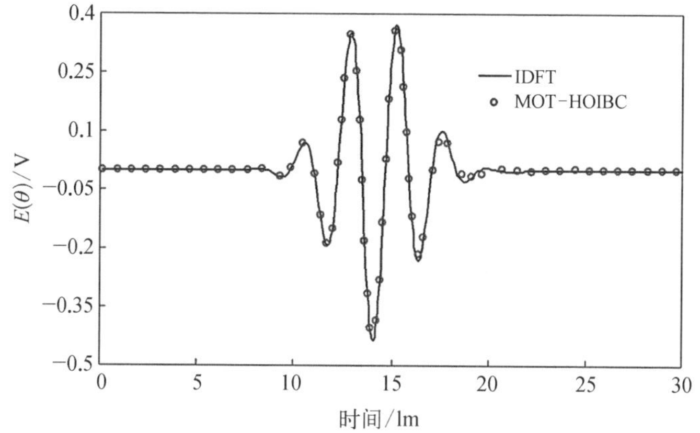

(d) 涂覆球的时域后向远场散射图

图 8.3.1　涂覆球在不同频率处的双站 RCS 结果对比图与涂覆球的时域后向远场散射图

此算例以涂敷介质球为例验证本节方法正确性，分别以 50 MHz、150 MHz、250 MHz 频点的双站 RCS 并与 Mie 级数作对比，从图 8.3.1 可看出，引入高阶阻抗边界条件后在相对介电常数较小时，与低阶阻抗边界条件相比各个频点的双站 RCS 精度均较高，表明本节方法具有较高的准确性。

算例 2： 分析一个涂敷介质立方体的电磁散射特性。如图 8.3.2 所示，立方体边长为 1.5 m，其表面涂上 0.05 m 的涂敷材料，相对介电常数为 6 − 2j，相对磁导率为 1，入射波为调制高斯平面波，中心频率为 150 MHz，带宽为 300 MHz，入射方向和极化方向分别为 $\boldsymbol{k}^{\text{inc}}=\boldsymbol{z}$，$\boldsymbol{p}^{\text{inc}}=\boldsymbol{x}$；散射观察角为 $0°\leqslant\theta_s\leqslant180°$，$\phi_s=180°$；程序迭代收敛精度为 1.0×10^{-13}，$\Delta t=1/(1\times10)=0.1$，时间总步数为 300 步；运行平台为个人计算机，主频 2.83 GHz，内存 7.86 GB。与商业软件 FEKO 对比的 RCS 结果

如图 8.3.3(a)～(c)所示,时域后向远场散射与频域矩量法进行离散逆傅里叶变换的后向散射场如图 8.3.3(d)所示。

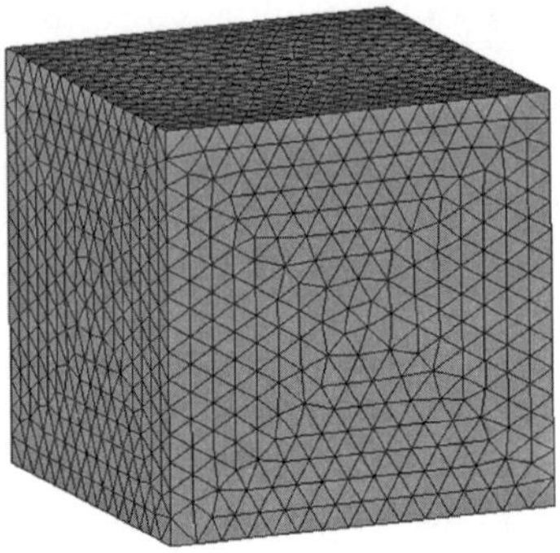

图 8.3.2　涂敷立方体剖分示意图

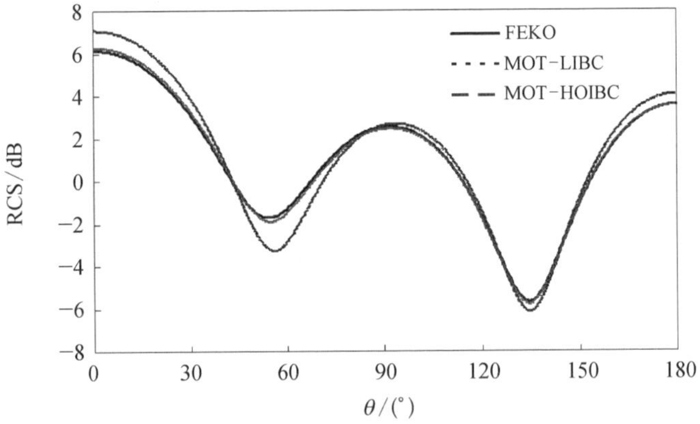

(a) 涂敷立方体频率为50 MHz时的双站RCS对比图

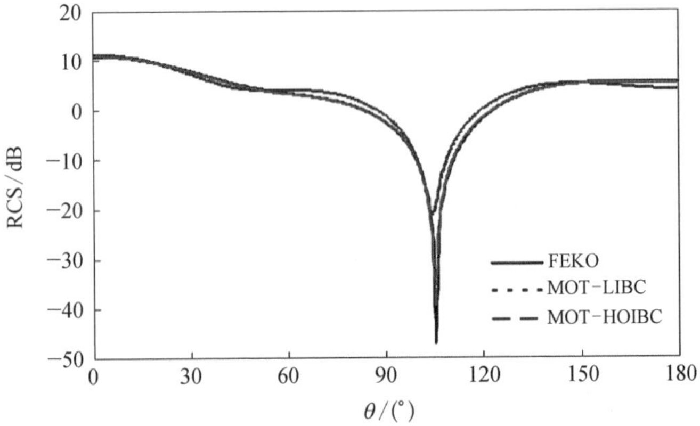

(b) 涂敷立方体频率为150 MHz时的双站RCS对比图

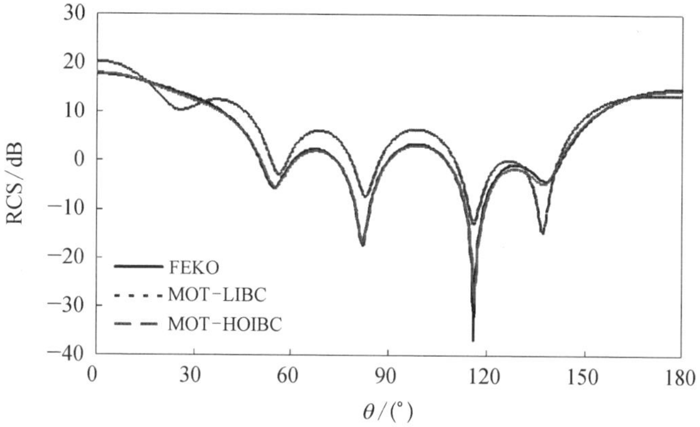

(c) 涂敷立方体频率为250 MHz时的双站RCS对比图

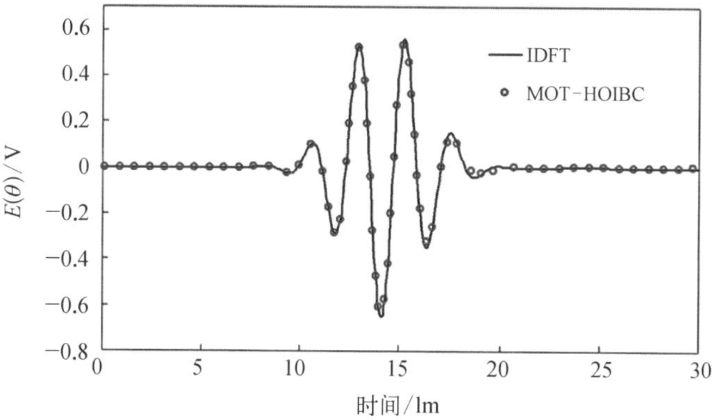

(d) 涂敷立方体的时域后向远场散射图

图 8.3.3　涂敷立方体频率为 50 MHz(a)、150 MHz(b)、250 MHz(c)时的双站 RCS 对比图,以及涂敷立方体的时域后向远场散射图(d)

可以看出,引入高阶阻抗边界条件后在相对介电常数较小时,与低阶阻抗边界条件相比,各个频点的双站 RCS 精度均较高,表明本节方法具有较高的准确性。

8.4　不连续伽辽金的时域体面积分方程方法

实际应用中,雷达观测目标通常由金属介质材料组合而成,且目标结构可能存在多尺度或是含有多种介质材料。在上一节中,主要讨论了分析介质目标电磁散射特性的不连续伽辽金时域体积分方程方法。在本节中,将把第 3 章介绍的不连续伽辽金技术进一步推广到分析金属介质混合目标的时域体面积分方程方法中,实现离散金属介质混合目标网格的灵活性,降低由于精细结构的存在对网格离散造成的不便,降低畸形网格的出现概率,实现高精度的数值求解。最后结合时域平面波技术进一步实现本方法对电磁散射问题的高效求解。

8.4.1　空间基函数的介绍

这里将针对不连续伽辽金方法提出一种类似于单极 RWG 基函数的单极 SWG 基函数作为展开金属表面感应电流密度的空间基函数，如图 8.4.1 所示。

对于一个单极 SWG 基函数，如图 8.4.1 所示，V_n 代表包含有第 n 个介质三角形 $S_{v,n}$ 的四面体 T_n 的体积，由此第 n 个单极 SWG 基函数定义为

$$\boldsymbol{f}_n^v(\boldsymbol{r}) = \begin{cases} \dfrac{s_n}{3V_n}\boldsymbol{\rho}_n, & \boldsymbol{r} \in T_n \\ 0, & \text{其他} \end{cases} \tag{8.4.1}$$

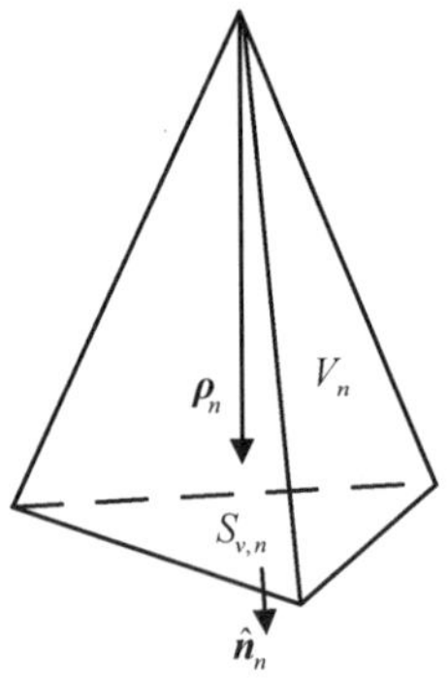

图 8.4.1　单极 SWG 基函数示意图

式中，s_n 为第 n 个介质三角形 $S_{v,n}$ 的面积；$\boldsymbol{\rho}_n$ 的定义与之前介绍的 SWG 基函数一致，这里不再赘述。类似于 SWG 基函数，我们可以得到关于单极 SWG 基函数的如下特性：

$$\nabla \cdot \boldsymbol{f}_n^v(\boldsymbol{r}) = \begin{cases} \dfrac{s_n}{V_n}\boldsymbol{\rho}_n, & \boldsymbol{r} \in T_n \\ 0, & \text{其他} \end{cases} \tag{8.4.2}$$

$$\hat{\boldsymbol{n}}_n \cdot \boldsymbol{f}_n^v(\boldsymbol{r}) = \begin{cases} 1, & \boldsymbol{r} \in S_{v,n} \\ 0, & \text{其他} \end{cases} \tag{8.4.3}$$

8.4.2　矩阵方程的建立

时域体面积分方程可以写为

$$\boldsymbol{E}(\boldsymbol{r}, t) = \boldsymbol{E}^{\text{inc}}(\boldsymbol{r}, t) + \boldsymbol{E}^{\text{sca}}(\boldsymbol{r}, t, \boldsymbol{J}_S) + \boldsymbol{E}^{\text{sca}}(\boldsymbol{r}, t, \boldsymbol{J}_V), \quad \boldsymbol{r} \in V \tag{8.4.4}$$

$$\hat{\boldsymbol{n}} \times \hat{\boldsymbol{n}} \times (\boldsymbol{E}^{\text{sca}}(\boldsymbol{r}, t, \boldsymbol{J}_S) + \boldsymbol{E}^{\text{sca}}(\boldsymbol{r}, t, \boldsymbol{J}_V)) = 0, \quad \boldsymbol{r} \in S \tag{8.4.5}$$

其中，

$$\boldsymbol{E}^{\text{sca}}(\boldsymbol{r}, t, \boldsymbol{J}_q) = -\frac{\mu_0}{4\pi}\int_{\xi} \mathrm{d}\xi(\partial_t \bar{\boldsymbol{I}} - c^2\partial_t^{-1}\nabla\nabla) \cdot \frac{\boldsymbol{J}_q(\boldsymbol{r}', t - R/c)}{R} \tag{8.4.6}$$

ξ 表示积分区域，这里 $\xi = V$ 或 S，$\boldsymbol{J}_q$ 表示待求的感应面电流 $\boldsymbol{J}_S$ 密度或感应体电流密度 $\boldsymbol{J}_V$。需要指出的是，这里仅考虑了瞬态电场激励的时域体面积分方程。

下面,将对待求未知量 $\boldsymbol{J}_V$ 和 $\boldsymbol{J}_S$ 进行空间和时间维上的展开。这里,空间上分别采用单极 SWG 和单极 RWG 基函数对感应体电流和感应面电流进行展开,时间上采用四阶 Lagrange 插值时间基函数进行展开。感应面电流展开后表达式为(3.3.5),感应体电流开展式如下:

$$\boldsymbol{J}_V(\boldsymbol{r},\ t) = \sum_{n=1}^{N_s} \sum_{l=1}^{N_t} I_n^l T_l(t) \boldsymbol{f}_n^v(\boldsymbol{r}) \tag{8.4.7}$$

将式(8.4.4)和式(8.4.5)进行时间维上的求导,将式(3.3.5)和式(8.4.7)代入求导后的式(8.4.4)和式(8.4.5),并在空间上进行 Galerkin 测试,时间上采用点匹配,可以得到如下形式的矩阵方程:

$$\boldsymbol{Z}^0 \boldsymbol{I}^i = \boldsymbol{V}^i - \sum_{j=1}^{i-1} \boldsymbol{Z}^{i-j} \boldsymbol{I}^j \tag{8.4.8}$$

其中,

$$\boldsymbol{V}^i = \int_\xi \boldsymbol{f}^{v(s)}(\boldsymbol{r}) \cdot \partial_t \boldsymbol{E}^{\mathrm{inc}}(\boldsymbol{r},\ i\Delta t)\,\mathrm{d}\xi \tag{8.4.9}$$

$$\boldsymbol{Z}^{i-j} = \begin{bmatrix} \boldsymbol{Z}_{VV}^{i-j} & \boldsymbol{Z}_{VS}^{i-j} \\ \boldsymbol{Z}_{SV}^{i-j} & \boldsymbol{Z}_{SS}^{i-j} \end{bmatrix} \tag{8.4.10}$$

这里,$\boldsymbol{Z}_{SS}^{i-j}$ 的表达式即为式(3.3.8)中对时间维求导后的电场积分方程部分。对于其他三部分矩阵,首先,对于介质互作用矩阵部分,可表达如下[8]:

$$\begin{aligned}
\boldsymbol{Z}_{mn}^{i-j} = & \frac{1}{\varepsilon_0(\varepsilon_r(\boldsymbol{r}) - 1)} \int_{V_m} \boldsymbol{f}_m^v(\boldsymbol{r}) \cdot \boldsymbol{f}_n^v(\boldsymbol{r}') T_j(i\Delta t)\,\mathrm{d}V_m \\
& + \frac{\mu_0}{4\pi} \int_{V_m} \boldsymbol{f}_m^v(\boldsymbol{r}) \cdot \int_{V_n} \boldsymbol{f}_n^v(\boldsymbol{r}') \partial_t^2 g_j(i\Delta t,\ R)\,\mathrm{d}V_n \mathrm{d}V_m \\
& + \frac{1}{4\pi\varepsilon_0} \int_{V_m} \nabla \cdot \boldsymbol{f}_m^v(\boldsymbol{r}) \int_{V_n} \nabla \cdot \boldsymbol{f}_n^v(\boldsymbol{r}') g_j(i\Delta t,\ R)\,\mathrm{d}V_n \mathrm{d}V_m \\
& - \frac{1}{4\pi\varepsilon_0} \oint_{S_m} \hat{\boldsymbol{n}}_m \cdot \boldsymbol{f}_m^v(\boldsymbol{r}) \int_{V_n} \nabla \cdot \boldsymbol{f}_n^v(\boldsymbol{r}') g_j(i\Delta t,\ R)\,\mathrm{d}V_n \mathrm{d}S_m \\
& - \frac{1}{4\pi\varepsilon_0} \int_{V_m} \nabla \cdot \boldsymbol{f}_m^v(\boldsymbol{r}) \oint_{S_n} \hat{\boldsymbol{n}}_n \cdot \boldsymbol{f}_n^v(\boldsymbol{r}') g_j(i\Delta t,\ R)\,\mathrm{d}S_n \mathrm{d}V_m \\
& + \frac{1}{4\pi\varepsilon_0} \oint_{S_m} \hat{\boldsymbol{n}}_m \cdot \boldsymbol{f}_m^v(\boldsymbol{r}) \oint_{S_n} \hat{\boldsymbol{n}}_n \cdot \boldsymbol{f}_n^v(\boldsymbol{r}') g_j(i\Delta t,\ R)\,\mathrm{d}S_n \mathrm{d}S_m
\end{aligned} \tag{8.4.11}$$

对两块互作用矩阵,经过双梯度的降阶处理可以表示如下:

$$
\begin{aligned}
\boldsymbol{Z}_{VS,\,mn}^{i-j}=&\frac{\mu_0}{4\pi}\int_{V_m}\boldsymbol{f}_m^v(\boldsymbol{r})\cdot\int_{S_{s,\,n}}\boldsymbol{f}_n^s(\boldsymbol{r}')\partial_t^2 g_j(i\Delta t,\,R)\mathrm{d}S_{s,\,n}\mathrm{d}V_m\\
&+\frac{1}{4\pi\varepsilon_0}\int_{V_m}\nabla\cdot\boldsymbol{f}_m^v(\boldsymbol{r})\int_{S_{\varepsilon,\,n}}\nabla\cdot\boldsymbol{f}_n^s(\boldsymbol{r}')g_j(i\Delta t,\,R)\mathrm{d}S_{s,\,n}\mathrm{d}V_m\\
&-\frac{1}{4\pi\varepsilon_0}\oint_S\hat{\boldsymbol{n}}_m\cdot\boldsymbol{f}_m^v(\boldsymbol{r})\int_{S_{s,\,n}}\nabla\cdot\boldsymbol{f}_n^s(\boldsymbol{r}')g_j(i\Delta t,\,R)\mathrm{d}S_{s,\,n}\mathrm{d}S_{v,\,m}\\
&-\frac{1}{4\pi\varepsilon_0}\int_{V_m}\nabla\cdot\boldsymbol{f}_m^v(\boldsymbol{r})\oint_{L_n}\hat{\boldsymbol{n}}_n\cdot\boldsymbol{f}_n^s(\boldsymbol{r}')g_j(i\Delta t,\,R)\mathrm{d}L_n\mathrm{d}V_m\\
&+\frac{1}{4\pi\varepsilon_0}\oint_{S_{v,\,m}}\hat{\boldsymbol{n}}_m\cdot\boldsymbol{f}_m^v(\boldsymbol{r})\oint_{L_n}\hat{\boldsymbol{n}}_n\cdot\boldsymbol{f}_n^s(\boldsymbol{r}')\cdot g_j(i\Delta t,\,R)\mathrm{d}L_n\mathrm{d}S_{v,\,m}
\end{aligned}
\tag{8.4.12}
$$

同理可得，

$$
\begin{aligned}
\boldsymbol{Z}_{SV,\,mn}^{i-j}=&\frac{\mu_0}{4\pi}\int_{S_{s,m}}\boldsymbol{f}_m^s(\boldsymbol{r})\cdot\int_{V_n}\boldsymbol{f}_n^v(\boldsymbol{r}')\partial_t^2 g_j(i\Delta t,\,R)\mathrm{d}V_n\mathrm{d}S_{s,\,m}\\
&+\frac{1}{4\pi\varepsilon_0}\int_{S_{\varepsilon,\,m}}\nabla\cdot\boldsymbol{f}_m^s(\boldsymbol{r})\int_{V_n}\nabla\cdot\boldsymbol{f}_n^v(\boldsymbol{r}')g_j(i\Delta t,\,R)\mathrm{d}V_n\mathrm{d}S_{s,\,m}\\
&-\frac{1}{4\pi\varepsilon_0}\oint_{L_m}\hat{\boldsymbol{n}}_m\cdot\boldsymbol{f}_m^s(\boldsymbol{r})\int_{V_n}\nabla\cdot\boldsymbol{f}_n^v(\boldsymbol{r}')g_j(i\Delta t,\,R)\mathrm{d}V_n\mathrm{d}L_m\\
&-\frac{1}{4\pi\varepsilon_0}\int_{S_{\varepsilon,\,m}}\nabla\cdot\boldsymbol{f}_m^s(\boldsymbol{r})\oint_{S_{v,\,n}}\hat{\boldsymbol{n}}_n\cdot\boldsymbol{f}_n^v(\boldsymbol{r}')g_j(i\Delta t,\,R)\mathrm{d}S_{v,\,n}\mathrm{d}S_{s,\,m}\\
&+\frac{1}{4\pi\varepsilon_0}\oint_{L_m}\hat{\boldsymbol{n}}_m\cdot\boldsymbol{f}_m^s(\boldsymbol{r})\oint_{S_{v,\,n}}\hat{\boldsymbol{n}}_n\cdot\boldsymbol{f}_n^v(\boldsymbol{r})g_j(i\Delta t,\,R)\mathrm{d}S_{v,\,n}\mathrm{d}L_m
\end{aligned}
\tag{8.4.13}
$$

这里，$g_j(i\Delta t,\,R)=\dfrac{T_j(i\Delta t-R/c)}{R}$。

8.4.3　混合伽辽金方法

由于时域体面积分方程方法所形成的矩阵，本身已经是一个相对较稠密的矩阵，并且对于分析实际问题时，多尺度结构或者不均匀的介电常数并不是处处存在，运用不连续伽辽金方法后，单极 SWG 和单极 RWG 基函数的引入将使式(8.4.10)中的矩阵变得更加稠密，且会带来未知量不必要的增加。所以我们讨论把传统的单极 SWG、单极 RWG、SWG 和 RWG 基函数混合对未知量进行空间维展开，这样可发挥共形与非共形网格的各自优势。在共形剖分并且介电常数相同的网格部分，采用 SWG 和 RWG 基函数作为展开未知电流的空间基函数。而只在需要非共形剖分以及介电常数不相同的部分采用单极 SWG 和单极 RWG 基函数作为展开未知电流的空间基函数。

为了简单描述，可以将式(8.4.10)中 $\boldsymbol{Z}^{i-j}$ 表示为 4 种情况：

$$\boldsymbol{Z}^{i-j}=\begin{bmatrix}\boldsymbol{Z}_{ff}^{i-j} & \boldsymbol{Z}_{fh}^{i-j}\\ \boldsymbol{Z}_{hf}^{i-j} & \boldsymbol{Z}_{hh}^{i-j}\end{bmatrix} \tag{8.4.14}$$

这里，下标 f 和 h 分别代表 SWG/RWG 基函数与单极 SWG/RWG 基函数。ff 表示源基函数与测试基函数均为 SWG/RWG 基函数；fh 表示源基函数为单极 SWG/RWG 基函数，测试基函数为 SWG/RWG 基函数；hf 表示源基函数为 SWG/RWG 基函数，测试基函数为单极 SWG/RWG 基函数；hh 表示源基函数与测试基函数均为单极 SWG/RWG 基函数。

由于 SWG 和 RWG 基函数具有性质：

$$\oint_S \hat{\boldsymbol{n}}\cdot\boldsymbol{f}^{v}(\hat{\boldsymbol{r}})\,\mathrm{d}S=0 \tag{8.4.15}$$

$$\oint_L \hat{\boldsymbol{n}}\cdot\boldsymbol{f}^{s}(\hat{\boldsymbol{r}})\,\mathrm{d}L=0 \tag{8.4.16}$$

利用这些性质，对于式(3.3.8)和式(8.4.11)~(8.4.13)中，$\boldsymbol{Z}_{ff}^{i-j}$ 可以只用式(3.3.8)和式(8.4.11)~(8.4.13)的各自前三项进行表示，$\boldsymbol{Z}_{fh}^{i-j}$ 可以只用式(3.3.8)和式(8.4.11)~(8.4.13)的各自前三项和第五项表示，$\boldsymbol{Z}_{hf}^{i-j}$ 可以只用式(3.3.8)和式(8.4.11)~(8.4.13)的各自前三项和第四项表示，$\boldsymbol{Z}_{hh}^{i-j}$ 则相对于式(3.3.8)和式(8.4.11)~(8.4.13)保持不变。

算例 1： 分析一个 6 × 6 的十字形单元组成的 FSS 结构的电磁散射特性。单个模型尺寸如图 8.4.2(a)所示，分别采用共形和非共形的网格进行离散，图 8.4.2(b)~(c)为共形与非共形的网格离散示意图。入射波为调制高斯脉冲波，入射波中心频率为 5.5 GHz，带宽为 5 GHz，入射方向和极化方向分别为 $\boldsymbol{k}^{\text{inc}}=-\boldsymbol{z}$，$\boldsymbol{p}^{\text{inc}}=-\boldsymbol{x}$。散射观察角为 $0°\leqslant\theta\leqslant 180°$，$\phi=0°$。模型的介质材料相对介电常数为 2。根据离散的网格示意图可以看出，本结构若采用传统的体面积分方程方法，使用共形网格去剖分，由于金属部分的结构精细，会导致整个介质部分的网格离散过密，出现未知量的冗余。此时，采用非共形网格离散，介质的网格尺寸将不受金属部分的影响，这样会使得网格数降低。本算例中，若采用共形的网格剖分，并结合传统的连续加辽金技术，将会产生 46 290 的计算未知量，而对于非共形网格离散，并结合混合的伽辽金技术，未知量将会减少至 9 672。此外，本算例结合 PWTD 方法加速求解。设置求解时间步长 $\Delta t=0.025$ lm，时间步数为 400 步。图 8.4.3 为该 FSS 结构在 4.0 GHz、5.6 GHz、7.2 GHz时，本方法的计算结果与频域体面积分方程方法计算的双站 RCS 结果对比图。图 8.4.4 为瞬态后向散射场的 θ 分量对比图。从结果可以看出本方法在分析含有精细结构模型时的高计算精度。效率上，传统的 MOT 求解的时间为 5.25 h，计算资源消耗 2.88 GB，而采用 PWTD 技术加速求解的时间降至 3.67 h，内存消耗降至 2.0 GB，可以看出结合 PWTD 方法对本节方法的计算效率有显著改善（该效率对比所用的运行计算平台为联想 Intel Q9500，主频 2.83 GHz，内存 8 GB）。

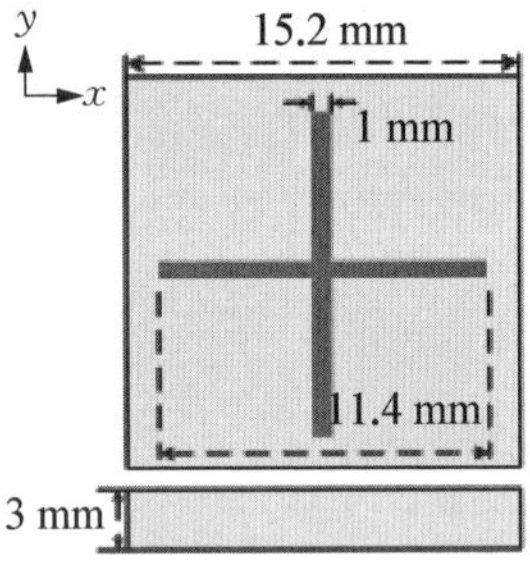

(a)

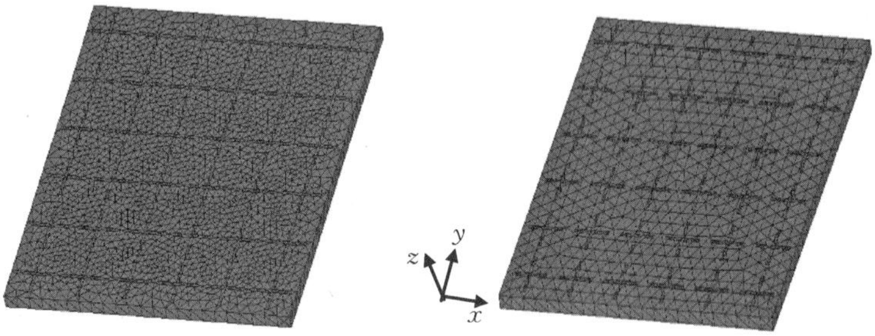

(b)　　(c)

图 8.4.2　(a) 单元目标的结构尺寸示意图；(b) 共形网格离散示意图；(c) 非共形网格离散示意图

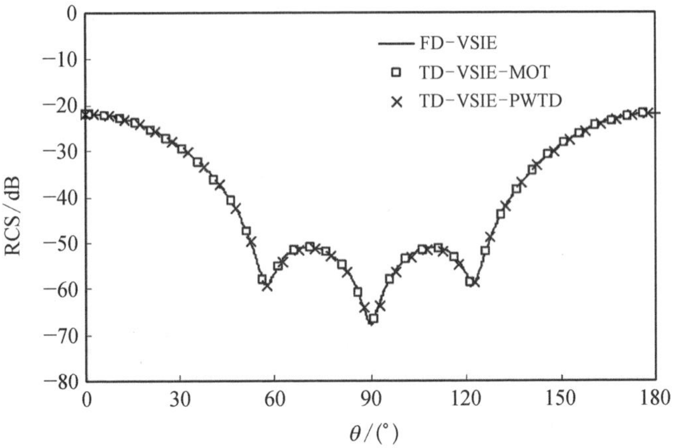

(a) 4.0 GHz

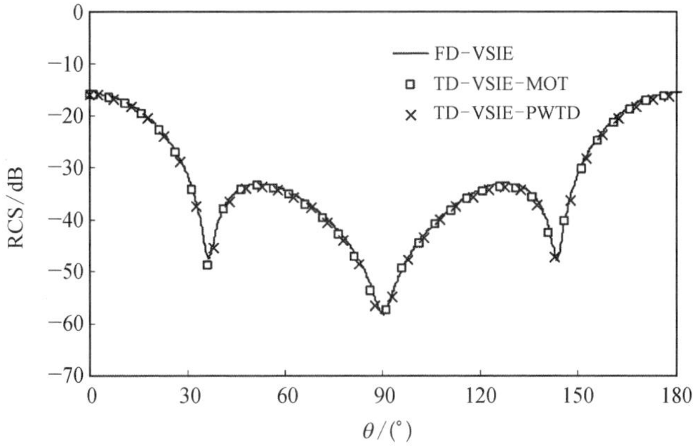

(b) 5.6 GHz

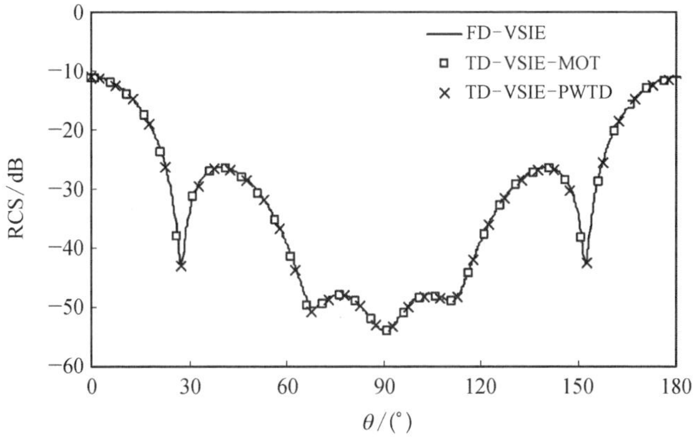

(c) 7.2 GHz

图 8.4.3　FSS 结构在 4.0 GHz(a)、5.6 GHz(b)、7.2 GHz(c)频率处的双站 RCS 结果对比图

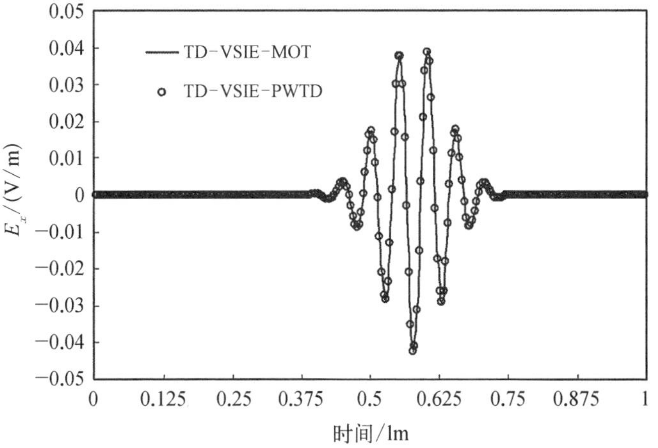

图 8.4.4　瞬态后向散射场的 θ 分量的时域波形对比图

考虑车载天线在强电磁脉冲下的耦合效应分析。加载短波天线的炮车模型如图 8.4.5 所示，炮车尺寸为 8.8 m × 3.1 m × 3.8 m，短波天线半径为 1.5 cm，高度为 150 cm。入射波改为图 8.4.6 所示的核爆电磁脉冲，入射波方向为 $-z$ 方向，电场为 y 方向。其表达式为：$E(t)=E_0k(e^{-\beta t}-e^{-\alpha t})$，其中，$E_0=25\,kV/m$ 为峰值场强，$k=1.05$ 为修正系数，$\alpha=4.76\times10^8\,s^{-1}$，$\beta=4\times10^6\,s^{-1}$ 分别表征脉冲前、后沿的参数。分别采用 PWTD 算法和时域有限差分（FDTD）方法分析短波天线和炮车连接处匹配负载上的时域耦合电流（图 8.4.7），两种方法得到的感应电路曲线保持一致验证了算法的准确性。

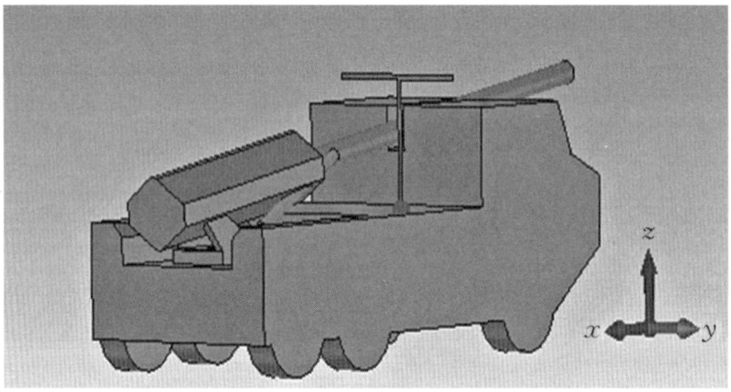

图 8.4.5　车载天线仿真模型示意图

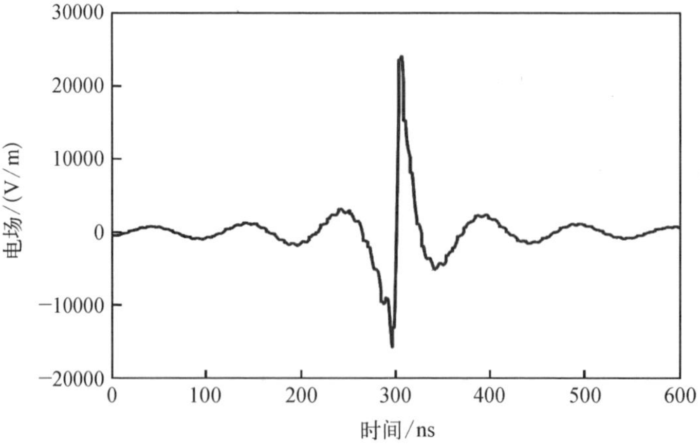

图 8.4.6　入射核爆脉冲时域波形

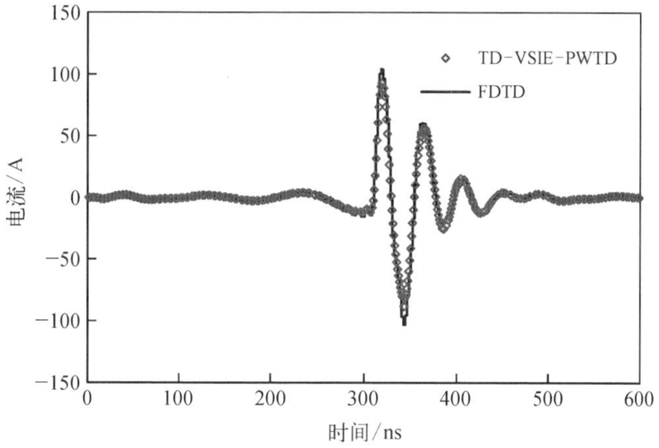

图 8.4.7　核爆电磁脉冲下车载天线负载电流曲线对比

算例 2：本章提出了基于时域方法的天线系统高功率电磁脉冲作用机理分析技术，适用于天线与微波电路结构级联的复杂算例，可以解决高功率脉冲天线系统耦合效应分析难的问题。首先为了验证算法的准确性，采用一对喇叭天线搭建的仿真与测试对比系统对电磁波的耦合效应进行验证。图 8.4.8 为搭建的实验测试平台，采用矢量信号发生器产生高频信号，通过喇叭天线将电磁波发射至自由空间，然后在接收喇叭天线处接微带滤波器，最后测试滤波器负载端的高频信号。矢量信号发生器产生 4GHz 的点频连续波，然后通过同轴将信号输送到双脊喇叭天线（工作频带 2~18 GHz），在同型号接收天线的同轴端口连接滤波器，滤波器连接频谱仪，频谱仪通过混频模式可以接收时域脉冲波形。图 8.4.9 为搭建的实验测试平台。对应的仿真模型如图 8.4.10 所示，设置同样的参数，模拟电磁波辐照下的滤波器感应波形，对实测结果进行比对，图 8.4.11 为微带滤波器未连接喇叭天线一端的感应电压时域波形。仿真结果与实测结果吻合良好，从而验证了本书所提出的时域分析方法的准确性。

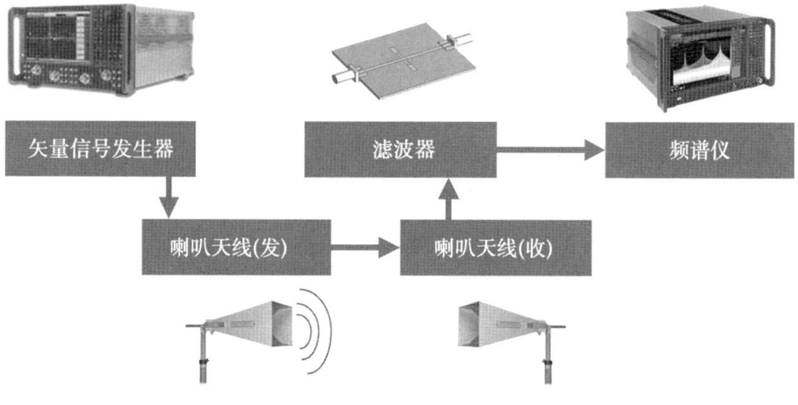

图 8.4.8　实验测试平台示意图

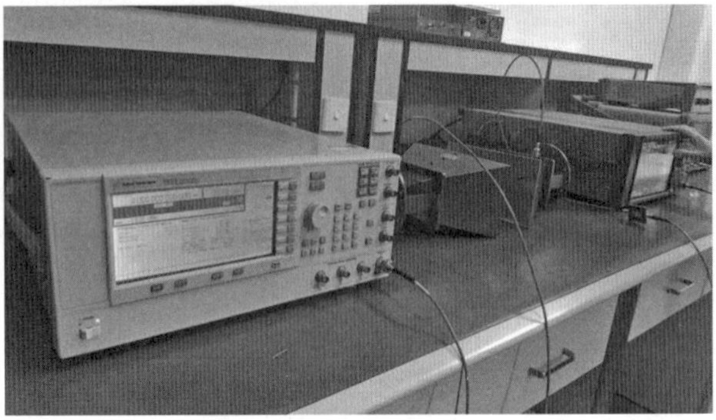

图 8.4.9　搭建实验测试平台

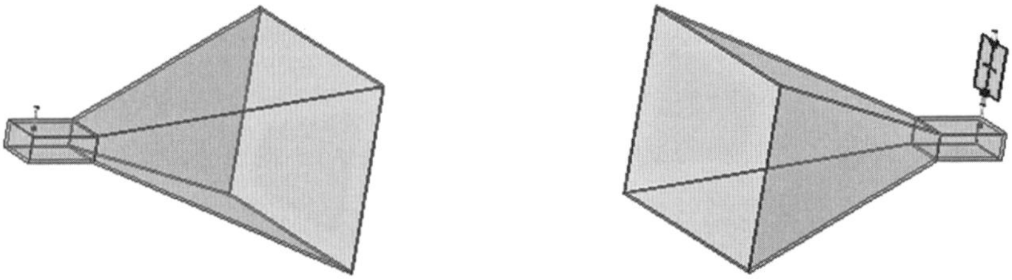

图 8.4.10　仿真平台搭建

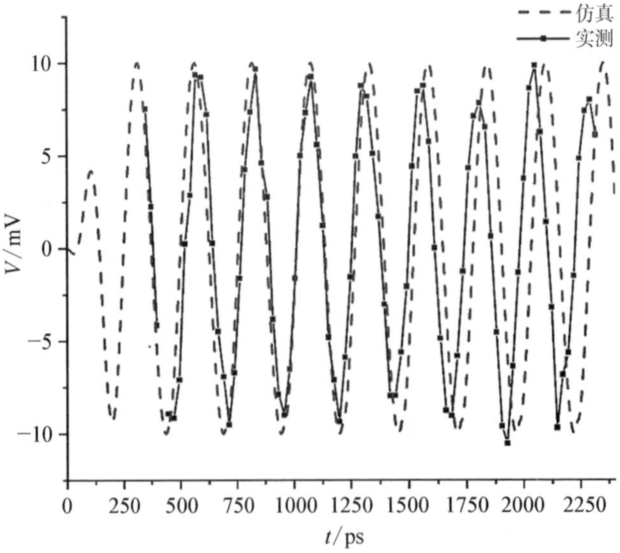

图 8.4.11　仿真结果与实测结果对比

算例 3: 本章将所提出的时域分析方法进一步延拓展到阵列天线的高功率脉冲效应分析中。利用时域方法分析图 8.4.12 所示的 3×3 天线阵列高功率电磁脉冲耦合效应。天线阵列单元灰棕色部分为金属贴片，蓝色部分为同轴结构。高功率电磁脉冲以平面波的形式对天线阵列进行辐照，天线阵列对高功率电磁波进行接收，在同轴端口感应出的电压会耦合到下端连接的微带电路中，在微带电路产生耦合，对后端的收发组件及敏感模块会造成影响。因此，建立天线阵列及微带结构级联的高功率微波效应仿真方法，对端口的感应信息进行仿真分析。图 8.4.13 所示为入射天线阵列结构的高功率脉冲时域波形，入射源采取频率范围为 2.2～2.6 GHz、幅值为 1 000 V 的调制高斯脉冲平面波，极化为水平极化。

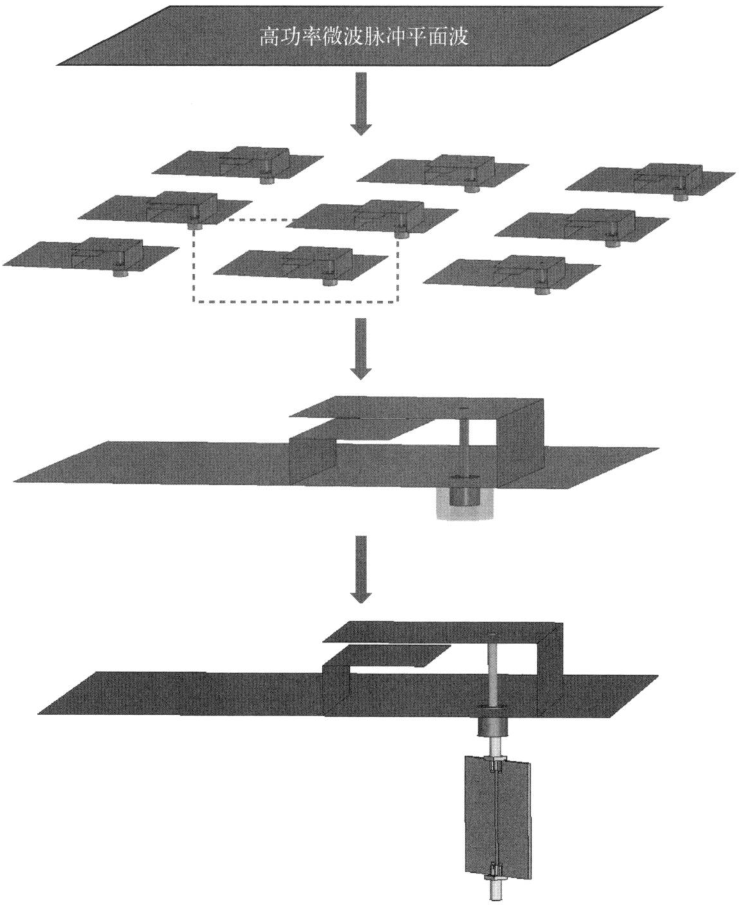

图 8.4.12　微带天线阵列高功率效应仿真模型示意图

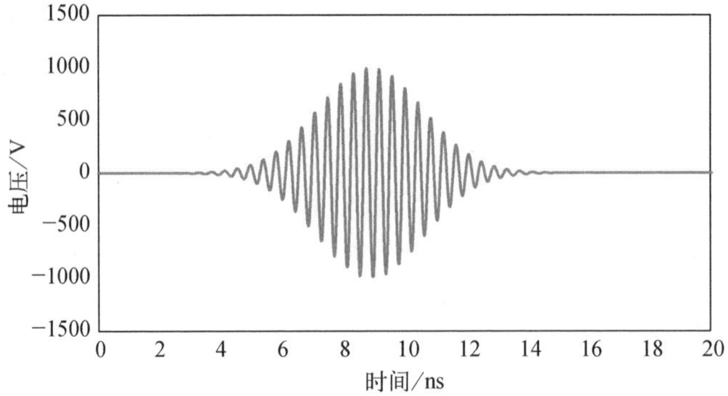

图 8.4.13　入射的高功率电磁脉冲时域波形

高功率电磁脉冲辐射下的天线阵列会接收电磁场,感应出的电磁场会传输到微带电路上,分析微带电路的感应信息对强电磁脉冲效应及防护设计具有重要意义。微带结构如图 8.4.14 所示,其中 R_S 为天线单元的内阻,V_S 为信号源,微带长为 32 mm,宽为 24 mm,介质基板厚 0.81 mm,介电常数 $\varepsilon_r = 2.0$,电路末端接 50 Ω 电阻。采用所提出的时域方法对高功率耦合效应进行分析,图 8.4.15 为天线阵列同轴端口感应出的电压源时域波形,图 8.4.16 为微带端口 2 所感应出的电压时域波形。

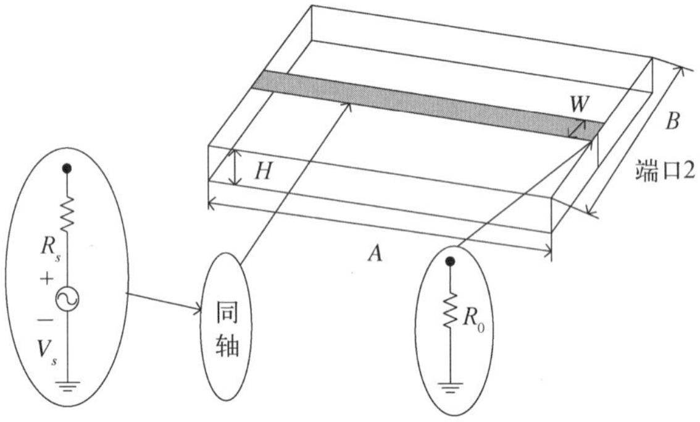

图 8.4.14　微波电路示意图

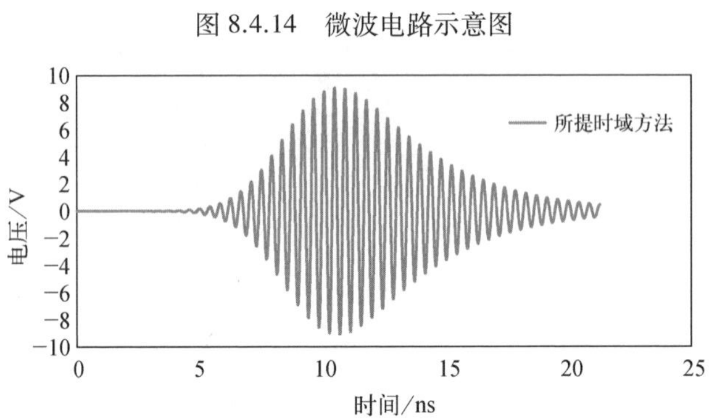

图 8.4.15　信号源电压图

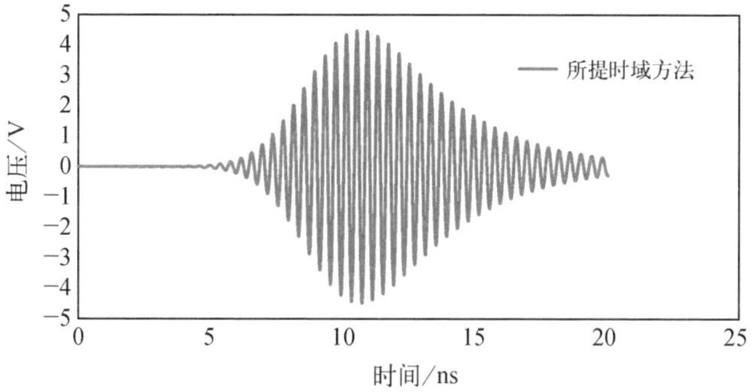

图 8.4.16　输出端口电压时域波形图

因此,本书所提出的时域分析方法可用于复杂天线阵列结构的高功率脉冲效应分析,可进一步为高功率电磁防护提供理论指导。

参 考 文 献

[1] Aygün K, Shanker B, Michielssen E. Fast time domain characterization of finite size microstrip structures [J]. International Journal of Numerical Modelling: Electronic Networks, Devices And Fields, 2002, 15(6): 439 – 457.

[2] Yilmaz A E, Jin J M, Michielssen E. Broadband analysis of electromagnetic from dielectric coated conductors with parallel TD-AIM [C]. Proceedings of IEEE International Symposium on Antennas and Propagation, 2004, 4: 4220 – 4223.

[3] Aygün K, Brian C F, Meng J, et al. A fast hybrid field-circuit simulator for transient analysis of microwave circuits [J]. IEEE Transactions on Microwave Theory and Techniques, 2004, 52(2): 573 – 583.

[4] Yilmaz A E, Jin J M, Michielssen E. A parallel FFT accelerated transient field-circuit simulator [J]. IEEE Transactions on Microwave Theory and Techniques, 2005, 53(9): 2851 – 2865.

[5] Cheng G S, Fan Z H, Tao S F, et al. An efficient solution for the transient electromagnetic scattering from a conductor coated by multilayer thin materials [J]. IEEE Antennas and Wireless Propagation Letter, 2015, 14: 1673 – 1676.

[6] Hu Y L, Chen R S. Analysis of scattering from composite conducting dispersive dielectric objects by time-domain volume-surface integral equation [J]. IEEE Transactions on Antennas and Propagation, 2016, 64(5): 1984 – 1989.

[7] Kobidze G, Gao J, Shanker B, et al. A fast time domain integral equation based scheme for analyzing scattering from dispersive objects [J]. IEEE Transactions on Antennas and Propagation, 2005, 53(3): 1215 – 1226.

[8] Hu Y L, Chen R S. Analysis of transient EM scattering from penetrable objects by time domain non-conformal VIE [J]. IEEE Transactions on Antennas and Propagation, 2016, 64(1): 360 – 365.

附　　录

附　录　A

在完全严格积分(full-exact integration)技术中,积分 J 的相关函数 $\Omega(u, v)$ 在三角形区域 Δ_k, $k = 1, 2, 3, \cdots, 6$, 上的解析公式为

$$\begin{aligned}\Omega_{\Delta_1}(u, v) = &\frac{bc}{12}[a^2 + b^2 + c^2 + ac + 6(x_i x_j + y_i y_j) - 2b(y_i + y_j) - 2(a + c)(x_i + x_j)] \\ &- \frac{bc}{6}(a + c - 3x_i)u - \frac{c}{6}[b^2 + 2c^2 + 6x_i x_j - 3c(x_i + x_j) - 3by_j + 6y_i y_j]v \\ &+ \frac{c}{2}(c - 2x_i)uv + \frac{c}{2b}[c^2 + x_i x_j - c(x_i + x_j) + a(-c + x_i + x_j) + b(y_i - y_j) \\ &+ y_i y_j]v^2 + \frac{c}{2b}(a - c + x_i)uv^2 + \frac{c}{6b^2}[-2(a^2 + c^2) + 4ac + (c - 2a)(x_i + x_j) \\ &+ b(b - 2y_i + y_j)]v^3 + \frac{c}{6b^2}(-2a + c)uv^3 + \frac{c}{12b^3}(3a^2 - 3ac + c^2 - b^2)v^4\end{aligned} \tag{A.1}$$

$$\begin{aligned}\Omega_{\Delta_4}(u, v) = &\frac{bc}{24}\{2a[c - 2(x_i + x_j)] + a^2 bc x_i x_j + 2[c^2 - 2c(x_i + x_j) + b^2 + 6y_i y_j \\ &- 2b(y_i + y_j)]\} + \frac{bc}{6}(a + c - 3x_j)u + \frac{c}{6}[b^2 + 2c^2 + 6x_i x_j - 3c(x_i + x_j) \\ &- 3by_i + 6y_i y_j]v + \frac{c}{2}(c - 2x_j)uv + \frac{c}{2b}[c^2 + x_i x_j - c(x_i + x_j) + a(-c \\ &+ x_i + x_j) + b(y_j - y_i) + y_i y_j]v^2 + \frac{c}{2b}(-a + c - x_j)uv^2 \\ &+ \frac{c}{6b^2}[2a^2 + 2v^2 - c(x_i + x_j) + 2a(-2c + x_i + x_j) - b(b + y_i - 2y_j)]v^3 \\ &+ \frac{c}{6b^2}(-2a + c)uv^3 + \frac{c}{12b^3}(3a^2 - 3ac + c^2 - b^2)v^4\end{aligned} \tag{A.2}$$

$$\Omega_{\Delta_2}(u, v) = \frac{bc}{24}\{2a[c - 2(x_i + x_j)] + a^2 bc x_i x_j + 2[c^2 - 2c(x_i + x_j) + b^2 + 6y_i y_j$$

$$-2b(y_i+y_j)]\}+\frac{b}{6}\{2(a^2+b^2)+c^2-3cx_i+6x_ix_j+a[c-3(x_i+x_j)]$$

$$-3b(y_i+y_j)+6y_iy_j\}u+\frac{1}{6}\{-2a^3+3a^2(x_i+x_j)+cb(b-3y_i)$$

$$+a[-6x_ix_j-2b^2-6y_iy_j+3b(y_i-y_j)]\}v+\frac{b}{2c}\{-3a^2+c(x_i-x_j)$$

$$+3a(x_i+x_j)-3[x_ix_j+(b-y_i)(b-y_j)]\}u^2+\frac{1}{2c}\{6a^3-3a^2[c$$

$$+2(x_i+x_j)]+2a\{c(x_i+2x_j)+3[x_ix_j+(b-y_i)(b-y_j)]\}$$

$$+c[-4(x_ix_j+y_iy_j)-3b^2+2by_i+4by_j]\}uv-\frac{1}{2bc}\{3a^4-3c^3(c+x_i+x_j)$$

$$+a^2\{c^2+3c(x_i+x_j)+3[x_ix_j+(b-y_i)(b-y_j)]\}+c^2\{x_ix_j$$

$$+(b-y_i)(b-y_j)-ac[4x_ix_j+c(x_i+x_j)+3b^2-2by_i$$

$$+4y_j(y_i-b)]\}\}v^2-\frac{b}{6c^2}[-10a^2+c^2+c(2x_i-7x_j)$$

$$+5a(c+x_i+x_j)+5b(-2b+y_i+y_j)]u^3-\frac{1}{2c^2}\{10a^3-5a^2(2c+x_i+x_j)$$

$$+a[4c^2+2c(x_i+4x_j)+5b(2b-y_i-y_j)]$$

$$+c[-4cx_j+b(-5b+y_i+4y_j)]\}u^2v+\frac{1}{2bc^2}\{10a^4-5a^3(3c+x_i+x_j)$$

$$-ac[3c^2+c(3x_i+7x_j)+2b(5b-y_i-4y_j)]+c^2[c(x_i+2x_j)$$

$$+b(2b+y_i-3y_j)]+a^2[11c^2+c(6x_i+9x_j)+5b(2b-y_i-y_j)]\}uv^2$$

$$+\frac{1}{6b^2c^2}\{-10a^5+5a^4(4c+x_i+x_j)+a^2c[10c^2+9c(x_i+x_j)$$

$$+3b(5b-y_i-4y_j)]-ac^2[2c^2+5c(x_i+x_j)+3b(2b+y_i-3y_j)]$$

$$+c^3[c(x_i+x_j)+b(b+y_i-2y_j)]-5a^3[4c^2+2c(x_i+x_j)$$

$$+b(2b-y_i-y_j)]\}v^3-\frac{b}{12c^3}(7a^2-7ac+c^2+7b^2)u^4$$

$$+\frac{1}{6c^3}[14a^3-21a^2c-4c^3-7b^2c+2a(8c^2+7b^2)]u^3v$$

$$-\frac{1}{2bc^3}(7a^4-14a^3c+16a^2c^2-9ac^3+2c^4+7a^2b^2$$

$$-7ab^2c+b^2c^2)u^2v^2+\frac{1}{6b^2c^3}[14a^5-35a^4c-3c^5+b^2c^3$$

$$+2a^3(25c^2+7b^2)-a^2(41c^3+21b^2c)+a(17c^4+6b^2c^2)]uv^3$$

$$- \frac{a-c}{12b^3c^3}[7a^5 - 14a^4c - c^5 + b^2c^3 + 7a^3(3c^2 + b^2) - a^2(15c^3 + 7b^2c) + a(6c^4 - b^2c^2)]v^4 \tag{A.3}$$

$$\begin{aligned}
\Omega_{\Delta_3}(u, v) = & \frac{bc}{12}[a^2 + b^2 + c^2 + ac + 6(x_ix_j + y_iy_j) - 2(a + c)(x_i + x_j) - 2b(y_i + y_j)] \\
& - \frac{b}{6}\{2a^2 + 2b^2 + c^2 - 3cx_i + 6x_ix_j + a[c - 3(x_i + x_j)] - 3by_i - 2by_j \\
& + 6y_iy_j\}u + \frac{1}{6}\{2a^3 - 3a^2(x_i + x_j) - c[2c^2 + 6x_ix_j - 3c(x_i + x_j) + b^2 \\
& - 3by_j + 6y_iy_j] + a[6x_ix_j + 2b^2 + 6y_iy_j - 3b(y_i + y_j)]\}v + \frac{b}{2c}\{-3a^2 \\
& + c(x_j - x_i) + 3a(x_i + x_j) - 3[x_ix_j + (b - y_i)(b - y_j)]\}u^2 + \frac{1}{2c}\{6a^3 \\
& + c[c^2 - 2x_i(c + x_j) - 3b^2 + 4by_i + 2y_j(b - 3a^2[c + 2(x_i + x_j)] \\
& + 2a\{c(2x_i + x_j) + 3[x_ix_j + (b - y_i)(b - y_j)]\} - y_i)]\}uv - \frac{1}{2bc}\{3a^4 \\
& - 3a^3(c + x_i + x_j) + c^2[-c^2 + c(x_i + x_j) + b(b - 2y_i)] \\
& + a^2\{c^2 + 3c(x_i + x_j) + 3[x_ix_j + (b - y_i)(b - y_j)]\} \\
& + ac[c^2 - 2x_ix_j - 2c(x_i + x_j) - 3b^2 + 4by_i + 2by_j - 2y_iy_j]\}v^2 \\
& + \frac{b}{6c^2}[-10a^2 + c^2 + 5a(c + x_i + x_j) + c(-7x_i + 2x_j) \\
& + 5b(-2b + y_i + y_j)]u^3 + \frac{1}{2c^2}\{10a^3 - 5a^2(2c + x_i + x_j) \\
& + a[4c^2 + 2c(4x_i + x_j) + 5b(2b - y_i - y_j)] + c[-c(3x_i + x_j) \\
& + b(-5b + 4y_i + y_j)]\}u^2v - \frac{1}{2bc^2}\{10a^4 - 5a^3(3c + x_i + x_j) \\
& + c^2[c^2 + c(x_i + x_j) + 2b(b - y_i)] - 2ac[2c^2 + c(3x_i + 2x_j) \\
& + b(5b - 4y_i - y_j)] + a^2[11c^2 + c(9x_i + 6x_j) \\
& + 5b(2b - y_i - y_j)]\}uv^2 + \frac{1}{6b^2c^2}\{10a^5 - 2c^5 - 5a^4(4c + x_i + x_j) \\
& + 3ac^2[2c^2 + c(x_i + x_j) + 2b(b - y_i)] - 3a^2c[4c^2 + 3c(x_i + x_j) \\
& + b(5b - 4y_i - y_j)] + 5a^3[4c^2 + 2c(x_i + x_j) + b(2b - y_i - y_j)]\}v^3 \\
& - \frac{b}{12c^3}(7a^2 - 7ac + c^2)u^4 + \frac{1}{6c^3}[14a^3 - 21a^2c - 5c^3 - 7b^2c
\end{aligned}$$

$$+2a(8c^2+7b^2)]u^3v-\frac{1}{2bc^3}(7a^4-14a^3c+16a^2c^2-9ac^3+2c^4$$
$$+7a^2b^2-7ab^2c+b^2c^2)u^2v^2+\frac{1}{6b^2c^3}[14a^5-35a^4c-2c^5$$
$$+2a^3(25c^2+7b^2)-3a^2(13c^3+7b^2c)+3a(5c^4+2b^2c^2)]uv^3$$
$$+\frac{a}{12b^3c^3}[-7a^5+21a^4c+4c^5-6ac^2(3c^2+b^2)-7a^3(5c^3+b^2)$$
$$+2a^2(17c^3+7b^2c)]v^4 \tag{A.4}$$

$$\Omega_{\Delta_5}(u,v)=\frac{bc}{72}\{6a[c-2(x_i+x_j)]-a^2b^2cy_i+6[c^2+6x_ix_j-2c(x_i+x_j)$$
$$+b^2-2by_j+12y_iy_j]\}+\frac{b}{6}\{2a^2+c^2-3cx_j+6x_ix_j+6y_iy_j$$
$$+a[c-3(x_i+x_j)]+2b^2-3b(y_i+y_j)\}u+\frac{1}{6}\{-2a^3+3a^2(x_i+x_j)$$
$$+c[2c^2+6x_ix_j-3c(x_i+x_j)+b^2-3by_i+6y_iy_j]$$
$$+a[-2b^2-6(x_ix_j+y_iy_j)+3b(y_i+y_j)]\}v+\frac{b}{2c}\{-3a^2$$
$$+c(x_i-x_j)+3a(x_i+x_j)-3[x_ix_j+(b-y_i)(b-y_j)]\}u^2$$
$$+\frac{1}{2c}\{6a^3-3a^2[c+2(x_i+x_j)]+2a\{c(x_i+2x_j)$$
$$+3[x_ix_j+(b-y_i)(b-y_j)]\}+c(c^2-2cx_j-2x_ix_j-3b^2$$
$$+2by_i+4by_j-2y_iy_j)\}uv-\frac{1}{2bc}\{3a^4-3a^3(c+x_i+x_j)$$
$$+a^2\{c^2+3c(x_i+x_j)+3[x_ix_j+(b-y_i)(b-y_j)]\}$$
$$+c^2[-c^2+c(x_i+x_j)+b(b-2y_j)]+ac[c^2-2x_ix_j-2c(x_i+x_j)$$
$$-3b^2+2by_i+4by_j-2y_iy_j]\}v^2-\frac{b}{6c^2}[-10a^2+c^2+c(2x_i-7x_j)$$
$$+5a(c+x_i+x_j)+5b(-2b+y_i+y_j)]u^3$$
$$-\frac{1}{2c^2}\{10a^3-5a^2(2c+x_i+x_j)+a[4c^2+2c(x_i+4x_j)$$
$$+5b(2b-y_i-y_j)]+c[-c(x_i+3x_j)+b(-5b+y_i+4y_j)]\}u^2v$$
$$+\frac{1}{2bc^2}\{10a^4-5a^3(3c+x_i+x_j)-2ac[2c^2+c(2x_i+3x_j)$$
$$+b(5b-y_i-4y_j)]+c^2[c^2+c(x_i+x_j)+2b(b-y_j)]$$
$$+a^2[11c^3+c(6x_i+9x_j)+5b(2b-y_i-y_j)]\}uv^2$$

$$+\frac{1}{6b^2c^2}\{-10a^5+2c^5+5a^4(4c+x_i+x_j)+3a^2c[4c^2+3c(x_i+x_j)$$
$$+b(5b-y_i-4y_j)]-3ac^2[2c^2+c(x_i+x_j)+2b(b-y_j)]$$
$$-5a^3[4c^2+2c(x_i+x_j)+b(2b-y_i-y_j)]\}v^3$$
$$-\frac{b}{12c^3}(7a^2-7ac+c^2+7b^2)u^4+\frac{1}{6c^3}[14a^3-21a^2c-5c^3$$
$$-7b^2c^4+2a(8c^2+7b^2)]u^3v-\frac{1}{2bc^3}(7a^4-14a^3c+16a^2c^2$$
$$-9ac^3+2c^4+7a^2b^2-7ab^2c+b^2c^2)u^2v^2+\frac{1}{6b^2c^3}[14a^5$$
$$-35a^4c-2c^5+b^2c^3+2a^3(25c^2+7b^2)-3a^2(13c^3+7b^2c)$$
$$+3a(5c^4+2b^2c^2)]uv^3+\frac{1}{12b^3c^3}[-7a^5+21a^4c+4c^5-6ac^2(3c^2+b^2)$$
$$-7a^3(5c^2+b^2)+2a^2(17c^3+7b^2c)]v^4 \tag{A.5}$$

$$\Omega_{\Delta_6}(u,v)=\frac{bc}{12}[a^2+b^2+c^2+ac+6(x_ix_j+y_iy_j)-2(a+c)(x_i+x_j)-2b(y_i+y_j)]$$
$$-\frac{b}{6}\{2a^2+2b^2+c^2-3cx_i+6x_ix_j+a[c-3(x_i+x_j)]-3by_i-2by_j$$
$$+6y_iy_j\}u+\frac{1}{6}\{2a^3-3a^2(x_i+x_j)-bc(b-3by_j)+a[6x_ix_j+2b^2$$
$$+6y_iy_j-3b(y_i+y_j)]\}v+\frac{b}{2c}\{-3a^2+c(x_j-x_i)+3a(x_i+x_j)$$
$$-3[x_ix_j+(b-y_i)(b-y_j)]\}u^2+\frac{1}{2c}\{6a^3-3a^2[c+2(x_i+x_j)]$$
$$+2a\{c(2x_i+x_j)+3[x_ix_j+(b-y_i)(b-y_j)]\}+c[-4x_ix_j-3b^2$$
$$+4by_i+2y_j(b-2y_i)]\}uv-\frac{1}{2bc}\{3a^4-3a^3(c+x_i+x_j)$$
$$+a^2\{c^2+3c(x_i+x_j)+3[x_ix_j+(b-y_i)(b-y_j)]\}$$
$$+c^2[x_ix_j+(b-y_i)(b-y_j)]-ac[4x_ix_j+c(x_i+x_j)+3b^2$$
$$-4by_i-2by_j+4y_iy_j]\}v^2+\frac{b}{6c^2}[-10a^2+c^2+5a(c+x_i+x_j)$$
$$+c(-7x_i+2x_j)+5b(-2b+y_i+y_j)]u^3+\frac{1}{2c^2}\{10a^3-5a^2(2c+x_i$$
$$+x_j)+a[4c^2+2c(4x_i+x_j)+5b(2b-y_i-y_j)]+c[-4cx_i$$

$$
\begin{aligned}
&+ b(-5b + 4y_i + y_j)]\}u^2v - \frac{1}{2bc^2}\{10a^4 - 5a^3(3c + x_i + x_j) \\
&- ac[3c^2 + c(7x_i + 3x_j) + 2b(5b - 4y_i - y_j)] + a^2[11c^2 + c(9x_i + 6x_j) \\
&+ 5b(2b - y_i - y_j)] + c^2[c(2x_i + x_j) + b(2b - 3y_i + y_j)]\}uv^2 \\
&+ \frac{1}{6b^2c^2}\{10a^5 - 5a^4(4c + x_i + x_j) - a^2c[10c^2 + 9c(x_i + x_j) \\
&+ 3b(5b - 4y_i - y_j)] + 5a^3[4c^2 + 2c(x_i + x_j) + b(2b - y_i - y_j)] \\
&+ ac^2[2c^2 + 5c(x_i + x_j) + 3b(2b - 3y_i + y_j)] - c^3[c(x_i + x_j) \\
&+ b(b - 2y_i + y_j)]\}v^3 - \frac{b}{12c^3}(7a^2 - 7ac + c^2)u^4 + \frac{1}{6c^3}[14a^3 - 21a^2c \\
&- 4c^3 - 7b^2c + 2a(8c^2 + 7b^2)]u^3v - \frac{1}{2bc^3}(7a^4 - 14a^3c \\
&+ 16a^2c^2 - 9ac^3 + 2c^4 + 7a^2b^2 - 7ab^2c + b^2c^2)u^2v^2 \\
&+ \frac{1}{6b^2c^3}[14a^5 - 35a^4c - 3c^5 + b^2c^3 + 2a^3(25c^2 + 7b^2) \\
&- a^2(41c^3 + 21b^2c) + a(17c^4 + 6b^2c^2)]uv^3 \\
&- \frac{a - c}{12b^3c^3}[-7a^5 - 14a^4c - c^5 + b^2c^3 + 7c^3(7c^2 + b^2) \\
&- a^2(15c^3 + 7b^2c) + a(6c^4 - b^2c^2)]v^4
\end{aligned} \tag{A.6}
$$

其中,(x_i, y_i)表示观察三角形上 RWG 基函数的自由顶点的坐标;(x_j, y_j)表示源三角形上 RWG 基函数的自由顶点的坐标。

附　录　B

对数奇异性只能由式(4.3.9)中的最后一项中的 $\boldsymbol{\Phi}_{0,1}^{-2}$产生,这里使用$-1/r^3$ 代替 $G(t_l - r/c)$ 来简化分析,这样做不会改变对数奇异性:

$$
\begin{aligned}
&\frac{w_q}{\sin\theta_{so}}\int_0^{-w_4}\mathrm{d}w\left\{\iint \mathrm{d}v\mathrm{d}uG(t_l - r/c)\left[v\int \mathrm{d}\boldsymbol{r}_o(\boldsymbol{r}_o - \boldsymbol{r}_p)\cdot\hat{\boldsymbol{v}}\right]\right\}\pi(\boldsymbol{r})\delta(w - w^*) \\
&\downarrow \\
&\frac{w_q}{\sin\theta_{so}}\int_0^{-w_4}\mathrm{d}w\left\{\iint \mathrm{d}v\mathrm{d}u(-1/r^3)\left[v\int \mathrm{d}\boldsymbol{r}_o(\boldsymbol{r}_o - \boldsymbol{r}_p)\cdot\hat{\boldsymbol{v}}\right]\right\}\pi(\boldsymbol{r})\delta(w - w^*)
\end{aligned} \tag{B.1}
$$

由于对数奇异性只是在 $w = 0$ 附近比较强,所以用 $\int \mathrm{d}\boldsymbol{r}_o[(\boldsymbol{r}_o - \boldsymbol{r}_p)\cdot\hat{\boldsymbol{v}}\ |_{r=0}]$ 代替

$\int d\boldsymbol{r}_o(\boldsymbol{r}_o - \boldsymbol{r}_p) \cdot \hat{\boldsymbol{v}}$：

$$\begin{aligned}
&\frac{w_q}{\sin\theta_{so}}\int_0^{-w_4}\mathrm{d}w\left\{\iint\mathrm{d}v\mathrm{d}u(-1/r^3)\left[v\mathrm{d}\boldsymbol{r}_o(\boldsymbol{r}_o-\boldsymbol{r}_p)\cdot\hat{\boldsymbol{v}}\right]\right\}\pi(\boldsymbol{r})\delta(w-w^*)\\
&=\frac{w_q}{\sin\theta_{so}}\int_0^{-w_4}\mathrm{d}w\left\{\iint\mathrm{d}v\mathrm{d}u(-1/r^3)\left[v(-v_p)L\right]\right\}\pi(\boldsymbol{r})\delta(w-w^*)\\
&=\frac{w_q v_p L}{\sin\theta_{so}}\int_0^{-w_4}\mathrm{d}w\left[\iint\mathrm{d}v\mathrm{d}u(v/r^3)\right]\pi(\boldsymbol{r})\delta(w-w^*)
\end{aligned}\tag{B.2}$$

其中，v_p 是观察三角形的自由顶点的 v 方向分量；L 是公共边的长度。在式(4.3.13)中的面积分可以转化成4条线积分(图4.3.4)：

$$\begin{aligned}
&\frac{w_q v_p L}{\sin\theta_{so}}\int_0^{-w_4}\mathrm{d}w\left[\iint\mathrm{d}v\mathrm{d}v(v/r^3)\right]\pi(\boldsymbol{r})\delta(w-w^*)\\
&=\frac{w_q v_p L}{\sin\theta_{so}}\int_0^{-w_4}\mathrm{d}w\left[\hat{\boldsymbol{v}}\cdot\iint\mathrm{d}v\mathrm{d}u(\boldsymbol{r}/r^3)\right]\pi(\boldsymbol{r})\delta(w-w^*)\\
&=-\frac{w_q v_p L}{\sin\theta_{so}}\mathrm{d}w\left[\hat{\boldsymbol{v}}\cdot\iint\mathrm{d}v\mathrm{d}u\,\nabla(1/r)\right]\pi(\boldsymbol{r})\delta(w-w^*)\\
&=-\frac{w_q v_p L}{\sin\theta_{so}}\mathrm{d}w\left[\hat{\boldsymbol{v}}\cdot\oint\mathrm{d}l(1/r)\right]\pi(\boldsymbol{r})\delta(w-w^*)
\end{aligned}\tag{B.3}$$

我们只考虑那条在 $w\to 0$ 时，趋向于 u 轴的包含对数奇异性的线积分(图4.3.4)：

$$\begin{aligned}
&-\frac{w_q v_p L}{\sin\theta_{so}}\int_0^{-w_4}\mathrm{d}w\{[\hat{\boldsymbol{v}}\cdot\hat{\boldsymbol{v}}]\mathrm{d}u(1/r)\}\pi(\boldsymbol{r})\delta(w-w^*)\\
&=-\frac{w_q v_p L}{\sin\theta_{so}}\int_0^{-w_4}\mathrm{d}w\left[\int\mathrm{d}u(1/r)\right]\pi(\boldsymbol{r})\delta(w-w^*)\\
&\to-\frac{w_q v_p L}{\sin\theta_{so}}\mathrm{d}w\left\{-2\ln\left(\frac{|w|}{\sin\theta_{so}}\right)\right\}\\
&=2\frac{w_q v_p L}{\sin\theta_{so}}\int_0^{-w_4}\mathrm{d}w\ln\left(\frac{|w|}{\sin\theta_{so}}\right)\\
&=2\frac{|w_4|\ w_q v_p L}{\sin\theta_{so}}\left[\ln\left(\frac{|w_4|}{\sin\theta_{so}}\right)-1\right]
\end{aligned}\tag{B.4}$$

附 录 C

瞬态电流密度可以离散为在空间与时间上的耦合形式，即：

$$\boldsymbol{J}(\boldsymbol{r}, t) = \boldsymbol{J}(\boldsymbol{r}) T(t) \tag{C.1}$$

瞬态感应电流密度在空间中产生的瞬态散射电场表达式为

$$\boldsymbol{E}^{\mathrm{sca}}(\boldsymbol{r}, t) = \nabla\nabla \cdot \int_S \frac{\partial_t^{-1}\boldsymbol{J}(\boldsymbol{r}', t - R/c)}{4\pi\varepsilon_0 R}\mathrm{d}S' - \int_S \frac{\mu_0 \partial_t \boldsymbol{J}(\boldsymbol{r}', t - R/c)}{4\pi R}\mathrm{d}S' \tag{C.2}$$

将式(C.1)代入式(C.2),可得

$$\begin{aligned}\boldsymbol{E}^{\mathrm{sca}}(\boldsymbol{r}, t) = {} & \nabla\nabla \cdot \int_S \frac{1}{4\pi\varepsilon_0 R}\boldsymbol{J}(\boldsymbol{r}')\partial_t^{-1} T(t - R/c)\mathrm{d}S' \\ & - \int_S \frac{\mu_0}{4\pi R}\boldsymbol{J}(\boldsymbol{r}')\partial_t T(t - R/c)\mathrm{d}S'\end{aligned} \tag{C.3}$$

考虑式(C.3)右边第二项,即:

$$\begin{aligned}& \nabla\nabla \cdot \int_S \boldsymbol{J}(\boldsymbol{r}') \frac{\partial_t^{-1} T(t - R/c)}{R}\mathrm{d}S' \\ & = \nabla\int_S \boldsymbol{J}(\boldsymbol{r}') \cdot \nabla g(t, R)\mathrm{d}S' \\ & = -\nabla\int_S \boldsymbol{J}(\boldsymbol{r}') \cdot \nabla' g(t, R)\mathrm{d}S' \\ & = -\nabla\int_S [\nabla' \cdot (g(t, R) \cdot \boldsymbol{J}(\boldsymbol{r}')) - g(t, R)\nabla' \cdot \boldsymbol{J}(\boldsymbol{r}')]\mathrm{d}S' \\ & = \int_S \nabla g(t, R)\nabla' \cdot \boldsymbol{J}(\boldsymbol{r}')\mathrm{d}S' - \int_{\partial S} \nabla g(t, R)(\boldsymbol{J}(\boldsymbol{r}') \cdot \hat{\boldsymbol{n}}_e)\mathrm{d}l'\end{aligned} \tag{C.4}$$

式中,

$$g(t, R) = \frac{\partial_t^{-1} T(t - R/c)}{R} \tag{C.5}$$

并且有如下性质:

$$\nabla g(t, R) = -\nabla' g(t, R) \tag{C.6}$$

下面证明式(C.6)如下:

因为,

$$\begin{aligned}\nabla g(t, R) & = \nabla \frac{\partial_t^{-1} T(t - R/c)}{R} \\ & = \partial_t^{-1}\left[\frac{\nabla T(t - R/c)}{R} + T(t - R/c)\nabla\frac{1}{R}\right]\end{aligned}$$

$$= \partial_t^{-1}\left[\frac{1}{R}\frac{\partial T(t-R/c)}{\partial R}\frac{\boldsymbol{R}}{R} - T(t-R/c)\frac{\boldsymbol{R}}{R^3}\right]$$

$$= -\partial_t^{-1}\frac{\boldsymbol{R}}{R^3}\left[T(t-R/c) - R\frac{\partial T(t-R/c)}{\partial t}\frac{\partial(t-R/c)}{\partial R}\right]$$

$$= -\frac{\boldsymbol{R}}{R^3}\left[\partial_t^{-1}T(t-R/c) + \frac{R}{c}T(t-R/c)\right] \tag{C.7}$$

并且，

$$\nabla' g(t, R) = \nabla' \frac{\partial_t^{-1}T(t-R/c)}{R} = \frac{\boldsymbol{R}}{R^3}\left[\partial_t^{-1}T(t-R/c) + \frac{R}{c}T(t-R/c)\right] \tag{C.8}$$

所以，由式(C.7)和(C.8)可知：

$$\nabla g(t, R) = -\nabla' g(t, R) = -\frac{\boldsymbol{R}}{R^3}\left[\partial_t^{-1}T(t-R/c) + \frac{R}{c}T(t-R/c)\right] \tag{C.9}$$

附　录　D

本部分将介绍式(7.2.14)中含卷积项的处理。

通过对电场和电通量密度在时间和空间上的展开，得到的$\tilde{E}_n^{\pm}(t)$与$\tilde{D}_n(t)$的关系式如下：

$$\tilde{E}_n^{\pm}(t) = \gamma_n^{\pm}(t) \otimes \tilde{D}_n(t) = \gamma_0\gamma_{r,\infty,n}^{\pm}\tilde{D}_n(t) + \gamma_0\int_0^t \bar{\gamma}_{r,n}^{\pm}(\tau)\tilde{D}_n(t-\tau)\mathrm{d}\tau \tag{D.1}$$

在时间 $t = t_j$，等式(D.1)可变为

$$E_{j,n}^{\pm} = \gamma_0\gamma_{r,\infty,n}^{\pm}D_{j,n} + \gamma_0\int_0^{j\Delta t}\bar{\gamma}_{r,n}^{\pm}(\tau)\tilde{D}_n(j\Delta t-\tau)\mathrm{d}\tau \tag{D.2}$$

此外，$\tilde{D}_n(t)$与 $D_{j,n}$之间可以用以下多项式建立联系：

$$\tilde{D}_n(t) = \sum_{k=0}^{K}(\xi_k(j-t/\Delta t)D_{j-k,n}) \tag{D.3}$$

其中，ξ_k 可表示为如下形式：

$$\xi_k(t) = \sum_{i=0}^{K}(\alpha_{k,i}t^i) \tag{D.4}$$

对于 $K = 4$，由四阶 Lagrange 插值时间基函数可以推导得出 $\boldsymbol{\alpha}_{5\times5}$：

$$\boldsymbol{\alpha}_{5\times 5} = \begin{bmatrix} 1 & -\frac{25}{12} & \frac{35}{24} & -\frac{5}{12} & \frac{1}{24} \\ 0 & 4 & -\frac{13}{3} & \frac{3}{2} & -\frac{1}{6} \\ 0 & -3 & \frac{19}{4} & -2 & \frac{1}{4} \\ 0 & \frac{4}{3} & -\frac{7}{3} & \frac{7}{6} & -\frac{1}{6} \\ 0 & -\frac{1}{4} & \frac{11}{24} & -\frac{1}{4} & \frac{1}{24} \end{bmatrix} \tag{D.5}$$

将式(D.3)~(D.5)代入式(D.2),可得

$$E_{j,n}^{\pm} = \gamma_0 \gamma_{r,\infty,n}^{\pm} D_{j,n} + \gamma_0 \Delta t \sum_{v=0}^{j-1} \sum_{k=0}^{K} D_{j-k-v,n} \sum_{i=0}^{K} \alpha_{k,i} \int_0^1 \tau^i \bar{\gamma}_{r,n}^{\pm}((\nu+\tau)\Delta t)\,\mathrm{d}\tau \tag{D.6}$$

由上式即可建立当前时刻的电场采样值与电通量密度在当前以及之前 K 个时间刻的采样值之间的关系。接下来,进一步根据三种不同的色散模型,详细推导 $E_{j,n}^{\pm}$ 与 $D_{j,n}$ 之间的递推关系。

现考虑上式(D.6)中的积分部分:

$$\int_0^1 \tau^i \bar{\gamma}_{r,n}^{\pm}((\nu+\tau)\Delta t)\,\mathrm{d}\tau \tag{D.7}$$

由于材料的相关特性参数在一个四面体单元内为常数,为了简化描述,接下来将 $\bar{\gamma}_{r,n}^{\pm}$ 的下标 n 与上标±省略。

根据之前的讨论,对于 Debye 媒质有

$$\bar{\gamma}_r(t) = \frac{\Delta\varepsilon_r}{t_0 \varepsilon_{r,\infty}^2} \times \mathrm{e}^{-\frac{t\cdot\varepsilon_{r,s}}{t_0\varepsilon_{r,\infty}}} U(t) \tag{D.8}$$

其中,$\Delta\varepsilon = \varepsilon_{r,s} - \varepsilon_{r,\infty}$;$t_0$ 为弛豫时间,将表达式(D.8)代入式(D.7)中可计算得到:

$$\int_0^1 \tau^i \bar{\gamma}_r((\nu+\tau)\Delta t)\,\mathrm{d}\tau = -\frac{k_0}{\Delta t \varepsilon_{r,\infty}} \mathrm{e}^{-\zeta\nu} \frac{i!}{\zeta^i}\left(1 - \mathrm{e}^{-\zeta} \sum_{l=0}^{i} \frac{\zeta^1}{l!}\right) \tag{D.9}$$

上式中,$k_0 = \frac{\Delta\varepsilon_r}{\varepsilon_{r,s}}$,$\zeta = \frac{\Delta t \varepsilon_{r,s}}{t_0 \varepsilon_{r,\infty}}$,把等式(D.9)代入等式(D.6)中可得

$$\varepsilon_0 \varepsilon_{r,\infty} E_{j,n}^{\pm} = (1 - k_0 d_0) D_{j,n} - A_j - B_j \tag{D.10}$$

其中，d_k、A_j、B_j 可表达如下：

$$d_k = \sum_{i=0}^{K} \alpha_{k,i} \frac{i!}{\zeta^i}\left(1 - e^{-\zeta} \sum_{l=0}^{i} \frac{\zeta^l}{l!}\right) \tag{D.11}$$

$$A_j = k_0 \sum_{k=1}^{K} D_{j-k,n} d_k \tag{D.12}$$

$$B_j = k_0 \sum_{v=1}^{j-1} e^{-\zeta v} \sum_{k=0}^{K} D_{j-k-v,n} d_k \tag{D.13}$$

为获得更一般性的表达式，将式(D.10)在 $j-1$ 时刻采样并进行等价变换后可得

$$\begin{aligned}
\varepsilon_0 \varepsilon_{r,\infty} E_{j-1,n}^{\pm} - D_{j-1,n} &= -k_0 d_0 D_{j-1,n} - A_{j-1} - B_{j-1} \\
&= -k_0 d_0 D_{j-1,n} - k_0 \sum_{k=1}^{K} D_{j-1-k,n} d_k - k_0 \sum_{v=1}^{j-1-1} e^{-\zeta v} \sum_{k=0}^{K} D_{j-1-k-v,n} d_k \\
&= -k_0 \sum_{k=0}^{K} D_{j-1-k,n} d_k - k_0 \sum_{v=1}^{j-1-1} e^{-\zeta v} \sum_{k=0}^{K} D_{j-1-k-v,n} d_k \\
&= -k_0 \sum_{v=0}^{j-1-1} e^{-\zeta v} \sum_{k=0}^{K} D_{j-1-k-v,n} d_k
\end{aligned} \tag{D.14}$$

对上式两边同时乘以 $e^{-\zeta}$ 得：

$$e^{-\zeta}(\varepsilon_0 \varepsilon_{r,\infty} E_{j-1,n}^{\pm} - D_{j-1,n}) = -e^{-\zeta}\left(k_0 \sum_{v=0}^{j-1-1} e^{-\zeta v} \sum_{k=0}^{K} D_{j-1-k-v,n} d_k\right) = -B_j \tag{D.15}$$

将上式代入式(D.10)并整理后可得，Debye 媒质 $E_{j,n}^{\pm}$ 与 $D_{j,n}$ 之间的关系可表示为

$$\varepsilon_0 \varepsilon_{r,\infty} E_{j,n}^{\pm} = (1 - k_0 d_0) D_{j,n} - A_j + e^{-\zeta}(\varepsilon_0 \varepsilon_{r,\infty} E_{j-1,n}^{\pm} - D_{j-1,n}) \tag{D.16}$$

对于 Lorentz 媒质有

$$\bar{\gamma}(t) = \mathbf{Re}\{\hat{\bar{\gamma}},(t)\} = \mathbf{Re}\left\{ j \frac{\Delta\varepsilon_r \omega_P^2}{\varepsilon_{r,\infty}^2 \sqrt{\dfrac{\varepsilon_{r,s}}{\varepsilon_{r,\infty}} \cdot \omega_P^2 - \delta_P^2}} \cdot e^{\left(-\delta_P + j\sqrt{\frac{\varepsilon_{r,s}}{\varepsilon_{r,\infty}} \cdot \omega_P^2 - \delta_P^2}\right) \cdot t} \right\} U(t) \tag{D.17}$$

其中，ω_P 为谐振频率，δ_P 为碰撞频率，带尖号的上标表示参量为复数。

令 $\tilde{\omega}_P = \sqrt{(\varepsilon_{r,s}/\varepsilon_{r,\infty})\omega_P^2 - \delta_P^2}$，$\hat{\tilde{\delta}}_P = \delta_P - j\,\tilde{\omega}_P$，并代入等式(D.17)中可得

$$\bar{\gamma}(t) = \mathbf{Re}\{\hat{\bar{\gamma}}_r(t)\} = \mathbf{Re}\left\{ j \frac{\Delta\varepsilon_r \omega_P^2}{\varepsilon_{r,\infty}^2 \tilde{\omega}_P} e^{-\hat{\tilde{\delta}}_P t} \right\} U(t) \tag{D.18}$$

将上述式(D.18)的复数形式代入式(D.17)中可得

$$\int_0^1 \tau^i \hat{\bar{\gamma}}_r((\nu+\tau)\Delta t)\mathrm{d}\tau = \frac{\hat{k}_P}{\Delta t \varepsilon_{r,\infty}} \mathrm{e}^{-\hat{\zeta}\nu} \frac{i!}{\hat{\zeta}^i}\left(1 - \mathrm{e}^{-\hat{\zeta}} \sum_{l=0}^{i} \frac{\hat{\zeta}^l}{l!}\right) \tag{D.19}$$

其中，$\hat{k}_P = \mathrm{j}\dfrac{\Delta\varepsilon_r \omega_P^2}{\hat{\bar{\delta}}_P \varepsilon_{r,\infty} \tilde{\omega}_P}$，$\hat{\zeta} = \Delta t\, \hat{\bar{\delta}}_P$。

把等式(D.19)代入等式(D.6)中可得

$$\varepsilon_0 \varepsilon_{r,\infty} \hat{E}_{j,n}^{\pm} = (1 + \hat{k}_P \hat{d}_0) D_{j,n} + \hat{A}_j + \hat{B}_j \tag{D.20}$$

其中，$E_{j,n}^{\pm} = \mathbf{Re}\{\hat{E}_{j,n}^{\pm}\}$。$\hat{A}_j$、$\hat{B}_j$、$\hat{d}_k$ 可表达如下：

$$\hat{d}_k = \sum_{i=0}^{K} \alpha_{k,j} \frac{i!}{\hat{\zeta}^i}\left(1 - \mathrm{e}^{-\hat{\zeta}} \sum_{l=0}^{i} \frac{\hat{\zeta}^l}{l!}\right) \tag{D.21}$$

$$\hat{A}_j = \hat{k}_P \sum_{k=1}^{K} D_{j-k,n} \hat{d}_k \tag{D.22}$$

$$\hat{B}_j = \hat{k}_P \sum_{v=1}^{j-1} \mathrm{e}^{-\hat{\zeta} v} \sum_{k=0}^{K} D_{j-k-v,n} \hat{d}_k \tag{D.23}$$

类似于式(D.14)和(D.15)的操作，可得 Lorentz 媒质的$\hat{E}_{j,n}^{\pm}$与 $D_{j,n}$的关系为

$$\varepsilon_0 \varepsilon_{r,\infty} \hat{E}_{j,n}^{\pm} = (1 + \hat{k}_P \hat{d}_0) D_{j,n} + \hat{A}_j + \mathrm{e}^{-\hat{\zeta}} (\varepsilon_0 \varepsilon_{r,\infty} \hat{E}_{j-1,n}^{\pm} - D_{j-1,n}) \tag{D.24}$$

对于 Drude 媒质有

$$\bar{\gamma}_r(t) = \mathbf{Re}\{\hat{\bar{\gamma}}_r(t)\} = \mathbf{Re}\left\{ j \frac{\omega_P^2}{\varepsilon_{r,\infty}^2 \sqrt{\dfrac{1}{\varepsilon_{r,\infty}} \cdot \omega_P^2 - \delta_P^2}} \mathrm{e}^{\left(-\delta_P + \mathrm{j}\sqrt{\frac{1}{\varepsilon_{r,\infty}}\cdot\omega_P^2 - \delta_P^2}\right)\cdot t} \right\} U(t) \tag{D.25}$$

其中，ω_P 为 Drude 频率；δ_P 为碰撞频率。

类似于对 Lorentz 媒质的处理，令 $\tilde{\omega}_P = \sqrt{(1/\varepsilon_{r,\infty})\omega_P^2 - \delta_P^2}$，$\hat{\bar{\delta}}_P = \delta_P - \mathrm{j}\tilde{\omega}_P$，并代入等式(D.25)中可得

$$\bar{\gamma}_r(t) = \mathbf{Re}\{\hat{\bar{\gamma}}_r(t)\} = \mathbf{Re}\left\{ \mathrm{j} \frac{\omega_P^2}{\varepsilon_{r,\infty}^2 \tilde{\omega}_P} \mathrm{e}^{-\hat{\bar{\delta}}_P t} \right\} U(t) \tag{D.26}$$

将上述式(D.26)的复数形式代入式(D.7)中得

$$\int_0^1 \tau^i \hat{\bar{\gamma}}_r((\nu+\tau)\Delta t)\mathrm{d}\tau = \frac{\hat{k}_P}{\Delta t \varepsilon_{r,\infty}} \mathrm{e}^{-\hat{\zeta}\nu} \frac{i!}{\hat{\zeta}^i}\left(1 - \mathrm{e}^{-\hat{\zeta}} \sum_{l=0}^{i} \frac{\hat{\zeta}^l}{l!}\right) \tag{D.27}$$

其中，$\hat{k}=\mathrm{j}\omega_P^2/\hat{\tilde{\delta}}_P\varepsilon_{r,\infty}\tilde{\omega}_P$，$\hat{\zeta}=\Delta t\hat{\tilde{\delta}}_P$。

同样定义 $E_{j,n}^{\pm}=\mathbf{Re}\{\hat{E}_{j,n}^{\pm}\}$，由于 Drude 媒质与之前的 Lorentz 媒质的关系式（D.26）有相同的表达形式，所以这里不再推导。

对于 Debye 媒质，根据色散媒质的本构关系并结合式（D.16），在 t_j 时刻的电场与之前时间步的电场、电通量密度之间有如下关系：

$$E_{j,n}^{\pm}=\sum_{k=0}^{K}\beta_{k,n}^{d\pm}D_{j-k,n}+\beta_n^{e\pm}E_{j-1,n}^{\pm} \tag{D.28}$$

其中，$\beta_{k,n}^{d\pm}$与$\beta_n^{e\pm}$是与媒质相关的参数，这里均为实数，其表达式可根据式（D.16）推导出来。

类似地，对于 Lorentz 或 Drude 媒质，由方程（D.24）可得如下等式：

$$\hat{E}_{j,n}^{\pm}=\sum_{k=0}^{K}\hat{\beta}_{k,n}^{d\pm}D_{j-k,n}+\hat{\beta}_n^{e\pm}\hat{E}_{j-1,n}^{\pm} \tag{D.29}$$

其中，$\hat{\beta}_{k,n}^{d\pm}$与$\hat{\beta}_n^{e\pm}$是与媒质相关的参数，这里均为复数，其表达式可根据式（D.24）推导出来。

接下来以 Drude 和 Lorentz 媒质为例，详细推导 $\hat{\beta}_{k,n}^{d\pm}$与$\hat{\beta}_n^{e\pm}$的表达式。由式（D.24）可得

$$\hat{E}_{j,n}^{\pm}=\frac{D_{j,n}-\mathrm{e}^{-\hat{\zeta}}D_{j-1,n}+\hat{k}_P\sum\limits_{k=0}^{K}D_{j-k,n}\cdot\hat{d}_k}{\varepsilon_0\varepsilon_{r,\infty}}+\mathrm{e}^{-\hat{\zeta}}\hat{E}_{j-1,n}^{\pm} \tag{D.30}$$

将上式与式(D.30)在每个时刻上进行类比，为方便描述，将两者并列写出如下：

$$\begin{cases}\hat{E}_{j,n}^{\pm}=\dfrac{D_{j,n}-\mathrm{e}^{-\zeta}D_{j-1,n}+\hat{k}_P\sum\limits_{k=0}^{K}D_{j-k,n}\hat{d}_k}{\varepsilon_0\varepsilon_{r,\infty,n}}+\mathrm{e}^{-\zeta}\hat{E}_{j-1,n}^{\pm}\\ \hat{E}_{j,n}^{\pm}=\sum\limits_{k=0}^{K}\hat{\beta}_{k,n}^{d\pm}D_{j-k,n}+\hat{\beta}_n^{e\pm}\hat{E}_{j-1,n}^{\pm}\end{cases} \tag{D.31}$$

现在将在每个时刻上作类比，将不同时刻的 D 的系数作对比，可得

$$t_j\text{ 时刻：}\begin{cases}D_{j,n}:\dfrac{1+\hat{k}_P\hat{d}_0}{\varepsilon_0\varepsilon_{r,\infty,n}}\\ D_{j,n}:\hat{\beta}_{0,n}^{d\pm}\end{cases}\Rightarrow\hat{\beta}_{0,n}^{d\pm}=\frac{1+\hat{k}_P\hat{d}_0}{\varepsilon_0\varepsilon_{r,\infty,n}} \tag{D.32a}$$

$$t_{j-1}\text{ 时刻：}\begin{cases}D_{j-1,n}:\dfrac{-\mathrm{e}^{-\zeta}+\hat{k}_P\hat{d}_1}{\varepsilon_0\varepsilon_{r,\infty,n}}\\ D_{j-1,n}:\hat{\beta}_{1,n}^{d\pm}\end{cases}\Rightarrow\hat{\beta}_{1,n}^{d\pm}=\frac{-\mathrm{e}^{-\zeta}+\hat{k}_P\hat{d}_1}{\varepsilon_0\varepsilon_{r,\infty,n}} \tag{D.32b}$$

$$t_{j-2}\text{ 时刻：}\begin{cases} D_{j-2,\,n}: \dfrac{\hat{k}_P\hat{d}_2}{\varepsilon_0\varepsilon_{r,\,\infty,\,n}} \Rightarrow \hat{\beta}^{d\pm}_{2,\,n} = \dfrac{\hat{k}_P\hat{d}_2}{\varepsilon_0\varepsilon_{r,\,\infty,\,n}} \\ D_{j-2,\,n}: \hat{\beta}^{d\pm}_{2,\,n} \end{cases} \tag{D.32c}$$

$$t_{j-3}\text{ 时刻：}\begin{cases} D_{j-3,\,n}: \dfrac{\hat{k}_P\hat{d}_3}{\varepsilon_0\varepsilon_{r,\,\infty,\,n}} \Rightarrow \hat{\beta}^{d\pm}_{3,\,n} = \dfrac{\hat{k}_P\hat{d}_3}{\varepsilon_0\varepsilon_{r,\,\infty,\,n}} \\ D_{j-3,\,n}: \hat{\beta}^{d\pm}_{3,\,n} \end{cases} \tag{D.32d}$$

$$t_{j-4}\text{ 时刻：}\begin{cases} D_{j-4,\,n}: \dfrac{\hat{k}_P\hat{d}_4}{\varepsilon_0\varepsilon_{r,\,\infty,\,n}} \Rightarrow \hat{\beta}^{d\pm}_{4,\,n} = \dfrac{\hat{k}_P\hat{d}_4}{\varepsilon_0\varepsilon_{r,\,\infty,\,n}} \\ D_{j-4,\,n}: \hat{\beta}^{d\pm}_{4,\,n} \end{cases} \tag{D.32e}$$

$$\hat{\beta}^{e\pm}_{n} = \mathrm{e}^{-\zeta} \tag{D.32f}$$

这样，Drude 和 Lorentz 媒质的 $\hat{\beta}^{d\pm}_{k,\,n}$ 与 $\hat{\beta}^{e\pm}_{n}$ 的表达式即可得到。

类似地，对于 Debye 媒质有：$\beta^{d\pm}_{0,\,n} = -k_0d_0/\varepsilon_{r,\,\infty,\,n}\varepsilon_0$，$\beta^{d\pm}_{1,\,n} = -(-\mathrm{e}^{-\zeta} - k_0d_1)/\varepsilon_{r,\,\infty,\,n}\varepsilon_0$，$\beta^{d\pm}_{2,\,n} = -k_0d_2/\varepsilon_{r,\,\infty,\,n}\varepsilon_0$，$\beta^{d\pm}_{3,\,n} = -k_0d_3/\varepsilon_{r,\,\infty,\,n}\varepsilon_0$，$\beta^{d\pm}_{4,\,n} = -k_0d_4/\varepsilon_{r,\,\infty,\,n}\varepsilon_0$，$\beta^{e\pm}_{n} = -\mathrm{e}^{-\zeta}$，这里不再做详细推导。

附　录　E

将 Debye、Lorentz 以及 Drude 媒质的介电常数的表达式，如式(7.2.31)～(7.2.33)，代入式(7.2.35)，可得三种色散媒质相应的 $\gamma(\boldsymbol{r},\,t)$ 表达式，如下所示。

对于 Debye 媒质：

$$\gamma(\boldsymbol{r},\,t) = \begin{cases} \dfrac{1}{\varepsilon_s - \varepsilon_\infty}[\delta(t) + t_0\delta'(t)], & \varepsilon_\infty = \varepsilon_0 \\ \gamma_1(\boldsymbol{r})\delta(t) + \gamma_2(\boldsymbol{r},\,t)_{\text{Debye}}, & \varepsilon_\infty \neq \varepsilon_0 \end{cases} \tag{E.1}$$

对于 Lorentz 媒质：

$$\gamma(\boldsymbol{r},\,t) = \begin{cases} \dfrac{1}{\varepsilon_s - \varepsilon_\infty}\left[\delta(t) + \dfrac{\nu_c}{\omega_P^2}\delta'(t) + \dfrac{1}{\omega_P^2}\delta''(t)\right], & \varepsilon_\infty = \varepsilon_0 \\ \gamma_1(\boldsymbol{r})\delta(t) + \gamma_2(\boldsymbol{r},\,t)_{\text{Lorentz}}, & \varepsilon_\infty \neq \varepsilon_0 \end{cases} \tag{E.2}$$

对于 Drude 媒质：

$$\gamma(\boldsymbol{r},\,t) = \begin{cases} \dfrac{\nu_c}{\varepsilon_0\omega_P^2}\delta'(t) + \dfrac{1}{\varepsilon_0\omega_P^2}\delta''(t), & \varepsilon_\infty = \varepsilon_0 \\ \gamma_1(\boldsymbol{r})\delta(t) + \gamma_2(\boldsymbol{r},\,t)_{\text{Drude}}, & \varepsilon_\infty \neq \varepsilon_0 \end{cases} \tag{E.3}$$

式(E.1)~(E.3)中,

$$\gamma_1(\boldsymbol{r}) = (\varepsilon_\infty - \varepsilon_0)^{-1} \tag{E.4}$$

$$\gamma_2(\boldsymbol{r}, t)_{\text{Debye}} = -\frac{\varepsilon_s - \varepsilon_\infty}{t_0(\varepsilon_\infty - \varepsilon_0)^2} e^{-\frac{\varepsilon_s - \varepsilon_0}{t_0(\varepsilon_\infty - \varepsilon_0)}} u(t) \tag{E.5}$$

$$\gamma_2(\boldsymbol{r}, t)_{\text{Lorentz}} = \text{Re}\left[\frac{\text{j}(\varepsilon_s - \varepsilon_\infty)\omega_P^2 e^{-\left(\delta_P - \text{j}\sqrt{\frac{\varepsilon_s \omega_P^2}{\varepsilon_\infty - \varepsilon_0} - \delta_P^2}\right)t}}{(\varepsilon_\infty - \varepsilon_0)^2 \sqrt{\frac{\varepsilon_s \omega_P^2}{\varepsilon_\infty - \varepsilon_0} - \delta_P^2}} u(t)\right] \tag{E.6}$$

$$\gamma_2(\boldsymbol{r}, t)_{\text{Drude}} = \text{Re}\left[\text{j}\frac{\varepsilon_0 \omega_P^2 e^{-\left[\delta_P - \text{j}\sqrt{\frac{\varepsilon_0 \omega_P^2}{\varepsilon_\infty - \varepsilon_0} - \delta_P^2}\right]t}}{(\varepsilon_\infty - \varepsilon_0)^2 \sqrt{\frac{\varepsilon_0 \omega_P^2}{\varepsilon_\infty - \varepsilon_0} - \delta_P^2}} u(t)\right] \tag{E.7}$$

关于7.2.3节中的式(7.2.46)和(7.2.47)的中的$\beta_{k,n}^J$和β_n^P,其表达式如下所示:

$$\beta_{k,n}^J = \frac{k_P d_k + \delta_{k0} - e^{-\zeta}\delta_{k1}}{\varepsilon_\infty - \varepsilon_0} \tag{E.8}$$

$$\beta_n^P = e^{-\zeta} \tag{E.9}$$

式(E.8)中,d_k 的表达式为

$$d_k = \sum_{i=0}^{K} \alpha_{k,i} \frac{i!}{\zeta^i}\left(1 - e^{-\zeta}\sum_{l=0}^{i}\frac{\zeta^l}{l!}\right) \tag{E.10}$$

式(E.10)中,$\alpha_{k,i}$由拉格朗日插值多项式的时间基函数决定,例如,采用四阶拉格朗日插值多项式的时间基函数,其表达式为

$$T(t) = \begin{cases} 1 + \frac{25}{12}t + \frac{35}{24}t^2 + \frac{5}{12}t^3 + \frac{1}{24}t^4, & -1 \leqslant t < 0 \\ 1 + \frac{5}{6}t - \frac{5}{6}t^2 - \frac{5}{6}t^3 - \frac{1}{6}t^4, & 0 \leqslant t < 1 \\ 1 - \frac{5}{4}t^2 + \frac{1}{4}t^4, & 1 \leqslant t < 2 \\ 1 - \frac{5}{6}t - \frac{5}{6}t^2 + \frac{5}{6}t^3 - \frac{1}{6}t^4, & 2 \leqslant t < 3 \\ 1 - \frac{25}{12}t + \frac{35}{24}t^2 - \frac{5}{12}t^3 + \frac{1}{24}t^4, & 3 \leqslant t \leqslant 4 \\ 0, & \text{其他} \end{cases} \tag{E.11}$$

相应地，$\boldsymbol{\alpha}_{5\times5}$ 可表示为

$$\boldsymbol{\alpha}_{5\times5}=\begin{bmatrix}1 & -\dfrac{25}{12} & \dfrac{35}{24} & -\dfrac{5}{12} & \dfrac{1}{24}\\ 0 & 4 & -\dfrac{13}{3} & \dfrac{3}{2} & -\dfrac{1}{6}\\ 0 & -3 & \dfrac{19}{4} & -2 & \dfrac{1}{4}\\ 0 & \dfrac{4}{3} & -\dfrac{7}{3} & \dfrac{7}{6} & -\dfrac{1}{6}\\ 0 & -\dfrac{1}{4} & \dfrac{11}{24} & -\dfrac{1}{4} & \dfrac{1}{24}\end{bmatrix} \tag{E.12}$$

此外，式(E.8)~(E.10)中的参数 k_P 和 ζ 由 Debye、Lorentz 以及 Drude 等色散媒质特征参数决定。

对于 Debye 媒质：

$$k_P=-\frac{\varepsilon_s-\varepsilon_\infty}{\varepsilon_s-\varepsilon_0} \tag{E.13}$$

$$\zeta=\frac{\Delta t(\varepsilon_s-\varepsilon_0)}{t_0(\varepsilon_\infty-\varepsilon_0)} \tag{E.14}$$

对于 Lorentz 媒质：

$$k_P=\mathrm{j}\frac{(\varepsilon_s-\varepsilon_\infty)\omega_P^2}{\tilde{\delta}_P(\varepsilon_\infty-\varepsilon_0)\tilde{\omega}_P} \tag{E.15}$$

$$\zeta=\Delta t\tilde{\delta}_P \tag{E.16}$$

式(E.15)和(E.16)中：

$$\begin{cases}\tilde{\omega}_P=\sqrt{\omega_P^2\dfrac{\varepsilon_s-\varepsilon_0}{\varepsilon_\infty-\varepsilon_0}-\delta_P^2}\\ \tilde{\delta}_P=\delta_P-\mathrm{j}\tilde{\omega}_P\end{cases} \tag{E.17}$$

对于 Drude 媒质：

$$k_P=\mathrm{j}\frac{\omega_P^2}{\tilde{\delta}_P(\varepsilon_\infty-\varepsilon_0)\tilde{\omega}_P} \tag{E.18}$$

$$\zeta=\Delta t\tilde{\delta}_P \tag{E.19}$$

式(E.18)和(E.19)中，

$$\begin{cases}\tilde{\omega}_P = \sqrt{\dfrac{\omega_P^2}{\varepsilon_\infty - \varepsilon_0} - \delta_P^2} \\ \tilde{\delta}_P = \delta_P - \mathrm{j}\,\tilde{\omega}_P\end{cases} \tag{E.20}$$

附　录　F

式(7.4.19)和式(7.4.20)的详细推导过程如下。

ξ 服从标准正态分布时,时域电流的期望:

$$\begin{aligned}
&E[\boldsymbol{J}_{(p,n)}^{\beta,j}(\boldsymbol{r},t,\xi)] \\
&= \int_{-\infty}^{+\infty} \boldsymbol{J}_{(p,n)}^{\beta,j}(\boldsymbol{r},t,\xi) f(\xi)\,\mathrm{d}\xi \\
&= \frac{1}{\sqrt{2\pi}} \int_{-\infty}^{+\infty} \sum_{s=0}^{N_\xi} J_{(p,n)}^{\beta,j,s} \boldsymbol{f}_{(p,n)}^{\beta}(\boldsymbol{r}) T_j(t) H_s(\xi) \mathrm{e}^{-\frac{\xi^2}{2}}\mathrm{d}\xi \\
&= \frac{1}{\sqrt{2\pi}} \int_{-\infty}^{+\infty} \sum_{s=0}^{N_\xi} J_{(p,n)}^{\beta,j,s} \boldsymbol{f}_{(p,n)}^{\beta}(\boldsymbol{r}) T_j(t) H_s(\xi) H_0(\xi) \mathrm{e}^{-\frac{\xi^2}{2}}\mathrm{d}\xi \\
&= J_{(p,n)}^{\beta,j,0} \boldsymbol{f}_{(p,n)}^{\beta}(\boldsymbol{r}) T_j(t)
\end{aligned} \tag{F.1}$$

式(F.1)中,

$$\boldsymbol{J}_{(p,n)}^{\beta,j}(\boldsymbol{r},t,\xi) = \sum_{s=0}^{N_\xi} J_{(p,n)}^{\beta,j,s} \boldsymbol{f}_{(p,n)}^{\beta}(\boldsymbol{r}) T_j(t) H_s(\xi) \tag{F.2}$$

$$f(\xi) = \frac{1}{\sqrt{2\pi}} \mathrm{e}^{-\frac{\xi^2}{2}} \tag{F.3}$$

同理,

$$\begin{aligned}
&E[(\boldsymbol{J}_{(p,n)}^{\beta,j}(\boldsymbol{r},t,\xi))^2] \\
&= \int_{-\infty}^{+\infty} [\boldsymbol{J}_{(p,n)}^{\beta,j}(\boldsymbol{r},t,\xi)]^2 f(\xi)\,\mathrm{d}\xi \\
&= \frac{1}{\sqrt{2\pi}} \int_{-\infty}^{+\infty} \left[\sum_{s=0}^{N_\xi} J_{(p,n)}^{\beta,s} \boldsymbol{f}_{(p,n)}^{\beta}(\boldsymbol{r}) T_j(t) H_s(\xi)\right]^2 \mathrm{e}^{-\frac{\xi^2}{2}}\mathrm{d}\xi \\
&= \frac{1}{\sqrt{2\pi}} [\boldsymbol{f}_{(p,n)}^{\beta}(\boldsymbol{r}) T_j(t)]^2 \int_{-\infty}^{+\infty} \sum_{s=0}^{N_\xi} \sum_{k=0}^{N_\xi} J_{(p,n)}^{\beta,j,s} J_{(p,n)}^{\beta,j,k} H_s(\xi) H_k(\xi) \mathrm{e}^{-\frac{\xi^2}{2}}\mathrm{d}\xi \\
&= \frac{1}{\sqrt{2\pi}} [\boldsymbol{f}_{(p,n)}^{\beta}(\boldsymbol{r}) T_j(t)]^2 \sum_{s=0}^{N_\xi} (J_{(p,n)}^{\beta,j,s})^2 \int_{-\infty}^{+\infty} H_s(\xi) H_s(\xi) \mathrm{e}^{-\frac{\xi^2}{2}}\mathrm{d}\xi
\end{aligned}$$

$$
\begin{aligned}
&= \frac{1}{\sqrt{2\pi}}\left[\boldsymbol{f}^{\beta}_{(p,n)}(\boldsymbol{r})T_j(t)\right]^2\sum_{s=0}^{N_\xi}\left(J^{\beta,j,s}_{(p,n)}\right)^2\sqrt{2\pi}\,s! \\
&= \sum_{s=0}^{N_\xi}\left[J^{\beta,j,s}_{(p,n)}\boldsymbol{f}^{\beta}_{(p,n)}(\boldsymbol{r})T_j(t)\right]^2 s! \qquad (\text{F.4})
\end{aligned}
$$

因此,可得 ζ 服从标准正态分布时时域电流的方差:

$$
\begin{aligned}
&\sigma^2\left[\boldsymbol{J}^{\beta,j}_{(p,n)}(\boldsymbol{r},t,\xi)\right] \\
&= E\left[\left(\boldsymbol{J}^{\beta,j}_{(p,n)}(\boldsymbol{r},t,\xi)\right)^2\right] - E^2\left[\boldsymbol{J}^{\beta,j}_{(p,n)}(\boldsymbol{r},t,\xi)\right] \\
&= \sum_{s=0}^{N_\xi}\left[J^{\beta,j,s}_{(p,n)}\boldsymbol{f}^{\beta}_{(p,n)}(\boldsymbol{r})T_j(t)\right]^2 s! - \left[J^{\beta,j,0}_{(p,n)}\boldsymbol{f}^{\beta}_{(p,n)}(\boldsymbol{r})T_j(t)\right]^2 \\
&= \sum_{s=1}^{N_\xi}\left[J^{\beta,j,s}_{(p,n)}\boldsymbol{f}^{\beta}_{(p,n)}(\boldsymbol{r})T_j(t)\right]^2 s! \qquad (\text{F.5})
\end{aligned}
$$

公式(7.4.29)和(7.4.30)的详细推导过程如下。

ξ 服从[-1, 1]的均匀分布时,时域电流的期望:

$$
\begin{aligned}
&E\left[\boldsymbol{J}^{\beta,j}_{(p,n)}(\boldsymbol{r},t,\xi)\right] \\
&= \int_{-1}^{1}\boldsymbol{J}^{\beta,j}_{(p,n)}(\boldsymbol{r},t,\xi)f(\xi)\mathrm{d}\xi \\
&= \int_{-1}^{1}\sum_{s=0}^{N_\xi}J^{\beta,j,s}_{(p,n)}\boldsymbol{f}^{\beta}_{(p,n)}(\boldsymbol{r})T_j(t)P_s(\xi)\,\frac{1}{2}\mathrm{d}\xi \\
&= \frac{1}{2}\int_{-1}^{1}\sum_{s=0}^{N_\xi}J^{\beta,j,s}_{(p,n)}\boldsymbol{f}^{\beta}_{(p,n)}(\boldsymbol{r})T_j(t)P_s(\xi)P_0(\xi)\mathrm{d}\xi \\
&= J^{\beta,j,0}_{(p,n)}\boldsymbol{f}^{\beta}_{(p,n)}(\boldsymbol{r})T_j(t) \qquad (\text{F.6})
\end{aligned}
$$

式(F.6)中,

$$
f(\xi) = \frac{1}{2} \qquad (\text{F.7})
$$

同理,

$$
\begin{aligned}
&E\left[\left(\boldsymbol{J}^{\beta,j}_{(p,n)}(\boldsymbol{r},t,\xi)\right)^2\right] \\
&= \int_{-1}^{1}\left[\boldsymbol{J}^{\beta,j}_{(p,n)}(\boldsymbol{r},t,\xi)\right]^2 f(\xi)\mathrm{d}\xi \\
&= \int_{-1}^{1}\left[\sum_{s=0}^{N_\xi}J^{\beta,j,s}_{(p,n)}\boldsymbol{f}^{\beta}_{(p,n)}(\boldsymbol{r})T_j(t)P_s(\xi)\right]^2\frac{1}{2}\mathrm{d}\xi \\
&= \frac{1}{2}\left[\boldsymbol{f}^{\beta}_{(p,n)}(\boldsymbol{r})T_j(t)\right]^2\int_{-1}^{1}\sum_{s=0}^{N_\xi}\sum_{k=0}^{N_\xi}J^{\beta,j,s}_{(p,n)}J^{\beta,j,k}_{(p,n)}P_s(\xi)P_k(\xi)\mathrm{d}\xi
\end{aligned}
$$

$$
\begin{aligned}
&= \frac{1}{2}\left[\boldsymbol{f}^{\beta}_{(p,n)}(\boldsymbol{r})T_j(t)\right]^2 \sum_{s=0}^{N_\xi} \left(J^{\beta,j,s}_{(p,n)}\right)^2 \int_{-1}^{1} P_s(\xi)P_s(\xi)\,\mathrm{d}\xi \\
&= \frac{1}{2}\left[\boldsymbol{f}^{\beta}_{(p,n)}(\boldsymbol{r})T_j(t)\right]^2 \sum_{s=0}^{N_\xi} \left(J^{\beta,j,s}_{(p,n)}\right)^2 \frac{2}{2s+1} \\
&= \sum_{s=0}^{N_\xi} \frac{1}{2s+1}\left[J^{\beta,j,s}_{(p,n)} \boldsymbol{f}^{\beta}_{(p,n)}(\boldsymbol{r})T_j(t)\right]^2
\end{aligned}
\tag{F.8}
$$

因此,可得 ξ 服从[-1, 1]的均匀分布时时域电流的方差:

$$
\begin{aligned}
&\sigma^2\left[\boldsymbol{J}^{\beta,j}_{(p,n)}(\boldsymbol{r},t,\xi)\right] \\
&= E\left[\left(\boldsymbol{J}^{\beta,j}_{(p,n)}(\boldsymbol{r},t,\xi)\right)^2\right] - E^2\left[\boldsymbol{J}^{\beta,j}_{(p,n)}(\boldsymbol{r},t,\xi)\right] \\
&= \sum_{s=0}^{N_\xi} \frac{1}{2s+1}\left[J^{\beta,j,s}_{(p,n)} \boldsymbol{f}^{\beta}_{(p,n)}(\boldsymbol{r})T_j(t)\right]^2 - \left[J^{\beta,j,0}_{(p,n)} \boldsymbol{f}^{\beta}_{(p,n)}(\boldsymbol{r})T_j(t)\right]^2 \\
&= \sum_{s=1}^{N_\xi} \frac{1}{2s+1}\left[J^{\beta,j,s}_{(p,n)} \boldsymbol{f}^{\beta}_{(p,n)}(\boldsymbol{r})T_j(t)\right]^2
\end{aligned}
\tag{F.9}
$$